用科技端牢中国饭碗

人民日报记者眼中的中国农业科学院

蒋建科 著

中国农业科学技术出版社

图书在版编目(CIP)数据

用科技端牢中国饭碗：人民日报记者眼中的中国农业科学院 / 蒋建科著. --北京：中国农业科学技术出版社，2022.7

ISBN 978-7-5116-5787-9

Ⅰ.①用… Ⅱ.①蒋… Ⅲ.①新闻报道—作品集—中国—当代 Ⅳ.I253

中国版本图书馆 CIP 数据核字(2022)第 100833 号

责任编辑 周　朋
责任校对 李向荣
责任印制 姜义伟　王思文

出 版 者 中国农业科学技术出版社
北京市中关村南大街 12 号　　邮编：100081
电　　话 (010) 82106631 (编辑室)　　(010) 82109702 (发行部)
(010) 82109709 (读者服务部)
网　　址 https://castp.caas.cn
经 销 者 各地新华书店
印 刷 者 北京建宏印刷有限公司
开　　本 170 mm×240 mm　1/16
印　　张 32.5
字　　数 435 千字
版　　次 2022 年 7 月第 1 版　2022 年 7 月第 1 次印刷
定　　价 128.00 元

序　言

在党的二十大即将胜利召开之际，中国农业科学院迎来了65周岁生日。回望65年，中国农业科学院的发展历程是一部农科院人不忘初心牢记使命、执着农业科技创新的奋斗史，是一部农业科研国家队报国为民兴农、用科技支撑中国人端牢自己饭碗的奉献史。

自1957年3月1日成立以来，以丁颖、金善宝为代表的一代又一代农科人矢志不渝、接续奋斗，肩负科技兴国、科技强国的重任，致力于解决我国农业及农村经济发展中公益性、基础性、全局性、战略性、前瞻性重大科学与技术问题，推动科技创新和成果转化应用，引领支撑农业农村现代化。特别是党的十八大以来，中国农业科学院始终全面贯彻落实党中央、国务院关于农业、农村与农业科技工作的方针政策，始终牢记农业科研国家队使命，面向世界农业科技前沿、面向国家重大需求、面向现代农业建设主战场、面向人民生命健康，坚持“顶天立地”的科技创新方向，团结带领全国农业科技力量，不断提升科研创新能力和科技进步水平，为我国农业科技跨入世界先进行列奠定了坚实基础，为保障国家粮食安全、促进农业农村经济发展作出了重要贡献。

65年来，中国农业科学院取得了科技创新与精神文明建设的双丰收。共取得各类科技成果6 000多项，获奖成果2 400多项，其中，国家科学技术进步奖特等奖等国家级奖励成果320余项，超级稻、矮败小麦、抗虫棉、双低油菜、禽流感疫苗等一大批原创性农业科技成果居世界领先地位，走出了一条依靠自主创新推动农业农村经济发展、保障国家粮食安全的正确道路，也成为“走出去”的一张亮丽名片，为世界农业发展、构建人类命运共同体贡献了中国力量。65年来，孕育了以“求真笃行、敬农致用”为核心的新时代农科精神，形成了以“祁阳站精神”“中棉所精神”为代表的农科精神谱系，成为农科院人奋斗不息的精神动力。

多年来，中国农业科学院的发展历程得到各大新闻媒体记者的高度关注和倾情报道，他们成为中国农业科学院改革创新的见证者、记录者、传播者。作为党中央机关报——《人民日报》知名记者的蒋建科同志，36年如一日，一直把中国农业科学院作为联系点，以平均每周2~3次的频率，深入各研究所、实验室、野外试验站、试验基地等采访调研，足迹遍布全国各地，坚持真与实，不怕苦与累，见证并报道了中国农业科学院的发展历程，并在我院建院65周年之际，结集出版《用科技端牢中国饭碗——人民日报记者眼中的中国农业科学院》这一扛鼎之作。

该书以时间轴为主线，集中反映了改革开放以来中国农业科学院在各方面取得的成就，既展现黄淮海综合治理获得我国农业领域首个国家科学技术进步奖特等奖的重要时刻，也报道了牵头组织全国开展农作物种质资源大协作的重要事件。既有组织北方旱地农业和南方红黄壤科技攻关的强力报道，也有攻克三系杂交抗虫棉等关键技术、培育各类农作物新品种的重点宣传。作者善于捕捉关于国计民生的重大问题，长期跟踪“藏粮于地”、“藏粮于技”、大豆育种等热点，刊发了一系列宣传报道。有的重磅报道刊登在了《人民日报》头版头条等重要位置，还有的重大采访在《人民日报》整版专题报道。难能可贵的是，作者还长期跟踪中国农业科学院科技体制改革，对创新工程等进行了深度报道，产生了广泛的社会影响。《用科技端牢中国饭碗——人民日报记者眼中的中国农业科学院》不是一本简单的新闻作品集，而是“三农”记者36年“蹲点式”采访铸就的精品力作，是一幅描绘农业科技创新的立体画卷，真实再现了中国农业科学院发展的辉煌历程。

回望历史是为了更好地前行。中国农业科学院作为我国农业领域国家战略科技力量，深刻认识到加快推动高水平农业科技自立自强的极端重要性。站在新的历史起点上，我们要紧密团结在以习近平同志为核心的党中央周围，深刻领悟“两个确立”的决定性意义，增强“四个意识”、坚定“四个自信”、做到“两个维护”，持续深入落实习近平总书记贺信精神，扎实贯彻党中央、国务院和农业农村部党组关于“三农”工作、农业科技工作的各项决策部署，围绕“四个面向”“两个一流”，不忘初心、牢记使命，勇于担当、锐意创新，聚焦种子、耕地、生物安全、农机装备、绿色低碳、乡村发展等重点领域，高质量履行引领支撑乡村振兴和农业农村现代化的职责使命，高水平推动我国农业科技整体跃升，为加快农业农村现代化，实现第二个百年奋斗目标、实现中华民族伟大复兴的中国梦奋力谱写新的篇章。

“铁肩担道义，妙手著文章。”中国农业科学院的高质量发展，始终离不开党报党刊和新兴媒体的大力支持与报道，我们真诚地希望更多的媒体记者朋友们像蒋建科同志这样，一如既往地关注报道中国农业科技创新！

中国农业科学院院长、中国工程院院士　吴孔明

中国农业科学院党组书记　张合成

2022年5月26日

目　　录

评论篇

访谈篇

人物篇

通讯篇

消息篇

评论篇

农科开放日何以受欢迎

农科开放日变“漫灌”为“滴灌”，有针对性地补足短板，是做好农业科普工作的有益探索。

富含花青素和虾青素的玉米、自带茶香的口罩和牙膏、手机一扫就能检测农残的试纸条……在不久前的第四届农科开放日上，中国农业科学院遍布全国的35个研究所开门迎客，不仅展示了众多最新农业科技新成果，还邀请公众走进实验室、试验田、种质库等农业科研设施，参与现场品鉴、动手实验、耕作活动。这些别开生面的体验，让人们近距离感受农业科技的神奇与魅力。

农科开放日是中国农业科学院推动科普的一项品牌活动。自2019年举办以来，成为公众了解农业科技进展、弘扬科学精神、传播科学知识的重要平台。初步统计，前3届累计吸引900多万大中小学生通过线上线下参与，赢得社会各界的广泛赞誉，探索出一条科普新途径。

农科开放日何以受欢迎？关键是活动大胆创新，突破了传统专家台上讲、公众台下听的模式，把公众放在中心位置，紧紧围绕公众需求积极探索开展深度科普。

首先，直击科普热点和痛点。针对公众普遍关心的种子、耕地、食品安全等问题，农科开放日全面系统展示中国农业科学院所取得的一系列重大成果，积极回应公众关切。其次，增加品尝和动手环节，增强了科普的趣味性和吸引力。现场可以喝胡萝卜汁、品尝各类瓜果，还有市场上见不到的最新品种，极大满足了公众的好奇心。再次，贴近生活，贴近实际。百姓餐桌上的每一种食物，中国农业科学院几乎都有一个研究所去研究。农科开放日上的展品，从米面油到瓜果菜，从肉蛋奶到茶花棉，都是日常生活离不开的必需品，每个人都能参与进来，同时发表自己的看法，科普效果明显。最后，科研人员还能够贴身耐心讲解。农科开放日上活跃的身影，既有著名院士专家，也有在读的博士、硕士，他们积极筹备，精心创作，把最新的原创科技成果及时分享给公众。

近年来，我国的科普事业取得巨大成就。但在一些地方和领域，科普工作还存在只重形式、“大水漫灌”等情况，效果有待提高。农科开放日变“漫灌”为“滴灌”，有针对性地补足短板，是做好农业科普工作的有益探索。尤其是让数百万中小学生感受到农业科技的魅力，使得崇尚科学的种子在青少年心中生根发芽，将对培育农业科技人才和壮大科研队伍起到积极推动作用。

（《人民日报》，2022-07-11，第 19 版，《创新谈》）

全方位加强育种科研人才队伍建设

要积极采取相应政策，制定更加适应育种科研特点的考核和绩效管理办法，让有志于从事育种的青年人才安心科研。

前不久，3 位青年科研人员荣获“王连铮大豆青年科教奖励基金”，该基金自设立以来已经连续颁奖 3 次，共有 10 位青年科研人员获奖。

王连铮是我国著名大豆育种专家，他主持选育的大豆品种“中黄 13”近 30 年来在国内推广面积超 1 亿亩，也是迄今唯一获国家科学技术进步奖一等奖的大豆品种。在长期的育种实践中，王连铮深感育人和育种同样重要。为此，他将自己获得的几项科研奖金捐出，设立了“王连铮大豆青年科教奖励基金”，用于奖励在大豆科学研究与生产中取得突出成绩的青年科技人才。

多年来，我国高度重视育种科研，为农业增产增收发挥了关键作用，涌现出“杂交水稻之父”袁隆平、“小麦远缘杂交育种奠基人”李振声等杰出的育种专家。很多育种领域的大科学家有一个共同特点，就是坚持一手育种、一手育人，为国家培养了一大批育种人才，成为农业界和科技界学习的榜样。

同时也要看到，我国在育种人才培养方面还有一些短板，人才短缺等问题还比较突出。这背后有几方面的原因：一是育种周期长、难度大，与此同时，对育种科技人员的长期稳定支持不够，评奖、职称晋升等方面激励不足，不利于调动科研人员的积极性；二是育种工作常与试验田为伴，要经常出差下地，工作环境较差，使得一些青年科研人员宁可选择在实验室做研究，也不愿意到试验地搞试验；三是育种人才、设施等多集中在科研院所，离实际应用有距离，“育繁推一体化”体系尚未完全建立，导致人才效用没有得到充分发挥。

种子是我国粮食安全的关键，育种的关键是培养人才。目前，中央和地方的科研单位都已积极行动起来，围绕解决种业“卡脖子”问题设立了许多科研课题，鼓励采用各种新技术、新方法，力求尽快取得突破。任何新技术、新方法要体现出其效益，最终都要与人才相结合，也意味着要全方位加强育种科研人才队伍建设。

育种有自身规律，育人也是如此。要积极采取相应政策，吸引和鼓励人才投身育种科研。制定更加适应育种科研特点的考核和绩效管理办法，让有志于从事育种的青年人才安心科研，愿意把毕生精力投入到育种事业，把论文写在祖国大地上。从根本上解决种业“卡脖子”问题，培育出更多更好的农作物新品种，把中国人的饭碗端得更稳。

（《人民日报》，2022-05-09，第 19 版，《创新谈》）

努力实现种业科技自立自强

全球种业科技的创新在加速，需要我们有更大力度、更远谋划的创新作为。

最近，我国自主培育的白羽肉鸡新品种发布，打破了长期以来国外对白羽肉鸡种源的垄断。白羽鸡肉在我国鸡肉总量中占比超过一半。畜禽品种是农业种业的重要组成部分，长期以来我国白羽肉鸡种源一直依赖进口，受制于人，新品种的选育成功，为实现种业科技自立自强作出了积极的示范。

种子是农业的“芯片”，对于农业现代化起着基础性作用。20世纪90年代，我国黄河流域棉区大面积暴发棉铃虫，造成了巨大的经济损失。棉花科技工作者联合产业上中下游力量，齐心合力、联合攻关，最终成功培育出一大批国产抗虫棉品种。被誉为我国农业领域“两弹一星”工程的黄淮海科技攻关，培育了一大批农作物新品种，成果惠及20个省份、3.8亿人口、4.7亿亩耕地，为结束我国千百年来的缺粮历史作出了重要贡献。长期以来，在种业领域，我国农业科技工作者奋力攻关，积极促进了农业科技创新发展和普及应用。

种业是粮食之基。端牢中国人自己的饭碗，种子是关键。近些年，我国种业有很大进步，农业生产用种安全有保障。但还有不少“卡脖子”的难题。例如，玉米和大豆种子基本自给，但受育种及栽培等因素影响，单产与世界先进水平还有差距；少数蔬菜品种还不能很好满足市场的多样化需求，一些适宜设施栽培、加工专用的蔬菜品种仍需要进口……与此同时，全球种业科技的科技创新也在加速。无论是解决这些难题还是追赶超越，都需要我们有更大力度、更远谋划的创新作为。

首先，要扬长避短，充分发挥我国集中力量办大事的制度优越性，开展科研大协作、大联合，开展种源“卡脖子”技术攻关，打好种业翻身仗。其次，种业本身是一个系统工程，涉及种质资源收集和评价，新品种选育、中试、推广，更需要产业的密切合作。单靠几个课题组、几家研究机构是远远不够的。要大力支持种业龙头企业，建立健全商业化育种体系，加强制种基地和良种繁育体系建设，促进育繁推一体化发展。再者，要对育种基础性研究以及重点育种项目给予长期稳定的支持。万丈高楼平地起，基础性研究往往是“卡脖子”的薄弱环节，更需要加强。长期稳定支持则是育种的决定性因素，应出台长期稳定支持育种的政策措施，鼓励企业和社会资金支持育种。

同时，加强育种领域知识产权保护必不可少。应及时让每一个新品种、新技术得到有力的知识产权保护，保护创新的积极性，从而激励种业科技不断迈开创新步伐，加快实现自立自强。

（《人民日报》，2022-01-10，第 19 版，《创新谈》）

让青年科研人才脱颖而出

创新是第一动力，人才是第一资源。坚持创新在我国现代化建设全局中的核心地位，把科技自立自强作为国家发展的战略支撑，就要重视青年科技人才的培养。

习近平总书记在科学家座谈会上指出，要高度重视青年科技人才成长，使他们成为科技创新主力军。

日前传来好消息：自 2017 年首次召开人才工作会议以来，中国农业科学院取得多项重大原创性科学发现，首次成功克隆杂交稻种子，解决二倍体马铃薯自交不亲和与自交衰退难题……取得如此多的成绩，一个重要原因是中国农业科学院大力构筑人才高地，优化创新生态，让青年科研人才脱颖而出，挑起了科研大梁。

青年兴则国家兴，青年强则国家强。科学发展规律证明，赢得青年才能赢得科学的未来。要想在科学事业上实现从跟跑到领跑的跨越，就要不拘一格发现并放手使用优秀青年人才，为他们脱颖而出提供舞台。

作为新中国最早成立的三大科学院之一，中国农业科学院同其他大院大所一样，在持续深化改革中也遇到不少问题。对此，中国农业科学院先后实行了工资托底和青年英才培育工程，提供稳定持续经费支持，破除“论资排辈”和“四唯”倾向，推出 40 岁以下研究员和 35 岁以下副研究员晋升“绿色通道”等一系列支持青年人才的政策措施，帮助他们迅速成长。

实践证明，培养青年人才首先要有耐心，要像育苗育秧那样，舍得投入，切实解决他们工作和生活中遇到的实际困难，等待禾苗慢慢长大，才能迎来大丰收。其次要树立“使用就是最好的培养”的理念，敢于给青年人才压担子，积极推荐他们承担重大课题，宽容失败，让他们在科研一线迅速成长。还要建立符合不同学科规律的人才评价机制和激励机制。在一些研究周期比较长的学科领域，要建立相应的人才分类评价机制，提供稳定的经费支持，厚植创新发展沃土，营造有利于人才辈出的良好环境。

创新是第一动力，人才是第一资源。党的十九届五中全会提出，坚持创新在我国现代化建设全局中的核心地位，把科技自立自强作为国家发展的战略支撑。实现这个宏伟目标，就要重视青年人才的培养，让青年科研人才脱颖而出。这方面，中国农业科学院的做法值得借鉴。

（《人民日报》，2020-12-14，第 19 版，《创新谈》）

麻类植物多功能开发的启示

颠覆性思维的本质，是勇于大胆创新。采用颠覆性思维研发的成果，不仅具有一般成果的属性，还具有更强的前瞻性、更大的推广价值和更广阔的应用前景。

提起麻类植物，人们自然会想到它们是用来加工纺织品的。然而，笔者日前到中国农业科学院麻类研究所采访时，却看到几十种用麻类植物加工的面条、蔬菜等新产品。

麻类纤维是人类最早利用的纺织纤维，早在4 000多年前，我们的祖先就利用苎麻编织衣物。20世纪六七十年代，麻类植物和棉花被统称为棉麻，是重要的战略物资。改革开放以来，随着科技进步和人民生活水平的提高，纺织原料日益增多，麻类植物的纺织原料功能大大弱化，与之相关的科研工作也陷入低谷。直到后来，中国农业科学院麻类研究所的科研人员以麻类多功能开发为突破口，加大研究和开发力度，利用麻类植物的黄麻多糖含量高、氨基酸种类多、膳食纤维多等特点，开发出保健功能蔬菜、特色面条等——麻类植物变成了可以吃的农作物。

麻类的多功能开发，给我们带来一个重要启示，那就是要倡导颠覆性思维。传统观念认为，麻类主要解决人们“穿”的问题，科研人员却让它们转变成可以吃的农作物。这个“脑洞大开”的奇思妙想，开拓出一片广阔的新天地。

颠覆性思维的本质，是勇于大胆创新。采用颠覆性思维研发的成果，不仅具有一般成果的属性，还具有更强的前瞻性、更大的推广价值和更广阔的应用前景。例如，农作物发生了病虫害，传统的做法是喷洒农药，而颠覆性农业科技则充分利用害虫趋光性的特点，夜间在田野里点上太阳能灯，引诱捕杀害虫，不仅防虫效率提高了，还节省了农药、保护了生态环境，一举多得。

相反，如果局限于原有的思维模式，抱残守缺、不思进取，不仅无法获得更多课题支持，而且难以取得重大的科技成果。

当今世界，科技发展一日千里，知识更新越来越短、技术迭代越来越快。“面朝黄土背朝天”曾经是农业生产的生动写照，而如今，在用各种先进技术打造的植物数字工厂，种植作物不再用土壤，而是按它们的生长需求提供营养液；同时，还可根据不同作物的需求提供光照“配方”，生产出的作物不仅没有污染，而且营养更丰富。

我国是一个农业大国，目前已发现的植物有3万多种，大面积种植的各类农作物仅有300多种。如果采用颠覆性思维，借鉴麻类多功能开发的路径和方法，对现有的农作物进行多功能开发，有望为农业供给侧结构性改革和乡村振兴战略提供更多坚实的技术支撑。

麻类多功能开发的实践告诉我们，科技研发的重要使命是解决生产、生活中的现实问题，遇到困难并不可怕，关键是要大胆创新，找到正确的方法并长期坚持下去，这样科研之路一定会越走越宽。

（《人民日报》，2019-01-28，第19版，《创新谈》）

油菜不止能榨油

科研活动应打破产业和部门的局限，鼓励更多科技人员深入挖掘各个产业和领域的多种功能。

提起油菜，人们通常联想到漫山遍野的油菜花和菜籽油。然而，笔者日前从中国农业科学院了解到，科学家们已经将油菜从过去榨油的使用功能拓展到油用、花用、蜜用、菜用、饲用、肥用六大领域，实现了油菜与乡村产业的全面融合发展。科技引领美好生活，淋漓尽致地体现在小小油菜花上。

这一科学家围绕经济社会发展需求、拓展油菜功用的创新之举，给我们不少启示。

启示之一，是科研活动要善于向产业延伸。现实中，一些科技创新活动往往局限于写项目书，完成课题规定的任务，成果以发表论文为主。对基础类研究来说，这是合理的，但对一些具有应用潜能的项目来说，仅完成验收、发表成果是不够的，这么做不能完全释放科技的力量。

启示之二，是科技创新要善于协同。长期以来，我国科研单位分属不同部门，研究领域分工较细，形成了各管一段的局面。尽管经过多年改革，这种科研分割的状况有了很大改观，但仍有一些科研单位和科研团队习惯于单打独斗，影响了创新能力的发挥。事实上，我国高铁、核电等之所以能名扬世界，一个重要原因就是坚持全国一盘棋，坚持协同创新，最终取得重大突破并获得自主知识产权，拿到走向国际的“通行证”。

启示之三，是科技创新要为解决现实需求服务。开发油菜的多种功用，并不是科学家坐在实验室想象出来的，而是依据人们的需求确定的研究方向。例如，近年来随着人们生活水平的不断提高，节假日外出旅游的家庭增多，这其中，以观赏油菜花为代表的休闲农业异军突起，成为增长较快的一个领域。然而，传统的油菜品种花期较短，花色单一，不能满足人们的需求。为此，科学家们通过科技创新，增加了白色、橘黄、红色等五彩油菜花，花期延长10~15天，提升了油菜花的旅游价值。

建设创新型国家，满足人民日益增长的美好生活需要，需要油菜多功能开发这样的理念和思路。借鉴这种理念和思路，我国的科技创新才能更好地实现跨越。愿相关部门在项目申报、评奖、推广等方面出台相应政策措施，打破产业和部门的局限，鼓励更多科技人员深入挖掘各个产业和领域的多种功能，让科研活动在经济社会发展中发挥更大的支撑作用。

（《人民日报》，2018-04-02，第 20 版，《科技杂谈》）

农业科技也能成中国名片

我国的农业科技并不“土”，完全可以走出去并且引领世界科技发展，关键是要增强自信，持续开展自主创新。

最近，中国农业科学院 61 项新技术和新产品“走出国门”的消息引起广泛关注：这批技术和产品遍布亚、非、美、欧 150 多个国家和地区，涉及育种、植物保护、畜牧医药，等等，有力配合了国家“一带一路”倡议和农业“走出去”战略的实施。这也是继高铁、核电走出去之后，又一个中国科技走出去的成功案例，成为又一张亮丽的中国名片，广大农业科技人员也备受鼓舞。

提起农业，一般会认为有点“土”，科技含量不高。事实上，改革开放 30 多年来，随着我国经济实力的快速上升，以及科技体制改革的不断深入，我国农业科技成果的数量和质量均有了质的飞越。权威数据显示，我国农业的科学研究水平离国际先进水平的差距仅为 5~10 年，在一些领域，如杂交水稻、禽流感疫苗、转基因抗虫棉等已经达到国际先进甚至领先水平。

农业科技走出去，给人以不小的启示。

首先，要有国际视野。注重国际合作不仅是中国农业科学院多年来的传统，也是重点工作之一。从 2002 年起，中国农业科学院实施海外高层次人才引进工程，吸引了一大批具有国际视野的高端人才。以中美两国签署的首个中国生物农药“阿泰灵”海外独家代理合作协议为例，其主要研制者邱德文研究员 2002 年回国后就开始尝试用一种新的思路，研制一种诱导免疫的农药。开阔的国际视野正是该项成果的基础。

其次，要不断深化科技体制改革。近年来，中国农业科学院实施的“科技创新工程”，以“建设世界一流农业科研院所”为目标，突出体制机制创新，调整优化学科布局，凝练科研方向，加强人才团队建设，改善科研条件，全面提升创新能力，从而催生一批具有世界水平的科技成果，增强了走出去的实力。

再次，要有超前的洞察力。10 多年前，当禽流感疫情向我们袭来的时候，中国农业科学院研制成功的禽流感疫苗成为阻击疫情的锐利武器。其实早在 1994 年，从美国回到中国农业科学院哈尔滨兽医研究所工作的科学家就力主开展对禽流感的研究。可以说，正是这种超前的洞察力奠定了中国禽流感研究在世界的地位。

最后，要坚持自主创新。要走向世界，没有自主知识产权就寸步难行。20 世纪 90 年代，我国黄河流域棉区大面积暴发棉铃虫，造成了巨大的经济损失。外方代表来到中国，提出只要肯出数千万美元，就可以把转基因抗虫棉技术转让给我国，但条件是中国不能进行转基因抗虫棉的育种。深思熟虑之后，中国农业科学院棉花研究所的科学家们最终作出了一个有胆识的决定：不管道路多么坎坷，一定要研制出具有自主知识产权的抗虫基因和国产转基因抗虫棉。如今，“中棉系列”棉花新品种能走向世界，最根本的还是具有自主知识产权。

农业科技走出去的实践再次证明，我国的科技完全可以走出去，可以引领世界科技发展。只要抓住增强自信、持续开展自主创新这个关键，未来会有更多的科技走出国门，助力中国创新成为全球创新的重要一极。

（《人民日报》，2016-12-12，第20版，《科技杂谈》）

“农科样本”说明啥

中国农业科学院的改革实践证明，科技体制与其被动改不如主动改，局部改不如全面改，晚改不如早改。

日前中国农业科学院工作会议上传出好消息，该院原始创新能力快速提升，取得多项领跑国际同行的原创性科学发现，产生了重大国际学术影响。这得益于该院实施的科技创新工程，这一工程由财政部和农业部支持，是第三个国家级科技创新工程。

科技创新工程实施前，由于缺乏稳定的财政支持，全院科研人员的科研工作基本上是跟着钱走，什么地方给钱就给什么地方干什么样的事，形成了小作坊、碎片化、各自为政、小而全的局面，不同研究所之间的交叉重复研究十分普遍，不能很好地体现农业科研“国家队”的作用。

实施科技创新工程，改革原有的科研模式，并非一帆风顺。有的科研人员认为，经费稳定支持，不就是走“回头路”，吃“大锅饭”吗？是改革还是倒退？一些经费相对充足、小日子过得不错的课题组认为，就应该鼓励课题组自己寻找科研项目，他们担心稳定经费支持后，科研经费反而比以前减少。

中国农业科学院采取逐步探索，稳步推进的方法实施科技创新工程，取得显著效果，被称为全面深化改革的“农科样本”。他们的做法给人以启示。

一是做好顶层设计。针对国家对农业科研的重大需求，将全院原有的 1 026 个课题组调整优化成 315 个科研团队，解决了“大科研，小作坊”的问题，进一步凝练了科研方向和主题。

二是试点先行。在全院近 40 个研究所中遴选条件较好的研究所先行试点，鼓励大胆探索。对从事基础研究的人员，把发表论文的质量和数量作为主设计指标；对从事关键技术和装备开发、产品设计人员，则可按专利、产品、标准等的数量、质量和效益考核；对于成果转化人员，则按其推广品种、转化成果、转让技术与专利所带来的经济效益考核。这种科学合理的人性化考核评价，使科研产出成倍增加。

三是不断总结经验，加强交流和培训。在实施创新工程过程中定期不定期举行经验交流，各所之间相互学习，取长补短，既能使好的做法及时推广，也避免了一些改革再走弯路。

“十二五”期间，中国农业科学院共获国家级科技成果 30 余项，发表 SCI 论文接近 8 000 篇，授权专利 3 700 余项，是“十一五”期间的 5 倍多，审定农作物新品种 470 余个，培育出具有国际领先水平的细毛羊新品种，北京鸭配套系、中蜜 1 号配套系和试验用小型猪近交系种群，打破国外畜禽品种垄断我国市场的格局。

中国农业科学院的改革实践证明，科技体制改革不是要不要改，能不能改的问题。与其被动改不如主动改，局部改不如全面改，晚改不如早改。

（《人民日报》，2016-01-25，第 20 版，《科技杂谈》）

研究室为何消失？

用创新团队替代研究室后，淡化了行政色彩，任务目标更加明确，学科和研究优势更加突出，内部协同创新能力也得到提高。

不久前到中国农业科学院所属农业部环境保护科研监测所采访，惊奇地发现，该所竟然取消了研究室，取而代之的是创新团队。

这可让人吃了一惊：一般来说，研究室是科学研究的基本单元，也可以说是整个科研体系的基本细胞，取消研究室，步子是不是迈得有些过大？

当事人告知了缘由：自从这个研究所被中国农业科学院列为第二批科技创新工程试点单位后，为适应创新工程管理的需要，突出研究所的研究主体功能，创新科研组织形式和管理形式，因此实行了以团队管理为基本单元的管理改革，取消了所有的业务研究室。在科研管理层面，组建了3个领域中心，每一个中心由3个创新团队组成。领域中心履行协调学科领域的宏观管理与服务职能，形成了“学科—领域—研究方向—创新团队”的科研组织管理模式。于是，多年以来的研究室“消失”了。

事实上，在许多科研单位，研究室作为科研活动的最基层执行单位，有一定行政级别，有一定的人财物分配权，无论哪一级的课题，都要靠研究室落实，这种组织形式曾为我国的科学事业作出了巨大贡献，今后也仍会发挥其作用。

然而，面对现代科学研究事业，这种科研组织形式也出现了一些不适应的地方，主要表现在：首先，研究室的行政色彩阻碍了人财物的流动和不同研究室之间的协作，相互配合也出现一定困难，不利于大型科研课题的高效率协作运转；其次，不同研究室之间研究领域容易出现重复和交叉，导致无序竞争和重复研究，使宝贵的科研资源配比分散，力量不够集中，缺乏持续创新和攻关能力；最后，研究室由于自身限制，缺乏全局性设计解决问题的能力，单兵作战或小作坊式工作模式无法攻关重大科研题目，因而难以取得重大科技成果。

用创新团队替代研究室后，好处是明显的。比如，淡化行政色彩，创新团队实现岗位管理，人才能进能出，能上能下，研究人员如同破壁的孢子粉一下将“营养物质”释放出来。同时，创新工程以解决科技问题为导向，创新团队任务目标更加明确，学科和研究优势更加突出，围绕重大课题，不同的创新团队之间可以实现无缝隙合作，实现优势互补，提高内部的协同创新能力。此外，研究所一级也能更好地调配资源，实现创新团队高效管理，确保研究方向始终朝着预定的目标迈进不跑偏。

中国农业科学院的这个研究所取消研究室，是为了实现科技体制改革不留盲区、不留死角的目标，防止在研究室这一科研层面上形成“梗阻”。从这个意义上看，取消研究室是一个有益的探索。当然，科研工作的具体组织形式不能千篇一律，应当从实际出发，多种多样，改进和完善现有的研究室形式也是一个途径。

（《人民日报》，2015-07-06，第20版，《科技杂谈》）

小麦专家缘何为玉米说话

科研分工日益细化，应对重大科技的挑战，单靠一项技术、一个学科单打独斗已难奏效；不同系统、不同学科、不同单位的专家，应该密切合作、协同创新。

今年秋收，中国农业科学院的一项试验收到良效：在综合技术集成的示范田内，水稻、玉米、小麦等多种作物产量均创新高。

通常，在一块土地上种植多种作物，受水分、营养等供给资源的限制，往往难以使它们都增产，中国农业科学院是如何做到的？采访中，一位科技人员的玩笑“我们的小麦专家都开始为玉米说话了”，让笔者发现了成功的秘密。

“小麦专家为玉米说话”是指，在北方适合小麦玉米连作的地区，为了实现全年亩产吨粮的目标，将一部分本该属于小麦的光热水肥条件让给玉米，发挥玉米的增产潜力，产量从400公斤提高到600公斤；同时，保持住小麦400公斤的产量，两者相加，实现“吨粮”的目标。

做科研，通常是干什么就吆喝什么：小麦专家会说小麦的重要性，玉米专家会强调玉米的重要性。但在遇到“多因一效”问题且这些“因”还存在竞争关系之时，如果仍唯我独尊，就不一定明智了。假使小麦专家不把水光热资源让一点给玉米，小麦的产量可能不受损失，但玉米不能增产，吨粮田的目标就会落空。

中国农业科学院的成功做法，启示我们要用系统工程的原理去组织科研，打破学科、部门、课题组界限、相互协同，形成“多因一效”的良好局面。从“两弹一星”到载人航天，从人工合成胰岛素到杂交水稻等，都证明了科研大协作争取“多因一效”的意义。

遗憾的是，目前在多数科研领域，画地为牢、各自为战的局面并没有改观。院所之间，研究室之间，甚至课题组之间仍有各种有形无形的栅栏，申报相似课题时，不仅通气少，甚至相互贬低。如此“围墙”不打破，不仅导致无效的低水平重复研究，也使有限的科研经费成了“胡椒面”，大家都难以获得重大科技成果，难以形成核心竞争力。

在科研分工日益细化的当下，要想战胜重大科技挑战，单靠一项技术、一个学科单打独斗已难奏效；不同系统、不同学科、不同单位的专家，应该相互补台、密切合作、协同创新。

例如，在研究雾霾问题时，火电专家能否为核电和风电说说话，煤炭专家能否为天然气说说话，汽车专家能否为自行车说说话？再如，治理交通拥堵，公交专家能否多考虑一下地铁的优势，汽车专家能否多摆摆骑车出行的好处？

如果相关行业的专家都能从大局出发，破除一亩三分地的狭隘观念，既看到自己的长处、也看到对方的优势，以人之长补己之短，让有限的资源得到最为科学、合理的分配，相信许多复杂的科技问题会解决得更快更好些。

（《人民日报》，2014-10-31，第 20 版，《科技杂谈》）

不能侵占科研用地

农业科研用地是第二实验室，是成果孵化的基地，是培育新品种和新技术的“沃土”，其中的微生物、各种元素等与一般的土壤有根本的区别。

不久前去一家地处城市近郊的农科所采访，所长无奈地说：请帮忙呼吁一下，不要再侵占我们的科研用地。地被占了，科研怎么搞？粮食还怎么增产？

近几年，随着城市化进程加快，许多地处城近郊区的农业科研用地被征用。更令人意想不到的是，最近一家农科所在与地方的谈判中，提出要将科研用地里的土壤转移到新补偿的土地上，结果被对方说成瞎胡闹、成心出难题。

一位农业科学家说，其实这是合理的要求。因为科研用地是第二实验室，是成果孵化的基地，是成果展示的窗口，是农民种地的样板和技术推广的标准田，是农业科研成果的物质基础。如果把大田比做粮食的生产车间，科研用地就是这个工厂的模具。使用了几十年的科研用地，是培育新品种和新技术的“沃土”，其中的微生物、各种元素等与一般的土壤有根本的区别，它所承载的许多东西是搬不动、移不走的。

另外一位农科人员更是指出，我们经常看到、听到这样的新闻：为保护一个文物古迹，甚至一棵古树，道路和桥梁都可以不惜增加成本，绕道避开古迹或古树。那么，在今天大家都强烈要求增加食品数量、保障质量安全的时候，为什么不可以在道路、铁路、桥梁和其他基础设施规划和建设前为科研用地绕一点道呢？

农业科研用地是农业科研不可或缺的创新物质保障。诚然，随着经济社会的快速发展，一些科研用地不可避免地要被征用。但是，这些科研用地是经过专家多方考察、研究才选定的，不能说占就占；补偿的科研用地也必须符合科研的特殊要求，不是随便找块地方都行。因此，在征用或者置换过程中，一定要严格按照科研用地的特殊性和科学家的要求，尽量保证科研用地的原始状态，保护好科研成果。

令人欣慰的是，四川省第九届人大常委会第十二次会议通过的《四川省〈中华人民共和国土地管理法〉实施办法》第三十七条明确规定："国有农、林、牧、渔业等单位的生产、科研、教学用地，不得侵占。因特殊需要必须提供给其他单位使用或者改作基本建设用地的，应当征得省有关主管部门同意，并按照国家有关规定适当补偿，妥善安置人员后，依法办理用地审批手续。"该办法同时还明确规定，使用权变更必须坚持有偿变更，必须征得单位职工大会同意并经单位领导集体讨论同意，形成书面决议，并经参会人员签字盖章，等等。

四川省的做法给我们以启示，在城市化进程中，一定要把保护好科研用地放到重要位置上。因为这些特殊的土地不仅关系到当代人的饭碗，更关系到子孙后代的吃饭问题。

（《人民日报》，2011-08-29，第 20 版，《科技杂谈》）

期待种业“翻身仗”

国以民为本，民以食为天，食以种为先。“一粒种子可以改变一个世界”，反过来讲，一粒种子也可以击垮一个产业，甚至危及一个国家的粮食安全。

农业发展离不开科技的支撑，作物品种的改良提质、更新换代更是如此。联合国粮农组织的研究表明，未来国际粮食总产增长的20%依靠面积的增加，80%依赖于单产水平的提高，而单产的60%~80%又来源于良种的科技进步。

作物良种是高度集成而物化的科技成果。改革开放30年来，经过广大农业科技工作者的不懈努力，农业科学技术成为我国与国际水平差距最小的领域，杂交水稻、矮败小麦等一批重大创新成果已经处于世界领先水平，为保障国家粮食安全作出了突出贡献。

但是，我们必须清醒地认识到，由于我国科技的整体实力落后于发达国家，美、日等国经过两百多年的积累，种业科技后来居上，在大豆、蔬菜、水果等领域更是遥遥领先；加上我国种业产业化起步晚，市场化改革只有十年时间，一时还无法同实力雄厚、成功实现商业化的跨国大公司抗衡竞争，面临的形势十分严峻。就像工业领域的关键核心技术一样，如果我们的作物品种不能及时推陈出新，如果不能培育出具有自主知识产权的优良新品种，就很可能出现受制于人的被动局面。

与此同时，随着我国今后工业化、城镇化的加快发展，土地的制约将日益突出，我国农业还面临极端天气增多、水资源减少等多种客观因素的挑战。要想在这样的情势下保障粮食持续增产，就必须更加依靠种业科技的有力支撑。因此，打一场种业科技的“翻身仗”，已是迫在眉睫。

打赢这场“翻身仗”，除了广大农业科技工作者奋勇拼搏，还要打破体制、机制制约，打破部门、行业界限，形成合力、提高效益；进一步深化产学研合作，提高科技成果的转化、推广效率。同时，要切实增强知识产权意识，避免陷入国外专利的包围圈。

“亡羊补牢，犹未为晚”。在长达1 000多年的时间里，我国的农业科学技术曾领先于世界各国。只要我们迎难而上，就一定能打赢种业科技的“翻身仗”，把粮食安全的主动权牢牢掌握在自己手中，再创农业文明古国的新辉煌。

（《人民日报》，2010-02-01，第20版，《科技杂谈》）

以“帽”取人要不得

以“帽”取人、按“帽”论价，不仅会打击许多科研人员的积极性，还可能破坏学术生态，不利于科技事业的发展。

前不久，中国农业科学院人才工作推进会上传出一个消息：作物科学研究所一位没有人才“帽子”的资深科研人员争取到了大项目，同时进入院里的“农科英才”特殊支持计划。这意味着接下来的5年，该科研人员每年将获得较高的岗位补助和稳定的经费支持。此事在农业科技界引起了不小反响。

所谓人才“帽子”，形容的是各部门或地方在实施人才工程中对入选优秀科技人才的种种称号或“头衔”。此前，在农业科技领域，入选一些大的科技计划存在以“帽”取人的情况。中国农业科学院实施的高层次人才特殊支持政策，打破职称、年限、资历等限制条件，使得“帽子”之外有了更多衡量人才的标准。此事之所以能引起科研人员的关注，就在于其突破了“常规”，让一些有真才实学却与“帽”无缘的人能够公平地争取机会。

应当说，给有科研实力或潜力的人才戴上“帽子”，给予相关支持，在培养高水平学科带头人、获得重大科研成果等方面发挥着重要作用。但同时也应看到，在科研实践中并不是“帽子”越大、“帽子”越多，能力就一定越强。要警惕以“帽”取人的不良倾向在科研资源分配和话语权上带来的消极影响。如果一味地将人才“帽子”与科研经费和资源、职称晋升、评奖待遇等挂钩，就容易产生“马太效应”——那些没有“帽子”的科技人员，可能在人才竞争的赛道上越来越落后，从而导致一些科研人员因此不再注重培养自己的科研实力，反倒把工作重心放到争“帽子”上去了。

当下，以“帽”取人已成为科研人员普遍诟病的问题之一。以“帽”取人、按“帽”论价，不仅会影响许多科研人员的积极性，还可能破坏学术生态，不利于科技事业的发展。特别值得注意的是，青年人才中没有或者来不及评上“帽子”的人才占比较大，但他们又是有活力、有拼劲的科研生力军，既需要广阔的发展平台，也离不开适当的科研资源、生活保障支持，以“帽”取人对他们的负面影响更为明显。

因此，只有既看“帽子”更看“里子”，针对不同类型、不同学科人才实行分类评价，以品德、能力、业绩、贡献和潜力为导向，才能让有真才实学的科研工作者脱颖而出，让创新活力竞相迸发。

（《人民日报》，2018-10-26，第 18 版，《科技杂谈》）

用精神力量撑起农业科研这片天

我国广大农业科研人员坚持把论文写在大地上，他们艰苦奋斗、乐于奉献、创新进取的精神成为我国农业科研领域的宝贵财富。

扎根黄河故道，发展果树产业，带动当地农民致富……不久前，笔者到中国农业科学院郑州果树研究所采访，听了该所三代人的科研故事后很受触动。他们在一代代传承接力中不忘初心、扎根沙地、攻坚克难、造福百姓的故事，令人肃然起敬。

原来，60 年前，一批农业科研人员来到黄沙肆虐的黄河故道，不问条件、不计得失，扎下根来为农服务。科研人员在无房屋、无土地、无科研设备的“三无”条件下，与当地农民同吃同住同劳动，引进推广了一批酥梨新品种，解决了一批技术难题，把这片过去贫瘠的土地改造成了生活富裕的绿洲。更为可贵的是，60 年过去了，青年科研人员自觉继承老一辈科学家的优良传统，克服种种困难，继续为农业增产、农民增收提供强大的科技支撑。

在农业科研领域，像郑州果树研究所这样的例子并不少见。农业科研通常与农业生产实践紧密相连，条件普遍比较艰苦。农业科研周期长，培育一个新品种有时需要科研人员一辈子的辛劳。此外，农业科研还存在投入风险高、新品种不易推广等种种难题。面向农业实际需求，坚持做好农业服务，着实需要精神力量的支撑。

多年实践中，我国广大农业科研人员坚持把论文写在大地上，他们艰苦奋斗、乐于奉献、创新进取的精神成为我国农业科研领域的宝贵财富。这些精神的感召和激励，是我国农业科技水平近年来持续攀升，创新成果不断涌现的重要原因之一。

实施乡村振兴战略，离不开农业科技的支撑，当前亟须找准农业科技突破方向，着力破解制约农业创新发展的突出科技难题。国家的需要为广大农业科研工作者提供了更广阔的舞台，也需要更多农业科研工作者扑下身子、深入乡村，解决农业发展中的实际科学问题。

（《人民日报》，2018-08-31，第 18 版，《科技杂谈》）

拿什么考核你?

符合创新规律的考核才能“考”出科研生产力，才能保障产出高质量科研成果。

近一段时间以来，中国农业科学院农产品加工研究所因承担马铃薯主食化课题，让马铃薯馒头、马铃薯面条走上百姓餐桌而进入公众视野。在中国农业科学院全院研究所的综合评价中，该所连续 3 年稳居发展速度第一。

谈起农产品加工研究所快速发展的原因，所领导认为，坚持合同聘用、分类考核、动态评价、定量与定性考核相结合的综合考评起到了关键作用。

绩效考核是科研管理的必要手段，考评指标的设置具有直接的导向作用，是广大科研人员努力的风向标，科学合理的考核方式是提高科研效率的重要途径。通常来说，现代科研院所的人才队伍按照工作性质，大致可分为科研、科辅、转化与管理四大类型。工作性质不同，其内容、任务、目标也不相同，考核的办法也应有所区别。但在实际操作中，大多数管理者采取打分的办法，无论从事哪类工作，都实行量化考核。采用该方法考核，往往忽略了科研课题本身的不可比性，和发表论文的刊物的学科与专业的不可比性等因素，最后都被折算成分数考核绩效、排队评比。

科技创新是一项十分复杂的系统工程，需要科研、科辅、转化和管理等不同领域的人才通力协作；即便是科研本身，也常常因学科、专业的不同而差异巨大。量化考核这一貌似公平公开的考核方法，实际上背离了科技创新的规律。

比如，以 SCI（科学引文索引）论文为主要评价指标，就让从事应用研究、成果转化与综合管理的科研人员很尴尬，因为他们通常很难发表高水平的SCI论文。同样，如果以经济效益作为主要评价指标，从事基础研究的科研人员则很难创造出经济价值。针对这些弊病，农产品加工研究所大胆改革，制定了新的考评原则，建立了一套综合考评制度。对从事基础研究的人员，把发表论文的质量和数量作为主设计指标；对从事关键技术和装备开发、产品设计人员，则可按专利、产品、标准等的数量、质量和效益考核；对于成果转化人员，则按其推广品种、转化成果、转让技术与专利所带来的经济效益考核；对于科研辅助和管理人员，可由科研人员或其他服务对象按照服务的质量、数量等进行打分考核。

实践证明，这种科学合理的人性化考核评价，有效激发了全所工作人员的积极性和协同创新能力，使科研产出成倍增加，科研效益大幅提升。

随着科技体制改革的不断深入，过去那种“一刀切”式的评价方式已经无法适应科技创新的新形势。因此，迫切需要探索分类考核这样更符合创新规律的考核方式。符合创新规律的考核才能考出科研生产力，才能保障产出高质量的科研成果。

（《人民日报》，2015-07-31，第20版，《科技杂谈》）

给科研人员松松绑

探索形成稳定支持与适度竞争相结合的支持模式，既有利于解决以往科研学术浮躁、短期行为突出、难以出重大成果和重大突破等问题，也能有效防止稳定支持可能带来的“大锅饭”问题。

中国农业科学院实施创新工程，笔者追踪采访了一年多时间，发现最大的变化是，到处跑科研项目的人少了，在实验室专心搞科研的人多了。

农业科研人员过去有“三愁”。一愁跑不来科研项目。跑不来项目，课题组就没活干，研究生们也没有题目来写毕业论文。二愁跑来科研项目，经费使用又有许多严格的条条框框，不能完全按照科研的需要去使用，影响科研效率。三愁出不了大成果。2~3 年的考核周期跟农业科研的长周期之间矛盾尖锐，导致科研人员不得不把准备的大成果拆分成一个个小成果发表以应付诸多量化考核。

愁的背后有原因。调研数据显示，中国农业科学院各学科平均近 70%的科研经费是竞争性经费。应该说，对科研经费进行竞争性申报，是科技体制改革探索多年的经验，它有效打破了过去的“大锅饭”，有利于调动科研人员的积极性，有利于科研成果的产出，也产生了十分明显的社会效果。但这种科研项目申请和管理方式却违背了农业科研的基本规律，农业科研是一个长周期的过程，以作物育种为例，作物一年只能种一季或两季。为了加快育种科研进度，许多农业科研人员到了冬天只能跑到三亚，因为那里的气候能让试验多进行一次。即便如此，没有 8~10 年的时间，也不可能培育出一个新品种。也有许多科研人员甚至一辈子都培育不出一个品种，何谈申请短周期的科研经费项目。

关系国家粮食安全的重大农业科研成果，更需要长时间摸索和不懈努力，这同样是农业科研的铁律。国家最高科技奖获得者中的袁隆平院士、李振声院士，都是经过 30 多年的潜心研究才取得重大突破，就是很好的证明。

财政部、农业部重点支持的中国农业科学院创新工程，正是探索符合农业科研规律的一次重大改革实践。稳定的经费支持，长周期的考核，以及相对灵活的经费使用管理，有效解决了科研人员的“三愁”难题，极大地释放了科研生产力，得到广大农业科研人员的欢迎。

在中国农业科学院创新工程中，按照60%的经费比例给予长期稳定支持，其余40%的经费则通过竞争性项目获取。探索形成稳定支持与适度竞争相结合的支持模式，既有利于解决以往科研学术浮躁、短期行为突出、难以出重大成果和重大突破等问题，也能有效防止稳定支持可能带来的“大锅饭”问题，有利于课题竞争，让人才在竞争环境中脱颖而出。

通过科技体制机制的创新，中国农业科学院创新工程为科研人员“松了绑”，让他们有了更多做实验的时间、自由探索的时间甚至是“发呆”的时间。这也要求科研人员担负起自己的责任，静下心来，专注把准星更好地瞄准世界科学前沿，瞄准国家需求，努力挖掘国家需要的重大科技成果。

（《人民日报》，2014-02-10，第20版，《科技杂谈》）

“国家队”的胸怀

有这样一个权威数据：我国农业的科学研究水平离国际先进水平的差距仅为5~10年，在一些领域，如杂交水稻、禽流感疫苗、转基因抗虫棉等已经达到国际先进甚至领先水平。

取得如此令世人瞩目的成就，得益于党中央和国务院的正确领导，得益于改革开放的好政策，更得益于我国农业科研的大协作，得益于中国农业科学院这个“国家队”的正确领航和有力组织。

照理说，中国农业科学院作为一个科研单位，职责就是搞好自己的科学研究工作。但是，为了国家和民族的利益，他们勇敢地承担起组织全国农业科研大协作的重任。

20 世纪 50 年代末期，当我们的国家急需解决粮食问题的时候，刚刚组建成立的中国农业科学院在有关部门的大力支持下，牵头组织起了全国农作物种质资源收集和育种的大协作，至今已经收集农作物种质资源 38 万份。占据了这样一个丰厚的科技资源，他们完全可以优先使用并培育新品种。但为了向全国提供急需的农作物品种，他们将这些宝贵资源无偿提供给全国的农业科研和教学单位，为培育农作物新品种，实施农作物品种更新换代和我国粮食生产作出历史性贡献。

这就是“国家队”的胸怀！只要国家需要，部门和个人的利益无条件服从国家利益。

“一根筷子轻轻被折断，十双筷子牢牢抱成团。”当国外的转基因抗虫棉大举进军中国市场的时候，又是中国农业科学院再次站了出来，联合北京大学、清华大学等著名高校和科研机构，携手攻克一个又一个技术难关，终于培育出一系列国产转基因抗虫棉，使国产转基因抗虫棉的市场份额从最初的 5%上升到 70%，在与国外转基因抗虫棉的竞争中取得决定性胜利。要知道，没有人让他们这样做，他们的手中既没有行政令箭，也与合作伙伴没有隶属关系。这就是“国家队”的胸怀！

“谁敢横刀立马？”当禽流感疫情向我们袭来的时候，又是中国农业科学院这个“国家队”用自己联合国内相关单位研制成功的禽流感疫苗，有效阻击禽流感疫情的扩散。如何能在如此短时间研制成功疫苗？其实，早在 10 多年前，他们就开始了研究工作，甚至来不及立项，没有经费就自己想办法，没有实验条件也是自己克服。这就是“国家队”的社会责任感！

把国家的战略需求永远放在第一位，把困难和风险留给自己，把出成果的机会留给合作伙伴，无私奉献、淡泊名利、甘做人梯、勇于创新，这就是“国家队”的胸怀！正是有了这样的胸怀，他们才创造了“执着奋斗、求实创新、情系三农、服务人民”的“祁阳站精神”和敢于与外国高技术公司在生物技术领域一比高低的“中棉所精神”。正是有了这样的胸怀，他们才能在全国农业科技界拥有很高的公信力和凝聚力，从而有效地组织起大规模的高水平科研大协作。

今天，我们要建设创新型国家，不正需要这样的胸怀吗？

（《人民日报》，2007-11-08，第14版，《科技杂谈》）

访谈篇

农业科技要能“顶天立地”——访李家洋

新中国成立以来，农业科技对农业增长的贡献率已由“一五”时期的不足20%提高到“十一五”期末的52%。但与建设“高产、稳产、优质、高效、生态、安全”的现代农业新要求相比，与国际农业科技先进水平相比，还存在着巨大的差距。

要认真把握农业科技创新方向，做到“顶天立地”。“顶天”就是要达到国际农业科技前沿高峰，“立地”就是在农业科技产业化、农业生产应用过程中发挥关键作用。

农业科技事业迎来又一个春天

记者：2012年中央一号文件突出强调农业科技创新，出台了一系列重大政策措施，作为农业科研的国家队，中国农业科学院广大科研人员如何认识科技进步在新阶段农业发展中的重要地位？

李家洋：中央今年出台的一号文件，是我国农业科技界迎来的又一个春天。当今世界，农业科技正在孕育新的革命性突破，生物技术、信息技术等高新技术迅猛发展，带动并加快了农业科技创新的进程，以生物组学技术、转基因技术、数字农业技术为代表，全球农业科技正进入创新集聚爆发和新兴产业加速成长时期。欧美等农业科技强国和大跨国公司在农业生物技术领域占据优势地位，正逐步加大进入我国市场的力度和速度。巴西、印度等新兴经济体国家农业科技竞争力也显著增强。世界各国抢占未来农业科技发展制高点的竞争更加激烈。

技术变革和科技进步始终是我国农业农村经济发展的主要动力源泉。新中国成立以来，农业科技对农业增长的贡献率已由“一五”时期的不足20%提高到“十一五”期末的52%。但与建设“高产、稳产、优质、高效、生态、安全”的现代农业新要求相比，与国际农业科技先进水平相比，还存在着巨大的差距。在新的历史时期，围绕保障食物等主要农产品有效供给、促进农民持续增收和实现农业可持续发展的重大战略任务，我国农业科技创新的任务更加艰巨。

所以，农业科技工作者应深刻认识科技进步在新阶段农业发展中的重要地位，承担起发展我国农业科学技术的历史重任，致力于攻克农业发展的科学难关和技术瓶颈，为转变农业发展方式、促进农业农村经济持续稳定发展提供强大的科技支撑，为提升我国农业和农业科技的国际竞争力作出应有的贡献。

记者：中国农业科学院在我国农业科技创新中处于什么地位？目前的创新能力如何？

李家洋：中国农业科学院是离百姓生活最近的一家科研机构，百姓餐桌上的每一样食品，中国农业科学院几乎都有一个研究所对应研究。例如，我们日常吃的主食大米，就有水稻研究所去研究；馒头、面条等有作物科学研究所去研究；居民食用的肉蛋奶就有北京畜牧兽医研究所、哈尔滨兽医研究所等几家机构去研究；要吃蔬菜，我们有蔬菜花卉研究所；饭后吃水果，我们就有郑州果树研究所和在兴城的果树研究所去研究；饭后要喝茶，我们的茶叶研究所去研究，还有一位茶叶院士；炒菜要用食用油，我们就有一个油料作物研究所去研究；大家喜欢穿纯棉衣服，我们还有一个棉花研究所去研究；等等。全院 40 多个研究所，都在为百姓的柴米油盐服务。

经过 50 多年的发展，特别是近 10 年来，中国农业科学院自主创新能力不断提升。“十五”以来，共承担数千项科技项目，获奖成果 700 余项，其中，国家级奖一等奖 6 项、二等奖 48 项，省部级奖 400 多项，取得了超级稻、矮败小麦、转基因抗虫棉、禽流感疫苗、口蹄疫疫苗、双低油菜、高油大豆、植酸酶玉米等一批具有自主知识产权、世界领先的重大科技成果。学科不断优化，初步形成了包含九大学科群、41个重点学科，布局相对完整的现代农业学科体系。科技平台实施日趋完善，已建成或正在建设“农作物基因资源与基因改良国家重大科学工程”“国家农业生物安全科学中心”“国家农业图书馆”等一批重大科研平台。目前，我院拥有国家重点实验室6个、部级重点开放实验室32个，国家动植物改良（育种）中心15个，国家工程技术研究中心5个，国家工程实验室与工程技术中心5个，国家级野外台站5个、部级重点野外台站24个，国家级质检中心3个、部级农产品质量监督检验测试中心35个，为加快科技创新提供了良好的条件保障。

10年来，我院累计推广农作物新品种3 000多个，农业新技术近2 000项，新品种新技术累计推广20亿亩以上、畜禽新品种15亿头（只），有力促进了农业农村经济的发展；我院科学家承担了国家产业技术体系17个首席科学家、182个岗位专家的职责，对产业的支撑能力显著增强。

我院现有1万多名职工，每天平均有1 000多名科技人员和研究生奋战在田间地头或地处农村的试验场站里，我们要接地气。

把准农业科技创新的方向和重点

记者：中国农业科学院目前面临哪些挑战？如何为农业科技创新提供更多科技支撑？

李家洋：在认真总结成绩的同时，我们也清醒地认识到，要实现我院新时期跨越发展，还面临许多重大挑战。

一是高层次领军型人才缺乏。在国内外有重大影响的科学家和创新团队不多，国家杰出青年科学基金等后备人才不足，作为科研生力军的研究生招生数量及博士后人才数量偏低。

二是科技基础条件建设滞后。全院大多数研究所的科技设施、科技平台和试验基地建设与国内外先进水平相比还有明显差距，尚未形成在全国科学布局的试验基地体系，京区研究所的试验用地严重不足。

三是学科布局还需进一步优化。全院研究所之间、研究所内部存在学科方向不明确、学科发展不平衡、学科布局重复等问题，存在一些传统优势学科弱化、新兴学科发展不强、交叉综合学科尚未形成的问题。

四是科学事业费不足。经费结构不合理，保障水平不均衡，人员费和公用经费等基本支出经费短缺，“有钱打仗、无钱养兵”的现象普遍存在。

五是科技成果转化机制尚不健全。尚未建立稳定的农业科技向农业主产区快速转化渠道；全院知识产权运用、保护和管理的水平不高，专业人才短缺；科技产业开发的能力和水平亟待加强。

六是农业宏观战略研究薄弱。全院尚未建立宏观战略研究的组织制度体系，国内外有影响力的专家学者不多，对国家农业及农业科技政策和战略决策的话语权与影响力有待提升。

这些挑战与问题，既给我院的发展带来了压力，同时也是我们的工作动力所在、发展空间所在。只要我们勇于迎接挑战，深刻剖析问题，创新工作思路，扎实开展工作，就一定能够赢得跨越发展的主动权。

记者：在工作实践中，应该如何突出农业科技工作的时代性，把准新时期农业科技创新的方向和重点？

李家洋：农业既是保障人民生活和国家稳定的基础产业，也是弱质产业，决定了必须坚持农业科技公益性定位。农业技术属于公共产品，决定了农业科技投入的政府主导性和公共科研机构的研发主力军地位。农业是自然再生产，产业链条长，农业科技具有区域性明显和研发周期长等特点，决定了农业科研工作要立足长远，超前谋划，超前研究，超前部署。中央一号文件准确把握了农业科技的发展规律，明确了农业科技的定性，并提出要大幅度增加农业科技投入，保证财政农业科技投入增幅高于财政经常性收入增幅，稳定支持农业基础性、前沿性、公益性科技研究。要深刻认识农业科技的公共性、基础性、社会性的重要内涵，切实履行公益性研究职责，为转变农业发展方式提供更多、更强大的科技保障。

当前我国经济发展提出了在工业化、城镇化发展中同步推进农业现代化的新要求，对农业发展提出了保障食物等主要农产品供给、促进农民增收、实现农业可持续发展等一系列重大时代命题。新时期农业科技工作要与这一时代发展形势紧密结合，服从国家战略目标和时代发展需要。要认真把握农业科技创新方向，做到“顶天立地”。“顶天”就是要达到国际农业科技前沿高峰，“立地”就是在农业科技产业化、农业生产应用过程中发挥关键作用。还要认真把握农业科技创新重点，大力加强农业基础研究，加快推进前沿技术研究，着力突破农业技术瓶颈。此外，应进一步改善农业科技创新条件，加强重大科研条件平台建设，加强试验示范基地和科研基础设施建设，加强国际合作交流、引进消化吸收国外先进农业技术。

“国家队”就要争世界一流

记者：中国农业科学院作为农业科研的“国家队”，未来如何引领我国农业科技创新？

李家洋：我认为，应该从以下几个方面着手。

一是明确未来发展新目标。“国家队”就要争世界一流。未来5~10年，中国农业科学院要建设成为世界一流的农业科研院所，成为国家农业科技新思想、新理论、新技术和重大科技命题的策源地，成为国家农业高层次科研人才的培养基地和创新创业基地，成为国家“三农”问题和农业科技发展战略研究的学术重镇。要逐步凸显中国农业科学院在我国农业科技发展中的引领与主导作用，在解决我国农业产业发展全局性、战略性、关键性技术问题上的核心作用，在国际学术界的骨干与引领作用。要进一步弘扬中国农业科学院50多年来积淀形成的核心价值和精神，使其成为全国农业科技战线的旗帜和推进农业科技事业的强大精神动力。

二是把握农业科技发展方向。要面向世界农业科技前沿，以现代农业发展为导向，加强农业基础性、前沿性科学研究，抓好生物技术等农业高新技术研究，在重大农业科学基础研究和关键技术研发上占领制高点，取得新突破。围绕国家农业农村发展的目标和需求，大力推进农业科技应用基础研究、应用研究和试验示范工作，努力在基础理论和方法方面取得一批重大突破，在关键技术和共性技术方面取得一批重大自主创新成果，在农业生产、加工和可持续发展方面取得一批重大实用技术成果。

三是加强自主创新能力建设。要加强院所学科体系建设，形成重点突出、优势明显、相对完整的现代农业学科体系。要加强人才队伍建设，形成科研、科辅、转化和管理四支人才精良、结构合理的科技创新队伍和与之相配套的能激励创新的人才管理体制。

四是大力提升产业支撑能力。面向产业需求，以解决农业发展实际问题为导向，加快重大农业技术成果的研发和转化，使科技成果及时应用于实践问题的解决，发挥应有作用。

具体的思路包括：全力推进现代院所建设、加强农业和农业科技宏观战略研究、加强国内国际科研协作、推进党建和创新文化建设等。

（《人民日报》，2012-04-18，第14版，
《关注·推进农业科技创新高端访谈》）

富硒农业方兴未艾——访陆肇海

“我国是一个缺硒的国家，而人体 40 多种疾病均与人体摄硒量不足有着直接的关系，因此，可以说发展富硒农业前景广阔。”一见面，中国农业科学院原党组副书记、中国微量元素食品链研究会名誉会长陆肇海研究员就开门见山地说道。

作为国内最早研究富硒农业的首席权威专家，陆肇海对此已经连续研究了 40 多年。陆肇海说，年纪比较大的人都知道，以前黑龙江有克山病，后来才知道这是一种缺硒引起的心肌病。科学家采用硒进行预防和治疗，很快就把这种可怕的地方病控制住了。据中国农业科学院对全国 1 000 多个县、市的调查检测结果表明，我国有 72%的地区处于贫硒地带，约有 2/3 的人生活在缺硒地区。研究表明，正常人每日补足 50~250 微克的硒可以使各种疾病发病率有效降低 35%~50%。

陆肇海说，硒是一种人体必需的微量元素，广泛存在于人体内脏之中，体内硒元素的缺乏将导致心脑血管疾病、肝病、肿瘤、糖尿病、呼吸及消化系统疾病等各种疾病的发生，特别是对免疫调节、抗氧化以及防突变等生物学功能引发人体多种疾病的发生发展有着直接和间接的关系。世界卫生组织在 1973 年就已经向全世界宣布，微量元素硒是人体生命活动中不可缺少的重要元素，硒是世卫组织认定的“抗癌之王”。1988 年中国营养学会将微量元素硒列入我们每日必须摄入的 15 种膳食营养素之一。最新公布的全国居民膳食营养调查结果显示，全国人均日摄入硒为 39.9 微克，不到中国营养学会推荐的 4/5。虽然硒少了不行，但也不是越多越好。

当前，我国正处于向全面小康社会迈进的关键阶段，广大居民营养水平迅速提高，不仅满足于吃饱，更要吃好，吃得健康。鉴于硒对人体健康的重要作用，富硒产业必将迎来大发展。陆肇海说，目前市场上打出富硒牌子的食品已经数不胜数，多数还停留在概念炒作，加上价格较高，质量参差不齐，难以满足市场多元化需求。

陆肇海为此提出几点建议。一是注意定量补硒，科学补硒。开发富硒产业要有坚实的技术支撑，在生产和加工过程中都要有标准化管理，才能获得有稳定含量的富硒产品。

二是要着手成立行业协会，加速技术推广，规范产品质量和硒含量，正确引导富硒产业朝着健康方向发展。

三是要密切关注施用硒肥地区的环境。防止一些没有被生物转化利用的硒资源流失，进而可能产生环境污染。

四是有条件的地区可引进生物硒转化率高的品种和技术，生产高品位的生物制品，满足市场需求，这也是现代生物产业发展的必然趋势。

（《人民日报》，2010-08-22，第5版，
《专家观点·关注特色产业》）

洪灾后，水稻产量损失可挽回——访李茂松

南方入汛以来，局部地区洪涝灾害频发，不仅造成严重的人员伤亡，也给农业生产特别是南方水稻生产带来严重影响。

洪水过后，水稻还有救吗？刚从灾区考察回京的中国农业科学院研究员李茂松博士建议，应尽快推广洪水再生稻技术，挽回水稻产量损失。

已推广1 000多万亩，挽回产量损失500多亿公斤

李茂松说，所谓洪水再生稻，就是利用水稻的再生能力，在洪水淹没的稻田退水后，将残留于地面部分割掉，辅之以适当的养分和水分管理、病虫害防控等，帮助水稻再次完成生命周期并获得一

定产量，是一种有效的灾后恢复水稻生产的方式。

当前南方正值关键农时，为最大限度减轻洪涝灾害对水稻生产造成的损失，李茂松建议，应尽快推广洪水再生稻技术。

李茂松介绍，洪水再生稻技术最早于2007年在四川泸县研究成功，当年即推广30万亩，挽回产量损失70%以上。2008年，该技术推广到重庆、四川、湖南等地，面积达到350万亩，挽回损失60%以上。2009年，已经推广到广东、福建、广西、海南等地，深受稻农欢迎。至今累计推广1 000多万亩，挽回产量损失500亿公斤以上。

目前，该技术已经通过农业部组织的成果鉴定。

可迅速恢复水稻生产能力，农民易掌握、见效快

洪水再生稻技术，就是针对遭受洪涝灾害的水稻迅速恢复生产能力的技术，实用性强，农民易于掌握，见效快。

李茂松还为此提出推广洪水再生稻技术的具体建议：第一，要疏通田间沟渠，抢排田间积水，落实扶苗、洗苗、追肥等田间管理措施，促进受灾作物苗情转化；第二，水毁农田，要及时清淤筑埂，增加有机肥使用量；第三，受淹稻田，根据水稻生长发育进程，分类实施洪水再生稻技术，最大限度减轻洪涝造成的损失。

（《人民日报》，2010-08-03，第9版）

利益应有机连接——访李宁辉

种业发展的科技支撑无疑主要由高校、科研院所等科研机构承担。科研机构追求的主要是科研成果。如果科研机构不能从其科研成果的推广应用中获得经济效益，那么科研机构的全部活动过程也基本上到成果发布为止，并完全有可能出现这种情况，就是某些成果进步很大，但为了今后一定时期内能不断有新成果出现，每次科研机构只拿出一小部分公布于世。让科研机构参与分享科研成果应用所获得的经济效益，可有效避免这些弊端。

目前，我国种业公司或实体企业尚处于一个发展壮大的阶段，实力与外国同行相差较大，尤其是自有的科技研发能力十分欠缺。他们主要是推广应用通过各种途径获得的品种，追求市场利润最大化，他们并不关注推广应用的品种是国内研发的还是国外研发的。

由此可见，要发展壮大我国民族种业，必须做好产学研结合这篇大文章。要从利益上把科研机构与种业公司或实体企业有机连接起来。科研机构可以从种业公司或实体企业了解到种业市场需求现状、动态和发展趋势，积极研发出具有推广应用价值的新品种或改良品种；而种业公司或实体企业能以较低成本或有能力主动获得市场前景好的品种。

（《人民日报》，2010-08-01，第6版，
《种业产学研如何更好结合·种业发展大家谈》）

生物育种，农作物增产的重要途径——访吴孔明等

生物育种迈进战略性新兴产业

记者：以转基因为主的生物育种技术目前还不为公众所熟悉。请问生物育种为什么能被列入今后重点发展的战略性新兴产业？

黄大昉（全国政协委员、中国生物工程学会副理事长）：“国以农为本，农以种为先。”我国粮食已经实现连续6年增产，今后10年还要增产1 000亿斤粮食，靠什么完成这个艰巨的任务？首先还是要靠培育优良品种。联合国粮农组织统计表明，作物新品种在全球粮食单产提高中的贡献率占25%以上，其中发达国家为40%，中

国为30%左右。新中国成立以来，我国主要农作物品种的每次更换都使产量增长10%以上。实践证明，发展生物育种是确保粮食安全、提高农产品产量、缓解人口剧增与土地锐减之间矛盾的根本途径。

在生物育种的发展上，我国也有深刻的教训。近年来，国内大豆生产与加工之所以陷入受制于人的被动境地，其根本原因并非对国内非转基因大豆保护不力，而在于大豆转基因技术自主研发实力不足。

正是在这样的大背景下，我国去年将生物育种列入了今后重点发展的战略性新兴产业。这是国家在启动了转基因生物新品种培育等16个重大科技专项之后，再次将生物育种上升到国家战略。

记者：转基因作物育种产业在世界上的发展如何？

林敏（中国农业科学院生物技术研究所所长）：最新统计资料表明，2009年全球有25个国家商业化种植转基因作物，另有32个国家批准转基因产品进口或进行大田试验；包括玉米、大豆、棉花、油菜等12种作物在内的转基因作物总种植面积继续快速增长，总面积已达1.34亿公顷，较产业化初始的1996年增长近79倍。全球大豆种植面积的77%、棉花总面积的49%、玉米总面积的26%、油菜总面积的21%均为转基因品种。转基因作物育种推广应用速度之快创造了近代农业科技发展的奇迹。

面对世界生物技术与生物育种产业发展的趋势，在经过多年严格的科学实验后，我国去年为转基因水稻和玉米颁发了生产应用的安全证书。此举抢得了转基因生物产业发展的先机和技术制高点，对我国长远发展和粮食安全具有重要的战略意义。

转基因作物对人的安全有保障

记者：转基因的安全性一直得到公众的关注。转基因到底有多可怕？

黄大昉：其实，在人类诞生以前，自然界就一直在不停地进行转基因。对自然野生植物进行驯化、进而人工种植，从而托起农耕文明和现代农业的育种技术，其本质也是“转基因”。无论常规育种还是杂交育种，最终的目的都是通过不同的技术手段，将各种有利于提高粮食产量和品质的优良基因不断聚集到某个品种中，让它获得较高的产量和抵御干旱等灾害的能力。

记者：那么，转基因水稻和玉米究竟是否安全？

吴孔明（农业转基因生物安全委员会主任委员、中国农业科学院植物保护研究所所长）：我国转基因作物主要采用的一个基因来自一个名叫苏云金芽孢杆菌的细菌。大约 100 年前，在德国苏云金小镇的一个磨坊里，人们发现几只仓库害虫莫名其妙地死了，科学家便将这些昆虫拿到实验室研究，在它们体内发现了一种细菌。后来科学家把这个细菌命名为苏云金芽孢杆菌，英文名简称 Bt。人们用这个杆菌制成一种生物农药来使用，在世界各地建了很多 Bt 工厂，已经连续使用 70 多年了。

20 世纪 80 年代，科学家终于将 Bt 中那一小段杀虫基因转到农作物中去，这样就陆续产生 Bt 棉花、Bt 玉米、Bt 马铃薯、Bt 水稻。人类利用 Bt 基因的前景十分广阔。

事实证明，Bt 杀虫的机理已经非常清楚！它的蛋白质只和昆虫特异性受体蛋白结合。这种蛋白吃到人体内，就会在胃里迅速降解，变成氨基酸，被人体消化吸收了。即使进入肠道也无法和人体肠道的蛋白结合。更重要的是，我们现在只转 Bt，而不转其他的基因。转 Bt 基因作物的安全性不仅可控，而且有充分保障。

记者：有人担心吃了转基因食品后，被转入的外源基因会不会进入人的身体，进而改变人的基因？

黄大昉：科学告诉我们，这种情况不会发生。因为所有生物基因的化学成分都是一样的，都是由核酸组成的。食品中含有的大量核酸成分进入肠胃后会被消化、降解成小分子，不再是完整的基因，转基因食品也一样，不会以基因的形态进入人体组织，特别是生殖器官，因而不可能影响人的基因组成。

记者：国际上如何看待转基因食品？

林敏：转基因食品与非转基因食品实质等同是国际共识。美国的食品安全监管机构FDA（美国食品与药品管理局）认为，在转基因食品和传统食品之间几乎没有发现任何根本性的差别。《中华人民共和国食品安全法》第一百零一条规定，“乳品、转基因食品、生猪屠宰、酒类和食盐的食品安全管理，适用本法”。我对此的解读是：经过严格安全评价、批准上市的转基因食品和传统的乳品、生猪屠宰、酒类和食盐的食品一样，归食品安全法管理，说明目前批准的转基因食品与这些传统食品具有实质等同性。

欧盟委员会的报告也指出：转基因作物并未显示出给人体健康和环境带来任何新的风险；由于采用了更精确的技术和受到更严格的管理，它们可能甚至比常规作物和食品更安全。2010年3月2日，欧盟委员会宣布，批准欧盟国家种植一种转基因马铃薯。这一决定被认为是欧盟委员会转变对转基因农作物的立场，具有特殊意义。

转基因作物有自主知识产权

记者：我国的转基因作物有自己的知识产权吗？您研制的转基因玉米自主知识产权状况如何？

范云六（中国工程院院士）：获得自主知识产权对于科学家获得成果及其产业化至关重要，同时也是企业保证产品安全和可持续发展的关键环节。我国目前颁发安全证书的两个转基因作物都有自主知识产权，有兴趣的读者可以到国家知识产权局网站进行查询。

1996年，我们课题组从一种真菌中分离得到植酸酶基因，并通过重组实现高效表达，1997年向国家知识产权局申请发明专利，于2001年获得中国发明专利授权。在国家“863计划”等项目资助下成功地研发出我国第一代植酸酶产品，并获得政府许可，实现了商业化。

1998年，我们开始研发富含植酸酶的转基因玉米，后经过连续六代筛选，得到稳定表达的转基因玉米纯合株系。于2006年11月申请国家发明专利，2010年2月得到授权通知。

转基因作物对环境安全友好

记者：转基因作物对环境安全吗？

黄大昉：要回答转基因作物对环境是否安全这个问题，拥有自主知识产权并连续商业化生产14年的国产转基因抗虫棉最有说服力。我国目前已获审定的转基因抗虫棉品种共有160个，其中河北、山东、河南、安徽等省转基因抗虫棉种植率达到了100%，累计推广应用面积已达3.15亿亩，新增产值超过440亿元，农民增收250亿元。抗虫棉的应用不仅有效控制了棉铃虫对棉花、玉米、大豆等作物的危害，还由于降低了70%~80%的杀虫剂用量，有效保护了农业生态环境，减少了农药中毒事故。

吴孔明：从1996年起，我们就在河北廊坊的科研基地开始了对抗虫棉治虫机理以及对环境安全的长期跟踪研究。每年5月，棉铃虫把卵产在麦穗上。到6月，棉花现蕾，蛾子就飞到棉花上，这时只有棉花可以给它提供生存条件，没想到这些棉花都有抗虫基因，能源源不断释放“农药”，大批杀死棉铃虫。这样年复一年，通过Bt棉的诱杀，不断减少其种群数量。

我们课题组据此写成了翔实而生动的研究报告，被作为封面故事刊登在*Science*杂志上，在国际上引起较大反响，充分说明了国产转基因抗虫棉对环境的安全性。

记者：有人担心转基因发生漂移，对环境造成危害。您对此怎么看？

黄大昉：首先自然界的基因漂移现象经常发生，否则生物无法进化了。其次，要看所漂移的基因是否有害。我们在水稻、玉米、棉花等作物上积累了10多年的完整数据。所转移的特定基因本身是安全的，这些转基因作物花粉的传播范围十分有限，没有发现它们对环境造成危害。

（《人民日报》，2010-03-29，第20版，
《战略性新兴产业系列报道》）

中国种业如何做大做强——访王汉中等

跨国公司进军我国种子市场，不仅为农民提供了优质的种子，为我国粮食生产作出了积极贡献，也为我们带来了竞争和先进的管理经验。但令人担忧的是，在跨国公司的竞争面前，我国民族种业缺乏有效应对手段。

自2000年我国正式开放种业市场以来，跨国公司大量进入中国蔬菜、花卉种业市场，目前已开始向玉米、水稻等大田作物进军，扩张速度明显加快。近日，在科技部、农业部、海南省人民政府联合主办的“首届中国（博鳌）农业科技创新论坛”上，与会专家、学者和企业家，就民族种业为何陷入被动、民族种业如何做大做强展开了讨论。

实力悬殊——中国公司难以抗衡，民族种业为何陷入被动？

据中国种子集团有限公司董事长张伟介绍，我国种业经历了产业萌芽、产业形成和市场化改革3个阶段的发展，科技含量快速提升，实现了农作物品种5～6次大规模更新换代，使良种覆盖率提高到目前的95%，为推动粮食亩产从1949年的69公斤到目前的330公斤，支撑肉类、禽蛋和水产品总产量跃居世界首位作出了巨

大贡献。

但一旦对比中外种业现状和竞争力，则让人产生一种紧迫感和危机意识。

从种业产业链看，跨国公司经过200余年的发展，已经具备了成熟完善的运行机制和产业链条。而我国种业产业化起步晚，市场化改革才10年时间，计划经济体制下形成的种业“产学研”分割、种子产业链割裂等问题未能很快解决。

产业规模上，世界前10大种子公司2007年营业额为147亿美元，约占全球市场的2/3。其中前3名约占全球市场的47%，这3家控制着全世界65%的玉米和50%的大豆市场。而在我国，全国统一供种体系被打破后，种子行业很快进入主体高度多元、分散的时期，呈现出“散弱小”的局面，截至2008年，全国还没有年销售收入超过10亿元的种业公司。

研发投入上，跨国公司一般占销售收入的10%，有的高达15%~20%。2007年，世界前5强种子公司研发投入14.7亿美元，占同期销售收入的12.8%。目前拥有研发创新能力的中国种子企业则不到总数的1.5%，多数企业研发投入仅占销售收入的2%~3%。

同时，跨国公司拥有统筹全球资源的能力，而我国种子产业大多以国内为主。以蔬菜为例，所收集保存的3.5万份种质资源主要是国内地方品种资源，国外引进的不到15%。

当前，由知识产权控制的品牌种子成为商业种子主流。跨国公司利用知识产权将全世界种子供给商品化，通过控制植物种源以占据种业市场。世界10大种业巨头在农业生物技术方面的专利份额达到50%~60%。截至2006年，仅美国就在功能基因等方面获取的专利数量约占全世界的60%。而中国种子产业除了棉花等少数作物拥有一定核心专利外，其他作物专利数较少。

跨国公司具备极强的国际竞争能力，凭借先进的科技、雄厚的资金和丰富的国际市场运作经验，不到10年时间，已经占到我国高端蔬菜种子50%以上的市场份额。相对来看，中国种子产业竞争力低下，严重束缚种业做大做强。

做大做强——要“核心”更要齐心

种子，事关13亿人吃饭问题。

有专家估计，我国种子市场价值约为500亿元，世界排名第二，预计未来市场潜力约为900亿元人民币。庞大的市场吸引来了众多跨国巨头。目前在我国登记注册的外商投资农作物种子公司有76家，包括26家独资公司、42家合资公司、8家中外合作经营公司。

在经济全球化的今天，外资进入是一种必然的经济行为，本不必害怕也不必惊慌。中国农业科学院油料作物研究所所长王汉中研究员说，跨国公司进军我国种子市场，不仅为农民提供了优质的种子，为我国粮食生产作出了积极贡献，也为我们带来了竞争和先进的管理经验，这些都是值得肯定的积极因素。但令人担忧的是，在跨国公司的竞争面前，我国民族种业缺乏有效应对手段。

实际上，如何与跨国公司“交手”，中国企业也已经取得了一些成功经验。前几年，棉花产业上中下游各个环节共同抗击跨国公司，就是一个很好的例子。当时，在我国棉花界形成了“松散式”的、上中下游优势互补、强强联合的、具有国际竞争力的合作团队，一方面避免了低效率的简单重复，另一方面也加快了国产转基因棉花新品种的培育进程和产业化力度，有效避免了被各个击破的风险。到2008年，国产抗虫棉的市场份额从5%增加到93%，成功夺回中国棉花种业市场。

参与这一“仗”的中国农业科学院棉花研究所副所长李付广研究员说：“同跨国公司竞争，必须拿出拥有自主知识产权的科技成果。同时，不管科研单位也好、企业也好，都要团结一心才能赢得主动。”

急起直追，实现“两个转变”（院士献策）

袁隆平院士：搞一个超级杂交稻“种三产四”丰产工程计划，即种植三亩超级杂交稻产出目前四亩地的粮食，计划用5年时间在全国发展6 000万亩，生产8 000万亩的粮食，既能保障国家粮食安全，又能节省2 000万亩耕地，用来发展其他经济作物，为农民增收创造条件。

李振声院士：“两个转变”的新思路，即小麦生产从面向国内市场逐步向国内、国外两个市场转变，在北方两熟地区从追求单季作物高产向争取两季增产增收转变。在小麦育种方面，一要提高光合效率、进一步挖掘单产潜力；二要以分子育种技术与常规育种相结合，创造优异育种元件和选育突破性新品种；三要拓宽育种途径，如远缘杂交和人工合成种的改良利用等。

戴景瑞院士：玉米已经超过水稻种植面积，成为我国种植面积最大的作物，在今后很长一段时间内玉米作为我国粮食增产第一主力的地位难以撼动。应该把增强玉米育种能力提升到国家发展战略的高度，全国一盘棋，统一规划，全面实施。加快育种科技创新主体向大型种子企业转移，把现有各级种质资源研究机构和种子库从各类科研院所中分离出来，建立独立的院所，专门从事种质资源的引进、收集、保存和利用研究，面向全社会提供透明的公益性服务，充分发挥我国种质资源的作用，为建立强大的种子科技服务。

同时鼓励和支持大型国有非农企业兼并或投资种业，使种子企业迅速强大起来。玉米育种界必须奋起直追，迎难而上，争取跨越式发展。

方智远院士：要加强胡萝卜、洋葱、生菜、菠菜、荠菜、芹菜等市场潜力大、目前育种能力弱的蔬菜育种工作，育种实力强的单位要及早安排针对国外特定地区需求的育种，让我国蔬菜种子更多地进入国际种业市场。

为此要加紧组织力量，通过多种手段和途径加强国外蔬菜种质资源的搜集，刻不容缓地丰富我国蔬菜种质资源库。

联合协作，培育核心竞争力（一线声音）

王汉中（中国农业科学院油料作物研究所所长、研究员）：种业竞争的实质是基因专利权的竞争，建议将大规模发掘农作物新的功能基因并实行专利权保护作为促进我国种业发展的核心战略来抓，设立农作物品种资源保护和功能基因发掘专项，对申请基因专利给予补助，建立推动基因专利权产业化机制，尽快实现我国种业走向世界的战略目标。

张伟（中国种子集团有限公司董事长）：建议国家通过聚焦战略，集中力量打造一批国家级种业“航空母舰”，建立起保障国家供种安全的核心能力，同时放手发展其他各种所有制的种子企业，提高市场准入门槛，提高种子企业的质量保障能力和技术服务能力。

周骅（北京未名凯拓农业生物技术有限公司董事长）：面对国际竞争压力，不应采取消极抵御的策略，而应该加强国际种业科技合作，与巨人同行，最大限度利用跨国公司的科技资源。密切关注种业最新科技发展变化趋势，充分借鉴和学习国外最新科技成果，利用全球科技资源快速提升种业自主创新能力。

李付广（中国农业科学院棉花研究所副所长）：跨国公司不会也不可能带给我国种业急需的科研成果等核心竞争力，应该借鉴我国抗虫棉击垮跨国公司的成功经验，从我国国情出发，育种的上中下游拧成一股绳，科学家、企业家和基层种子销售企业合理分工，团结协作，有机结合，形成合力。这样，跨国公司面对的不仅是一家或几家企业或育种单位，而是一个坚不可摧的“长城”，避免被各个击破，从而在激烈的市场竞争中站稳脚跟，并开始组织有效的反击。

（《人民日报》，2010-02-01，第 20 版）

转基因水稻能不能放心吃？（节选）——访吴孔明等

我国最近为转基因抗虫水稻“华恢 1 号”和“Bt 汕优 63”发放了安全证书。它们是由华中农业大学培育的高抗鳞翅目害虫转基因水稻品系。

转基因水稻对食用者、生态环境是否安全？安全证书发放要经过哪些环节？本报记者走访了农业转基因生物安全委员会部分委员、专家和农业部转基因生物安全管理办公室负责人。

转基因水稻对生态环境是安全的

记者：转基因抗虫水稻“华恢 1 号”及杂交种“Bt 汕优 63”对环境安全吗？

彭于发（农业转基因生物安全委员会委员、中国农业科学院植物保护研究所研究员）：试验分析表明，转基因水稻在国内生产种植对生态环境是安全的。

室内外多点、多代遗传分析结果显示，转基因水稻植株中的杀虫蛋白基因可以稳定遗传和表达，对稻纵卷叶螟、二化螟、三化螟和大螟等鳞翅目主要害虫的抗虫效果稳定在 80%以上，对稻苞虫等鳞翅目次要害虫也有明显的抗虫效果。

生存竞争能力方面，转基因水稻与非转基因对照水稻相比，在有性生殖特性和生殖率、花粉传播方式和传播能力等性状和评价指标上，均未发现明显差异，在杂草性和入侵性方面也未发现变化。

在基因漂移对生态环境的影响方面，根据国内外文献和对转基因水稻的试验观察，转基因水稻基因漂移的可能性及其基本规律与非转基因水稻常规品种是一致的，没有发现Bt蛋白基因漂移对农田生态和自然环境安全有不良影响。

根据室内和田间试验分析结果，没有发现转基因水稻对非靶标害虫、稻田天敌、益虫、经济昆虫有影响，也没有发现对主要昆虫种群结构和功能以及节肢动物的多样性产生不良影响。

中国是水稻起源中心和基因多样性中心之一，属内种间以及种内亚种和品种间的基因漂移是一个普遍的现象。转基因品种和非转基因品种的基因漂移对种质资源保护与利用的影响是一样的。二者的环境安全性也是一样的。

记者：转基因抗虫水稻一旦种植，如何保障生态环境长期安全？

吴孔明（农业转基因生物安全委员会主任委员、中国农业科学院植物保护研究所所长）：为保证转基因水稻的长期安全应用，农业部要求，一旦转基因水稻商业化种植，申请单位应当进行生态环境长期监测。同时，国家有关科研计划也将安排项目，对转基因水稻生态环境变化情况进行长期监测。

进入商业化生产，还需通过品种审定

记者：转基因抗虫水稻安全评价是如何进行的？

吴孔明：根据《农业转基因生物安全管理条例》（以下简称《条例》）及配套规章规定，国家建立农业转基因生物安全评价制度，对农业转基因生物实行分级、分阶段安全评价和管理。

国家设立农业转基因生物安全委员会（以下简称安委会），按照《条例》、配套规章、评价指南的要求，遵循科学、个案、熟悉、逐步的原则，参考国际食品法典委员会、联合国粮农组织、世界卫生组织、经合组织等制定的转基因生物安全评价指南，开展农业转基因生物安全评价工作。

经安委会安全评价和农业部批准，申请单位就转基因水稻分别于1999—2000年开展了中间试验、2001—2002年开展了环境释放、2003—2004年开展了生产性试验，2004年申请转基因水稻生产应用安全证书。

除申请单位提供的技术资料外，根据安委会的评价意见，2004—2008年，农业部转基因生物安全检测机构对转基因水稻的分子特征、环境安全和食用安全的部分指标进行了复核检测。经安委会综合评价，2009年农业部批准了“华恢1号”和“Bt汕优63”在湖北省的生产应用安全证书。

记者：转基因抗虫水稻“华恢1号”及杂交种“Bt汕优63”生产应用前景如何？

吴孔明：螟虫和稻纵卷叶螟等鳞翅目害虫是水稻生产上的主要害虫，是目前导致水稻减产的主要原因之一。大量使用化学杀虫剂，严重影响生态环境和生物多样性，增加了生产成本和劳动强度，加大人体中毒概率。

转基因抗虫水稻“华恢1号”和“Bt汕优63”由华中农业大学培育，拥有自主知识产权。种植这种转基因抗虫水稻，可以基本解决鳞翅目害虫问题，使水稻农药使用量减少30%~50%，产生明显的经济、社会和生态效益。

（《人民日报》，2009-12-25，第5版，《热点解读·对话》）

转基因创造“绿色工厂”——访林敏等

日前，由中国农业科学院生物技术研究所历经12年完成的转植酸酶基因玉米研究项目获得农业部正式颁发的转基因生物安全证书，成为我国首例获得安全证书的粮食作物。

这项具有自主知识产权的新技术将给我们的生产生活带来什么新变化？转植酸酶基因玉米安全性如何？本报记者进行了调查。

主要应用于动物饲料领域，实现了以环保、节能的农业生产方式生产“绿色磷”的梦想

“转植酸酶基因玉米，属于转基因玉米的一种。”中国农业科学院生物技术研究所所长林敏研究员介绍，“从功能上说，主要应用于动物饲料领域。”

“磷是动物不可或缺的一种营养元素，在动物饲养过程中，饲料加工原料玉米、大豆、油菜中总磷的50%～80%是以植酸形式存在的，动物几乎不能消化利用，需要额外添加矿物磷满足动物生长对磷的需求。这些饲料里的许多有机磷，因无法被动物吸收而被其排出体外，造成环境污染。”林敏介绍，植酸酶可以降解玉米中大量含有的植酸磷，释放可被动物利用的无机磷，减少饲料中磷酸氢钙的添加量，降低饲养成本，减少动物粪、尿中磷的排泄，减轻环境污染，“通过种植转植酸酶基因玉米，利用农业种植方式替代原有的工业发酵生产方式来生产植酸酶，还可减少厂房、设备、能源消耗等投入，具有节能、环保、低成本的优势”。

因此，以玉米为载体生产的植酸酶直接用于饲料加工，实现了以环保、节能的农业生产方式生产“绿色磷”的梦想，具有巨大的产业优势和应用前景。

该项目带头人、中国工程院院士范云六表示，此次利用玉米进行植酸酶生产的重要成果，是在第一代植酸酶的基础上生产的，具有自己的知识产权。它在保持了第一代产品的最大特点——能促进单位植物的生长性能，同时对环境减少磷排放的基础上，又增加了两个特点，“首先，它是一个节能生产的过程，它不要工厂的设备、没有能源消耗等，用玉米在大田里生产，玉米种子本身含有很高的植酸酶，是一个成本非常合理的、很低的产品。将来，能带动一大批种玉米的农民得到更多附加值的玉米品种”。其次，它对玉米的产业以及饲料工业、养殖业也非常重要。“因为它成本低的话，这个循环就是良性循环。”范云六说。

“我们食用转基因生物后，不会变成转基因生物”——转基因产品已应用了10多年，基本没有发现对人的健康和环境存在危害

林敏介绍，《农业转基因生物安全管理条例》及配套规章规定，我国对农业转基因生物实行分级分阶段安全评价制度，农业转基因生物安全委员会（以下简称安委会）负责农业转基因生物安全的评价工作。

安全评价，按照实验研究、中间试验、环境释放、生产性试验和申请领取安全证书5个阶段进行。

经安委会安全评价和农业部批准，转植酸酶基因玉米项目从2000年前后开始研发，2004—2005年在山东进行了生物安全的中间试验，2006年进行了环境释放，2007—2008年进行生产性试验，2008年11月申请在山东省生产应用的安全证书。

经安委会综合评价，并经农业部批准，于近期发放了转植酸酶基因玉米在山东省生产应用的安全证书。

谈到转植酸酶基因玉米的安全性，林敏表示，目前，转基因产品已应用了10多年，基本没有发现对人的健康和环境有危害的。

林敏介绍，基因是生物遗传信息的基本单元，在动植物和微生物产品中，含有大量基因，如水稻大约含3万个基因。因此，我们每天都在食用含有大量基因的食品。当这些富含基因的食品进入我们的消化系统后，这些基因可以被我们的消化液和肠道微生物分解成需要的营养成分，参与新陈代谢，但并不会被完整地吸收到我们基因组中。

林敏表示，转基因生物，是利用基因工程技术，将目的基因转入受体生物中，达到我们期望的目标，“转入的目的基因，在我们消化系统中的命运与其他基因一样。因此，我们食用转基因生物后，不会变成转基因生物”。

林敏介绍，植酸酶在玉米、小麦、水稻、大豆等许多作物和植物中广泛存在，因此，人类或动物对植酸酶有长期安全食用或饲用的历史。微生物和转基因微生物发酵生产的植酸酶，作为饲料添加剂也已有 10 多年安全应用的记录。

尽管转基因植酸酶玉米主要用于动物饲料，但安委会按照食品标准对其进行了安全评价。“评价是按照我国法规，并参照国际食品法典委员会等国际通用的准则开展的，从营养、毒性和过敏性等方面进行了全面评价。”林敏说。

结果表明，转基因植酸酶玉米对哺乳动物无不良影响。国家转基因生物安全委员会评价认为，现有的食用安全试验已充分证实，转基因植酸酶玉米与非转基因对照玉米同样安全。

由我国科学家独立研发，经过品种区域试验、品种审定等程序后方能大面积种植

转基因植酸酶玉米所用的植酸酶基因来自黑曲霉，由我国科学家自行克隆，并获得中国发明专利。

范云六表示，转基因植酸酶玉米由我国科学家独立研发，涉及的相关技术均有授权，开创了我国在饲料和饲料加工业具有独立知识产权的新型技术领域，为提高我国玉米种业的国际竞争能力起了非常重要的作用。

谈到转植酸酶基因玉米的应用前景，林敏表示，从安全证书的颁发到相关产业的发展，中间还有评估审定等过程，至少需要两年的时间，因为还需要经过品种区域试验、品种审定等一系列程序后方能大面积种植。项目对农民增收、环境保护的作用，将随着相关产业化的推进慢慢得到体现。

（《人民日报》，2009-12-03，第 6 版，《热点解读》）

甘蓝创效30亿——访刘玉梅

“我最大的心愿就是能让全国人民都吃上我们培育的甘蓝新品种，帮助更多农民鼓起钱袋子。”

简陋·辛苦

那时条件很简陋，计算机是286的，还不是每个课题组都有。天平、干燥箱和测试仪器都很老，照相机是海鸥的，办公只能在平房里。科研经费很紧张，10万元在当时就是大课题了。

1982年，我从华中农业大学毕业后分配到中国农业科学院蔬菜花卉研究所工作。在这里，我和甘蓝种植结下了不解之缘。

甘蓝不仅好吃且营养丰富，然而，甘蓝育种却是一项十分艰巨而辛苦的工作。研究人员常常是一顶草帽、一把菜刀、一双雨靴，进行田间调查和研究，我形象地称之为“一把尺子一杆秤，一把菜刀闹革命”。

每天下地调查、给花蕾授粉，我跟这些甘蓝都有了感情，一天不到试验田里转转就心里发慌。8月，一到雷雨天，别人都往屋里跑，我和课题组研究人员却急着往试验田里跑，生怕甘蓝苗被毁坏。

变化·成果

现在，所里新建了实验楼和综合楼，仪器设备也鸟枪换炮，气相色谱仪、液相色谱仪等上百万元的大型科研仪器都不少。课题经费也大幅度增加，有几十万、几百万的，国家的大课题还有上千万的。

经费增加了，设备更新了，科研成果就出得更多了。就拿甘蓝课题组来说，20世纪七八十年代，才出了8个甘蓝新品种，现在出了25个甘蓝新品种，产量增加10%以上，而且品质改善，抗逆性大大提高。

科研成果多了，就能带动更多农民致富。27 年来，我先后主持和参加了 30 余项国家级研究项目、国家自然科学基金。参加育成和推广的甘蓝新品种 25 个，已在全国 28 个省市自治区大面积推广种植，占全国甘蓝种植面积的 60%～70%，创社会经济效益约 30 亿元。不仅满足了城乡居民吃菜的需求，也带动更多菜农走上了富裕之路。

（《人民日报》，2009-09-04，第 5 版）

转基因育种我们不能再落后——访范云六

记者：转基因生物新品种培育已被列入我国科技重大专项。国务院为什么一再强调，要加快发展转基因育种？其紧迫性和意义是什么？

范云六：转基因育种是我国农业可持续发展的根本方向。在世界范围内，以转基因育种为最主要内容的生物技术具有非常重要的地位，它的成败对以农业为主的发展中国家所产生的影响更为重要，尤其像中国这样一个以传统农作物为主要出口产品的国家。

我国是一个农业大国，人口多、耕地少的矛盾特别突出，并将随着人口的增长和工业化进程的加快变得愈发尖锐。如果没有科技的新突破，农业生产就很难再上一个新台阶。农业生物技术对促进我国传统农业向现代农业的转变非常重要，甚至是决定性的，否则将在日益激烈的国际竞争中丧失战斗力。

转基因育种将成为未来全球经济的竞争焦点。以重要功能基因为核心的转基因技术将成为未来全球经济发展的重要支柱产业。转基因技术已被列为影响未来全球经济的第三大技术，13 年间，在全球 22 个国家里，共种植了 8 亿公顷的转基因作物，几乎相当于美国或中国土地总面积的83%。尤其是最近3年，种植规模达到4亿公顷，相当于前10年的规模，其发展速度之快令人瞠目。2005年，转基因作物的全球市场价值为50多亿美元，在2008年猛增到75亿美元。转基因作物的推广带来了巨大的社会和经济效益。专家预计，2009年其数值将增加到83亿美元。以美国为例，美国通过转基因技术实现了谷物生产低成本和高品质，在世界谷物贸易中长期占据霸主地位，抢占了世界62%玉米市场和60%大豆市场。

生物经济正在成为新经济增长点。生物技术产业的销售额每5年翻一番，增长率高达25%～30%，是世界经济增长率的10倍左右。

记者：与发达国家相比，我国转基因技术还存在哪些差距？加快发展转基因育种还存在哪些障碍？

范云六：首先表现为原始创新能力薄弱。目前我国农业生物技术的整体水平在发展中国家处于领先地位，在某些领域已经进入国际先进行列。但是，与发达国家相比还存在着非常明显的差距。据初步统计，至2006年，美国在功能基因、调控基因、基因研究技术、转化载体及作物转基因技术等方面获取的专利数约占世界总量的60%，我国获得的专利数还不及美国的1/10。

其次表现为科研管理水平亟待提高。以产品为导向的转基因育种不同于基础理论研究，后者具有很强的自由探索性，但前者需要长期的战略性规划。我们经常犯的错误在于容易上马一个课题，也很容易下马一个课题；急于求成，急功近利，但同时又不考虑投入产出比。

记者：从目前全世界转基因生物产品科学实验结果来看，还没有证据表明转基因农产品的安全性有令人担忧之处。我们应该怎样对待转基因安全问题？

范云六：我们要以科学理性的态度对待转基因安全。目前，国家已经投入巨额资金用于转基因育种研究和产业化开发，能不能以科学理性的态度对待转基因农产品的安全性，将决定我国在全球范围内的转基因技术竞争中的地位。

美国作为世界上转基因作物研发最为成功的国家，在其十几年的转基因作物大面积商品化推广的过程当中从未发现任何有关安全性的问题，但科学家们仍然以前所未有的审慎态度对待转基因安全问题。我们应该以科学的态度对转基因安全性加以重视，针对这一问题，我国已经出台了农业转基因生物安全管理条例，所有转基因农产品都要严格按照这一条例完成每一个程序。目前关于转基因安全性的争论在很多时候已经脱离了科学的范畴，许多其他问题（例如国际贸易等）使其复杂化了。

中华民族在工业经济和信息经济时代由于种种原因被世界抛在后面，我们必须在生物经济时代迎头赶上，否则会贻误大好的发展时机。转基因重大专项的实施，为中国在全球范围内的生物经济竞争中抢占制高点提供了新的机遇，但同时我们也面临很多挑战。我们要加强我国农业生物技术的综合能力，同时，在全盘考虑我国种业发展框架的基础上，以高度负责的态度，不贻误时机地对那些在技术上国际领先，并能够实现环境友好、能源节约、有利健康、高产优质的转基因作物品种的产业化积极加以推进，做到成熟一个放开一个，使我国在这一领域尽早占领国际竞争的制高点。

（《人民日报》，2009-06-18，第 14 版）

盲目引种风险很大——访万方浩

记者：最近几年桉树等外来物种在国内的大面积培育非常受人关注，虽然不断有来自民间的反对声音，但速生造纸项目还是有不少，桉树这类物种种植的危害到底有多大？

万方浩：世界上曾有很多国家引种桉树，但随着科学研究的深入，桉树对引入地生态环境的危害逐渐被揭露。从 20 世纪 90 年代初起，许多国家都停止了引进桉树的计划，如新西兰已开始把以前大面积引种的桉树林全部砍光。

我国对桉树的研究也显示，外来的桉树较本土林种（如云南松林、长绿阔叶林、针阔混交林、荒坡灌草丛）持水保土效果和自我更新能力均很差，且不能靠种子自然繁殖，并对异地的原生物种有极大排抑性，对环境不友好。大面积连片种植，很容易导致土地贫瘠，原生物种衰减、退化等严重的生态危机，形成“绿色荒漠化”。

记者：目前，我国大规模的水土流失控制和退耕还草过程中主要依靠从国外进口草种，有关中国当地草种的培育、研究和利用却十分少见。同时，城市周围植被恢复或绿化美化环境中也在大量使用外来种，结果造成了当地生态系统和景观彻底改变。您怎么看待这个问题？

万方浩：目前我国大量的水保植物和优良牧草、草坪草均从国外进口，这些进口的外来植物已经对我国的生物多样性构成了威胁。这个现状确实是我国目前生物多样性保护面临的一个巨大问题，许多引进的牧草、草坪草（如黑麦草）已经逃逸为当地的杂草。如不采取措施，势必会有更多的外来物种逃逸后危害我国的生物多样性。

我国有丰富的天然种质资源，因此没有必要去冒险引入外来草种、灌木、藤本植物或树种到当地生态系统中。在不得不使用外来种时，必须进行严格的生物安全测试之后才能使用，并进行长期监测。

记者：近些年来，在自然保护区、国家公园和风景名胜区涌现了一批以开发旅游为目的的种植花园、动物园等人为设施，大量引入外来物种，这些物种常常成了这些地区入侵种的重要来源。

万方浩：这种现象不断出现的关键就是我们的管理体系不健全，法律法规的时效性和可操作性差，缺少针对性的管理规章制度。

就管理机制来说，对于生物入侵的管理，国内尚未建立一个健全的管理机制。生物入侵的管理分散于各个职能部门，呈现各自为政、多头管理的局面；从法律来说，虽然我国目前涉及生物入侵的法律法规约有 18 部之多，但还没有针对外来入侵物种的专项法规或条例。因此需要完善我国外来入侵物种管理的体系、机制。

尽快完善引进外来物种的审批与决策机制。有意引进外来物种的单位和个人，在引进前，必须向相应的主管部门提出申请，办理相关审批手续。经过主管部门审批引入的外来物种，相应的主管部门应当在进境后进行隔离监管，经过监管期未发现有不可接受风险的方可进行扩散。从事农业外来物种引种试验的单位在生产性试验结束后，应向国务院农业行政主管部门申请领取农业外来物种引种安全证书。

（《人民日报》，2009-05-21，第 15 版）

节水抗旱要打持久战——访李茂松等

在今年严重春旱中，郑州西郊西流湖湖底完全干涸。

干旱缺水是长期趋势

记者：去冬和今春发生的百日大旱，时间长面积广，对我国农业和粮食安全带来挑战，近期各地旱情已有缓解，作为农业水土专家，您对此次旱情有何看法？

**李佩成（中国工程院院士，教授、博导，长安大学水与发展研

究院院长)：虽然这次百日大旱过去了，但认真思考这次旱情的特点很有必要，为什么一些地方有水渠不通、渠通水不来？有些抗旱技术成果未见大的用场，个别地方在大旱面前显得有点手忙脚乱，如何在大旱面前做到胸有成竹，科学抗旱，是我们今后努力的方向。

李茂松（研究员，中国农业科学院农业环境与可持续发展研究所农业减灾研究室主任)：去冬今春出现在华北、黄淮和西北地区的百日大旱，对确保国家粮食安全、饮水安全和可持续发展带来了严峻挑战。近些年来，由于人口增加、城乡用水量增大、水源遭受污染以及气候变化等诱因，使旱灾挑战日趋严重，缺水成为长期趋势：

一是旱灾发生频率明显加快。据统计，1950—1990 年，我国共有 11 年发生了大、特干旱，旱灾发生年份百分率为 27.50%；而 1991—2008 年，我国共有 7 年发生了大、特干旱，旱灾发生年份百分率达到 41.18%，平均不到 3 年就有一次大、特干旱发生，因干旱造成的粮食损失占粮食总产量的 6%以上。旱灾对我国粮食损失最严重的 10 年中有 5 年出现在 21 世纪，大、特干旱的发生频率明显加快。

二是旱灾发生范围逐年扩大。20 世纪 80 年代以前，我国旱灾高发区主要集中在干旱缺水的北方地区，尤其是西北地区。近几年，北方旱区旱情不断加重、发生范围和面积不断扩大，呈现干旱常态化，而且南方和东部多雨地区的季节性干旱也在扩展和加重，受灾面积逐步增加。从近 50 多年全国干旱发生面积变化看，20 世纪 50 年代农作物累计受旱灾面积为 7.95 亿亩，80 年代为 16.95 亿亩，21 世纪以来的 8 年就达到 17.92 亿亩，呈现明显的扩大趋势。

三是干旱持续时间延长。20 世纪 80 年代以前，北方地区干旱主要以冬春旱为主，但从 20 世纪 90 年代以来已经呈现出连季干旱、连年干旱的趋势，极端干旱灾情频发。

记者：我国未来干旱气候的变化趋势是怎样的？

李茂松：根据《气候变化国家评估报告》预测，近年我国已进入气候剧烈变化阶段，未来大部分地区干旱将逐步加剧，呈现出东北、华北地区干旱持续加重，西北地区东部持续干旱，南方部分地区干旱逐步增强的趋势，极端干旱事件将大幅度增加，跨区域、跨季节、跨年度旱灾发生将不可避免。尽管这仅仅是一种预测，但已露头的现实不能不引起我们的警觉。

缺水影响经济社会发展

记者：旱灾对国民经济和社会发展产生哪些具体影响？

李佩成：日益严重的干旱灾害，对我国农业生产、经济发展、人民生活、生态环境造成巨大危害，并直接影响经济社会的发展。旱灾直接危害我国农业生产。据统计，从 20 世纪 90 年代以来，在我国的农作物受害面积中，干旱致灾面积占 60%以上，如 2000 年发生的旱灾，全国受灾面积 6.08 亿亩，损失粮食 600 亿公斤。2006 年发生在四川盆地的旱灾，导致重庆、四川共损失粮食 97.5 亿公斤、经济林木枯死 465 万亩、森林过火面积 1.3 万亩，直接经济损失 235.2 亿元。

干旱缺水加剧了生态破坏和环境恶化。干旱缺水引发草场退化、土地沙化、地下水位下降、湿地萎缩、生物多样性锐减等生态危机，并加剧了地下水的过度开采，导致部分地区因水位下降而形成“区域下降漏斗”。据 2006 年对 21 个省级行政区的不完全调查，大的地下水位下降区 81 处，总面积 6.4 万平方公里，并引起不同程度的地沉地裂。

干旱缺水影响国民经济的发展。据估算，20 世纪 90 年代以来，我国因干旱灾害所造成的经济损失在一般干旱年约占 GDP 的 1.1%，严重干旱灾害年占 GDP 的 2.5%~3.5%。

对旱作农业不可忽视

记者：怎样应对干旱缺水，才能保证“三农”问题的解决和粮食安全，保证国民经济的可持续发展。

李佩成：旱灾的防、抗、减、救，必须依靠科学技术，科学技术是第一生产力，但要想使生产力充分发挥作用还必须解决生产关系的问题，在当前来说，真正取得一些共识是十分重要的，尤其应当深刻认识农业的基础地位，重新深化认识水利是农业的命脉，理直气壮地发展和保护灌溉事业。

“水利是农业的命脉”曾经深入人心，但在20世纪90年代，出现了灌区萎缩，工程松管失修，水费上涨，群众不愿高价灌田的现象。应当特别指出，我国有13亿人口，人多耕地少，必须用灌溉地实现旱年稳产，旱不成灾。我们决不能再闹粮荒，农业发展和粮食安全是实现国家稳定和经济社会发展的根本大计。

记者：除了发展和管好灌溉之外，我国还有大面积旱地，该做哪些努力？

李茂松：我国水旱地比例大概是一半对一半，旱地略多。粮食产量上，灌溉地产出占70%~75%，旱地产出占25%~30%，也就是1 600万吨左右，这也是很大的数目。在风调雨顺的年景，旱地能够促成国家的大丰收和粮食储备，因此对旱地农业不可忽视，我们主张水旱并举，两路大军相互学习，互相促进，保证我国农业的可持续发展和粮食安全。

记者：在科学研究方面我们还应做哪些努力？

李佩成：在科技研究方面，应当认真总结梳理中外研究成果和成功经验，实现集成创新，继承发展。水土科学源远流长，水利技术根深叶茂，古今中外都有着许多经过实践检验的研究成果，积累了丰富的创造发明和经验，应当认真学习和总结，例如李冰父子主修的都江堰，就地取材，“深淘滩，低作堰”的工程原则和“遇弯截角，逢正抽心”的治水方针至今不失精辟，保证了都江堰历经两千多年运用至今。

再如20世纪60年代以来形成的“三水统观统管”和地面水、地下水联合运用方略，“井渠结合，以井补渠，以渠养井，以灌代排，防涝治碱”的理论和系列技术，以及近年在新疆研发的膜下滴灌等一系列节水养水技术，就应当集成推广、发扬光大，也不要轻易放弃群众熟悉而且便宜适用的灌溉技术。

（《人民日报》，2009-04-02，第14版）

让小麦喝好“救命水”——访李茂松

“当前最紧迫的是要分类指导，科学抗旱。”一见面，中国农业科学院农业环境与可持续发展研究所减灾室主任李茂松研究员就提出这样的建议。2月9日刚从灾区实地考察回来的李茂松说，北方15个省的旱情程度不同，不能“一刀切”。

从农业角度分析，当前旱灾形成的主要原因，一是去年秋播后，地里含水量高，再加上当时农民朋友着急外出打工，未来得及镇压（用石滚子或其他重物把麦田压实），许多地方采用旋耕加秸秆覆盖的办法播种小麦，导致表层土壤毛细管被截断，无法利用底墒（表层土壤10厘米以下的含水量）；二是该降雨的时候今年没有降雨。以受旱比较严重的驻马店、阜阳为例，从小麦播种到次年2月，一般会有50~80毫米的降雨，但今年没有一点降雨，土壤表层5~10厘米的土层水分被蒸发完，形成干土层。农民朋友看到干土层都认为旱情十分严重，心里着急，其实，底墒还是可以的。李茂松说，我们在地里往下挖，发现有土壤结冰现象，说明深层土壤里有水分，问题是小麦无法利用而已。目前的关键是要采取措施，帮助小麦“喝”到深层土壤的水分。

李茂松说，现场调查的情况表明，小麦目前的主茎是好的，根是活的，这是科学抗旱的基础。应该立即给小麦灌“救命水”，否则就迟了。

为此，李茂松研究员提出7条建议：

一要看天浇水。当地天气白天最高达到10摄氏度，夜间最低温度在零下3摄氏度以上时，可以在第二天上午11点到下午3点之间浇水，这时土壤温度最高，水能顺利渗透下去。有些地方盲目浇水，夜间形成冰冻，不仅浪费了宝贵的水资源，还闷死了不少麦苗。

二要注意浇水方式。应该像淋浴那样，用花洒的方式为小麦浇水，避免形成比较粗的水柱。

三要注意浇水量。每亩不要超过30立方米，要浇均匀。这样相当于5毫米的降雨，可以把5~10厘米的干土层浸湿。

四要注意及时镇压。对北方还处在越冬期的小麦暂时不宜浇水，应在耙、耢等基础上镇压，弥合地缝，保持地温。其他地区的小麦浇水后隔1~2天镇压，把底墒接起来，通过耙、耢等形式进行浅中耕，将地表3厘米内的土壤毛细管打断，防止蒸发，同时提高地温。

五要重点扶持弱苗。给弱苗浇水时同时使用5公斤氮肥，注意将肥料撒均匀，2~3天后镇压。根据实际情况给它们“少吃多餐”，将其提升转化为壮苗。

六要对砂浆黑土采取不同的办法。浇水时要少，浇水2~3小时后要用碎土及时填埋土壤的龟裂缝隙，防止蒸发。镇压时要用比较轻的工具，避免将土壤压成铁板状。

七要对已经拔节的小麦进行浅中耕，以免压断生长点。

（《人民日报》，2009-02-12，第13版，《专家视点》）

让科技成果在农村落地——访梅方权等

在推进农村改革发展的新征程上，农业科技怎样才能发挥应有的作用、作出应有的贡献？专家们认为关键是——让科技成果在农村落地。

在党的十七届三中全会结束之际，针对农业科技创新的重要性、农业科技体制改革、科技成果的推广落实等问题，本报记者采访了中国农业大学校长柯炳生教授、中国农业科学院博士生导师梅方权、中国科学院农业政策研究中心研究员黄季焜等专家。

现代农业需要科技支撑——发展“高产、优质、高效、生态、安全”的现代农业，必须要用现代科技改造传统农业

记者：“农业发展的根本出路在科技进步”——《中共中央关于推进农村改革发展若干重大问题的决定》（以下简称《决定》）为什么把农业科技创新提到如此重要的位置？

柯炳生：党中央、国务院之所以如此重视农业科技，主要出于两个方面的考虑：一方面，我们对农产品、粮食和其他农产品的需求是刚性的、不可逆的、持续增长的，不管老天爷高兴不高兴，需求是年年增加的；另一方面，我国在农业生产方面面临着巨大的挑战，比如资源的压力、生态环境的压力、土地的问题、水的问题等。再加上因为城市化、工业化的发展还要继续占用土地，耕地面积下降的趋势难以扭转。所以，依靠科技进步提高单产和资源的利用效率，是加快现代农业发展的必由之路。

梅方权：发展“高产、优质、高效、生态、安全”的现代农业，除了要在农业设施和经营管理现代化下功夫外，必须要用现代科技改造传统农业。例如，农业要发展，首先要有好的品种，采用生物技术等现代育种途径，培育高产、优质、高效的作物新品种，从而提高粮食产量和品质；要消除土壤污染、减少土壤退化、保障食品安全，也都离不开科学技术的支撑。

深化改革科研体制——探索建立新的农业科研机制，更好地适应国家和农民对农业技术的需求

记者：三中全会提出，要“深化农业科技体制改革，加快农业科技创新体系和现代农业产业技术体系建设”。这项改革该如何推进？

柯炳生：深化农业科技体制改革，首先要准确认识农业科学技术的三个特点：一是农业科学研究周期长。农作物一年只有一熟或两熟，动物的生长周期也很难缩短；二是农业科学技术公益性强。全国有两亿多农户，谁也无法挨家挨户收取农民使用技术的专利费，再说，农民本身收益不高，也无力支付这些费用——科学家培育一个果树新品种可能需要10多年时间，最后国家和农民受益了，科技人员却往往不能得到相应的回报；三是“广种薄收”，可控性差。农业科技不可能像工业项目那样立竿见影，立即产生巨大的效益。因此，深化农业科技体制改革是非常正确和及时的。

我认为，应从宏观和微观两个方面对农业科研体制进行改革。从宏观上，应提高项目管理费比例。我们的科研项目管理费比例才5%，不足以弥补其成本；国外的科研项目管理费比例则高达20%~50%，他们的大部分经费用来雇用研究生，我们的经费大部分用于购买仪器设备。在微观上，应采取措施进一步调动科技人员的积极性。

黄季焜：我国的农业科研体系虽然门类齐全、人员众多，但也面临许多深层次的问题，应加大改革力度，以进一步激发创新活力。

实施农业科技创新人才战略，培养和吸引一批领军级科技人才和优秀创新群体，建立专门的农业科技创新人才基金和计划。

探索建立新的农业科研投入机制，使其更好地适应国家和农民对农业技术的需求。应首先开展探讨试点工作，研究如何在新的投入体制下引入农民技术需求的反馈机制。

强化农业公共科研单位的公益职能，加快培育现代农业科研企业，进一步分离公共科研单位可商业化的研发活动，强化知识产权的实施力度和出台优惠政策，为企业进入农业科研提供发展空间、提供激励机制，促进现代农业科技企业的发展。

提高科技成果“落地率”——要建立需求导向的考评激励机制，建立技术推广责任制、技术需求反馈机制、以农民满意为主的考核考评机制

记者：《决定》特别提出，要“稳定和壮大农业科技人才队伍，加强农业技术推广普及”。其意义何在，应如何推进?

黄季焜：农业科技要抓住两头：一头抓研究，多出新成果；另一头抓推广，让新成果落到田间地头。当前我国基层农技推广存在职能定位不清、激励机制缺乏、能力严重偏低等突出问题。

要改变这种状况，首先应明确基层农技推广的公益职能，切实落实公益职能财政的足额支持。近几年的改革试点经验表明，国家农技推广的公益职能必须得到明确的定位，公益职能的事业必须由财政提供足额支持。其次要全面实行人、财、物管理“三权”上收，理顺基层农技推广管理体制。应先把县以下推广机构的管理权收归县农业主管部门，在此基础上根据各地的实际情况建立“区域站”，或在各乡镇建立县农业主管部门下属的各乡镇分站，增加县以下的农技推广人数。

在运行机制方面，要建立需求导向的考评激励机制。大力推行农技推广职业资格准入制度，建立技术推广责任制、技术需求反馈机制、以农民满意为主的考核考评机制、体现收入与工作业绩挂钩的分配制度以及县域统筹协调机制等。还要加强技术推广人员的能力建设，推进推广方式的创新。建立基层农技推广人员知识更新基金，对获得推广资格的在岗农技员定期轮训。在全国各农业大专院校增设农业技术推广专业，培养大批农技推广管理人员。提供优惠政策，引进农业大专院校毕业的专业人才充实和提高基层农技推广队伍。积极推进包括农民田间学校、展示示范、三点合一、农信通等推广方式的创新。

（《人民日报》，2008-10-23，第 14 版）

把好贮藏关，保食品安全——访魏益民

目前，大量食品物资集中运往灾区。由于当地降雨频繁、气温逐步升高，必须保障灾区食品物资的安全贮藏，避免发生大规模食源性疾病等次生灾害事件。

中国农业科学院农产品加工研究所所长魏益民接受记者采访时建议，食品应尽量放置在专门的食品贮藏库内，也可在临时安置点附近搭建临时贮藏库。贮藏库要整洁卫生，通风良好，具有防雨、防潮和防晒等功能。临时贮藏库应建在地势较高、通风良好、交通方便且远离污染源的地方，取东西走向为佳。贮藏库不能使用药物灭鼠。

对贮藏技术，魏益民强调要满足以下条件：贮藏库在使用前要进行清扫并严格消毒，同类产品应集中码垛。库内留出过道和操作场地，便于运送食品。食品到达灾区后，应集中安置在固定的库房内统一贮藏，不宜散放。粮、油、方便食品、袋装盐渍食品等便于长期贮藏的物资应与蔬菜、水果等易腐物资分开存放。

包装受损的食品若无变质，应尽快发放食用。贮藏库要设专门的身体健康的管理人员。要详细记录每批物资的进出库时间，一旦

发生问题，可以及时寻找到问题食品的来源并及时处理掉有问题的食品。

主要食品贮藏是重中之重。魏益民说，成品粮可集中贮放在密闭、干燥、防晒、防雨、防尘和防鼠的建筑内。米、面要分开存放。粮食入库前，要做好空仓清洁消毒工作及包装器具消毒、除虫工作。粮食存放要利于通风。食用油的贮藏应按食用油品种、等级分别贮存，不得与非食用油混贮。

（《人民日报》，2008-06-12，第 13 版）

为农业发展提供科技支撑——访翟虎渠

编者按：党的十七大报告在促进国民经济又好又快发展部分提出了八项任务，第一项就是提高自主创新能力，建设创新型国家。这是国家发展战略的核心，是提高综合国力的关键。建设创新型国家，就要加快建设国家创新体系，其中促进农业科技创新是建设创新型国家的题中应有之义。作为农业科学研究的“国家队”，中国农业科学院始终把国家战略需求放在第一位，他们组织农业科研大协作的精神值得称道。

“作为农业科学研究的国家队，我们要继续发挥科研大协作的优势，紧紧围绕党的十七大提出的提高自主创新能力，建设创新型国家的战略目标，坚持走中国特色农业科技创新道路，为农业发展提供更有力的科技支撑。”谈起贯彻落实党的十七大精神，再次当选中央候补委员的中国农业科学院院长翟虎渠教授这样开门见山地说道。

桌子上摆着一个雕塑：《耕耘》

翟虎渠的办公桌上，摆着一个雕塑：一位老农走在泥泞的土地上，裤腿高高挽起，正扬鞭驱赶前面的水牛耕种着肥沃的农田。

这个名为《耕耘》的雕塑正是几千年来中国农民真实的耕种写照。正如翟虎渠桌上的雕塑一样，不光是农民，中国的农业科技工作者们同样走在“耕耘”的路上。“瞄准国家战略需求，以区域生态特点为标准，集中优势科技力量，因地制宜、有针对性地进行农业科技创新，是解决农业科技资源条块分割的有效方法。中国农业科学院和全国同行坚持50年联合开展科研大协作，取得一批领先世界的原创性重大科技成果，使我们农业科技水平与世界先进水平的差距缩短到5~10年，在某些领域我们已经领先世界，就是很好的证明。”翟虎渠不无自豪地说。

人们不会忘记，2004年初，刚刚战胜非典疫情，我们又遭受一场禽流感疫情的袭击。危急时刻，是中国农业科学院研制的“杀手锏”——禽流感疫苗发挥了关键作用。然而，很少有人知道这个疫苗的前期研制工作是中国农业科学院自筹经费，建立起禽流感实验室并开展研究的。中国农业科学院的科学家在国外看到禽流感对一个国家经济和社会的巨大破坏，敏锐地意识到研究这个疾病对我国经济社会发展的战略意义，以高度的社会责任感开始了研究，以至于还来不及申请国家的有关科研项目就自己克服困难上马了。

如今，在国家科技攻关、“973计划”、“863计划”、农业部专项与“948计划”、国家发展改革委高技术产业化项目以及省、市相关科研计划的立项支持下，中国农业科学院哈尔滨兽医研究所联合华南农业大学、上海市畜牧兽医站、农业部动物检疫所动物流行病研究中心等国内有关科研院所、大学、防疫站等兄弟单位，开展科研大协作，攻克疫苗生产的技术与工艺，形成最高日产疫苗1 500万羽份的规模化应急生产能力，为防控可能出现的禽流感疫情做好准备。

这就是“国家队”！当国家需要的时候，拉得出，打得赢！“国家战略需求永远是我们创新的目标！”翟虎渠坚定地说。

不改革，靠什么出成果

党的十七大提出，要增加农业投入，促进农业科技进步，增强农业综合生产能力。

现实呼唤改革：中国虽然拥有国家、省、地、县4级科研机构为主体的农业科研体系，曾为我国农业和经济社会发展作出巨大贡献，但目前也暴露出条块分割、分工不明、各自为战等问题，加上学科专业过窄，不适应现代农业专业化、区域化、规模化生产和经营等的发展需要。业内人士将这种情况总结为：你干我也干，你干你的，我干我的。

曾在部队服役4年的翟虎渠认为，要赶超国际水平，就要扬长避短，充分利用我们的优势和有利条件，集中优势兵力打歼灭战。“想想我们的‘杂交水稻’，想想这些产生重大影响，甚至震惊世界的重大农业成就，有哪一个是靠一己之力完成的？有哪一个不是全国统筹协作成功的？”说起这些中国农业科技的辉煌成就，翟虎渠激动地敲着办公桌。

就拿2003年获国家科学技术进步奖一等奖的“中国农作物种质资源收集保存评价与利用”项目来说，全国有313个单位的1 125名科技人员参加协作攻关，历经20年时间。如此跨地区、跨部门、多学科的协作攻关，使得我国长期保存农作物种质资源数量跃居世界第一，为我国农业的可持续发展打下坚实基础。

2006年9月，第一颗返回式航天育种卫星“实践八号”成功发射后，中国农业科学院又联合28个省（直辖市、自治区）138个科研院所、大学及企业全国大协作，一场继杂交水稻研究后更大规模的农业科技联合攻关战役打响了。

“中国的农业科研体系已经到不改不行的时候了，否则10年之后，我们靠什么拿出重大的科研成果来满足国家的需求?”这是翟虎渠的担忧，更是他推进区域农业创新体系的用意所在。

2020年，他有一个梦

农业的基础性、农业生产的区域性等决定了农业科研的重大成就和重大突破都需要全国性的大联合、大协作，这是一个不以人的意志为转移的客观规律。

“党的十七大提出，要深化科技管理体制改革，优化科技资源配置。我们与各地政府合作成立区域农业创新中心正是出于这个考虑。”带有浓重江苏口音，翟虎渠教授激情洋溢地阐述着他的区域农业创新体系构想。“十五”以来，中国农业科学院先后与10多个省、市、区人民政府签订了科技合作或共建协议，明确和强化了中国农业科学院与全国相关科研、教学单位的协作与共建的具体内容和措施。以中国农业科技东北创新中心、华南创新中心、西南创新中心、黄淮海创新中心为代表的联合中央与地方的一大批科研协作联合体（区域创新中心）正在逐步建立。去年4月，中国农业科学院分别与全国32个农业科研机构、17所农业大学全面研究确定了优势学科共建方案，实质性的全国农业科研优势大协作正在全面展开，中央与地方、国家院与省院、实验室与试验站、研究院所与高校全方位、多层次协作共建的局面正在初步形成。

“到2015年，这个体系就能建好，到2020年，我国的农业科技有望走在世界创新前沿。”这是翟虎渠的农业科技创新之梦。

从最早建立的东北农业创新中心成立4年来取得的成就看，翟虎渠的梦想正在变为现实。和他预想的一样，一个以生态区域为基础的区域农业创新中心使人才、资源、资金优势得到了整合，更重要的是，农业科技为区域经济带来的巨大优势让当地的老百姓成为最大的受益人。

东北农业创新中心主任岳德荣喜笑颜开地说："自从有了东北农业创新中心这个平台，我们引来了更多国际型的人才，甚至国际性的投资，集中东北的地区优势搞科研，成果自然突飞猛进。"仅"超级稻"一项成果就使东北地区水稻亩产量提高120公斤，种植"超级稻"每亩年人均增收154元。就在"超级稻"开始推广的2005年，它为种植区农民增收3.4亿元。

这也是一件最能让翟虎渠高兴的事情了。

（《人民日报》，2007-11-08，第14版）

从立体角度防控农业污染——访章力建

在"6·5"世界环境日，记者专访率先提出"农业立体污染防治"概念的中国农业科学院副院长章力建博士。

背景：在"6·5"世界环境日到来之际，联合国环境规划署（UNEP）驻华代表处高级协调代表邵雪民先生再次来到中国农业科学院，与农业立体污染防治研究工程中心主任洽谈农业立体污染防治事宜，引起广泛关注。

不合理的农业生产方式与人类活动造成"水体—土壤—生物—大气"各层面立体污染

记者："农业立体污染防治"这个概念还是第一次听说。大家都知道农业的面源污染、点污染，而你们又提出"农业立体污染"的概念，会不会给人以一种炒作概念的印象？

章力建："农业立体污染"是中国农业科学院的一批科学家经过多年积累采用学科交叉的方法研究并提出来的新概念，是科学家集体智慧的新概念结晶。

记者：那么，"农业立体污染"的原理和概念该如何理解？

章力建：“农业立体污染”是由不合理的农业生产方式与人类活动引起的，由农业系统内部引发和外部导入，造成“水体—土壤—生物—大气”各层面直接、复合交叉和循环式的立体污染，影响农业环境及其生态系统质量受损的过程，包括不合理农药化肥施用、畜禽粪便排放、农田废弃物处置、耕种措施，以及工业、生活废弃污染物不当处理及农业利用等多方面。

记者：在人们的印象中，我国农业技术比欧美落后。但“农业立体污染”概念提出后，欧盟等纷纷提出合作意向，是否说明我们在这一领域处于领先地位？

章力建：欧美发达国家的现代农业技术的确比较先进，但也不能忽视我国有数千年的悠久农耕文明史。近年来，我国的农业科技创新能力有了很大提高。现在的任务就是要在我国政府部门的大力支持下，深化研究，保持在这一领域领先的优势。

“农业立体污染”危害严重，近 2 000 万公顷耕地遭受污染；化肥、农药浪费年损失达 450 多亿元

记者：“农业立体污染”造成的危害比其他形式的农业污染严重得多吧？

章力建：是的。“农业立体污染”对生产和生活产生的影响是巨大的。首先，饮用水质质量下降和硝酸盐污染超标已严重威胁人民的身体健康和生产安全。在北方集约化高施肥量地区，20%的地下水硝酸盐含量超标。其次，化肥、农药已造成我国近 2 000 万公顷耕地面积受到污染。最后，近 40%的耕地受酸雨影响，严重地区的土壤酸度只在 4.0～5.5。

研究成果表明，我国每年因不合理施肥造成 1 000 多万吨的氮流失到农田之外，直接经济损失约 300 亿元；农药浪费造成的损失达到 150 多亿元以上，因污染对人民身体健康和农产品质量造成的经济损失更是无法估量，近几年呈现出加重趋势。

记者：“农业立体污染”如不及时治理，后果如何？

章力建：“农业立体污染”具有多层面的危害性。不及时治理，将会导致“水体—土壤—生物—大气”整个系统的污染，且还会影响农产品质量、人体健康、国家环境安全和环境健康。立体污染造成的经济损失是无法估量的。污染物不仅危及某个“点”和“面”，而且通过时空迁移、转化、交叉、镶嵌等过程，产生新的污染，甚至形成循环污染。

综合整治而非单项治理不断显露生态、社会、经济效益，促进新兴高新技术环保产业产生和发展

记者：“农业立体污染”如此严重，治理难度一定也很大吧？

章力建：“农业立体污染”是我国工农业快速发展、国家经济实力快速提升初期的伴生产物，治理难度肯定要大一些，是一场持久战，但完全可防、可控、可治！这需要综合整治技术，不是单项项目治理，其生态、社会、经济效益将会不断显露。

记者：治理“农业立体污染”的深层意义体现在哪些方面？

章力建：首先，运用“科学发展观”系统揭示了农业污染综合防治的本质与内涵，提出使我国在该领域的研究处于世界领先地位，有战略性拓展和提高。其次，将以生物技术为主的高新技术有机应用到农业治污的进程中，可促进一批新兴高新技术环保产业的产生和发展。再次，有助于进一步整合各部门、各产业现有的涉及农业污染治理的资源、资金、人才、技术，形成一个协调、高效的综合防治平台。最后，既有突出的生态效益，又有明显的社会与经济效益。

（《人民日报》，2005-06-06，第5版，《专访》）

中日农业科技合作前景广阔——访梅旭荣

自1972年中日两国实现邦交正常化，30多年来政府间的合作不断加强，尤其在农业科技交流与合作方面取得了显著成就。记者日前就此采访了中国农业科学院中日农业技术研究发展中心常务副主任梅旭荣研究员。

梅旭荣说，中日农业科技合作历史源远流长。早在1974年，日本的石本正一先生就向中国传授地膜覆盖和园艺技术。他百余次来华，曾前往我国26个省区市指导和培训，实施多项中日间重大科技合作项目，为发展中国农业、帮助农民脱贫致富作出了重要贡献。日本著名的水稻专家原正市为中国传授水稻旱育稀植栽培技术，使中国“三北”地区水稻增产显著，为中国培养了一批专门的水稻技术推广人才。

梅旭荣深情地回忆说，1995年两国政府首脑关于在中国建立“中日农业技术研究发展中心”的战略构想，将中日农业科技合作与交流提高到了一个新的水平。如今，这个总投资1.4亿元人民币（其中，日方无偿援助1.1亿元人民币）的中日两国间最大的农业科技合作项目，已在中国农业科学院主楼旁建成投入使用3年时间，取得了37项具有国际一流水平的研究成果。

梅旭荣说，中日两国在农业和农业科技方面具有较强的互补性和借鉴示范作用，为两国农业科技合作与交流奠定了坚实的基础。

一方面，日本在一些农业科学技术领域的创新成果可以为我国农业科技发展提供典型经验和借鉴。特别是自20世纪70年代以来，日本运用先进的科学技术建造植物工厂，为资源缺乏型国家的农业可持续发展树立了典范；日本的农产品生产基本实现了机械化和标准化，生产过程更加关注产地环境的保护，生产结果更多地注重品质和商品价值；日本农产品实现了采后处理规范化和物流运输冷链化，大大降低了农产品损耗。我国在农业资源和农户规模上与日本具有相似性，通过两国农业科技交流与合作，在上述领域可以大大缩短我国农业科技创新周期，提高我国农业科技自主创新能力。

另一方面，日本农产品自给率为40%左右，需求缺口大部分依赖进口，为中国农产品进入日本国内市场提供了广阔的空间。如何根据我国的国情，加强两国在动植物新品种培育、资源高效利用、农用生物制剂、产地环境保护、农产品产后储运加工等农业科技领域的合作与交流，是提高我国对日出口农产品的质量和水平、进而提高我国农业生产效益的重要途径。

梅旭荣认为，走可持续发展道路是人类社会的正确选择，也是中日两国人民的共同选择。依托中日农业技术研究发展中心，开展中日两国在主要农业领域的国际交流与合作，有利于加强中国可持续农业实用技术研究，促进农业实用化技术的研究开发与推广，扩大现代农业技术交流和示范，改善生态环境，增加农民收入，提高广大农村人口生活质量。

（《人民日报》，2005-05-19，第14版）

积极实施“藏粮于地”战略——访唐华俊

我国长期以来习惯于藏粮于仓、藏粮于民、以丰补歉。然而，耕地占补质量严重失衡，耕地总体质量下降已经成为提高粮食生产能力的障碍。

实施“藏粮于地”战略是全面落实科学发展观和中央一号文件精神的战略措施。万物土中生，土壤是作物生产最重要的自然资源。“藏粮于地”是藏粮于综合生产能力的一部分，藏粮于综合生产能力，主要是指针对自然灾害和城市、工业用地造成的减产。而藏粮于综合生产能力比藏粮于库的办法要更积极、更长远、更主动，它是建立我国粮食安全和农业健康发展长效机制的重要组成部分。

“藏粮于地”或称“藏粮于土”是指通过提高耕地质量和土地生产力，实现粮食生产稳产高产。一旦出现粮食紧缺，就可很快恢复生产能力。它要求在土地开发过程中，尽可能地避免破坏耕地或永久性占用耕地。而在粮食相对充足的情况下，则可以利用部分土地种植经济作物或从事其他经营，迅速增加农民收入。

我国长期以来实行的是藏粮于仓、藏粮于民、以丰补歉的策略。耕地占补质量严重不平衡，耕地总体质量下降，致使粮食生产能力不足，只能尽可能扩大粮食播种面积和提高单产，利用丰年的节余弥补歉年的不足。这就带来了高额的仓储费用，形成了财政的巨大负担，同时也影响了其他作物的发展和农民收入的增加，特别是不能保证我国的粮食安全，如果连续几年歉收，就给粮食的供应带来很大压力。

在耕地数量不足的情况下，质量就尤为重要。所以，抓紧耕地土壤质量培育，不断提高粮食生产能力，实施“藏粮于地”战略，已成为我国发展农业生产、保障国家粮食安全的最根本办法。实施“藏粮于地”，一是完善立法，健全土壤质量动态平衡机制，鼓励和支持占用耕地表土的再利用，实现耕地质量占补平衡；二是建立土壤质量评价标准和土壤质量维护奖励制度；三是建立耕作和栽培等技术规范，控制农用化学品的使用，确保科学用地。同时还应将土壤质量的研究和建设纳入国家中长期科技发展规划和“十一五”计划。

（《人民日报》，2005-02-24，第 14 版，《纵深报道》）

靠科研成果阻击外来生物入侵——访万方浩

200多种外来有害生物的入侵已构成对我国生产安全、经济安全和生态安全的严重威胁。中国农业科学院研究员、生物入侵与生物安全研究室主任万方浩博士日前接受记者采访时强调——靠科研成果阻击外来生物入侵。

同其他许多国家一样，我国也遭受到生物入侵的危害：农业外来入侵生物扩散蔓延，暴发成灾。据初步统计，目前入侵我国的外来物种至少有200多种。其中在农业生产中大面积发生、危害严重的外来入侵生物有烟粉虱、稻水象甲、斑潜蝇等，通过压舱水排放方式传入的一些海洋生物及人为引进的一些外来鱼类对本地水生生物和生态系统也在构成巨大威胁。

外来有害生物入侵威胁我国农业生产安全、经济安全和生态安全，导致严重的经济损失。万方浩博士认为，外来入侵生物在适宜的生态气候条件下，往往是暴发性的，引起严重的农业生产损失。对我国11种危害较大的农业入侵生物所造成的损失分析表明，年经济损失超过574亿元；此外，还严重破坏生态系统，引起生物多样性丧失；并对人类健康产生严重危害，危及社会安定。一些重大人畜疾（疫）病，给人类健康和社会稳定带来严重威胁与恐慌，成为影响我国国际贸易的技术壁垒之一。总体上看来，外来有害生物的入侵正严重威胁着我国的农业生产安全、经济安全和生态安全，经济损失巨大。

我国应对外来生物入侵面临法规与管理条例、体制不健全，对农林危险入侵生物预防、控制与管理研究的积累较为薄弱等问题。万方浩博士认为，目前我国已有多种涉及外来有害生物的相关法规与管理条例，但大多仅适用于预防已知的检疫对象，尚缺乏针对外来入侵生物的专门法规与管理条例。因此，有必要制定专门的外来入侵生物预防与管理法规、条例与实施细则，制定国家对外来入侵生物预防与控制的指导准则及行动指南。此外，我们还存在管理体制不健全，缺乏统一组织协调，缺乏完善的检测和监测体系及快速反应机制和快速检测、跟踪监测的技术等缺陷。具体分析来看，尽管近年来我国科研机构与大专院校开始陆续介入外来入侵生物的研究，但尚无专门机构从事系统的研究工作，缺乏起主导作用的国家创新基地。研究机构不健全，力量分散，难以形成核心的研究队伍。对外来入侵生物的研究大多只着重于应用研究，缺乏基础性工作与基础研究，预防与控制的共性技术研究薄弱，学科方向不完整，尚未形成特色鲜明的入侵生物学学科体系。对农林危险入侵生物预防、控制与管理研究的积累整体上明显落后于国际水平。

加强外来入侵生物预防和控制的研究势在必行：要建立完善的国家管理体系、设立加强生物入侵研究的新研究机构、建立系统的预防控制研究体系。对此，万方浩博士建议，首先，要强化国家能力的建设与管理职能，建立完善的国家管理体系。从世界范围内来看，发达国家和发展中国家均强化了相关国家能力、监管能力及研究能力三大体系的建设，制定法律与法规，建立部门间的协作体系与协调运行机制，如美国 1996 年颁布了《国家入侵物种法》；1999 年根据美国总统令（13112 号）组建了以农业部为主的国家入侵物种委员会（NISC），并制定联邦政府行动计划指南，设立专门基金，开展疫情监测、风险分析和防治行动。新西兰也制定了新的生物安全计划。其次，要设立新研究机构，加强生物入侵研究。世界各国通过设立新研究机构开展国际合作和与他国分享信息等方式，更有效地解决生物入侵问题。再次要建立系统的预防控制研究体系，要重视开展外来入侵生物信息库的建立与信息共享等一系列基础性工作。

（《人民日报》，2003-08-12，第 5 版，《专访》）

应对历史罕见棉田病害——访中国农业科学院专家

近日，在山东、河南、安徽、河北、陕西等地，棉花普遍发生了叶片枯黄病，造成蕾铃脱落，这是怎么回事？带着这个问题，记者采访了中国农业科学院棉花研究所育种专家、博士生导师郭香墨研究员、植保专家崔金杰博士和棉花栽培专家董合林副研究员。

记者：近期，我国部分省份棉田病害比较严重，这是什么病害？是什么原因引起的？

专家：上述地区棉花发生的是生理性病害，表现为棉株叶片黄化、叶片边缘变焦枯死，似烧灼状，叶脉颜色正常，少部分叶片叶肉发红，导致棉花生长发育受阻，蕾铃脱落严重。有些人认为是棉花枯萎病和黄萎病，其实这是一种生理性病害。主要是由于今年特殊的气候条件引起的。该病害尤以豫东、鲁西南、皖北主产棉区发生较重，几乎所有的棉花品种均不同程度地发生此病，发病面积和严重程度为我国植棉历史上所罕见。

记者：不良气候主要是指哪些方面？

专家：今年，黄河流域和淮河流域棉区持续的阴雨、低温和寡照，造成棉花的光合作用减弱，叶绿素和有机养分合成受阻，加上阴雨连绵造成田间土壤持水量过大，影响土壤的通透性和微生物的活动，进而造成棉花根系的发育不良，影响养分的吸收和供应，形成棉田缺锌、缺钾等生理性病害症状。

记者：为什么有些品种发病轻，有些品种发病重？

专家：品种不同，生长发育进程不一样，对环境和养分的需求差异较大。

记者：棉田发生生理性病害对产量有多大的影响？有没有补救措施？

专家：棉花具有很强的自身补偿能力，从现在至9月初，还有

40多天是棉花的有效开花结铃时期，抓好这一时期的田间栽培管理工作，是夺取棉花丰产丰收的关键。在这段时期对症下药，加强管理，实现丰产还是有希望的。

记者：应急的措施有哪些？具体怎么应用？

专家：当前应当尽快落实的技术措施有以下几项。（1）尽快中耕培土，降低土壤湿度，促进根系发育。（2）及时喷施叶面肥，补充营养。喷施0.2%磷酸二氢钾水溶液，对于缺硼、锌棉田，同时喷施硫酸锌和硼砂各0.2%水溶液，每亩用水量50公斤，连续喷施3~4次，每次间隔5~7天。（3）对旺长棉田喷施缩节胺，每亩用量3克左右，其他棉田可酌情少喷或不喷。（4）适当推迟打顶时间3~5天，采取小打顶，增加果枝数。（5）如果未施花铃肥，每亩追施尿素15公斤；已经施用过花铃肥，适当补施，每亩尿素4~5公斤。

（《人民日报》，2003-07-25，第11版）

农业也在信息化——访梅方权

金秋时分，第三届亚洲农业信息技术联盟大会在北京召开，与会代表对我国农业信息技术的发展给予了积极评价。为此，记者采访了亚洲农业信息技术联盟主席、中国农业科学院科技文献信息中心名誉主任梅方权研究员。

梅方权研究员长期从事农业发展和农业信息管理研究，主持多项国家重大科研项目。他说，现代信息技术在农业领域有着广泛的应用。在我国，虽然农业信息化工作起步较晚，但取得了一些重要成果，不少已得到应用。

比如由农业部信息中心建立的信息系统、全国蔬菜市场经济信息服务系统、由科技部攻关项目产生的“中国之窗”网页、北京市城乡经济信息网络系统已建成中心局域网和覆盖全市农口范围的广域网等，全国已形成100多个重要信息网络，建成了一批大型信息系统，如科技信息联机检索系统、多功能微机集成信息系统、文献管理集成系统等。

此外，我国还建立了一些大型信息市场，如北京、上海、广州、深圳的信息市场以及其他地方出现的中小型信息市场，在活跃市场和促进当地经济建设方面已见成效。目前全国大多数县配备了微机用于信息管理，县以上各级农业信息中心逐步建立，已建成了一些大型农业资源数据库和优化模拟模型、宏观决策支持系统，应用遥感技术进行灾害预测预报与农业估产，各种农业专家系统和计算机生产管理系统应用于实践。

近几年，中国农业科学院科技文献信息中心在农业信息化方面都做了大量的工作，在国家粮食安全预警系统的研究中进行了有效的探索，尤其是农业叙词表的研究编制，填补了国内空白，为我国农业科技信息基础建设作出了应有的贡献。

中国农业科学院草原研究所应用现代遥感和地理信息技术建立起了“中国北方草地草畜平衡动态监测系统”，使我国的草地资源管理进入一个新阶段，过去用常规方法需上百人用10年时间完成的工作量，用该系统只需7天即可完成。运行3年，节约经费1 600多万元。中国农业科学院院域信息网于1997年10月开始运行，可供农业部门使用的网络通信基础设施得到改善。

梅方权认为，中国要想使农业效率跃居世界先进水平，从现在起，就要加快培养农业信息化科技人才，在大专院校设置农业信息化专业，选择重点单位设置硕士、博士学位点，同时要吸引国外信息科技人才回国工作。以农业信息化推动农业现代化，是符合我国实际的选择。

（《人民日报》，2002-12-14，第7版）

生态农业让经济可持续发展——访章力建

在实施西部大开发的伟大战略过程中，有哪些问题值得注意？中国农业科学院副院长章力建博士在接受记者采访时说，发展生态农业是实现西部农业可持续发展的必由之路。

章力建博士1983年留学比利时布鲁农业大学，攻读博士期间，便在世界上首次利用超声波实现了植物基因转移。1994年冬天，他出任中国农业科学院副院长，并于次年到贵州担任省长助理职务。近5年的任职期间，章力建博士走遍了贵州的山山水水；去年，随着中国农业科学院的西部万里行，他又花了1个多月的时间奔赴内蒙古、甘肃、宁夏、新疆进行了实地考察。他深切地感受到保护环境、发展生态农业是实现西部农业可持续发展的必由之路。

严重的生态环境问题制约了西部农业的发展

章力建说，改革开放以来，我国西部农业生产取得了长足进展。但由于长期不合理的土地利用和多种自然灾害的影响，我国西部地区的自然生态环境还很脆弱，生态环境恶化的趋势还没有得到有效控制。主要表现为：

第一，水土流失严重。目前，西部地区40%以上的土地已经出现水土流失，其中黄土高原最为严重，水土流失面积比例大约占1/3，其中贵州水土流失面积比例为37%；水土流失使得土地蓄水保水能力减弱，长江也面临成为第二条黄河的危险，并可能出现特大洪水。

第二，土地荒漠化。我国已有1/4以上国土出现荒漠化，其中，95%以上的荒漠化土地集中在我国西部7省区，其中新疆最多，其次是内蒙古，再次为西藏、甘肃、青海、陕西和宁夏。土地荒漠化是沙尘暴产生的主要根源。在我国西南地区，因水土流失，出现了“石漠化”，极大地限制了开发利用。

第三，草地退化。全国草地退化面积约占草地总面积的1/3。草地退化比例最高的是宁夏、陕西、甘肃，退化面积达80%以上，其次是新疆、内蒙古、青海，退化面积占50%左右。水土流失、土地荒漠化和草地退化等日益恶化的生态环境及其伴生的自然资源灾害，增加了农业生产的难度，加剧了当地人民生活的贫困程度，严重制约了当地农业的可持续发展。

章力建说，农业是生物的自然再生产和人类的经济再生产相结合的产业，农业的经济增长，不仅取决于资本、劳力和技术的贡献率，而且在很大程度上受自然资源的影响。如果不注重生态环境的保护，无节制地利用自然资源，再生自然资源的数量和质量必然下降，最终结果是农业经济增长率下降。

西部地区存在的严重的生态环境问题，严重制约了农业生产的发展。因此，西部地区要以先进适用的农业技术为基础，以保护和改善农业生态环境为核心，充分利用当地的自然资源，为人类造福。

发展生态农业是经济可持续增长的保证

具体说来，发展生态农业，应充分利用西部的各种土地资源（如荒山、荒坡、荒地等），大规模植树种草，增加多年生植被面积，减少裸地面积，有效削减水和风对地表的侵蚀，防止水土流失和荒漠化（石漠化），减轻洪涝和沙尘暴灾害。通过人工草地建设和退化草地的围育与改良，以及舍饲、半舍饲与限制放牧等措施，可以有效地防止草地退化。

章力建认为，要发展西部农业，有效持续地提高农民收入，首先要对我国西部地区的生态环境进行治理与恢复，其重点是水土保持、防沙治沙和草地建设。在水土流失较轻的地区，实施封山育林育草。在水土流失严重的地区，结合工程措施进行植被重建。西南多雨地区以造林为主，林又以经济林为主，并结合灌草实施综合治理；在西北干旱区，植被重建以草为主。在沙化时间短的地区，实施封育保护，禁止放牧和开垦。在沙化严重的地区，结合工程措施进行植被重建，灌草结合。

章力建提出，发展西部农业，有效持续地提高农民收入，就要实现农林牧复合生产经营，这是西部生态农业发展的主要模式。复合生产系统通过植物在空间上和时间上的合理配置，结合动物的转化，具有资源利用率、土地生产率、劳动就业率高的优势。值得注意的是，退耕还林还草仅仅是生态环境建设的一种手段，其深层的问题是如何把种植的树和草转化为农产品，如何根据当地的条件进行复合生产经营。

此外，西部干旱缺水问题比较突出，要高效地利用水资源。西北旱地地区要通过各种工程措施，聚集有限雨量，发展高效的旱作技术；西南地区存在季节性干旱问题，因此要推广和加强微型水利工程建设（如蓄水池、沉沙池），雨季聚集雨水旱季利用。

（《人民日报》，2001-04-02，第6版）

积极实施“三元结构工程”——访郾城县与望城县试点县

我国人民生活从温饱向小康过渡，不仅要求口粮、蔬菜的稳定供应，还要求动物性食品的稳定供应和优质多样，并符合营养科学。因此，按照小康生活的食物需求组织农业生产，建立相对稳定的、与社会需求相适应的“粮食作物—饲料作物—经济作物”三元种植结构，是时代发展的需要。

调整农业种植结构，当前最迫切的任务是要积极推进种植业“三元结构工程”的实施，提高种植业效益，以增加农民收入，满足市场需求。

1995 年，农业部将河南省郾城县和湖南省望城县列为全国“三元结构工程”试点县。几年来，课题组在试点县开展了深入研究，并结合全国其他地区的调查情况，初步验证了实施“三元结构工程”的有效性和可操作性。

纵观我国粮食的生产发展情况，可以看出，20 世纪 80 年代中期之前，我国的粮食问题是口粮问题。80 年代后期以来，收入增加引起人们消费结构的较大变化，口粮消费的比重在减少，动物性食品消费的比重在增加，我国的粮食问题在很大程度上逐步演变为增加饲料粮的问题。1986—1992 年，城乡居民每年人均消费粮食由 252.67 公斤下降到 235.91 公斤，人均消费动物性食品则由 27.79 公斤上升到 37.62 公斤，增长 35.4%。适应我国居民消费需求的上述变化，同一时期我国畜牧业迅速发展，1986—1994 年，肉类产量以年均 9%的速度递增。与此形成强烈反差的是，同期谷物产量年均递增仅 1.7%，致使饲料粮负担日渐沉重，粮食生产日益难以承受肉类的高速增长。

因此，必须对我国的种植业结构进行根本性改革，打破传统的种植模式，将饲料作物的种植有计划地纳入农业生产，彻底解决饲料资源的稳定供应问题，促进畜牧业的健康发展，保证人民的膳食结构进一步得到改善。这是我国种植业宏观调整的必然方向。

调整种植结构，实行三元种植，可直接产生 4 个方面的效益，即通过结构优化，使耕作制度得到改善，生态效益提高；使土地直接产出的生物量增加，土地利用效率提高；使专业性生产的饲料粮食增加，转化效率提高；使农业生产的产业链延伸，农业经济效益提高。同时，专用饲料粮食增加，还可以减轻粮食生产的压力，促进农业多种经营的发展。

从经济学原理分析，促成农业生产结构转变的动力有两个：一个是建立在人均国民收入水平提高基础上的需求诱导，为农业结构变革提供了必要性；另一个是农业技术进步带来的粮食生产能力的提高，为农业生产结构变革提供了强大动力并最终使之成为现实。

几年来，鄄城县立足本地实际，对现有的玉米、大豆等饲料作物进行了品种更新换代，推广了高产优质新品种，扩大了大豆等作物的种植面积，使饲料作物的生产向高蛋白作物发展；并通过推广间作套种、立体种植和一年多熟的种植方法，探索出粮、饲、经三元的较好复合耕作，提高了产量。到 1997 年，全县粮、饲、经比例调整达到了 59∶17∶24，初步实现了种植业内部结构的合理调整。

实践证明，粮、饲、经三元种植结构调整不但不影响粮食总产和农民收入的稳定增长，而且促进了饲料作物的发展，粮食产量在 1996 年实现历史性突破的基础上，1997 年再创新纪录，夏粮总产实现 3.19 亿公斤。

在试点的辐射带动下，全县养殖业出现了强劲的发展势头。全县新增百头以上规模的养猪场 500 座、新增千只以上养鸡场 500 座，总数达 2 000 多座。

实施“三元结构工程”，提高了农业的整体效益，增加了农民的收入。1996 年，全县粮食总产量达 5.35 亿公斤，比上年增长 9.4%；实现农业总产值 16.1 亿元，增长 24.8%；农民人均纯收入达到 1 897 元，比上年增长 20%。

望城县的试点证明，把饲料作物从“粮食作物—经济作物”的二元结构中分离出来，逐步改为“粮食作物—饲料作物—经济作物”三元结构，不仅能够增加饲料总量，缓解人畜争粮的矛盾，促进畜牧业的发展，而且有利于农业内部结构的合理调整。从试点反映出来的情况看，“三元结构”试点的作用是明显的，成效是显著的。

实践证明，实施“三元结构工程”总的要求应该是，通过调整实现“结构调优，粮食调上，经济调活，效益调高，农民调富”的目标。在调整中需要把握好以下基本原则。①保证粮食总产不断增长，主要粮食作物产量有所提高；经济作物面积基本稳定，产量不断提高。②增加饲料作物产量，同时注意提高质量。③强化农牧结合和种地与养地相结合。④确保当地农民收入增加。

（《人民日报》，2000-12-25，第 11 版，《农村经济结构调整大家谈》）

西部开发正逢其时——访布劳格

不久前，在西苑饭店一间普通的客房里，记者有幸采访了世界上唯一获诺贝尔奖的著名农业科学家、“绿色革命之父”布劳格博士。

布劳格博士一行刚刚从我国西部考察归来。“中国政府制定西部大开发政策很及时、也很重要。”一见面，布劳格博士就这样说道。

布劳格博士早在 1974 年就来过中国，他对中国人民怀着友好的感情。20 多年来，布劳格博士先后 10 多次来华，亲睹了中国 20 多年来所发生的巨大变化，他对中国农业取得的成就特别表示钦佩。布劳格博士说，自 1978 年以来，中国的粮食生产一直保持着较快的增长速度，这是政府用政策调动农民积极性、重视农业科研和新技术推广的结果。最近 10 年来，中国在工业化方面取得了很快的发展，这些成就离不开农业的发展和粮食的大量增产。

布劳格博士早年在墨西哥花费大量时间研究开发高产抗病小麦

新品种，他培育的矮秆小麦品种在20世纪60年代的墨西哥掀起了一场小麦生产的革命。60年代中期，布劳格博士将他的高产小麦带到了亚洲，在印度和巴基斯坦开创了谷物生产的“绿色革命”。这项技术随后传到中国、中东、南美、北美等几乎所有的春小麦种植区。它的影响之巨大，使过去35年里，印度的小麦产量从1 200万吨提高到6 800万吨，巴基斯坦的小麦产量从450万吨提高到1 800万吨。如今，布劳格博士和他的同事培育的高产小麦种植面积已超过6 500万公顷，使上千万人免于挨饿。1970年，布劳格博士因对消除世界饥饿所作的杰出贡献而获得诺贝尔和平奖。

布劳格博士此次是应中国科学技术协会的邀请，对我国西部的新疆、四川进行了长达16天的考察。布劳格博士说，中国重视农业科技的国际合作，中国农业科学院等与国际小麦玉米改良中心以及国际水稻所等国际农业研究中心有着良好的合作关系。在参观了新疆农业科学院长绒棉研究所、四川省农业科学院和四川农业大学后，布劳格对他们在作物品种改良、病虫害防治等方面取得的成绩给予很高评价。在参观中国科学院吐鲁番沙漠植物园时，看到科研人员在一片荒漠的沙丘上建起了1万多亩的绿洲，他不禁连连称赞。布劳格博士还说，中国重视农业生产和农产品加工之间的紧密结合，有些农产品加工企业现代化水平很高，像新疆玛纳斯新天葡萄酒厂、石河子番茄汁加工厂以及吐鲁番溢达棉纺织厂等，他们都实行了生产和加工紧密结合，而且起点高。

在新疆和四川召开的座谈会以及学术报告会中，布劳格博士等对我国西部大开发及农业发展提出一些建议。首先，要进一步加强基础条件建设，特别是水利建设。新疆是灌溉农业，需要新建一些水利工程，增加一些新的水源，同时要注意节水灌溉。其次，要加强农业科研工作，增加农业科研的投入，注意优质蛋白玉米（高赖氨酸玉米）的选育和应用，注意加强生物技术的研究。再次，加强国际科技合作，进一步加强与16个国际农业研究中心的协作，积极引进优良作物品种和先进农业技术，加强对青年科技人员的培养。最后，在发展生产的同时注意保护和改善生态条件。新疆部分胡杨干枯，沙漠扩大，值得重视，布劳格建议采取综合措施加以解决。

（《人民日报》，2000-08-18，第7版）

应对小麦春季管理——访中国农业科学院专家

刚刚从乡下调查归来的中国农业科学院小麦生产调研组专家们日前接受记者采访时呼吁：加强小麦春季管理，力争抗灾夺丰收！

据中国农业科学院科技局局长信乃诠介绍，为了深入贯彻十部委关于“三下乡”的指示，针对北方冬麦区和黄淮平原冬麦区旱情严重，小麦苗情不如上年的严峻形势，中国农业科学院派出了由多学科专家组成的两个小麦生产调研组，从2月中下旬起分别对冀、鲁、豫、晋、陕、陇6省8个地区14个县（市、区）的小麦生产情况进行了实地考察，并与当地农业部门领导、科技人员座谈，开展了田间地头现场技术服务，并就如何立足现状，加强小麦春季管理、夺取今年夏粮丰收提出了对策建议。

专家们认为，由于各省领导重视，6省小麦播种面积稳中有增，较上年增加260多万亩，基本上达到苗全、苗足。栽培水平也明显提高。因此，只要适时抓好小麦中后期管理，夺取今年的小麦丰收是有基础的，也是可以实现的。

专家们提醒说，目前小麦生产存在的主要问题表现为以下几个方面。一是旱情重，土壤墒情差，灌溉水源严重不足。6省去年均受夏、秋、冬三季连续大旱，降水量较常年同期少四至六成，尤其是晋、陕、陇三省麦田底墒不足，表墒差。旱地麦田0～30厘米土层平均相对湿度仅40%～50%，岭坡薄旱地墒情更差。加上这些地区水源不足，受旱面积日益扩大，这是今年小麦生产的严重障碍。同时，由于早春气候多变，温度升降剧烈，“倒春寒”和晚霜冻将会对3类苗和部分旺长麦田造成危害。二是苗情复杂，3类苗面积较上年增加，部分旱地小麦苗情较差。三是大部分为大水漫灌，浪费惊人，对抗旱扩浇、节水增产极为不利。四是今年小麦病虫害为中度偏重发生，局部地区有大发生的态势。五是干热风危害将会加重。

为此，专家们提出今年小麦春季管理的指导思想为：立足抗灾，因地因苗分类管理，环环紧扣，下决心一抓到底。在返青—拔节前，一要全力以赴，抓好麦田耙压保墒；二要巧施壮蘖肥水。在起身到开花期，一要在旱地小麦早抓“一喷三防”措施；二要在水浇地麦田浇好拔节孕穗关键水，肥水齐攻；三要对旺长的水浇地麦田控长防倒。在开花至成熟期，一要抑蒸减耗，防早衰、贪青；二要加强病虫害防治；三要开展叶面喷肥。

（《人民日报》，1998-03-23，第5版）

粮食生产须做战略性调整——访卢良恕

自1986年以来，由于动物性食物的替代，全国人均消费口粮每年下降3公斤。到2000年，全国口粮消费量与1993年持平，新增的500亿公斤粮食基本为饲料粮。为此，须调整种植结构，扩大饲料作物面积。形成“粮食—经济作物—饲料”的三元农业生产系统。

中央农村工作会议强调指出，要重视和优先发展农业，必须把农业放在一切经济工作的首位，确保“九五”期间生产5 000亿公斤粮食和农民生活达到小康水平。实现这两个目标的关键是新增500亿公斤粮食。我们认为，主要应以现代食物观念为指导，调整种植业结构，发展养殖业和加工业，实施新型的农牧结合的粮食和饲料作物以及经济作物协调发展的三元结构工程。

由于经济发展等方面的原因，长期以来我国口粮与饲料粮不分，把人吃的粮食用作饲料粮，这种粮食和饲料不分的种植模式，既限制了粮食品质的提高，又加剧了粮食供需缺口。随着我国温饱问题的基本解决和人民生活的不断改善，动物性食物和油、糖、水果、蔬菜等多种食物消费量不断增加，替代了部分粮食，呈现出食物多样性。1993年全国人民直接消费的口粮为2 750亿公斤，全国人均口粮消费量已由1986年的253公斤下降到1993年的232公斤，年平均下降3公斤，预计到2000年将进一步下降到213公斤，按13亿人计算，2000年全国用作口粮的总量仍为2 750多亿公斤，与1993年口粮消费总量基本持平。这就是说，从现在到20世纪末，新增1亿人口所需的口粮，可由现在12亿人口减少的口粮填补，但是由饲料转化的动物性食品需求将有显著增加。因此，到20世纪末实现5 000亿公斤粮食，即新增500亿公斤粮食除少量用于增加工商行业用粮外，基本上是用作饲料粮。

解决我国的粮问题，要将传统的“粮食”观念转变为现代食物观念，从大量提供动物性食物和非粮食物需要出发，将人畜混粮的种植模式转变为人畜分粮的种植模式，把饲料工业作为一个现代产业来建设，与人们口粮品种调整（如大米需要的增加）、膳食结构优化和养殖业更快发展紧密联系起来，这是实施三元结构工程的关键所在。为此，要安排5.5亿亩左右的粮食播种面积用来生产饲料，积极调整种植业结构和扩大草地及荒山荒坡的利用，满足现代食物发展需求，实现新增500亿公斤粮食和人民生活小康的目标。一要调整优化现有粮食作物品种结构，合理布局，向高产优质高效方向发展；二要因地制宜，调整种植制度，将玉米、绿肥、牧草等高产优质饲料作物纳入轮作复种之中；三要积极扩大作物秸秆的利用，大力发展草食动物；四要扩大种植大豆、紫花苜蓿、籽粒苋等高蛋白饲料作物面积，解决蛋白质饲料来源，尤其是优质蛋白质饲料紧缺的矛盾。形成粮食—经济作物—饲料协调、农牧渔结合、产供销一体化的高产高效的农业综合生产系统。

按现代食物观念实施三元结构工程是一项复杂的大工程。要加强对价格结构的宏观调控，逐步调整粮食同工业品的比价，提高粮食生产的比较效益，调动农民种粮积极性。要以多种形式增加对农业生产者的补贴和支持，要采用法规的形式完善国家粮食储备体系及其应有用的功能，保证真正起到稳定粮食市场的作用。要重点支持粮食集中产区发展粮食加工业、养殖业和食品工业等高产优质高效农业和二、三产业，全面发展农村经济，增加粮农经济收入。

实施三元结构工程还需要相应物质技术投入。这是提高农业综合生产能力，实现新增500亿公斤粮食目标的必不可少的基础条件，在实施三元结构工程后，其总体效益将会显著增加。在物质投入上，一要增加化肥投入，全国化肥总量应由1993年的1.4亿吨增加到1.65亿吨（标准化肥，有效成分3 300万吨）；二要扩大灌溉面积，农田灌溉面积应由目前的7.1亿多亩增加到7.5亿亩以上；三要增加农机动力，农业机械总动力应由3.4亿瓦特增加到4亿瓦特，农村用电量应由850亿千瓦时增加到1 000亿千瓦时；四要提高复种指数，由1993年的156%提高到160%，包括南方冬闲田约5 000万亩用于种植饲料作物；五要下力量改造中低产田1.8亿亩；六要开垦宜农荒地3 000万亩。

在技术投入上，一要全面推广配方施肥和化肥深施技术，氮磷钾肥比例结构由现在的1∶0.3∶0.03调整到1∶0.5∶0.2，化肥利用率提高5个百分点；二要积极推广节水灌溉技术，使水的利用率由目前的近40%提高到45%；三要更换和更新一次优良品种和杂交新组合，使其面积争取达到粮食播种面积的70%；四要推行病虫害综合防治技术，力争减少损失3个百分点；五要推广模式化栽培技术10亿亩和覆盖栽培技术；六要提高粮食生产机械化水平。

此外，三元结构工程是涉及多部门的综合性工作，需要在国务院领导下，由农业部会同国务院各有关部门共同组织实施，列入国家科委重大科技攻关项目，国家计委重点建设项目，财政部重点投资支持项目，国内贸易部重点调整贸易项目，国家统计局重点改革统计项目，重点支持，优先发展，使之逐步形成一个新的产业体系，加速我国实现农业现代化的进程。

（《人民日报》，1995-06-05，第11版）

地肥人健两相宜——访王连铮

我国目前大豆生产滑坡现象日趋加重，必须引起高度重视！中国科学技术协会副主席、中国农业科学院院长王连铮前不久在接受记者采访时向全社会发出呼吁。

王连铮院长说，中华人民共和国成立以来，在党中央、国务院的重视下，我国大豆生产有了较大发展。1987年，大豆播种面积上升到1.26亿亩，产量达到1 218万吨，为历史最高水平。1990年，全国大豆亩产达98公斤，创历史最高纪录。近几年来，农业部和财政部联合实施“丰收计划”，有力地推动了大豆生产，黑龙江省与美国伊利诺伊大学合作，在巴彦县松花江乡永常村开展千亩大豆平均亩产200公斤示范片，获得成功，现已推广60多万亩。

然而，全国大豆生产也出现了许多不容忽视的问题，已不能适应国内外形势发展的需要，主要表现在大豆种植面积直线下降，单产提高缓慢，总产量徘徊不前。据王连铮院长介绍，1992 年与 1987 年相比，全国大豆种植面积减少 1 879 万亩，其中东北三省减少 555 万亩，河南、安徽、山东三省减少 1 317 万亩。1992 年，全国人均大豆占有量才 7.8 公斤，大豆供不应求的局面没有得到根本扭转。特别是作为养殖业的蛋白饲料难以满足需要，严重制约畜牧业进一步发展。

与此同时，世界大豆发展十分迅速，特别是美国、巴西、阿根廷等国家。美国的大豆种植面积从 1924 年的 303 万亩发展到 3.48 亿亩，总产量占全世界的 50.7%，出口量占 78%，成为当今世界最大的大豆生产国和贸易国。印度也后来居上，大豆种植面积由 1970 年的 5 万公顷增加到 1990 年的 225 万公顷，增加了 45 倍。

王连铮院长认为，造成我国大豆生产滑坡的主要原因是社会上对大豆生产认识不足，未能将其摆到应有的位置。首先是大豆单产水平相对较低，而统计时又把它放在粮食序列里，于是许多地方将主要精力、物力、财力投放在高产粮食作物上，对大豆的投入却较少，因而大豆单产水平提高缓慢。其次是大豆比较效益偏低，群众积极性不高。据统计，每亩利润大豆为 36.55 元，玉米为 61.73 元，棉花为 120.03 元。另外，大豆栽培和管理粗放，品种混杂退化严重，病虫害日趋加重，这些都影响了大豆的进一步发展。

王连铮院长指出，大豆在我国食物结构中占有重要地位，它是解决我国人民膳食结构中蛋白质不足的一条主要途径，是实现人民生活水平由温饱向小康转化的关键。目前，许多发达国家掀起豆制品消费热，豆制品已风靡日本全国，美国的豆腐价格比同重量的鸡蛋高出一倍多。大豆还是重要的养地作物，它能固定空气中的氮素，大豆所需氮素的 1/3~1/2 由与自己共生的根瘤菌提供。据中国医学科学院预测，到 20 世纪末，我国人均豆类消费量每人每年需 18 公斤，其中大豆为 13.5 公斤，这样，全国大豆总产需达 170 亿公斤，加上其他需求，大豆总需要量为 200 亿公斤。

王连铮院长建议，要实现上述目标，首先，要提高对大豆生产的正确认识和战略地位，制定鼓励大豆生产的优惠政策。大豆是我国重要的换汇农产品，在国际上早已享有很高声誉。因此应从物资、资金投入上给予必要调整，例如农民交售大豆可奖励化肥，出口大豆也应给农民一定奖励等。

其次，要加强大豆的良种繁育。要加强科研协作攻关，力争近期内拿出增产显著的优质品种，依靠科技进步提高大豆单产，让单产登上一个新台阶。

再次，要适当扩大大豆种植面积。要积极推广通过提高复种指数来扩大大豆种植面积的经验。东北大豆主产区也要发展间作套种，扩大田埂路边种豆。南方广大地区要充分利用茶园、果园、桑园、薯地发展间、套种。西北地区特别是新疆维吾尔自治区人少地多，发展大豆潜力较大，应大力开发，勿失良机。

最后，还应建立大豆生产基地和大豆高产示范区。世界上几个主要大豆生产国都投入巨资建成稳固的生产基地，对稳定大豆出口货源起到了一定作用。我国除了继续建设东北大豆基地外，还应再建一大批大豆生产基地。此外，还要建立大豆高产示范区，总结出关键增产技术，向全国推广。

（《人民日报》，1993-07-14，第 3 版）

早籼有出路吗？——访娄希祉

近年来，随着粮食产量不断增加，许多地区在不同程度上出现了卖粮难的问题。其中，籼稻的大量积压引起人们的普遍关注。怎样才能解决这一问题？记者就此走访了中国农业科学院品种资源研究所所长娄希祉。

娄希祉介绍说，籼稻适合在低纬度、低海拔的湿热地区栽培，我国南方稻区大多种植籼稻品种，人们又习惯于把第一季种植的籼稻叫早籼。据统计，在我国每年种植近 5 亿亩水稻中，早籼约占 1.4 亿亩，而总产量约占 1/4 左右。

娄希祉认为，早籼之所以大量积压，是它的适口性差。但是，从早籼的营养品质来看，它含氨基酸比较平衡，其中人体必需的赖氨酸含量居各主要粮食作物之首，是易于人体消化吸收、营养较好的谷物蛋白。

娄希祉建议，对目前积压的早籼，除要迅速进行地区间的余缺调剂（即余粮区向缺粮区调运）和粮食种类的调剂（即向不产水稻的地区调运）外，还应进行早籼用途的调剂，把它作为工业原料和食品加工的原料，用作饲料，也可加工成各种糕点、粉条、煎饼、膨化食品及婴儿食品等，还可以加工成米醋、酒等。对于剩下的一时又无法处理的，应抓紧时机贮藏起来。具有一定贮藏技术的地区能使早籼贮藏一两年不变质。因此，要重视贮藏保粮这个重要环节。

娄希祉最后说，从长远来看，培育高产优质并重的新品种，才是解决早籼积压的根本办法。广东省农业科学院水稻研究所已先后育成 8 个籼稻新品种，这些品种不仅品质优，而且产量高，抗病性强。湖南省农业科学院培育成的几个品种也已较好地实现了优质与高产的统一。

（《人民日报》，1993-04-07，第 3 版）

人物篇

李立会：突破“小麦-冰草”远缘杂交世界难题

河南新乡的中国农业科学院试验基地里的小麦即将成熟，麦浪翻滚，一片金黄。走进麦田，李立会随手抽出一根麦穗，搓出麦粒，数了数后，放到嘴里嚼起来。

李立会是中国农业科学院作物科学研究所研究员。为了选育良种，每年5月，他都要在试验基地待上一段时间。这个基地种植的小麦可不一般，是由李立会团队创制的“小麦-冰草”远缘杂交创新种质，被认为是开辟我国小麦高产育种途径的重要基因资源。

小麦育种利用冰草属外源优异基因，实现从“0”到“1”的重要突破

“小麦-冰草”远缘杂交曾被看作是不可能完成的工作。1988年，硕士研究生入学前，当李立会向自己的导师、著名作物种质资源专家董玉琛提出这一选题时，董老师好意劝告：“‘小麦-冰草’远缘杂交在国际上被判了‘死刑’，最好不要研究它。”

“我想试一试，做不通，入学后就换题目。”李立会的执着说服了老师，随后他带领两名助手在试验田开始研究。

冰草属植物是小麦的近缘野生种，具有多小穗、多小花的大穗特性，此外还具有极强的抗寒、抗旱性，对多种小麦病害表现出高度免疫性，被认为是小麦改良的最佳外源优异基因供体之一。

“冰草和小麦外形上看上去相似，实际上亲缘关系很远，杂交起来非常困难。”李立会告诉记者。

20世纪30年代开始，一些国家的学者希望解决这一难题，但直到80年代都未能成功。国际小麦研究界普遍认为：“小麦-冰草”远缘杂交是条死胡同。

“小麦-冰草”远缘杂交有哪些挑战？李立会举例说，比如，小麦通常5月下旬成熟，而冰草生长在高纬度地区，此时才刚开花，让两者杂交，首先要把花期调节到同一时期，其次还需要解决“小麦-冰草”授粉受精中的生殖隔离问题。即便授粉成功，胚也不能正常发育，还需要开发一套幼胚拯救技术才能获得杂种植株。

小麦是最重要的粮食作物之一，占世界作物种植面积的1/5，是全球40%人口的主要食粮。过去，改进小麦品种、提高产量主要依靠现有推广品种之间的杂交来实现。然而，长期品种间杂交及对少数骨干亲本的大量应用，造成遗传变异范围缩小，品种抗原日趋单一，小麦育种进入瓶颈期。

“小麦品种长期近亲繁殖，遗传相似度很高。通过远缘杂交，引入当前栽培小麦缺乏的关键优异基因，不仅产量能提高，抗逆抗病害能力也会增强。”李立会表示，通过远缘杂交将冰草优异基因导入小麦，是一项意义重大的工作。

李立会带领团队，历时30多年，创建了一套小麦远缘杂交新技术体系。通过幼龄授粉、幼胚拯救、幼穗体细胞培养、高频率诱导异源易位、特异分子标记开发技术等一系列创新，攻克了“小麦-冰草”远缘杂交难题，实现了小麦育种上利用冰草属外源优异基因从“0”到“1”的重要突破。

小麦高产育种有了基因宝库，解决了我国突破性高产小麦种质匮乏问题

李立会团队的工作大体上分为4个阶段。第一阶段为1988年到1990年，首次证明了“小麦-冰草”远缘杂交是可行的；第二阶段从1990年到2005年，主要是创制一系列“小麦-冰草”的基础材料；第三阶段是2005年到2015年，进一步完成大量遗传学研究；第四阶段是2015年至今，团队一方面做优异种质资源的全基因组学测序工作，另一方面推动创新种质的有效利用与新品种选育，让科研成果尽快应用于生产实践。

“随着我们团队对冰草P基因组测序和‘小麦-冰草’创新种质

测序工作的完成，相当于为小麦育种建立了一座巨大的基因宝库。”李立会解释。这项工作不仅从理论上证实了“小麦-冰草”远缘杂交创新种质的优良性能，还大大拓宽了小麦育种的基因源基础。

据了解，该团队创制出的“小麦-冰草”新品系具有多花多实的高产特性，比小麦主栽品种增产可以超过10%，解决了我国突破性高产小麦种质匮乏问题。特别是发现了“多粒-高千粒重-有效分蘖”优异基因簇，解决了小麦传统育种中产量三要素（亩穗数、穗粒数和千粒重）难以同时选择的问题。同时，“小麦-冰草”创新种质对白粉、条锈、叶锈菌等病害具有广谱抗性，为培育持久抗性且兼具多种病害抗性新品种提供了强力支撑。

“小麦-冰草”新种质向科学界共享。目前，“小麦-冰草”衍生系创新种质应用到全国100多个育种单位，已培育新品种15个、后备新品种39个。其中，甘肃、陕西两省审定的小麦新品种“普冰151”，已成为当地条锈病等病害流行和旱地麦区的主栽品种，实现了多抗育种新突破。科学家培育出的国审新品种“川麦93”，穗粒数达54.2粒，增产16.7%，显著高于3%的国家审定标准。

业内专家表示，培育高产、抗病、抗逆小麦新种质是实现绿色增产技术最有效和经济的途径，可以减少农药施用量，提高全生育期抵御各种自然灾害的能力，对保障和稳定我国小麦的安全生产具有重要意义。

“‘小麦-冰草’创新种质的利用空间很大，一些潜力有待深入挖掘。”李立会说。团队从新乡基地收获材料中，筛选出强筋类型普冰新种质12个，这些新品系的蛋白质含量高，适合制作高档面包，具有很高的市场价值。

“从种质创新到有效利用，虽然时间通常比较长，但影响深远。我们期待‘小麦-冰草’远缘杂交研究将推动小麦育种取得新突破。”李立会说。

做种质创新来不得半点虚假，要持之以恒，敢于尝试，不断探索

“我们的工作都是在实验室、试验田一步步试错中摸索出来的。”回顾30多年育种生涯，李立会表示，持之以恒是关键，同时还要敢于尝试、不断探索，“如果仅仅依靠教科书的结论，就不可能尝试做成功‘小麦-冰草’远缘杂交”。

“李老师是实干家，教导我们做种质创新来不得半点虚假。”李立会团队成员、中国农业科学院作物科学研究所研究员张锦鹏说，李老师对试验基地的小麦非常熟悉，每个材料种在哪里、有什么特点都印在他脑子里。

在李立会的多年探索过程中，他很感念导师董玉琛和著名小麦遗传育种学家李振声的帮助。1988年，听到李立会在试验田的研究有了进展，董玉琛兴奋地跑到地里，顶着烈日和他一起到田间工作。1990年，以李立会为第一作者的论文发表在《中国科学》期刊，前期董玉琛改了13稿。

李振声是李立会硕士和博士生论文的答辩老师。他对“小麦-冰草”远缘杂交工作十分关心，曾多次去试验田指导。李振声每次走到田间，都像农民一样，熟练地摘下麦穗，搓出麦粒，放在手掌心数一数有多少粒。

“李先生的鼓励给了我们坚持下去的信念。”多年后，李立会依旧清晰记得李振声的教诲：“对远缘杂交研究来说，科学发现只是一小步。在平地盖一层平房，它的高度显示不出来，只有继续推动应用，在平房上再建一层，这样的研究工作才真正有价值。”

远缘杂交研究是个苦差事，除了要经得起漫长的周期等待，还要长年累月在田间播种、观察记录、选种，烈日暴晒、蚊虫相伴更是家常便饭。但对李立会来说，每年5月、6月，在新乡基地是他一年中最快乐的一段时间。

“做远缘杂交工作，热爱才能坚持。李老师带我们下地，指导如何观察选择，通过言传身教影响着我们。”中国农业科学院作物科学研究所副研究员周升辉说。他 2016 年加入李立会团队，如今自己已经学会享受小麦种质创新的乐趣。

张锦鹏告诉记者，做远缘杂交工作不容易出成果。写论文，仅收集数据一般就需要至少花费 5 年时间，没有一点执着和热情，“小麦-冰草”远缘杂交研究很难延续 30 多年。

“要想打赢种业翻身仗，必须要有突破性的种质资源。”李立会说，“我们着眼的是当前，解决的是未来的问题。”他希望“小麦-冰草”创新种质尽快分发到育种家手里，培育出高产优质小麦新品种。

（《人民日报》，2022-05-16，第 19 版，《科技视点 · 种业科技自立自强》，喻思南、蒋建科）

方智远：50 年干好一件事，育成甘蓝品种 30 余个

人物小传： 方智远，1939 年出生，中国工程院院士。曾任中国农业科学院蔬菜花卉研究所所长、党委书记、研究员。长期从事甘蓝遗传育种研究，带领团队在国内率先育成我国第一个一代杂种“京丰一号”，突破甘蓝雄性不育系选育与利用技术，实现了规模化制种。先后育成甘蓝品种 30 余个，累计种植面积达 1 亿亩以上。获国家技术发明奖一等奖 1 项、国家科学技术进步奖二等奖 3 项。

虽然已经年过八旬，还做了心脏支架手术，方智远院士仍然没有丢下自己心爱的甘蓝育种工作。他几乎每天到研究所上班，要不就去外地出差，带领团队调查和选种。由于不能久站，他干脆带着板凳下地，站一会儿，再坐一会儿。为了让菜篮子装满中国自己的

蔬菜，方智远院士带领育种团队辛勤耕耘五十余载，取得一系列重大科技成果，培养出一大批优秀人才。

自主培育，使圆白菜在我国菜市场实现全年供应

甘蓝又名圆白菜、洋白菜，是十字花科蔬菜芸薹属作物，是一种起源于欧洲的重要蔬菜，具有丰富的营养价值。

如今在百姓餐桌上司空见惯的甘蓝，在20世纪六七十年代时的当家品种还大都引自国外。在我国华南地区，大部分种植的都是由国外引进的中熟品种“黄苗”，不仅每年需要花费大量外汇去购买种子，而且种子的质量和数量常常难以得到保障。

1967年，外商在“黄苗”甘蓝种子上刁难，一是提高种子价格，二是降低种子质量。结果导致第二年春天我国南方百万亩甘蓝出现大面积只开花不结球的现象，给广东等地的菜农造成了惨重损失。方智远随专家们连夜赶往广东，看到菜农蹲在地里掉眼泪，方智远感同身受，暗暗下定决心：“一定要搞出我们自己的甘蓝品种！不再受制于人！”

然而，要搞甘蓝育种谈何容易，资料和材料都十分缺乏。方智远和同事们只能从零开始，到全国各地搜集甘蓝种质资源。听说哪里有好品种，他们就立刻赶过去，回来就一头钻进试验田抓紧研究起来。

甘蓝一年只开一次花，不仅育种周期长，而且不确定因素多，经常花费好大力气做了几千个组合也不一定能选出一个好品种。日复一日，年复一年，方智远戴着草帽，拿着铁锹和锄头，带领课题组整地、播种，弯着腰、低着头，一个接一个为甘蓝进行人工授粉。北京的春天风沙大，他们几乎每天都要在试验地里度过。稍有几天空隙，还要奔波于北京郊区及山东、山西、河南、河北等地，了解新品种的试验示范情况。

功夫不负有心人。1973 年，方智远和团队一起在国内率先利用自交不亲和系途径育成我国第一个甘蓝一代杂种——京丰一号，标志着这一先进技术在国内获得突破并逐步推广应用。这不仅结束了我国甘蓝品种长期从国外引进的被动局面，也提高了我国的甘蓝育种和生产水平，对其他蔬菜作物杂种优势利用研究也起到促进作用。

在收获了第一个甘蓝杂交品种后，方智远率课题组又陆续育成了适于春秋两季种植的报春、秋丰等 6 个早中晚期配套的优良品种，解决了甘蓝品种单一、收获过于集中的问题，使甘蓝在我国菜市场上实现全年供应。1985 年，他们与北京市农林科学院蔬菜研究所合作完成的成果“甘蓝自交不亲和系选育及其配置的系列新品种”荣获国家技术发明奖一等奖，这是我国蔬菜科技领域迄今为止唯一的国家技术发明奖一等奖。

有了前期的铺垫与努力，方智远在甘蓝育种领域又开始迎接新的挑战。从 20 世纪 80 年代开始，他先后主持国家“六五”“七五”“八五”重点科技攻关专题“甘蓝抗病新品种选育”研究，相继培育成功国内首批甘蓝抗病品种中甘 8 号、中甘 9 号和第二代春早熟甘蓝新品种中甘 11 等。这些品种比原主栽品种平均增产 10%以上，亩产值增收 200 元以上。

脚踏实地，打通新品种转化“最后一公里”

从小成长于农村的方智远，更能体会农民的辛劳，他深知“人误田一时，田误人一年”的道理。在他的办公室，衣架上常年挂着一顶草帽、一件雨衣，是随时准备下地用的。“要让农民得到实惠，种子不应该卖得太贵。”这是方智远经常挂在嘴边的一句话。

在潜心开展科学实验的同时，方智远十分重视把科研成果尽快应用到生产中，打通新品种转化“最后一公里”。

为了推广甘蓝新品种，他推动中国农业科学院蔬菜花卉研究所在全国设立了10余个甘蓝新品种繁种、示范基地，30余个良种销售网点。为了让甘蓝良种能够尽快地撒播在中国的大地上，方智远带领课题组深入北京、河北等省市生产第一线，还在北京郊区花乡、四季青乡蹲点，在海淀、丰台等地长期建立繁种基地和新品种示范基地。为了让农民兄弟尽快掌握这些技术，课题组采用典型示范、办培训班等方法，手把手地教他们，毫无保留地把成果拿出来共享。在课题组的努力下，甘蓝新品种迅速推广到30个省、自治区、直辖市，种植面积高峰时约占主产区面积的60%，累计推广1亿亩以上。

把时间花在地里，把百姓装在心里。退休之后的方智远似乎有了更多的时间，然而在夫人章振民的眼里，方智远却更忙了。“他一天三班倒，上午上班，下午上班，晚上回到家还要‘上班’，一年也就过年能休息一两天。”章振民说，“之前不听我们的劝累倒了，好了之后他就又下地了。”

内蒙古乌兰察布属于贫困地区，寒凉的自然环境曾是农业发展的短板。在方院士工作站的支持下，冷凉蔬菜已成为当地优势产业，这里也成为全国三大冷凉蔬菜基地之一。现在的乌兰察布，每年种植甘蓝等蔬菜60万亩以上，远销20多个省区市，出口俄罗斯等国家，当地农民平均每亩增收1 000元以上。

育种育人，尽心培养中青年后备人才

方智远不仅注重甘蓝育种，更注重中青年人才培养。甘蓝类蔬菜育种团队是我国蔬菜科技领域持续时间最长、成果丰硕的科研团队之一，先后获得中华农业科技奖优秀创新团队奖、全国农业农村系统先进集体等多项荣誉。

“党和人民给予我的太多了。”这是方智远院士常说的一句话。1996年，方智远获何梁何利基金科学与技术进步奖，他将10万港元奖金全部捐献给研究所作为科技奖励基金，用于培养年轻人。

在担任中国工程院农学部副主任和中国农业科学院蔬菜花卉研究所所长期间，方智远大力培养优秀中青年人才。几十年来，刘玉梅、杨丽梅、张扬勇等一大批优秀科学家和青年才俊脱颖而出。截至2018年底，团队累计发表学术论文150多篇，其中SCI论文50多篇，被引总次数3 000多次，获得发明专利6项，培育甘蓝新品种30多个。

方智远非常重视团队成员创新能力的持续提高。团队与美国、荷兰、以色列等有关国际著名研究机构建立了广泛的合作关系，开展了互派专家访问、考察、讲学、培训等多种形式的交流，及时跟踪国际研究动态，并扩大国际影响力。

中国农业科学院蔬菜花卉研究所所长张友军说，方智远院士是我国蔬菜科技领域和农学界的一面旗帜，他带领团队自主创新，结束了甘蓝品种依赖进口的被动局面，为丰富我国菜篮子作出贡献。在新时代，我们要大力弘扬科学家精神，牢牢掌握蔬菜发展主动权，培育更多国产蔬菜新品种，为百姓美好生活添砖加瓦。

（《人民日报》，2020-08-31，第19版，《潜心科研　砥砺创新》）

中国农业科学院兰州畜牧与兽药研究所驻村干部：赶紧回村，心里才踏实

多次转车后，5月3日下午，王华东、周学辉终于从甘肃兰州赶到各自的帮扶村。他们俩都是中国农业科学院兰州畜牧与兽药研究所派到甘肃省临潭县的驻村帮扶工作队队长。

这一趟返程，可不容易。5月3日一大早，他们就登上从兰州到岷县的动车，在岷县乘大巴到临潭县，又几经辗转，才赶回村子。

回村，是他们前一天晚上刚刚定下的。“五一”假期，他们只在家里待了两天。

尽管所里和家里都攒了一堆事要处理，在王华东和周学辉心里，扶贫工作肯定是第一位的。特别是由于新冠肺炎疫情，村里扶贫工作受到一定影响，不赶紧回村，他们心里不踏实。

兰州畜牧与兽药研究所派驻临潭县帮扶工作队队长还有苗小楼，“五一”假期，他一直没离村。

此前，在疫情防控最吃紧、防疫物资最紧缺的时刻，3 名队长在研究所的支持下，于 3 月 3 日到达扶贫岗位，把所里捐赠的 10 箱消毒剂、2 000 只口罩和一批医用酒精送到村里。

3 月以来，他们分别开了疫情防控与脱贫攻坚座谈会，结合帮扶村、帮扶户发展现状，协调对接科技扶贫项目。受疫情影响，农业生产资料不能及时到位，直接影响春耕备耕和复工复产。3 名队长及时协调，研究所为种植户调剂了化肥，解了燃眉之急。

驻村帮扶，队长们拿出各自的看家本领。

周学辉是所里的航天育种课题组骨干成员，在他的指导下，航天育种成果——“中天 1 号”紫花苜蓿直接落地羊房村。去年，羊房村的村民们种植了几百亩，今年，又在原有基础上，加种了几十亩。

王华东驻村帮扶的新城镇南门河村，因为疫情原因村民外出务工受到一定影响，返贫风险有所增加。为此，王华东与队员和村干部一起，按照人社部门提供的用工信息，开展外出务工意愿人员信息摸排。按照劳务输入地疫情防控的要求，给外出务工人员开具健康证明，由临潭县人社局组织包车，统一到兰州或岷县乘坐专列。

苗小楼所在的肖家沟村，还有两户贫困户，其中 1 户是因病返贫，苗小楼及时送去大米和面粉慰问，同时通过协调，使这个六口之家中的 3 人有了工作，生活有了保障。对另一个贫困户，苗小楼为他们争取到了一个生态管护员的公益岗位，同时协调产业扶持资金 5 000 元，帮助发展中药材种植，今年可望实现稳定脱贫。

（《人民日报》，2020-05-12，第 4 版，《奋斗在复工一线》）

董红敏：依靠科技净化养殖环境

养殖畜禽能赚钱，但粪便难处理。

中国农业科学院农业环境与可持续发展研究所副所长董红敏博士选择与又臭又脏的畜禽粪便打交道，一干就是几十年。

研究畜禽养殖，遇到的第一个难题就是脏、臭、热等恶劣环境——冬季养殖场的氨气有时熏得人睁不开眼睛，夏天不仅有臭气，而且苍蝇漫天飞。对于一个女性，这样的环境更是挑战。

董红敏经常去全国各地的养殖场采集畜禽粪便样品，不仅要进粪沟采样，还要从粪水出口接水，有时候裤脚又湿又脏，身上难免有养殖场的臭味。“有时候确实有点难堪，但我没有特别在意。”董红敏笑着说。

规模养殖场的污水减量，这对环境保护绝对是一个大利好。“污染少点，河流和田园就干净了。”为了这个目标，董红敏到一线调研，做方案。她曾一连几天蹲守在养殖场，仔细观察畜禽喝水、进食、粪便排放和养殖场冲洗情况，终于找到了解决问题的办法。方案实施后，这个养殖场的污水排放从每天 200 立方米下降到 40 多立方米，大大减轻了对环境的影响。

作为我国畜禽粪便污染防治和资源化利用的领军人物，董红敏已获得国家科学技术进步奖二等奖两项、国家科学技术进步奖三等奖一项、省部级科学技术进步奖一等奖两项。借助专业上的影响力，董红敏牵头组织57家单位，构建畜禽粪便污染监测网，积累了宝贵的监测数据。

她的团队与合作伙伴建立了我国第一套畜禽养殖业产排污系数计算模型，为摸清畜禽污染底数、制定污染防治战略提供了科学依据。

畜禽粪便处理不好是个祸害，处理好了就是宝贵的资源。董红敏提出污水源头减量、过程污染控制、末端高效利用的技术途径，创新的“三改两分”工艺，让养殖场污水产生量比国家限定值减少了30%~65%。她成功开发堆肥除臭污染控制、污水沼液再生利用关键技术与装备，为畜禽粪便减量与资源化利用提供了强大的科技支撑。

“只有埋头苦干，才能为生态文明建设添砖加瓦。”董红敏说。今年，凭借对生态环境保护的突出贡献，她获得第二届中国生态文明奖。

（《人民日报》，2019-10-03，第5版）

辛晓平：数字牧场的“领头羊”

“天苍苍，野茫茫，风吹草低见牛羊。”提起草原，这样一幅图景就会浮现在人们的脑海里。

在中国农业科学院农业资源与农业区划研究所研究员、博士生导师辛晓平看来，草原之美还在于它是国家的生态屏障和后备战略资源，更是广大农牧民赖以生存的物质基础。她认为，草原管理是一门科学，有许多难题等待人们去攻克。

2019年1月27日，2018年度科技创新人物颁奖典礼揭晓，辛晓平和其他9位科学家以及3个创新团队获此殊荣。对辛晓平来说，这个大奖来之不易。20 多年来，她长期扎根草原监测第一线，在广阔无垠的大草原上跑了 17 万公里，相当于绕地球赤道 4 圈多。她带领团队创建了国际先进的数字牧场技术体系，草原监测精度提高至 90%，填补了我国草甸、草原研究的空白。

草原管理更加精细化

“数字牧场就是把信息技术的最新进展应用到草原生态监测和管理中，构建草原上各种事物之间的定量关系，更好地揭示草原生态系统机制，对草原的生产给出科学指导。”辛晓平说，数字牧场可以在人类生产和放牧的情况下，观测草地生物量、种群结构及营养物质的变化，进行草畜生产过程诊断和优化决策，研究如何在提高生产效益的同时，保持草地生态功能的最佳状态。

在兰州大学读本科、硕士，在中国科学院植物研究所攻读博士学位期间，辛晓平先后去了青藏高原、黄土高原、松嫩平原以及南方草山草坡，为执行北方草地数据积累项目，她还考察了内蒙古、宁夏、甘肃、青海到新疆的草原。

她先后跑了 300 多个县市，走访了成百上千户牧民，获得了丰富的第一手资料，已累计主持和承担了国家公益性行业科技项目、国家自然科学基金等国家级科研项目 30 余项，发表论文 130 余篇，获省部级科技奖励 7 项。

辛晓平团队初步构建了一套数字牧场理论与技术研究体系，制订了草业信息技术领域第一个行业标准，为用户定制了数字牧场监测管理软硬件技术产品共 300 余台套。

这些技术成果在新疆、甘肃等 11 省（区）90 多个县（市）示范应用，推广服务覆盖北方牧区 80%以上的区域。经测算，2002—2015 年，辛晓平团队为应用单位带来的经济效益累计超过 9.67 亿元。用这些成果进行管理决策，生产效率提高 10%~15%，提高经济效益 10%~15%。

数字化技术指导牧民合理放牧

辛晓平团队以牧场监测管理的理论创新为切入点，重点突破了牧场信息快速获取、精准解析和定量调控等三大技术瓶颈，创建了多尺度、高精度、定量化的牧场监测管理数字技术系统。

监测不仅用上了卫星、激光雷达等高科技手段，还自主设计研制了无人机、地面草地生产力无损伤测量设备、草地生产数据移动采集和实时处理系统等，创建了以卫星遥感数据为主体信息来源、近地航拍为重点区域信息插补、地基感测网和协同观测为支撑的“天—空—地”一体化牧场信息获取技术体系，实现了信息的空间全覆盖。

牧民苏日娅家的草地由于常年过度放牧开始退化，牛羊饥瘦。辛晓平团队利用数字化技术帮她计算合理的放牧强度，计划最佳出栏率和出栏时间，还着手改良草场。苏日娅欣喜地说，按照辛晓平老师团队的方案，牛羊死亡率降低了，草原状况好起来了，富余的饲草卖掉后还能增加收入。

生态系统国家野外站的唯一女站长

辛晓平回忆，大学四年级跟导师去了海北实验站。雨后妖娆的祁连山，苍翠欲滴的草原、湛蓝的天空、皎洁的月光，深深吸引了她。“那月亮像是有声音的，一下子击中了我的心。”从那时起，探索草原的奥秘成了辛晓平的梦想。

如果说选择草原生态学是辛晓平事业的起点，遇见伯乐李博则是另一个重要节点。李博是我国著名生态学家，1997 年调入中国农业科学院资源农业区划研究所。1998 年 1 月，作为辛晓平博士答辩委员会主席，李博当即跟辛晓平商量：“我正在组建一个草原生态遥感方面的团队，希望你能加入。”原本打算留学英国的辛晓平被老先生的一番话打动，决定留下来。

谁知，李博先生不久后不幸去世。辛晓平意识到，李博先生未竟的事业就落在了自己肩上。1999 年，她开始挑起呼伦贝尔草原生态系统野外科学观测研究站的业务工作。

建站伊始，条件艰苦。为了维持站点正常运转，不得不四处筹钱。最艰苦的时候，每人每周只能吃 2 两肉。她和同事们经常住在最便宜的牧区小店，以馒头咸菜充饥。辛晓平常年以站为家，每天工作 12~16 个小时。

呼伦贝尔站长期开展的观测和实验活动，填补了我国草甸草原生态系统观测研究的空白。2005 年，呼伦贝尔站被遴选为农业部重点实验站、国家重点野外实验站。辛晓平被任命为常务副站长，成为当时全国 53 个生态系统国家野外站负责人中唯一的女性。

（《人民日报》，2019-07-18，第 13 版）

黎志康：回到祖国，实现理想

海外高层次人才回国（来华）创新创业，有足够大的舞台施展才华。这既是双向选择，也是双赢机会。

黎志康，中国农作物基因资源与基因改良重大科学工程首席科学家。1989 年获美国戴维斯加州大学遗传专业博士学位，曾任美国得克萨斯理工大学讲师、美国得克萨斯理工大学副教授、国际水稻研究所分子遗传学高级研究员。

“用 3 年时间，帮助非洲和亚洲地区 2 000 万贫穷稻农增产 20%以上。”1998 年，留美博士黎志康在美国首次提出“全球水稻分子育种计划”时，被认为“理想太大”。10 年后，比尔·盖茨看中了他的“大理想”，这个 IT 巨人裹着棉大衣来到中国，冻红了鼻子，在冰冷的中国农作物种质保存中心参观，耐心地听黎志康讲解他的计划，最终决定拨给黎志康所在的中国农业科学院 1 842 万美元的专项科研经费。

早前，黎志康带着这个“全球计划”的设想，从美国来到设立在菲律宾的国际水稻研究所，并于1998年启动“全球水稻分子育种计划”，这个项目有来自11个国家的31个研究院共同参与。其间，黎志康就得到中国农业部项目的大力支持。到现在，项目内容已被广泛应用于水稻、玉米、小麦和大豆等作物的分子育种理论和实践研究中，并产生了大批理论和应用研究成果。

随着“全球水稻分子育种计划”的不断推进，国际水稻所的支持力度已不能满足该项目的要求。而以国内张启发院士领衔的10多个中国农业科研单位则取得了重大进展。在国际水稻所和中国农业科学院的共同努力下，中国农业科学院决定引进黎志康的团队，所有成果由双方共同拥有。

2003年，作为中国农业科学院引进的人才，黎志康带领他实验室的团队一同归国。“能一个团队整体引进，这种情况，并不多见。”中国农业科学院作物科学研究所的有关负责人说。回国时，黎志康还曾立下一个军令状。“当时我的几个博士后的工作业绩还不太突出，我就给农科院院长保证，如果3年内他们的工作达不到这边二级人才的水平，我们退位。3年之内，我们申请不到经费，走人。”黎志康说。如今，这个团队申请的科研经费上千万元，在中国农业科学院排名前列。

到今年4月，黎志康其中一个实施才一年的项目，就已先后向15个目标国家寄送杂交稻组合150多个，常规稻品系50多个，多数比当地生产上的推广品种增产20%以上。

“只有回到祖国的怀抱，才能真正实现自己的理想。”黎志康庆幸自己及时回到国内，用他的话说是“有了用武之地”，同时，“回来后，可以发挥自己的能力，通过努力，将原先的设想付诸实施”。

回国感受：希望对一些具有国际性、前瞻性的大课题在项目申报方面能再简化一些程序。另外，如果能对优秀研究团队在招收研究生以及进人等方面再宽松一些，就更有利于出大成果了。

（《人民日报》，2010-05-10，第 20 版）

毛树春：种棉高参

春节前后，是农业科研人员一年里劳动强度相对轻松的时候，大部分田间试验和野外研究都转入实验室或室内进行。然而，对毛树春研究员来说，这段时间却是最繁忙、最紧张的时候。作为农业部有突出贡献的中青年专家、中国农业科学院棉花研究所栽培室主任、博士生导师，他不辞辛劳，不停地从地处河南安阳的研究所出发，上北京，下农村，走访国务院有关部委，深入棉花种植户和纺织企业，调查掌握第一手资料。因为农时不等人，他要在 3 月初发布广大棉农翘首以盼的“中国棉花生产景气指数”。

2003 年 3 月，当许多棉农为是否扩大棉花种植面积而犹豫不决的时候，毛树春及时发布了他们课题组历经 7 年研究的新成果“中国棉花生产景气指数”，该指数达到自 1989 年以来的最大值，显示出 2003 年是我国棉花生产的黄金年，即棉花需求增加，面积扩大，价格高位，进出口增多。这个指数对指导我国棉花生产发挥了关键而积极的作用。去年的实践证明，他的预测是十分准确的。

这是一项具有自主知识产权的研究成果，也是我国第一个作物生产景气指数。毛树春说，棉花是一个产业关联度很高的产业，粮食有 70%就地消费了，仅有 30%流入市场，而棉花有 95%要进入市场，因此，其流通和信息要对称。所谓棉花生产景气指数，就是反映棉花生产、消费、贸易、价格走向和走势的前瞻性科学指标。

1996 年，毛树春在上级部门的支持下，正式承担课题，开始研究棉花产前信息化问题，组织全国11家棉花科研机构，探索棉花产前信息收集、整理、加工、采集的理论和方法、途径以及措施。经过4年不懈努力，在2000年正式形成了“中国棉花生产景气指数”（CCPPI）和“中国棉花生长指数”（CCGI），后者是用来跟踪和评估棉花生长情况的科学指标。2001年，毛树春分别在湖北、河南、安徽、河北、新疆等地以学术报告等形式，发表了自己的这些研究成果，引起了强烈反响。

毛树春要让实践来检验自己的研究成果。2002年3月，国际棉花价格落到10年来的最低点，毛树春用自己的棉花生产景气指数进行详细的计算，预测到9月时新棉收购价格要上涨，涨幅在15%以上，《农民日报》在慎重考虑后发表了这一结果，立即在全国引起了较大的反响。在山东滨州，许多农民拦住他，要问个究竟，一些干部也表示对他观点的赞同和支持。许多熟悉他的人都为他捏了一把汗：你的预测到底准不准？究竟有多大把握？对此，只有毛树春心里有底。到了9月，价格果然上涨了15%，到了年底，竟然上涨了25%，事实给他的成果打了个满分。

2003年的棉花生产正如景气指数那样，似乎是沿着预测的曲线在运行。到了7月，由于主要棉区遭受恶劣气候的影响，毛树春又及时发布了“中国棉花生长指数”，第一次发布棉花减产信息，8月和9月又分别发布了第二次、第三次减产信息，认为由于气候影响而导致面积减少和单产降低，会抵消1 200万亩棉花的增产效应，全国棉花普遍晚熟。这些信息对指导全国棉花生产起到了重要的作用，受到广大农民和许多地方生产部门的好评。登录中国优质棉网阅读这些信息的访问量超过10万次。

谈起2004年的预测情况，毛树春说，2004年的棉花消费需求、销售经营和价格风险仍将存在甚至加剧，气候对棉花生产的影响目前还难以预测。作为科学研究工作者，他们会根据各种实际变化及时发布有关信息，更需要在实践中进一步完善这些理论和成果。

（《人民日报》，2004-02-12，第14版，《科海星座》）

王连铮：大豆带动农民增收

秋收时节，也是著名大豆育种专家王连铮研究员最繁忙的时候。从辽宁到河南，从河北到安徽，王连铮逐块检查着大豆新品种试验、示范田，这些新品种都是他多年心血和汗水的结晶。在河北，副省长实地考察了王连铮的大豆新品种；在河南，副省长出席了王连铮大豆新品种的现场观摩会。

王连铮和他的大豆新品种成了农业科技年的一个亮点。曾担任多年农业部常务副部长和中国农业科学院院长的王连铮欣喜地说："我要借农业科技年的东风，响应农业部的号召，加快这些优质大豆新品种的推广，为农民朋友增收做些实实在在的工作。"

"中国是大豆的故乡，我们的大豆育种和生产再也不能落在别人后面了。"13年来，正是在这种信念的支撑下，在农业部、科技部、财政部、中国农业科学院等部门的大力支持下，王连铮率领中国农业科学院大豆育种课题组，先后培育成功10个优质高产多抗性大豆新品种和300多个品系，其中4个通过国家审定正在推广，6个已通过省市审定。

"大豆不仅能培肥地力，还能改善人们的营养水平。"在这一育种理念的指导下，在王连铮所培育的大豆新品种中，既有高蛋白和高产配套的，也有高油和高产配套的；既有适合于黄淮海地区夏播的，也有适合于内蒙古春播的；既有喜肥水的，也有抗旱型的。高产高蛋白广适应性大豆新品种"中黄13"，增产10%以上，亩产在250公斤以上，蛋白质在42%以上，是2001年通过全国审定的10

个大豆新品种中增产幅度最大的一个，现已推广100万亩以上。位于合肥经济技术开发区的合肥豆香源食品有限公司在致王连铮的信中写道：我公司采用“中黄13”大豆后，每公斤大豆可比一般大豆多产豆腐1~2公斤，产豆肉、豆筋类产品比东北大豆增产10%以上，豆香味也明显高于其他品种。

高油大豆“中黄20”含油量达到23.5%，比国外大豆品种含油量高1.5%，达到国际先进水平，有较强的市场竞争能力，该品种于2002年底通过全国审定，并被列入财政部和农业部实施的农业科技跨越计划。

王连铮研究员早年在黑龙江还与王彬如研究员合作主持培育成功12个大豆新品种，其中“黑农26”获得国家技术发明奖二等奖。目前，在他主持和共同主持培育的大豆新品种中，有7个通过全国审定，15个通过省市审定，这些品种现已推广数百万亩。有人替王研究员算了一笔账：每亩按增产15~50公斤计算，则每亩增收40~120元。这样，每年就可带动数十万农户增收数亿元。

（《人民日报》，2003-10-03，第4版）

翟虎渠：问渠那得清如许

老三届、农民、军人、洋博士、科技副县长、教授、博士生导师、重点大学校长、中国农业科学院院长……这一连串的身份，就好像一个个跳动的音符，演奏出了翟虎渠颇具传奇色彩的人生乐章。

地处中关村南大街的中国农业科学院，是我国农业科研的“国家队”，在国内外享有很高的声誉。但在南大门内侧一带，蔬菜摊、水果摊、小商店比比皆是，一些前来办事的科技工作者私下议论：

什么农科院，简直就是一个“农贸市场”。2001 年 7 月，翟虎渠被任命为中国农业科学院院长。上任伊始，他就决定拿这个影响中国农业科学院形象的“农贸市场”开刀，大力整顿大院秩序，还科学家们一个做学问的良好环境。如今，整治后的中国农业科学院不仅马路拓宽了，绿化也上了一个新台阶，卫生环境大大改善。一些开始不理解的群众也高兴地说，看来，翟院长干对了。知情人说，在翟院长身上的确有一股雷厉风行、敢说敢做的军人气质。

整治一个“农贸市场”作用有限，翟虎渠把目光瞄准了科研体制改革，经过反复调查和深思熟虑，他决心向旧的科研体制开刀，塑造农业科研国家队的新形象。

2003 年 1 月 1 日，由原品种资源研究所和作物育种研究所两个大所合并，并吸收其他研究所有关研究室组建的新的作物科学研究所正式运行，这是拟建的九大研究中心的第一个。中国农业科学院原有的 38 个研究所，将被重组为九大研究中心。翟虎渠认为，要为农民增收和增强农业国际竞争力提供技术支撑与保障，就必须努力抢占世界农业科技制高点，突出科技创新，加强原始创新研究、应用基础研究和农业高新技术研究。按照设计，改革后的中国农业科学院将成为具有国际先进水平的农业科技创新中心、国内一流的农业科技产业孵化中心、国际农业科技合作与交流中心和农业高层次研究人才培养基地。

身为博士生导师并留过学、曾经担任过南京农业大学校长的翟虎渠深知人才的宝贵和重要。2002 年年初，在他的主持下，经费并不充裕的中国农业科学院自筹资金，启动了“杰出人才工程”，首批招聘计划公布后，在海内外引起了较大反响。先后有 308 名专家、学者前来应聘。经过严格评审，有 19 人入选一级岗位、64 人入选二级岗位，目前已有 60 人上岗工作。这将大大提升中国农业科学院的创新能力。与此同时，翟虎渠也十分重视研究生教育，由他亲自兼任院长的中国农业科学院研究生院，在校生已突破800人，办学规模和研究生培养质量持续提高。去年，中国农业科学院研究生院被评为中国12所一流研究生院之一。

2003年初，由翟虎渠发起并倡导的全国农业科研协作网正式成立。这是中国农业科学院为加强全国农业科研协作，推进国家农业科技创新体系建设而采取的一个重大战略步骤，得到了许多省农业科学院和农业大学的积极响应。有识之士指出，全国农业科研协作网的成立，对于解决许多课题低水平重复等困扰农业科技创新的重大问题必将发挥建设性的作用。

了解翟虎渠经历的人知道，这不是一时的头脑发热，也不是要搞形象工程。1973年，翟虎渠退伍回乡，成了一名普通农民。他白天在农田里辛苦劳作，晚上秉灯夜读。1973年9月，他以优异的成绩考入江苏农学院农学系学习。1978年，翟虎渠作为恢复高考制度后首批入学的研究生就读于南京农业大学。这一段难忘的经历让他最了解农民需要什么，生产需要什么，农科体制该怎样改革。

谈及人生成功的体验，翟院长信口吟道："半亩方塘一鉴开，天光云影共徘徊。问渠那得清如许，为有源头活水来。"他说："成就和荣誉就像天光云影一样令人赏心悦目，可是追根溯源，它来自我们对事业的执着和领导老师们多年悉心的培养。成就与荣誉只代表过去，今后的事业还需我们不断地开拓、进取。"

（《人民日报》，2003-04-08，第15版）

喻树迅：呕心沥血育良种

良种在农业生产中有着举足轻重的作用。在中国农业科学院，有一位著名的棉花育种专家，先后主持培育了10个棉花品种，被人称为“育种魔术师”。他就是我国短季棉的开拓者——中国农业科学院棉花研究所党委书记、所长喻树迅研究员。

喻树迅所领导的这个带“中国”字头的国家级研究所建在中原大地上一个普通的村庄里——河南省安阳市白壁镇大寒村。这里的条件虽然艰苦，但他们的科研成果却是一流的，由该所培育的棉花品种已达到41个，其推广面积最高时竟占到全国棉花种植面积的一半。该所也先后涌现出一大批著名的棉花专家，喻树迅就是其中一位。

喻树迅常说：“作为农业科研工作者，就是要做农业先进生产力的代表，就是要为广大农民的最根本利益服务，培育优良的作物品种就是实现这两个目标的一条途径。”喻树迅1953年生于湖北麻城，18岁就加入了中国共产党。1979年，喻树迅以优异的成绩从华中农业大学农学系遗传育种专业毕业后，被分配到中国农业科学院棉花研究所，从事棉花遗传育种工作，一干就是23年。

育种工作成功与否在很大程度上取决于所掌握的种质资源的深度和广度。喻树迅利用一切机会，和同事们一起到辽宁、新疆、甘肃、山西等特早熟棉区实地考察。为了观察棉花的性状，喻树迅经常是晴天一身汗，雨天一身泥。经过5年的努力，喻树迅首次提出短季棉生态区的划分和不同生态区亲本的利用方法，首次提出了蕾期脱落率低，第一果枝着生节位低，铃壳薄的品种早熟性好的观点，被育种界所采纳。

我国人多地少，粮棉争地的矛盾比较突出。为此，喻树迅和课题组的同志一道，筛选了大量材料，终于选育出早熟性好，生育期115天，适合耕作改制需求的短季棉新品种“中棉所10”，开了我国早熟短季棉育种的先河，结束了我国无早熟短季棉品种的历史，并迅速在全国大面积推广，累计产生经济效益近8亿元。

接着，喻树迅率领课题组又育成了高产、优质、抗病、早熟不早衰的优良短季棉新品种“中棉所16”，累计推广5 506万亩，促进了粮棉同步发展。该成果1995年获国家科学技术进步奖一等奖。之后他们又培育成功“中棉所18”和“中棉所20”，累计获得经济效益6.76亿元，成为我国当时推广面积最大的低酚棉品种。

喻树迅注重创新，他曾特地到北京大学学习人类抗衰老研究，借鉴其原理研究早熟棉不早衰机理，用生化方法进行辅助育种，选育出“中棉所24”和“中棉所27”两个早熟不早衰、青枝绿叶吐白絮的新品种，实现了短季棉早熟性、产量、抗病性的三大突破，揭开了短季棉育种史的新篇章。

（《人民日报》，2002-08-29，第4版）

金善宝：育种育人，一生为农

1997年7月9日上午，来自首都科技界的数百名代表涌向八宝山革命公墓，为我国著名的科学家、教育家和社会活动家金善宝院士送别。这位德高望重、享誉海内外的老一辈科学家、最年长的中国科学院院士，带着对我国农业科学事业的无限热爱，走完了他102岁的人生历程。

不凡的业绩

熟悉金善宝院士的人都知道，金老的一生是和小麦打交道的一生。他宵衣旰食，呕心沥血，把一切都献给了我国的小麦科学事业。是他从理论和实践上奠定了我国小麦育种的科学基础；是他白手起家，开创了中国的小麦研究工作，他和助手们克服种种困难，首次对我国790个县进行了小麦资源的搜集工作，选出了一批深受农民欢迎的优良品种；是他撰写了我国第一部小麦专著——《实用小麦论》；是他主持培育成功了小麦良种“南大2419”，在我国20

多个省区市推广，种植时间长达40年之久，直到1983年，长江流域种植面积仍达100万亩，成为中国小麦育种史上的一个里程碑。

“云山苍苍，江水泱泱，先生之风，山高水长。”南京农业大学教授、博士导师吴兆苏常用范仲淹的诗句来歌颂自己的导师金善宝。金老从事农业教育事业长达27年，为祖国培养了大批高级人才，其中不少人成为中国科学院院士，国际上知名的专家、学者。云南林业大学教授徐永椿、曹诚一回忆说：金先生讲课理论联系实际，目的明确。他常以“行万里路，胜读万卷书”来勉励我们，还经常到实验室或农场来，手把手地教大家进行实际操作。

1942年夏天，金老带病给毕业班的同学讲话，他含着泪花反复叮嘱大家不管今后生活道路如何崎岖坎坷，也千万不要放弃和荒疏自己的专业，在场的学生都被感动得流下热泪。新中国成立后，这一届学生相继成为我国农业科技战线上的学科带头人。原东北农学院院长余友泰教授说：金老那种刚正不阿、治学严谨、孜孜不倦、培育后辈的精神在我心中永不磨灭。

强烈的爱国心

在留美期间，有一次学校举行聚餐会，一位美国学生公然当着金善宝先生的面喊道：“金先生，把这些剩饭拿去给中国人吃吧！中国人正饿着肚皮呢！”“中国离这儿太远了，还是请先生拿到芝加哥公园里去吧！那里失业的人有的是，他们正需要这些。”金善宝机智地给挑衅者以有力的回击。为了维护祖国的尊严，做一个有骨气的中国人，他毅然于1932年初离开美国回国。

抗日战争期间，金善宝节衣缩食，两次前往八路军驻重庆办事处捐款，支援前方抗日将士。当他听到解放区开展大生产运动时，又立即将自己多年来精选的小麦良种通过重庆新华日报送往延安，他鼓励并亲自送自己的学生投奔解放区。他还两次到八路军驻重庆办事处，找林伯渠同志，要求前往延安。

最令金老难忘的是1945年8月，在国共两党进行和平谈判期间，他和在渝的几位进步教授一起被邀请到张治中公馆，受到毛泽东主席的亲切接见。

1956年2月，金善宝在花甲之年光荣地加入了中国共产党，实现了多年来的愿望，成为当时江苏省最先入党的老一辈科学家。

心系农业生产

金善宝对农业生产有着特殊的感情。他深情地说："我生在农村，长在农村，目睹广大农民对粮食的珍爱和希望。粮食就是他们的命啊！为了报效祖国，我报考了南京高等师范农业专修科，决心为中国农业科学奋斗终生！"

1950年，长江下游洪水泛滥，仅华东各省受灾面积就达1亿多亩。金老主动为党和政府分忧，一连几天废寝忘食，仔细查阅各种资料，及时向华东军政委员会提出了多种马铃薯和采取冬小麦移栽的抗灾自救办法，他还亲自到南京郊区给农民作田间示范，使小麦移栽技术很快在南京郊区得到推广。

1951年春天，苏北遭受了历史上罕见的冻害，100多万亩小麦被冻坏，情况万分紧急。金老不顾疲劳，连夜带领10多位教授赶往现场，大多数教授认为没救了，因为小麦主茎都已冻死，建议翻掉改种别的作物，金老并没有泄气，他带领大家走访了10多个县，根据小麦分蘖节并没有冻死的情况，果断地向江苏省委提出适时浇水、增施肥料等一系列技术措施，经过广大群众努力，当年苏北100多万亩受冻小麦获得亩产100多公斤的好收成，大大减少了农民的损失。

金善宝教授总是根据生产的发展和需要，不断完善和修订自己的研究计划。他刚调到北京时，冬小麦育种已成体系，力量较强。因此他断然把主要精力放在春小麦育种上，经过几十个春秋的辛勤努力，终于育成一批批春小麦新品种，为改变春小麦生产落后面貌作出了贡献。当黄淮地区晚播小麦面积不断扩大时，他和助手们又致力于晚播小麦的选育工作。几年后，他们又育成一批耐迟播、抗病性强、高产的小麦新品系“中7606”“中7902”等，促进了黄淮麦区生产的发展。金老在88岁高龄时仍不辞劳苦到广西、黑龙江等地考察，为发展我国的小麦生产，提高小麦育种水平献计献策。

（《人民日报》，1997-07-10，第5版）

冯瑞英：为了大地的丰收

水稻是我国的第一大粮食作物，年产量达1.8亿吨，占粮食总产量的44%。从事水稻育种工作的副研究员冯瑞英作为党的十四大代表，心情十分激动。她刚从东北考察稻瘟病归来，征尘未洗，就在中国农业科学院接受记者采访。

冯瑞英深有感触地说，十一届三中全会以来，党中央极其重视科技工作，制订了一系列方针、政策，使我国的科技事业得到了空前发展，科技人员的工作环境及生活条件也得到很大改善。现在，全国平均每年有2万多项成果问世，这些成果不仅缩小了我们与国际先进水平的差距，还在生产实际中得到大面积推广应用，产生了巨大的经济效益和社会效益。就拿水稻来讲，近10年全国共培育成功160多个水稻新品种，累计增产稻谷1 260万吨，有力地证明了科学技术是第一生产力的科学论断。

我国是个农业大国，农业科技工作者肩负着特殊的使命。20多年来，在老科学家的培养和同事们的帮助下，冯瑞英深入北方稻区调查研究，与丹东市农科所合作，参与培育和推广了粳稻良种“中丹2号”，分别获得农业部和丹东市科学技术进步奖一等奖。这几年又陆续培育出高产优质稻种“中系 8215”等，先后被天津作“小站稻”、北京作“京西稻”种植，其单产和米质可与引自日本的“越富”良种相媲美，为发展高产优质高效农业开辟了一条途径。她因此多次受到有关部门的表彰和奖励，并被评为农业部优秀党员和北京市三八红旗手。从 1984 年起，冯瑞英作为第一主持人，组织 28 家科研单位 50 位科技人员，开展了遍及北方 13 个省区市的“北方稻区水稻品种区域试验”。8 年来，共为北方各地筛选出 78 个适合当地气候特点的新稻种，累计推广面积达 4 000 多万亩，增产稻谷 14 亿公斤，为北方广大地区的人民能吃上自己种的大米作出了贡献。现在，她正在主持国家“八五”重点科技攻关课题——“优质高产抗病北方粳稻新品种选育”。

展望未来，冯瑞英更感到责任重大。我国依然面临着人口增加与耕地减少的矛盾，农业的发展对科技的依赖程度会越来越高，特别是目前倡导的高产优质高效农业。她相信，党的十四大一定会进一步把科学技术和农业放到战略高度来考虑。她表示，会后要同广大农业科技工作者一起贯彻十四大精神，不断学习，更新知识，为农业生产再上台阶立新功！

（《人民日报》，1992-10-12，第 3 版）

通讯篇

将种子自主权牢牢握在自己手中

“农安天下，种为基石，种子的重要性就如同电子产品的芯片，为实现独立自主，我们亟待为胡萝卜锻造一颗强大而炽热的‘中国芯’……”去年 12 月，在北京市科学技术协会举办的第二十二届北京青年学术演讲比赛上，中国农业科学院蔬菜花卉研究所的青年科研人员刘星讲述了团队打破国外“洋种子”垄断、为农民选育优质胡萝卜品种的故事，赢得阵阵掌声……

我国是世界上最大的胡萝卜生产国，但规模化种植中的杂交种子长期依赖进口。中国农业科学院蔬菜花卉研究所胡萝卜遗传育种团队潜心耕耘近 20 年，克服种质资源匮乏、研究基础薄弱、育种周期较长等困难，成功培育出具有自主知识产权的国产杂交品种“中誉”系列，蹚出一条育种新路。

“一个相对好的胡萝卜品种的育种周期是 15 至 20 年”

每年 3 月，我国胡萝卜的主产区之一——福建省晋江市的冬春季胡萝卜进入采收旺季，从田野到车间都是农民忙碌的身影。但丰收的背后，种植户们对来年的用种仍有不少隐忧：“主栽品种都是国外进口的杂交种子，种子的价格不由我们说了算。”晋江市东石镇潘山村种植户刘建家告诉记者，近年来，种子的价格涨得很快，最多时从每罐 5 000 元上涨到 1.3 万元。“一罐种子十万粒，只能种两亩半，如果后期遇上自然灾害或者行情不好，就赚不着钱。”刘建家无奈地说。

这样的情况并非个例。中国农业科学院蔬菜花卉研究所胡萝卜遗传育种团队负责人、国家大宗蔬菜产业技术体系岗位专家庄飞云介绍，我国胡萝卜种植面积约为 600 万亩，其中规模化种植基地面积 70 万亩左右，这些基地 90%以上使用的都是国外品种。“一根小小的胡萝卜，种与不种，种多种少，都由人家说了算。”庄飞云说。

经调查测算，胡萝卜种子的成本占种植成本的 1/3 左右，如果能选育出性价比高的国产胡萝卜品种，就能大大降低农民的种植成本，“将种子自主权牢牢握在自己手中”。

2003 年开始，刚参加工作不久的庄飞云，就把胡萝卜遗传育种定为研究方向。彼时，国内的胡萝卜资源鉴定及育种研究工作刚刚起步，全国仅有五六家科研院校成立了胡萝卜育种课题组。种质资源匮乏、研究基础薄弱、缺少经费支撑，这些都是摆在面前的难题。与之相对的，则是国外胡萝卜育种企业大多有上百年的育种研究积累，拥有科研、育种、繁种、推广的成熟管理体系，其选育出的品种具有产量高、商品性好的突出优势。

“胡萝卜的生长特性决定了它的常规育种种性退化快，而杂交育种优势明显。但是胡萝卜的花很小，每朵花只有 1 至 2 粒种子，这给人工杂交授粉带来很大困难。”庄飞云说。胡萝卜不仅授粉困难，且生长周期长，一年成熟一次，“选出好的品种，再到下一年才能看出性状是否优良，仅选种、评价这样的工作就要好多年。在技术好、运气好的情况下，一个相对好的胡萝卜品种的育种周期是 15 至 20 年”。

“出差就是地头，回来就是实验室”

如今，庄飞云带领的胡萝卜遗传育种团队有赵志伟、欧承钢、刘星 3 位科研人员。今年 30 岁的刘星是这个团队的新生力量。2020 年博士毕业后，他就投入到胡萝卜遗传育种的工作中。刘星至今记得第一次到福建试验基地出差的情形。

“我是北方人，本来以为工作之余能有机会感受一下闽南风情，现实却是手握钢叉整整挖了 3 天胡萝卜。”刘星说。返程回北京时，每人登机时都抱着 30 多斤的胡萝卜。“刚开始我有些不理解，为什么不能办理托运或者快递呢？后来我才明白，如果这些胡萝卜出现机械损伤或材料间的混杂，不仅会影响当年鉴定结果的准确性，更可能让此前多年的辛苦选育成果付诸东流。稳稳抱在怀中，心里才觉得踏实。”

至于授粉工作，刘星已经成为行家里手。“胡萝卜花序的形状很特别，像一把小伞，属于伞形科蔬菜。我们常见的白萝卜、青萝卜和红萝卜却是开着十字形花朵的十字花科蔬菜。所以在亲缘关系上，同样开着伞形花的香菜和芹菜与胡萝卜更近。”刘星告诉记者，每年工作的重头戏之一就是在胡萝卜花开时，按计划完成授粉，然后从原来的花盘上收获种子进行下一代的评比筛选。

以前，这样的授粉、评比筛选一年只能进行一次。为了提高育种效率，庄飞云和同事们天南海北地奔波，选择不同地域、气候的胡萝卜产地，这样就能保证一年里有 10 个月可以播种，能够收获七八茬胡萝卜。“一年评价七八次优良品种，比刚做时效率至少提升了 3 倍，大大缩短了育种周期。”北到黑龙江，西到新疆、青海，南至福建，都留下了他们的足迹。庄飞云说自己一年有一半的时间都在出差，“出差就是地头，回来就是实验室”。

寒来暑往，冬去春来，每年授粉上千个杂交组合，数十万根胡萝卜逐一筛选。这样的工作状态，胡萝卜遗传育种团队已坚持了近 20 年。

“推动我国胡萝卜产业进一步发展壮大，让更多农民增产增收”

在科研人员的努力下，我国已培育出以“中誉 1749”“中誉 1877”等为代表的国产胡萝卜杂交品种，在产量和整齐性等性状上，已经能够与国外品种相抗衡。“有的国产品种的性状已经比国外的某些品种更好了，比如早熟性和口感品质上就做得很好。”刘星介绍，目前在晋江市东石镇种植的国产胡萝卜品种，收获期大大延长，在降低种植成本的前提下，能够最大程度地提高种植效益。

与此同时，团队还收集保存了国内外胡萝卜品种资源 900 余份，创建了一套人工高效去雄杂交回交育种技术体系，挖掘了一批耐抽薹、抗病等优异种质资源，为后续胡萝卜遗传育种工作打下了坚实基础。面向消费者多元化的需求，团队更是走在世界前列，开展了鲜榨汁水果类型和彩色胡萝卜品种的培育。

“现阶段，国产品种经过国内科研力量的努力，市场占有率粗略计算能达到3%，这是从无到有的一次突破，我们在一点一滴地缩短与国外胡萝卜育种的差距。品种育出来不是目的，最终还要推动我国胡萝卜产业进一步发展壮大，让更多农民增产增收。”庄飞云表示，这就如课题组当初给品种命名时的初心一样，“‘中誉’寓意让中国种子享誉世界，我们有决心也有信心实现这一目标”。

（《人民日报》，2022-06-07，冯华、蒋建科）

帮助农民更好发展“甜蜜”事业

别看蜜蜂小，却能挑大梁！

以“三区三州”为代表的深度贫困地区是脱贫攻坚中的硬骨头。巧合的是，这些地区几乎都是现有中蜂（中华蜜蜂，为我国独有品种）适宜养殖地。如何发挥当地优势，助力农民脱贫致富，中国农业科学院蜜蜂研究所探索出了许多新路径。

带动蜂农科学养殖——蜜蜂不再乱飞，蜂群产蜜量从5公斤提高到10公斤

“李教授好！俺们蜜蜂的春季疫病怎样防控？您能指导一下吗？”2020年2月16日一大早，中国农业科学院蜜蜂研究所（以下简称蜜蜂所）研究员李建科就接到来自陕西省宁陕县一个养蜂合作社示范蜂场的电话。

新冠肺炎疫情当下，尽管无法赶赴现场，李建科通过网络为宁陕县蜂农进行了6场远程培训，有近万名蜂农参加。

宁陕县是陕西南部的贫困县，森林覆盖率达90.2%，是南水北调的重要水源地和国家生态建设示范区。这里拥有大量椴树、漆树、五倍子、板栗等优质蜜源植物，是中蜂的天然栖息地。据估算，载蜂量至少10万箱，年产蜂蜜至少1 000吨，产值过1亿元。然而，在这个大山里，还有3 000多户贫困户。

以前当地养蜂靠天，蜂农想提高技术却不知从何做起。2017年12月，时任蜜蜂所所长王加启带领专家团队深入宁陕县开展扶贫工作，确立了李建科作为对口宁陕帮扶联系人。从此以后，当地蜜蜂养殖发生了巨大的变化。

李建科团队发现，大多数蜂农不会科学养蜂。他举了好几个例子。一是取蜜方式粗放，产品存在质量隐患。当地普遍用烟熏驱赶蜜蜂，再将蜂巢从蜂桶取出，将带有蜜蜂幼虫的蜂巢弄碎，制作土蜂蜜，产品卫生标准和质量难以保证。二是技术不过关。蜂农不了解蜜蜂在缺蜜季节还要饲喂，导致一些蜂群被饿死。有的人还在冬天不该饲喂时依然喂稀糖水，蜜蜂兴奋飞出，遭遇低温而冻死。三是对蜜蜂重要病虫害的诊断和防控知识欠缺，尤其对中蜂的“中囊症”束手无策。四是蜂蜜产量低。蜂农习惯于传统的树洞、墙洞养蜂方式，对先进的活框养蜂技术难以接受，土法取蜜效益低，每箱蜂年产蜂蜜仅5公斤左右。

为此，李建科开展现场培训十余次，向蜂农传授了便于管理的活框取蜜养蜂方式，还教授了一系列养殖技巧。从此，蜂农的蜂不再乱飞了，蜂群也强大了，每箱蜂产蜜量从5公斤提高到10公斤，收入随之提高。李教授被蜂农亲切地称为“蜂汉子”。

在这个团队的指导下，当地一家养蜂专业合作社率先建立了标准化示范蜂场和蜂蜜加工厂，已发展社员263人，为70多户贫困户每户无偿提供5~8箱蜂群。合作社按照“园区+合作社+基地+贫困户”经营模式，通过土地入股、产品回收、园区务工、技术入股共建养蜂扶贫示范基地，以及资金入股分红等多渠道带动贫困户增收。

短短几年，当地养蜂专业合作社发展到18家，龙头企业2家，蜂蜜加工线3条，蜂蜜销售企业20余家。全县养蜂从2016年的1.4万箱增加到目前的3.4万箱，产业初具规模。全县有516户贫困户养蜂7 854箱，年产蜂蜜39.3吨，户均增收4 000元。宁陕县因此被授予“蜂业提质工程示范县”称号。

激活扶贫良性循环——破解困扰当地几十年的有毒蜜源难题，建立精准扶贫模式

2015年和2016年，湖北省恩施土家族苗族自治州鹤峰县和利川市发生食用蜂蜜中毒事件，恩施蜂蜜陷入全面滞销，产业面临崩溃危险。

关键时刻，蜜蜂所质检中心常务副主任、国家蜂产业技术体系产品质量控制与安全评价岗位科学家李熠第一时间奔赴现场，深入山沟开展有毒蜜源植物的调查。

通过不懈攻关，李熠团队探明了有毒蜜源植物的种类和危害成分，研制出了蜂蜜中雷公藤检测系列产品。自2018年起，测试纸条在鹤峰县蜂蜜生产和收购环节中推广应用，只需要3~5分钟即可判断蜂蜜是否含毒，解决了困扰当地几十年的难题。

在李熠团队指导下，鹤峰县国鑫家庭农场的喻明国建立了“中蜂1528精准扶贫模式”：1户贫困家庭，饲养5群中蜂，培植2亩淡季蜜源植物，当年收入不低于8 000元。这个模式最重要的是可持续发展。和单纯发蜂箱不同，蜂农学会科学养殖以后，进行扩繁育，主动将科学养蜂方式传授给下一个蜂农，除了带动他人致富，还能得到卖蜂和取蜜双重收入。

中蜂1528精准扶贫模式逐渐推广，越来越多的蜂农尝到了甜头，当地发展走向良性循环。夏秀珍是鹤峰县太平镇三岔口村的贫困户，在2018年成立合作社，带动本村10户贫困户按1528模式发展，当年自己的蜜蜂发展到了55群，10户贫困户当年收入达到8 100元/户。

做好“甜蜜”事业——抓住电商扶贫机遇，用好科技专家智力支持

甘肃省陇南市自然条件丰富优越，但交通相对不便，当地农民只靠卖农产品原材料赚取微薄收入，扶贫任务艰巨。

国家优质蜂产品创新联盟理事长、蜜蜂所原副所长杨永坤到陇南市挂职副市长后敏锐地意识到，在陇原大地发展电商扶贫是脱贫攻坚的“新动能”，必须紧紧抓住这个机遇。

借着全市发展电商的东风，蜜蜂所专家指导当地蜂农在各大电商平台上建立网店、微店，把特色、优质的土蜂蜜销售至省内外城市。目前，各县区养蜂农户和合作社的土蜂蜜注册网店、微店达300多家。在去年“双11”期间，“小崔蜂蜜”日销售额达3万元，两当狼牙蜜热销1万多罐，成为当天的“抢手货”。通过电商平台，这些“养在深山人未识”的优质蜂产品真正走出了大山。

与此同时，蜜蜂所与陇南市政府积极合作，多名专家被聘为陇南市中蜂养殖技术顾问，帮助提升中蜂养殖量和蜂蜜品质。在这些科技专家的精心指导下，2019年陇南市中蜂养殖规模达到近40万群，比2015年的8.7万群翻两番，产值达2.8亿元，占全市农民经济收入的15%以上。如今，陇南市中蜂养殖量已经占到甘肃省的62%。

在科技扶贫过程中，蜜蜂所的专家们也像勤劳的蜜蜂一样，忙碌在偏远的角落。一年四季做培训、帮产业，许多专家不辞劳苦。有的驱车6个小时到达偏远的乡镇，只为开展2个小时的现场培训，一路颠簸、晕车是家常便饭；有的专家是过敏体质，被蜂蜇后多次被送进医院……据统计，2015年以来，蜜蜂所共有60多名专家忙碌在脱贫攻坚第一线，累计开展技术培训班 108 次，现场指导 300 余次，培训蜂农人次超过 1.6 万，培训骨干技术人才 450 人，带动 3 300 户农民实现脱贫。

中国农业科学院院长唐华俊说，蜂产业集经济、社会、生态效益于一体，投资小、见效快，不占耕地、不用粮食、环境友好，科技工作者将继续不遗余力，帮助更多农民发展“甜蜜”产业，助力脱贫攻坚，奔向全面小康。

（《人民日报》，2020-03-02，第 19 版，
《科技视点·科技扶贫　我们在行动》）

“甜”从哪里来？

2019 年底，*Nature Genetics* 期刊在线发表了两项由中国农业科学院领衔开展的瓜类作物基因组研究成果。两项成果分别构建了甜瓜和西瓜的全基因组变异图谱，揭示了两种水果的驯化历史及果实品质的遗传分子机制。

两项成果还为西甜瓜种质资源研究提供新的理论框架和组学数据，也为西甜瓜分子育种提供了大量的基因资源和选择工具，具有重要科学价值和实践意义。上述成果的发表将进一步强化我国在瓜类作物基因组学与分子育种领域的国际领先地位。

中国农业科学院郑州果树研究所研究员徐永阳介绍，其所在团队联合中国农业科学院深圳农业基因组研究所、西班牙巴塞罗那基因组中心及中国农业科学院蔬菜花卉研究所、青岛农业大学、中国农业大学、美国康奈尔大学、法国农业科学院等 19 个国内外科研机构，历时 5 年，共同构建了世界第一个甜瓜全基因组变异图谱。该图谱首次系统阐释了甜瓜的复杂驯化历史及重要农艺性状形成的

遗传基础。

在此基础上，科研团队发现甜瓜可能发生过三次独立的驯化事件。其中一次发生在非洲地区，另外两次发生在亚洲地区并分别产生了厚皮甜瓜和薄皮甜瓜两个栽培亚种。三次独立驯化“异曲同工”，都导致野生甜瓜失去了苦味和酸味并获得了甜味。

中国农业科学院深圳农业基因组研究所研究员黄三文介绍，其所在团队协同郑州果树研究所、北京市农林科学院、美国康奈尔大学组成联合攻关团队，完成了高质量的西瓜基因组序列图谱。在此基础上，首次明确了西瓜 7 个种之间的进化关系，发现野生黏籽西瓜是距现代栽培西瓜亲缘关系最近的种群，也发现了利用野生西瓜进行抗性改良的基因组痕迹。此外，鉴定获得了与果实含糖量、瓤色、形状等性状关联的 43 个信号位点，提供了关键候选基因。

上述两项研究是中国农业科学院郑州果树研究所及深圳农业基因组研究所协同创新的成果。中国农业科学院郑州果树研究所所长方金豹表示，全国西瓜甜瓜科研协作已超过 60 年。通过科技交流与研究协作，培养了一大批领军人物与科技骨干，科技转化成效非常显著。近 20 年来，全国西瓜甜瓜播种面积均保持在 3 500 万亩左右，持续保持世界第一。

（《人民日报》，2020-02-03，第 19 版，《新知》）

引育人才，不看“帽子”看本事

坚持引育并举，对“有帽子”与“没帽子”的人才同等对待，加大对支撑、转化英才的培养力度，推动科研队伍年轻化……中国农业科学院确立人才强院战略以来，多措并举，化解昔日人才梯队“断档”之危，稳定了高层次人才队伍，还促进了人才的成长。如今，人人皆可成才、人人尽展其才的环境正加速形成，科研人员创新、创造、创业的活力愈加充沛。

“全院稳定保障 1 000 名左右的青年人才，使其薪酬水平与所在地经济、物价水平保持合理关系”“拿出 3 000 万元经费，向 30 名左右没有‘帽子’、科技创新业绩突出的人才兑现科研经费和岗位补助”……

在近日召开的中国农业科学院第三次人才工作会上，一份被称为“新 30 条”的推进人才队伍建设的文件出炉，让院里不少科研人员有了新期待。

优化环境，提供稳定经费保障

中国农业科学院成立 60 多年来，在杂交水稻、禽流感疫苗研制等领域取得了许多重大科技成果，也培养了一大批农业科技人才。但由于内部人才潜力挖掘不够、外部竞争激烈，人才梯队一度面临“断档”。

2017 年，中国农业科学院召开了建院以来首次人才工作会，确立了人才强院战略，同时出台了 30 项强化人才队伍建设的改革措施，被称为“30 条”。几乎同时启动的“青年人才工程”，是该院人才战略的有力实践，两年来为“农科英才”提供科研工作经费 3.6 亿元。经费的稳定保障，使人才的成长环境不断优化，科研成果的数量、质量齐升。

对此，中国农业科学院蜜蜂研究所研究员吴黎明深有感触。蜂学研究对于农业发展至关重要，但作为一个弱势学科，在项目制主导的科研经费投入机制下，很难争取到重大课题的支持。经费有限，吴黎明团队只好分别向不同部门争取经费，但由于不同部门的申请要求、研究方向不一致，他们的研究也变得“零敲碎打”。

“有了科研经费、人才政策的稳定支持后，我们的研究才逐步走入正轨。”2018年初，吴黎明牵头完成的“优质蜂产品安全生产加工及质量控制技术”获得国家技术发明奖二等奖，这是蜜蜂研究所时隔25年再获国家级奖项。“以前我们有多少钱才干多少事。现在经费投入更加重视人才本身，做研究可以更专注了。”吴黎明说：“更重要的是，团队内部因此凝住了神、静下了心，人才的成长也加快了。”

在植物保护研究所研究员王桂荣看来，经费投入向人才倾斜，受益的不仅是科研人员，还有研究生和科研辅助人员。尤其是对于植物保护这类公益性较强的学科来说，以前一个课题里通常只有15%的经费可以支付学生补贴，王桂荣经常为此发愁，“现在经费支配更加灵活，只要预算合理，学生或科研辅助人员的工资比例有时可以超过50%，他们的积极性也都提高了。”王桂荣说。

两年来，中国农业科学院大力实施人才支持政策，建立起高端引领、重点支持的人才发展机制，吸引、凝聚和培育高层次科研人才，取得了很好的效果。

良性竞争，确立人才培养新导向

构建科技创新的全链条，需要各类人才的支撑。坚持引育并举，对“有帽子”与“没帽子”的人才同等对待，加大对支撑、转化英才的培养力度，是近年来中国农业科学院人才培养的新导向。

周文彬1年前被引进中国农业科学院时，就没有“帽子”。“我暂时没有获得国家人才计划的支持，但也进入了院里的青年英才梯队。”如今，周文彬是作物科学研究所的研究员，牵头组织了国家重点研发计划项目，项目总经费达1.08亿元。

人才引进来了，但难免“水土不服”，如何尽快融入团队、开展研究？“不少刚回国的科研人员很难一下子就拿到项目，需要一定时间的积累，这个阶段的支持就显得十分重要。”中国农业科学院人事局相关负责人解释道。近两年，中国农业科学院从美国康奈尔大学、德国马普学会等全职引进了60多名优秀人才。

2017年初，童红宁任中国农业科学院作物科学研究所研究员，当年8月就入选了领军人才B类计划，很快建起了自己的实验室，不到1年又获得了国家优秀青年科学基金资助。“不少项目都允许自由申请，在5年的特殊支持期内，还可以根据工作需要统筹安排预算，给了我们更多探索和成长的空间。”童红宁说。

对自有人才的培养，中国农业科学院同样重视。“不管是引进人才还是本土人才，只要有本事，都会重点关注和支持。”中国农业科学院人事局相关负责人说：“这在一定程度上解决了‘招来女婿气走儿子’的问题，让大家在良性竞争中成长。”

中国农业科学院还加大对支撑、转化英才的培养力度。小到田间作业、实验动物饲养，大到大科学装置操控维护、科研成果转化和推广，都离不开这类人才。在吴黎明看来，蜂学研究就离不开养蜂员的付出：“蜜蜂该喂的试验素材要喂进去，该取的样品得取回来。对农业科技来说，田间地头劳作的也是人才。”

因人施策，阶梯式培养“传帮带”

“人才强院战略实施以来，不但稳定了高层次人才队伍，还促进了人才成长。”中国农业科学院院长唐华俊院士介绍说，近年来，中国农业科学院注重人才阶梯式培养。

“人才成长有规律，要让经费支持与其规律‘合拍’，才能发挥乘数效应。”中国农业科学院人事局相关负责人谈起心得，“人才在成长的不同阶段，需求也是不一样的，要因时制宜、因人施策，为科研人员积极创造条件、优化成长环境。”

创新团队首席科学家年满58周岁的，将不再担任首席职务；年满55周岁的，需配备执行首席，为接任首席做好准备……“新30条”中，推进人才队伍“年轻化”是一个鲜明特色。其中，“建立荣誉首席—首席—执行首席接续机制”和“开辟职称晋升优先通道”，实现了领军人才“能上能下、新老共进”。王桂荣认为，通过经费、政策上的倾斜来促进青年科学家的成长，不仅能够保证相关研究的连贯性、一致性，也能发挥“传帮带”作用，避免人才“断层”。

“中国农业科学院要在大力推进领导班子和干部队伍年轻化、强化科研领军型人才队伍建设、健全人才培养特殊支持政策、完善人才激励保障机制、优化干部人才成长环境等方面出实招、谋实效，努力营造人人皆可成才、人人尽展其才的创新环境，充分激发各类人才的创新创造创业活力。”唐华俊说。

（《人民日报》，2019-11-27，第 15 版，
《解码·研发投入如何告别“重物轻人”》）

饭碗牢牢端在手上

“这玉米看着跟普通玉米一样，它有啥神奇？”日前，在中国农业科学院作物科学研究所的实验室，几位前来参观的市民，问作物科学研究所副所长张春义。

“这是高叶酸玉米，这种玉米每百克含叶酸 200~240 微克，能解决人体叶酸缺乏问题。”张春义说。今年国庆前，一些超市就能买到这种玉米。

农以种为先。一粒种子可以改变一个世界，一个品种可以造福一个民族。

从吃不饱到吃不完。我国一代又一代育种科技人员前赴后继，新中国成立 70 年来培育成功已审定和登记的农作物新品种 5 万多个，为实现“把中国人的饭碗牢牢端在自己手中”的目标，作出巨大贡献。

70年来，种业科研领域走出了袁隆平、李振声两位国家最高科技奖获得者，在育种理论、方法和材料等方面获得一大批专利，为粮食丰产、安全提供了巨大支撑。比如，被誉为“中国紧凑型杂交玉米之父”的李登海，先后选育玉米高产新品种80多个，6次开创和刷新了中国夏玉米的高产纪录；我国小麦育种界科学家赵洪璋，先后育成以“碧蚂1号”“丰产3号”“矮丰3号”和“西农881”为代表的4批优良小麦品种，累计种植面积达9.5亿亩。

70年来，我国粮食综合生产能力不断巩固提升。中国人碗里装中国粮，靠的是中国的种子。我国建立了超级稻、矮败小麦、杂交玉米等高效育种技术体系。目前，我国水稻、小麦等全部为自主品种，做到了“中国粮用中国种”。

（《人民日报》，2019-09-10，第11版）

绿色超级稻背后有什么奥秘

日前，中国农业科学院主持的“为非洲和亚洲资源贫瘠地区培育绿色超级稻”项目顺利结题，迄今，这个国际农业科技扶贫项目已造福“一带一路”沿线18个国家和地区。

什么是绿色超级稻，它有什么特色？记者来到中国农业科学院作物科学研究所，听科研人员讲讲绿色超级稻。

少打农药、少施化肥，实现水稻生产节水抗旱、优质高产的目标

时间回溯到2013年，一场超级台风袭击了菲律宾中部，农民赖以生存的椰子树被损毁，大片稻田被海水淹没。海水退后，当地的品种绝收，但仍有一小片绿色的稻田——正在试种的绿色超级稻顽强地挺立着。这给为生计发愁的人们带来了希望。

获得绿色超级稻的种子后，当地农民自发开始试种和推广。农民的反馈非常好："即使在我的旱作农田里，它依然表现良好，就算 3 周不下雨，我的收成依然很好""除了抗逆性强和高产，绿色超级稻 8 号还是一个早熟品种""它的米质较好，比我以前种过的水稻品种高产，它还抗病虫害。近期，我们已开始以有机肥料替代化肥"……

绿色超级稻发挥效应，这是众多案例中的一个。

水稻的可持续生产，是许多亚洲和非洲国家粮食安全和减贫的关键。面对近年来全球极端气候的频繁出现，亚洲和非洲部分地区的水稻生产能力变得非常脆弱。提高亚洲和非洲大部分雨养地区的水稻生产能力，维持全球灌溉稻田的稻米生产力，成为全球水稻育种家面临的一大挑战。

"所谓绿色超级稻，就是本着绿色发展的新理念，致力于在目标国家和区域实现水稻生产中少打农药、少施化肥、节水抗旱、优质高产的目标。"项目牵头人黎志康说。他是中国农业科学院作物科学研究所首席科学家。

绿色超级稻项目正式启动于 2008 年，是新中国成立以来由我国科研机构和科学家主持的最大国际农业科技扶贫项目，联合了国内外 58 家（国外 26 家和国内 32 家）水稻研究单位。

项目共在亚洲和非洲 18 个目标国家审定品种 78 个，目前这些品种正在各个目标国家稳步推广应用。根据各个目标国参加单位反馈的推广面积和绿色超级稻种子的生产数量，推算绿色超级稻品种在亚洲和非洲目标国家的累计种植面积达到了 612 万公顷，使 160 万小农户受益。

此外，项目在中国的西南五省份培育绿色超级稻品种 62 个并大面积推广。

其技术路线，是把常规育种技术和其他技术整合成技术体系，效率极高

绿色超级稻背后究竟有什么奥秘？

“它的技术路线核心之处，是把常规育种技术中的杂交回交和表型选择，种质资源中有利基因的发掘和利用，重要农艺性状遗传机理等方面，整合成一个技术体系，效率极高。”黎志康说。

黎志康说，想让绿色超级水稻拥有最优良的基因组合，就要在现有优良品种的基础上，把其所缺少的目标优良基因“植入”，培育出一批保留原有高产品种的优良性状但获得不同新的绿色性状组合的优异后代。

“一支篮球队本身已经很优秀了，但为了更好，就要吸纳其他优秀的队员，形成一个无懈可击的组合。”黎志康打了个比方。

优良基因从哪里来？

“具有利用价值的农作物遗传资源、多样性基因都在种质资源库里，就像一个庞大的基因银行。育种依赖于物种内的遗传多样性，保存这个遗传多样性，就是保存未来育种的基因资源。”黎志康说。

不过，全世界保存了那么多农作物种质资源，其中95%却从来没有在育种时利用过。“这些没有利用过的种质资源里就没有能够提高产量和抗性的基因吗？不是的。尽管知道它里面有好的基因，但是人们不知道怎么去挖掘。”黎志康说，“我的想法是，把现有优良品种作为受体亲本，利用回交育种来挖掘种质资源中的有利基因。”

什么是回交育种？

传统杂交是父本和母本结合，产生的杂种一代各占它们基因的50%。如果再把杂种一代与母本杂交，产生的后代中父本基因只占25%，再与母本回交一次，产生的后代中父本基因只占12.5%。用这种方式，把父本优良基因的一小部分导入现有品种。

为什么偏偏只导入一小部分？

“我们希望，导入一小部分的外来优秀基因，同时保留大部分（75%以上）现有品种的基因，这样就能维持现有品种绝大多数好的基因和性状。”黎志康说，好比篮球团队有20个人，有十二三个人能力很强，就不动他们，把另外几个不是太好的替换成好的，这样能使团队更强。

有了回交育种群体，下一步就是继续筛选它们。

筛选的方式有些“极端”。想选耐旱的，就将植株放到极端干旱的条件，保留后代能够存活的植株种子；想选耐盐的，就把植株种到沿海盐渍田中，能存活的一定有好的耐盐性。所有获得的耐旱或者耐盐株系保存下来做遗传分析，就能发掘出耐旱或者耐盐基因。最后把所有有利基因糅合，就是一个新品种。

整个技术全程都用到了分子标记检测或者DNA测序，这又有何用意？

“主要是为了建立材料信息平台。传统育种选种，不产生任何遗传信息，主要是凭经验的。”黎志康解释，“但是，我们的育种过程通过分子标记检测或者DNA测序，每个育种后代中进去了哪些基因，进去后获得了哪些性状，这些性状是哪些基因控制的，来自哪些染色体，来自哪个供体，全部清清楚楚。我们不是靠经验，全部信息是有累积的。”

目前，他们完成了3 000份水稻核心种质资源的重测序及深入分析工作，建立了水稻分子设计育种信息平台，开发了水稻全基因组育种芯片。

“这将产生一个颠覆性的变化，真正使育种技术进入分子设计育种时代。”黎志康说。

“分子设计育种什么概念？有了材料信息平台以后，我就能够根据育种目标，预测未来能在特定生态区域表现最佳品种的理想基因组型，并依据这些理想基因组型，从育种材料中选择最佳的亲本进行配组，确保其后代中出现理想基因组型的概率最大。”黎志康说，这种技术流程一旦建立并逐步完善，主要依靠经验的传统育种过程，将转换为能够被年轻一代科研人员掌握的、高效的标准流程，真正意义上的设计育种将成为现实。

要培育更多更好的适应气候变化的绿色超级稻品种

早在20世纪90年代初，黎志康就有一个庞大的设想，将水稻性状的遗传理论研究应用于育种实践。他写了一个组建并实施亚洲水稻分子育种协作网的提案，寄给领域内国际著名的5位科学家征求意见。收到的回复是：“你这个想法很好，但是太雄心勃勃了，你不太可能做出来。”但黎志康没有因此放弃。

此后，黎志康回到国内组织水稻分子育种协作网。1998年，他找来一批我国主要水稻产区或省份最著名的水稻育种家和科学家，在浙江杭州举办了水稻分子育种协作网计划研讨会。

“我当时说，我没有经费，但我能贡献一个好的想法，如果你们按照这个思路来，经费一定会来的。”经过深思熟虑，与会的科学家认可了黎志康的技术路线，并开始实施。没想到，当年就拿到了国家自然科学基金委支持的国际合作项目，隔年又获得了农业部的资助。

“片面追求高产而不顾环境的发展方向是错误的，也是不可持续的。因此，才有了绿色超级稻的诞生，它的所需投入低（水、肥、农药等），抗逆（干旱、盐、淹等）性强，既稳产又能保护环境。”黎志康说。

谈到科研心得，黎志康认为，水稻育种格外需要交叉学科的支撑，研究人员既要懂分子生物学，还要通晓遗传学、植物生理学、植物病理学等学科。“作为农业科学家，我们既有机会挑战理论，又能够实现应用，让农民受益，这样的研究生涯还有什么遗憾的?!”

黎志康建议，面向未来，培育更多更好的适应气候变化的绿色超级稻品种，最大程度发挥绿色超级稻品种在相关国家的增产增效作用，需要育种、栽培、植保、农机和农业经济等多学科进一步的大协作。

（《人民日报》，2019-05-06，第 19 版，
《科技视点·“关键核心技术攻关记”之一》）

春来雨雪兆丰年　防灾减灾不松弦

上周，北方雪花飘飘，南方阴雨连绵，出现全国入冬以来范围最大的雨雪天气。

飞雪迎春，近期降水有利农业生产

根据监测，2 月 13 日、14 日，内蒙古、辽宁、山西、河北、北京、天津、河南、山东等地均出现降雪，其中内蒙古中部地区出现大雪。2 月 14 日至 16 日，新疆、西藏、青海等地普遍降雪，局部地区大雪或暴雪。自 2 月 7 日起，南方地区已连续一周出现连阴雨天气。监测显示，2 月 13 日安徽、江苏、浙江、江西等地部分地区降中到大雨。

本周，依据中央气象台预报，江南、华南、江淮、江汉、重庆、贵州等地将持续阴雨天气。18 日前后，华北中南部、黄淮等地还将出现一次以小雪为主的降雪过程，黄淮部分地区可能出现中到大雪天气。

雨雪对农业的影响有千万条，对今年夏粮的影响当排第一条。农业农村部重点市县农情专家咨询组组长、中国农业科学院农业资源与农业区划研究所研究员李茂松表示：“‘春雨贵如油’，春雪同样贵如

油。”2 月 13 日、14 日，北京、天津、河北、河南北部、安徽北部、江苏北部等地迎来了 2019 年的首场雨雪天气，这场雨雪虽然给春节后返城和出行的人们带来了一些不便，但对农业生产很有利。

“雪中送炭”，冬小麦苗情普遍好于常年

李茂松说，从河北石家庄市、河南滑县、山东平度市、山东曹县、山东齐河县、江苏徐州市、安徽蒙城县、安徽霍邱县等 8 个农业农村部农情咨询组专家所在市县的情况看，当前黄淮海地区北部冬小麦还处于越冬期，南部地区处于返青期，本次雨雪过程给黄淮海地区普遍带来 3~10 毫米的降水，真可谓“雪中送炭”！

李茂松分析说，这场雨雪对农业的影响有：一是对补充土壤墒情起到了一定的作用，特别是对于没浇越冬水、镇压不实、土壤暄松、分蘖节处于干土层中的麦田，在一定程度上能够缓解土壤旱情，有利于争取春管主动。二是提高了小麦抗寒能力，积雪覆盖犹如覆盖棉被保温防寒，待雪融化后溶入土壤，由于土壤热容量大，减小了低温与气温的温差，能有效预防低温的侵袭，对小麦安全越冬非常有利。三是降雪降温能够降低越冬的虫口密度，抑制病害蔓延，对减轻病虫害有利。

从 8 个市县农情调度数据看，目前冬小麦苗情普遍好于去年，也好于常年。据统计，8 个市县冬小麦一类苗占播种面积的 59.6%，二类苗占 30.7%，三类苗占 7%，旺苗占 2.3%，一类和二类苗比重超过 90%，为今年夏粮获得丰收奠定了坚实基础。

科学田管，分类施策力争获得夏粮丰收

李茂松提醒，冬小麦生育期长，未来还会遇到许多情况。在看到有利形势的同时，也要充分认识到存在的风险因素。一是由于淮河以南大部分地区自今年元旦后，连续 4 次雨雪天气过程，一些麦田土壤水分处于饱和状态，土壤湿度过大，出现麦田渍害现象；二是频繁雨雪天气，还造成低温寡照，增加了小麦病害发生的风险；

三是苗情好，加之土壤墒情足，极易造成一类和二类苗发展成为旺苗，存在后期发生倒伏的风险；四是要十分警惕小麦拔节后发生倒春寒的风险。总之，小麦一天不归仓，防灾减灾一刻也不能松懈。

针对存在的这些风险，李茂松建议各地农业农村行政主管部门、农业技术推广部门、广大农民朋友，要密切关注苗情、墒情、天气情况，因地制宜、分类施策、促控结合，科学田管，力争获得今年夏粮丰收。

他建议，要针对不同情况的麦田分类施策，最大限度减轻各种灾害造成的损失。对土壤过湿的麦田，要抓紧清沟沥水，做到畦沟、腰沟及边沟三沟配套，排水通畅，避免发生渍害；对三类苗麦田，要趁当前的降雨雪施用返青肥，促进苗情由弱转壮；对播期早、播量大、群体大等有旺长趋势的田块，根据土壤墒情及天气情况，于小麦起身期至拔节初期即2月中下旬至3月上旬开展化控工作；对冬前未化除麦田，防除杂草要抓住一个“早”字，草害严重地块，要及时采取化除措施，做到不重喷、不漏喷。

另外，还要密切关注天气变化，在寒流或低温冷害到来之前，对干旱麦田及时进行浇灌，保证墒情充足，减轻低温危害，或叶面喷施防冻液，降低低温冷害程度。冻（冷）害发生后，及时追施速效氮肥或叶面喷施尿素和磷酸二氢钾的混合液、黄腐酸肥等营养型叶面肥，促进小麦快速恢复生长。

（《人民日报》，2019-02-18，第4版，《深阅读》）

营养美食可打印

佩戴生物传感器，健康、营养等数据实时传输到云平台，集成智能化控制系统，对人体进行健康诊断，匹配营养方案。上班时只要轻轻点击手机远程控制，家里的3D打印智慧厨房就会立刻启动。回到家以后，一套为个人定制的美味餐食已经“打印”完毕，每位家庭成员的餐食都符合各自的营养健康需求……

这是中国农业科学院农产品加工研究所所长戴小枫为我们描绘未来有望成为现实的营养美食3D打印场景。近日，记者来到中国农业科学院农产品加工研究所国家精准营养与食品3D打印先进制造研究中心，探访这一新技术。

实验室里，一名科研人员正在使用3D打印机，缓缓地打印出一个有卡通图案的煎饼。旁边的实验桌上堆满了形态各异的立体小动物形状食品。实验室的另一侧，摆放着各种各样的体检设备。

在科研人员的带领下，记者先做了个简单体检，采集无创血糖、血压、血脂、尿酸、血氧、骨质疏松、动脉硬化等指标。科研人员介绍，人体营养健康数据已经实时上传至云端。果然，不一会儿，记者就拿到了自己的健康与营养诊断报告。

中国农业科学院农产品加工研究所张良博士告诉记者，这份个性化健康与营养诊断报告的数据经智能决策专家系统处理后，指令传回3D打印机，就能打印符合实时营养健康需求的精准餐食。餐食中的营养元素甚至能精确到标准剂量，比如缺多少毫克钙、多少毫升水等。

记者拿起一小块煎饼尝了一口，非常香甜，煎饼上的不同颜色代表不同营养元素，让人一目了然。张良博士介绍，这些尝试目前还处在实验阶段，他们正在与医务人员沟通合作，针对特殊人群做示范，获取肥胖症、糖尿病人、高血压等患者的健康和营养数据，让他们食用精准营养3D打印食品，监测健康和营养变化，成熟后再逐步把应用推向大众。

我国居民慢性病多发，膳食营养不科学不均衡是重要原因，也是解决问题的关键。把3D打印技术引入食品领域，能够帮助构建从原料到产品的精准营养3D打印食品生产系统，满足消费者差异化、个性化的精准营养与健康需求。

戴小枫介绍，2019年他们将继续完善精准营养智能制造3D打印技术，推进人体健康和营养大数据库建设，加强智能可穿戴设备的研发，通过多方共同努力，助力实现“健康中国”的目标。

（《人民日报》，2019-01-28，第19版，《科技视点》）

研究一根黄瓜，摘获两项大奖

在今年的国家科学技术奖励大会上，特别有趣的莫过于中国农业科学院蔬菜花卉研究所，从一根百姓天天都能吃到的黄瓜中获得两项国家科技奖。

这两项科技奖分别是：

黄三文研究员领衔完成的“黄瓜基因组和重要农艺性状基因研究”获得国家自然科学奖二等奖；顾兴芳研究员牵头完成的“黄瓜优质多抗种质资源创制与新品种选育”获得国家科学技术进步奖二等奖。

“不要小看了一条普通的黄瓜，黄瓜不仅是我国五大蔬菜之一，也是重要设施蔬菜，年播种面积约1 500万亩，约占世界播种面积的50%，年产值约4 000亿元。它是餐桌上常见的美食，但它还是研究性别决定、果实发育及品质、维管束生物学的模式系统，具有重要的生物学研究价值。”顾兴芳说。

黄三文团队从显微镜视角展现了一条黄瓜鲜为人知的内在基因遗传变异规律，打开了探究瓜类作物多样性和功能基因的大门，研究成果不仅给黄瓜等葫芦科作物基础生物学和分子育种研究提供了全新的知识框架和工具平台，还推动了我国蔬菜基础生物学和植物代谢调控研究进入国际先进水平。

据介绍，该项目系统收集和评价了世界各地的 3 342 份种质资源，涵盖了所有野生和栽培黄瓜类型。

——首次发现控制黄瓜苦味物质合成的 9 个基因及其精准调控机制，为培育高产、兼顾叶苦抗虫和果实不苦的新品种提供理论基础，并培育了“蔬研”系列黄瓜品种，成功解决了华南黄瓜品种变苦而丧失商品价值的生产难题，创造了约 80 亿元的经济价值。

——首次利用新一代基因组测序技术，破解了第一个蔬菜作物黄瓜的基因组遗传密码，发现了导致果实变大且基本失去苦味等性状改变的基因，获得了黄瓜的根、茎、叶、花、果实、卷须等 20 多个不同组织的基因表达谱数据。

如果说黄三文团队是在显微镜下，从基因组学角度完成了一条黄瓜的内在探秘之旅，那么顾兴芳团队却把注意力放在了成果落地上，先后育成了 8 个不同生态型的新一代无苦味、有光泽、抗病毒病、黑星病等优质多抗黄瓜新品种。

其中，大棚黄瓜中农 16 号引领了密刺型黄瓜的高品质育种方向，成为我国黄瓜品质育种的标杆。中农 26 号突破了温室黄瓜综合抗病性和品质差的瓶颈，成为温室最抗病品种。露地黄瓜中农 106 号成为广东、云南、浙江等 7 省份的主栽品种，实现了南菜北运黄瓜主栽品种的更新换代……

截至 2017 年，优质多抗黄瓜新品种已在全国累计推广 1 187.9 万亩，近 3 年推广了 493.52 万亩，减少农药使用量 20%以上，新增直接经济效益 91.61 亿元。

（《人民日报》，2019-01-11，第 3 版）

“隐性饥饿”可以这样应对

当你吃饱喝足、将吃剩的菜品打包离开饭馆时，是否意识到：也许你并没有真正吃“饱”，仍处于“隐性饥饿”状态？

原来，人体保持健康不仅需要碳水化合物、脂类、蛋白质等大量营养素，还需要铁、锌、硒、碘等16种矿物元素，以及维生素A、维生素E、叶酸等13种维生素。研究资料表明，如果这些必需的微量营养素长期摄入不足，人体就会出现发育不全、体力下降等各种健康问题，甚至导致疾病。全世界约有20亿人口由于缺乏这些微量营养素而导致健康受损。2005年，世界卫生组织将这一现象称为“隐性饥饿”。

据世界银行统计，“隐性饥饿”导致的智力低下、劳动能力丧失、免疫力下降等健康问题，造成的直接经济损失占全球GDP的3%~5%。因此，“隐性饥饿”不仅影响人们身体健康，也影响经济发展。

好在，科学家们已经找到一种既经济又简便的方法来解决这个大难题，即作物营养强化。这一手段主要是通过育种来提高农作物中能被人体吸收的微量营养素的含量，不需要人们改变现有的饮食习惯和加工、使用方法，就能让人们从食物中安全地获取所需的营养。从2004年起，在国际作物强化项目的支持下，中国农业科学院牵头组织全国相关的科学家共同攻关，取得了明显进展。

作物营养强化投入产出比高，对于贫困人口意义尤为重大

中国是世界上面临“隐性饥饿”严峻挑战的国家之一。2003年，致力于通过推广作物营养强化手段来加强多种农作物中营养成分的国际作物营养强化项目在全球范围内展开。第二年，中国作物营养强化项目依托中国农业科学院在中国启动。

什么是作物营养强化？中国作物营养强化项目副主任、中国农业科学院生物技术研究所副所长张春义说：“从本质上说，作物营养强化是一种基于农业的改善人群营养的工具。”

张春义说，相比其他的营养强化方式，作物营养强化是一种投入产出比很高的营养强化手段，“尽管育种科学家需要花费数年培育营养强化的品种，但是一旦育成品种，除种植外后续就不再需要额外的投入。而从市场的角度来看，通过自然的农业生产方式获得的营养强化产品更容易获得消费者的青睐”。

“对于贫困人口来说，作物营养强化的意义尤为重大。”国际食物政策研究所研究员游良志强调，世界范围内仍有数亿人处于饥饿和贫困状态，这部分人群几乎无法或很少通过其他的方式获取均衡营养，从农业育种手段入手的作物营养强化对改善这部分人群营养匮乏的状况至关重要。

据介绍，中国作物营养强化项目围绕提高铁、锌和维生素 A 三种微量营养素的目标，在水稻、小麦、玉米和甘薯四大作物上开展工作。10 多年来，这个致力于改善和解决“隐性饥饿”的项目在中国不断推进，在新作物品种培育、人体营养实验、科研成果发表和专利申请等方面已经取得了显著的成绩。经过 10 多年努力，先后有 18 个富含微量营养素的作物新品（系）培育出来。其中最为突出的是高 β-胡萝卜素甘薯新品系，人体营养干预实验结果表明，食用富含 β-胡萝卜素的甘薯可以显著改善儿童体内维生素 A 缺乏的状况。

营养强化的作物生产简单，易于推广，食用方便且安全，受益人群广

在河北省石家庄市栾城区东牛村天亮农业专业合作社农业技术培训室，中国科学院遗传与发育生物学研究所农业资源研究中心研究员张正斌在给当地农民举办“彩色营养功能小麦食品研发展望及绿色高产高效生产”的讲座。

农民朋友们看了抗旱节水、优质高产的紫色小麦苗和紫粒小麦后，产生了浓厚的兴趣。“我们地里富硒，种的是紫小麦。”张书义是河北栾城缘来农业专业合作社的带头人，他种的小麦看上去与普通小麦区别不大，但是剥开麦皮，里面却是紫色的麦粒。张书义地里种的紫小麦，正是张正斌和中国科学院农业资源研究中心高级工程师徐萍选育的紫粒小麦品种。

“将小偃麦、野生一粒小麦和黑麦复合杂交，结果发现麦粒有不同的颜色。”张正斌说，在育种圃收割小麦时的一次“意外”发现，让他们从此与彩色小麦结缘。经过 10 多年的攻关，他们现在已经选育出了蓝色、紫色、褐色等不同颜色的彩色小麦品种 10 个。

与普通小麦品种相比，除了颜色上的差异，更重要的是，彩色小麦的氨基酸、微量元素和维生素等营养素的含量更高。

“比如，所有 7 个紫粒小麦品系中的 α-维生素 E，β+γ-维生素 E 和总维生素 E 含量均高于行业标准，锌、铁、钾、硒等 9 种微量元素的含量也是如此。”张正斌说，国内外已有的大量研究表明，彩色小麦等作物中含有丰富的微量营养元素。

中国作物营养强化项目秘书、中国农业科学院生物技术研究所研究员王磊介绍，与传统的食品强化或补充营养药物的方式相比，作物营养强化有其独到的优势。王磊表示，营养强化的作物生产简单，易于推广，食用方便且安全，受益人群广。

据张正斌观察，国内外都有相关的产品上市。比如，日本黑五本铺株式会社已开始经营包括黑小麦在内的黑色食品；新加坡已经利用紫麦和紫玉米加工了紫麦方便面。在国内，也有紫麦月饼、黑小麦富硒醋、黑小麦麦片等产品，但大部分属于初级产品。

作物营养强化产业化发展还需迈过多道坎

作物营养强化是从源头入手，从农业的角度提出改善全民营养健康的解决方案。张春义建议，应该对作物营养强化产业化给予更多关注，以更好地发挥农业在提升全民健康水平中的作用。

“一些标准的修改、制定和出台很迫切。比如，在育种标准的制定上，应该在产量的要求之外，对微量营养素和其他必要营养物质方面作出规定。”张春义说。

另一个限制因素在于人才。张春义表示，由于多学科交叉，作物营养强化需要知识结构完善的复合型人才，但这样的人才目前非常缺乏。

此外，产业发展的环境仍待改善。总体来看，公众的营养健康观念仍需加强。“如果生产出来的产品没人消费，产业也无法发展。”张春义说，“想要打造良好的产业化发展环境，应该加大科普的力度，提高人们对营养健康的认识水平。”

专家们指出，要以营养敏感型农业为核心优化农业和粮食系统，形成以人类健康营养需求为导向的现代食物产业体系，最终解决我国人群“隐性饥饿”和营养失衡问题。

（《人民日报》，2018-09-10，第 18 版，《关注》）

种好农科人才“试验田”

近两年，中国农业科学院着力加强人才队伍建设。先是拿出一个所长岗位面向海内外公开招聘，紧接着又连续将两位科研人员直接提拔为所长，直接聘为二级研究员。这一系列举动在全院上下引起不小的震动。

60 年来，中国农业科学院在杂交水稻、禽流感疫苗研制等领域取得了世界领先的科技成果，为我国乃至世界农业发展作出了巨大贡献。“在肯定成绩的同时，我们也清醒认识到，与中央要求和‘三农’发展重大需求相比，与农业科研国家队地位和科技创新工程任务目标相比，我院人才工作还存在较大差距。”中国农业科学院院长唐华俊院士说。

面对激烈的人才竞争，中国农业科学院围绕加强人才引进、培养、激励、评价等12个方面研究提出了30项改革措施，着力构建尊重知识、尊重人才、激发活力的良好创新氛围。

具体来说，就是在给平台、给待遇、给环境“三个给”上发力，种好全国农业科研系统人才建设的“试验田”。

周雪平是植物保护研究所所长，也是中国农业科学院首次通过全球招聘引进的科研人才。引进当年，周雪平即获得我国植物保护领域首个国家自然科学基金重大项目，并在国际顶尖学术杂志发表了论文。周雪平介绍说，“十二五”以来，植物保护研究所利用创新工程、国家重点实验室、基本科研业务费等，投入4 200多万元用于人才引进。共引进人才19名，加强了重点学科领域创新团队建设。

在待遇方面，作物科学研究所对新成立的课题组给予不低于120平方米的实验室，此外，对新引进人才给予100万元科研经费支持和一次性10万元的住房和生活补助。引进人才的效果也马上显现出来，童红宁入所不到一年就获得国家优秀青年科学基金项目资助，周文彬牵头组织国家重点研发计划项目，总经费超过1亿元。周美亮获得“青年人才托举计划”支持，入所第一年就获得欧盟项目的支持。

在科研环境上，中国农业科学院积极营造以“潜心科研”为追求的人才成长环境，使一大批青年科研人员从日常事务中解放出来，专心搞科研。蜜蜂研究所所长王加启说，蜜蜂研究所对第一年进所的科研人员都会给予项目支持，“这是对新人的保底工程，利用中国农业科学院的科研创新工程，支持想干事的年轻人”。有了好环境，创新就更有干劲。今年，蜜蜂研究所吴黎明研究员牵头完成的“优质蜂产品安全生产加工及质量控制技术”获得国家技术发明奖二等奖，这是蜜蜂研究所时隔25年再次获得国家级奖项。

中国农业科学院党组书记陈萌山表示，我国有世界上独一无二的农业科研体系，中国农业科学院的人才工作不仅关系自身发展，也是全国农科人才建设的“试验田”。中国农业科学院要面向世界农业科技前沿，用“引育并举、双轮驱动”的人才工作格局致力打造全球农业科学高峰，成为引领全国农业产业转型升级的科技“硅谷”。

（《人民日报》，2018-05-28，第18版，《创新故事》）

无膜种棉会怎样？

主要植棉区几乎“无膜不棉”

种棉花一定要覆盖地膜，这似乎已经成为常识了。一到植棉季节，农民朋友早早就买好塑料薄膜，技术人员也会现场指导。

覆盖地膜可以增温保墒、抑制杂草、防虫防病、保水保肥……在我国西北、东北、华北等植棉区，几乎“无膜不棉”。

新疆是全国最重要的产棉区，仅南疆棉花种植面积就达2 000万亩，约占全疆的2/3。20世纪80年代以来，新疆在棉花种植上大范围推广使用地膜覆盖技术，棉花产量因此大幅度提高，给新疆农业增产、农民增收带来了巨大效益。

但是，棉农对地膜又有一种复杂的情结：带来增产不假，却也成了棉田“白色污染”的祸首。

中国农业科学院院长唐华俊说，近30年来，我国地膜覆盖面积和使用量一直位居世界第一。这其中，新疆的地膜用量更是首屈一指。

“使用地膜可提高作物单产20%～30%，大面积推广促进了新疆棉花生产，对新疆的棉花生产来说，使用地膜的确是一次伟大的‘革命’。”农业部种植业管理司副司长杨礼胜说。

然而，随着时间的推移，地膜残留终于露出它“狰狞”的一面。

“随着地膜使用量不断增加、残留地膜回收率一直偏低，土壤中残膜量逐步增加，土壤结构遭到严重破坏、耕地质量逐步下降。现今，新疆已成为残膜污染严重的地区之一。”杨礼胜说。

据调研报告显示，当土壤中残膜量达到每亩3.5公斤后，棉花会减产11.8%～22%。而且种子若播在残膜上，烂种率和烂芽率也会大大增加。

残膜污染还会影响原棉质量。中国工程院院士喻树迅说，对于机采棉而言，残膜会随机械混入棉花，构成棉花“三丝”污染的“生力军”。这将给棉花的纺线质量和染色带来很大影响。

中国农业科学院棉花研究所研究员毛树春说：“残膜就在地下0～30厘米的耕作层里，挖起来都是碎片。”他说，治理农田残膜污染“到了迫在眉睫的时刻”，因为当污染量持续积累，不仅会影响作物产量和质量，还会给生态环境造成很大的影响。因此，减少使用或不使用地膜，已成为未来棉花等农作物种植业发展的迫切需要。

为了把残膜从农田请出去，农业专家们试过很多办法。杨礼胜介绍，大量科研工作者在地膜降解和残膜回收等方面进行了大量努力。

从2012年开始，国家在新疆实施了农业清洁生产示范项目，先后在新疆46个县市开展了农田废旧地膜污染综合治理。从2016年5月1日起，新疆正式实施农田地膜管理条例，不但拒绝超薄地膜生产销售使用，并规定废旧地膜要做到100%回收。

科技让种棉花可以不覆地膜

巧解“白色污染”，当然要靠科学技术。

2017 年 9 月底，在位于新疆阿克苏地区沙雅县的中国工程院沙雅院士专家工作站，50 亩无膜棉花试验田里挂满了白花花的棉朵。

现场专家介绍，喻树迅带领他的研究团队，通过连续 7 年在南疆多地的试验示范实现了棉花的无膜种植。

种棉花不覆地膜，这在种棉人看来简直是天方夜谭。但事实最有说服力！经过专家现场考察和测产，该示范田亩结铃数达 7 万多个，平均亩产量 365 公斤以上，高产地块亩产达 400 公斤，与大面积种植的地膜棉产量相当，呈现出早熟高产的特性。经第三方科技成果评价机构评价，该技术为彻底解决棉田残膜污染创新了具有颠覆性潜力的技术途径，关键技术达到了国际领先水平。

原来，在棉花播种的时候，会经常遇到低温冷害，直接影响棉花出苗。而在秋天收获季节，低温霜冻等不良天气，也会影响棉花产量和收获。针对这些问题，喻树迅发挥自己科研团队在育种方面的优势，与相关科研单位和企业联合试验、协同攻关，从选择新品种入手，培育出具有晚播兼具早熟的品种“中棉 619”。

记者了解到，“中棉 619”可以晚播种 10 多天，正好躲过了春天播种时的低温；由于具有早熟的特点，又巧妙地躲过了秋天收获时可能遇到的低温霜冻等不良天气。通过这些特点，实现了棉花种植不再需要覆盖地膜的目标。

在南疆地区无膜种植棉花，出苗率和成苗率是决定是否可行的关键因素。“中棉 619”通过丰产、特早熟、耐盐碱、耐低温的四亲本聚合杂交选育而来，兼具了特早熟、耐盐碱、耐低温等优点，适合在温差大、盐碱重、长日照的南疆地区进行无膜种植。

“中棉 619”在南疆地区无膜栽培条件下生育期约 120 天，相比于地膜覆盖棉花，可推迟 10 天左右播种，能有效避免早春时期冷害对棉花的伤害。耐盐碱、耐低温的特点，让这一品种在无膜覆盖条件下也能够快速萌发出苗，其出苗率和成苗率与覆膜条件下的出苗率和成苗率无明显差异，不会因出苗率和成苗率影响棉花产量。

喻树迅院士研究团队专家介绍，为实现无膜棉综合技术的配套，针对无膜种植和生长特性，利用精量播种技术实现一播全苗，可省去间苗、定苗等管理过程；添加了穴播器拨片装置，避免了由于无膜覆盖导致的穴播器堵塞；为有效保温、保水、保墒，进一步加强出苗率和成苗率，将穴播器播种深度增加为 3.5 厘米（比地膜棉深播 0.7 厘米），同时将滴灌带浅埋于土下 2~3 厘米，实现滴灌带的固定和有效灌溉，避免风害。依据无膜棉田间生长情况，适当提高了种植密度，每公顷种植株数增加了 4.5 万株，在保证棉花产量的同时减少了用药量，既节约成本，也可保护环境。

协同创新才能走得更远

“去年受苗期连续阴雨天气影响，出苗率只有 75%左右。如果出苗率能提高 10%，产量还能够再增加不少。”负责示范田管理的新疆守信种业公司一位负责人说。

同地区的覆膜棉高产田最高产量可超过每亩 500 公斤，相比之下，无膜的“中棉 619”这一产量的确略显逊色。但在毛树春看来，无膜种植能实现超过 350 公斤籽棉的亩产量“已经不低了”。

“按照 41%的衣分计算，每亩的皮棉产量约 150 公斤，产量就基本有保证了。”毛树春认为，从产量上看是比覆膜棉田要低，但更重要的是如何兼顾生态效益与经济效益。从综合评价来看，无膜植棉已经开了个好头。

尽管如此，无膜棉要想继续推广，还有诸多问题需要解决。

“无膜棉种植给科研和生产提出了很多新问题。比如如何破解僵苗问题、抗除草剂品种选育等；此外，无膜棉的播种技术、肥水调控等还需要进一步优化，未来还有很多工作要做。”毛树春说，“农业新技术从试点到示范、推广一定是稳步进行的，要一步步来。”

喻树迅也表示，无膜棉如今只是一个阶段性的成果，今后在抓产量的同时，也要考虑抓品质。“特别是育种方面，需要协同创新才能走得更远。”

（《人民日报》，2018-02-25，第 11 版）

想吃啥样的西红柿？“编辑”吧！

你可能常听到这样的吐槽：现在番茄种类很多，也更大更好看，但却不如过去好吃了。别着急，好消息来了：不久前，中国农业科学院深圳农业基因组研究所研究人员培育出了一批番茄新品种，口味就比之前的好多了。

番茄等蔬菜瓜果为何味道变差了？中国农业科学院研究人员又是通过什么神奇的方法培育出了好吃的番茄品种？

西红柿味道不如以前，是因为育种过程中丢失了控制风味品质的部分基因

番茄，又称西红柿，原产于南美洲，大约明朝传入我国。它适应性广、产量高、营养丰富、风味独特，是世界范围内广泛种植的第一大蔬菜作物。据联合国粮农组织统计，2014 年全球番茄产值达 962.8 亿美元。我国以鲜食番茄为主，更加注重风味品质。

据中国农业科学院深圳农业基因组研究所副所长黄三文介绍，我们现在吃到的番茄都是由野生醋栗番茄驯化后的品种，野生番茄果实非常小，只有 1～2 克重，经过人工的长期驯化，现代栽培番茄的果重是其祖先的 100 多倍。

黄三文说，番茄味道不如以前，是由于在现代育种过程中过于注重产量、外观等指标，虽然产量大了、长得好看了，却使控制风味品质的部分基因位点丢失。研究结果表明，番茄中的 13 种风味物质含量在现代番茄品种中显著降低，从而改变了番茄口感。

能不能利用现代技术手段，培育出好看又好吃的西红柿？黄三文想到了基因组编辑技术。从源头做起，先找出影响番茄口味的“基因密码”。“我们的味蕾一直想找回的老口味儿就躲藏在‘基因密码’里，一旦找到决定番茄风味的相关基因，问题就会迎刃而解。”黄三文说。

2012 年，黄三文带领团队参与了番茄基因组测序项目，破解了拥有 9 亿个碱基对的番茄全基因组图谱，其相关研究成果发表在权威学术期刊 *Nature* 杂志上。2014 年，黄三文带领的团队与国内多个从事番茄研究的团队一起揭开了番茄果实由小到大的人工驯化过程，即野生醋栗番茄产生樱桃番茄，最终形成大果栽培番茄。同时，他们构建了番茄基因组变异图谱，发现了 1 200 万个基因组变异的数据。2017 年 1 月，黄三文团队终于破解了番茄风味基因密码，国际顶级学术期刊 *Science* 以封面文章的形式报道了这一科研成果。

“为了鉴定番茄种质中的优良基因，我们对世界范围内 400 份代表性的番茄种质进行了全基因组测序和多点多次的表型鉴定。利用全基因组关联分析和连锁分析，最终鉴定了影响 33 种风味物质的 200 多个主效的遗传位点。”该论文并列第一作者、中国农业科学院深圳农业基因组研究所祝光涛博士说，研究发现，其中有 2 个基因控制了番茄的含糖量，5 个控制了酸含量。

研究还发现，柠檬酸和苹果酸是番茄中的主要酸类物质，柠檬酸能提高西红柿风味，但苹果酸降低风味，研究人员由此找到了降低苹果酸、提高柠檬酸含量的技术路线。

从理论上说，任何风味的番茄都可以通过基因组编辑技术实现

基因组编辑技术为何如此神奇？

黄三文说，基因组是一个物种所有遗传信息的总和，新一代基因组技术被认为是驱动未来经济的颠覆性创新技术。2002 年中国科学家发表的水稻基因组，推动了基因组学在农业育种上的应用。基因组编辑技术则是基因组学快速发展的直接产物。如同要编出畅销书或好新闻首先要仔细阅读原稿一样，要想更好地应用基因组编辑技术，首先要阅读基因组、读懂基因组。

黄三文介绍，基因组编辑技术是当前生命科学研究的前沿领域，利用该技术，科学家能够对目标基因进行定点敲除或插入，从而获得对人类有益的性状。其中，CRISPR/Cas9 技术因其编辑效率高、操作简易等特点，成为当前生物研究炙手可热的研究工具——他们发现并改进西红柿口味就是用的这种技术。

他举例说，日常食用的番茄有红果和粉果两种，红果番茄硬度大耐储运，但口味较差；粉果番茄颜值高、风味佳，但却有不易储存的缺点。因此，传统的育种主要集中在红果番茄上，优质粉果番茄品种较少。黄三文团队利用基因组编辑技术，将控制番茄果实颜色、口味等的基因进行了编辑，仅用了 10 个月的时间就获得了耐储运、风味佳的粉果番茄。

“从理论上来说，未来人们想吃什么风味的番茄，都可以通过基因组编辑技术来实现。”

黄三文介绍说，他们团队与合作者已经培育出含糖量提高的西红柿新品种。下一步，将进一步提高有益挥发性物质的含量，培育出更美味的西红柿品种，力争恢复西红柿原有的风味。

通过基因组编辑技术，可以大大提高馒头或米饭中直链淀粉的比例，从而造福糖尿病患者

在农作物育种领域，基因组编辑技术的作用不只是用在西红柿上。黄三文说，基因组编辑技术大大提高了作物的育种进度，通过“编辑”基因，一些小麦、水稻、玉米、马铃薯等作物新品系也相继问世。

国家“十三五”七大作物育种专项首席科学家、农业部作物基因资源与种质创制重点实验室主任张学勇研究员说，基因组编辑技术在农业领域前景广阔。“与物理或化学诱变育种相比，基因组编辑技术可以更准确、更精细地改变生物体内有机大分子的合成速度和方向，是一种精准育种技术。”

张学勇说，馒头或者米饭中存在两种淀粉，即直链淀粉和支链淀粉。其中支链淀粉很容易水解为葡萄糖，而直链淀粉降解成为葡萄糖的速度则缓慢许多。通过基因编辑技术，可以敲除或减弱支链淀粉合成的基因的活性，增加直链淀粉的比例，使直链淀粉的比例从百分之十几提高到60%~70%，这样就能有效控制糖尿病人饭后血糖迅速上升的情况，造福糖尿病患者。

张学勇介绍，通过基因组编辑技术，还可以改变大豆、油菜等作物籽粒中油的成分比例，增加亚麻酸、亚油酸等优良成分的比重，利于健康和长寿。该技术还能让棉花纤维更细更长，增加优质棉比例，增加棉农收入。此外，它还能改变玉米、水稻等作物的叶片夹角，更有利于密植以达到高产的目的。“基因组编辑技术还能控制花卉的颜色，创造出一些自然界还没有的兰花、牡丹花的颜色，提高花卉品质，满足不同人群需要。”

张学勇认为，未来利用基因组编辑技术还可以根据人们的需要，改变许多农产品的风味、颜色，延长农产品的货架期，为现代农业发展注入强大的科技动力，更好地造福人类。

（《人民日报》，2017-06-05，第20版，《关注》）

看！创新英雄们的风采

国家科学技术进步奖二等奖："农药高效低风险技术体系创建与应用"把好农药"三道关"

近年来，关于"有毒"农产品的新闻不断见诸报端，许多消费者在购买蔬菜水果的时候，甚至将有无用过农药作为自己购买的选择标准。农药真如想象中的那么可怕吗？国家科学技术进步奖二等奖获得者、中国农业科学院植物保护研究所副所长郑永权研究员日前接受采访时表示，人生病了要吃药，植物生病了要打药，道理是一样的，只要努力做到科学合理使用农药，降低农药风险，农药可以为农业生产作出更大贡献。

假如我们不使用农药，所有农产品就能保证绝对安全？郑永权形象地说："植物犹如人类一样，在生长发育过程中会遭受多种病菌、害虫、杂草以及害鼠的侵袭，如不对其进行保护和救治，轻则会影响生长、减少产量，重则会导致死亡、颗粒无收。"

另外，假如不用农药，失去农药的保护，自然界的真菌就会侵染农产品，由此而产生的对人体有害的真菌毒素已报道有 300 多种，常见的如黄曲霉毒素、玉米赤霉烯酮、展青霉素等。这些毒素不仅能直接对人体造成危害，还可以通过其他消费产品而形成二次危害。郑永权说，其实农产品在储藏、运输过程中，如果不进行防腐保鲜处理，极易感染食源性疾病微生物而发生腐烂，消费者食用被大肠杆菌等污染的农产品后会引发急性肠炎等。

"因此，农药通过控制病菌的危害而减少生物毒素的产生和食源性疾病微生物的污染，从而在农产品质量安全方面发挥了积极作用。"郑永权说。

郑永权率领的科研团队，针对农药使用中存在的种种问题展开攻关，取得了一系列重大突破。郑永权说，他们所取得的科研成果就是从把好农药使用的选药、配药、喷药“三道关”入手，来保障百姓的食品安全。

首先是选药关。过去农民使用农药，大都是从市场上购买后直接使用，这里就存在一个风险，一种农药对病虫害有效，也可能对人和环境有潜在风险。为此，科研团队进行了深入研究，并将所有成果汇集后率先发明成功26套简便易用的试剂盒，1~3小时完成田间选药，准确率达80%以上。农民通过这个试剂盒来选药，所选农药不仅有较高的防治效果，同时也可以规避农药风险。

其次是配药关。农作物分为水稻、小麦等粮食作物，蔬菜和水果，以及棉花等经济作物。如何让农药能够附着在叶子上发挥效果？科研团队通过研究发明了药液蘸着展布比对卡，指导田间合理配药，农药利用率因此提高30%。

最后是喷药关。过去农民喷施农药大都依据经验，一直等喷到农药从叶子上往下流才住手。郑永权说，其实这时农药已经喷多了。课题组发明了农药雾滴密度指导卡、测试卡、比对卡的“三卡”联用，实现了用“雾滴个数”来精准喷药，从而减少农药喷施量30%~70%。

中国工程院院士刘旭、吴孔明、宋宝安、蔡道基等专家认为，该成果在技术和理论方面有明显突破和创新，对我国农药发展和应用具有很强的实用性和指导性，成果整体处于国际国内同类研究领先水平。

“我国是人口大国，保障粮食的自给自足尤为重要，一方面我们通过提高单位面积产量来增加粮食产量，另一方面需要减少单位面积的损失，而这与农药的使用是分不开的。”郑永权表示，要在农业部等部门大力支持下，加速推广相关成果和技术，为农业发展和食品安全作出更大贡献。

（《人民日报》，2017-01-16，第20版）

走出去的，还有农业科技

不久前，中国农业科学院海外农业研究中心2016进展发布会上，一条重要信息引起广泛关注：中国农业科学院已经有61项新技术和新产品实现了走出去，遍布亚、非、美、欧的150多个国家和地区，涉及育种、植物保护、畜牧医药、农用机械等领域，有力配合了国家“一带一路”建设和农业走出去战略的实施。

提起农业，一般会认为有点“土”，科技含量不高。大踏步走出去的中国农业科技，让全世界看到了满满的高科技含量。

中国农药走向世界

2016年2月22日，是中国农药史上值得铭记的一天。美国爱利思达生命科学有限公司与中国农业科学院植物保护研究所签署了“阿泰灵”的海外独家代理合作协议。这是中美两国签署的首个生物农药海外独家代理合作协议。

爱利思达生命科学有限公司是世界知名的农化公司。该公司在法国圣马洛实验室对“阿泰灵”产品进行了14个月、多批次的样品全组分析、室内生物测定，在美洲、非洲、亚洲等8个国家开展了35项试验，结果表明，“阿泰灵”能有效提高植物免疫力，控制病害发生，促进植物根系生长，且安全环保无残留。

“阿泰灵”正是中国农业科学院植物保护研究所副所长邱德文研究员带领科研团队，历经10多年自主创新研发，并由中国农业科学院植物保护研究所中保集团成功转化的重大成果。

故事从20世纪90年代开始。那时，传统农药的研制大多是以杀死或抑制病原菌为靶标，而忽视了调动植物自身免疫能力。在美国康奈尔大学做访问学者的邱德文，从事的就是植物抗性蛋白质的研究。

当时，康奈尔大学的科学家发现了植物体内抗性物质超敏蛋白，并将这种天然产生的蛋白质开发成能应用于农作物上的农用生物技术产品。邱德文清楚地记得，当时有评价称，“用蛋白质来治疗植物的病虫害是农药行业的革命”。

2002 年，在美国从事了 8 年相关研究的邱德文回国。随后他主持了“863 计划”——“新型多功能农药创制关键技术研究与产品开发”课题，开始尝试用一种新的思路，研制一种诱导免疫的农药。

2014 年，历经 10 年多的时间，我国首个抗病毒蛋白生物农药——6%寡糖链蛋白可湿性粉剂由中国农业科学院植物保护研究所农药厂获得国家农药登记，并注册商品名称“阿泰灵”正式上市。“阿泰灵”颠覆了以“杀灭”为主的传统植保观念，通过诱导植物自身免疫，增强植物抵抗能力，以此抵御病虫害的侵扰。

帮助提升发展中国家农业水平

帮助提升发展中国家农业发展水平，是中国农业科技走出去的重要目标。湄公河次区域小农户种植的玉米容易遭受亚洲玉米螟的危害，水稻受水稻螟虫危害严重。中国农业科学院植物保护研究所指导当地农户大规模饲养和释放能专门寄生亚洲玉米螟的寄生蜂——赤眼蜂，以及能专门寄生水稻螟虫和稻纵卷叶螟的赤眼蜂，巧妙地实现“以虫治虫”。不仅降低了农药的使用率，还提高了产量。

外来动物疫病疫情是发展中国家农业的又一大隐患和威胁。针对亚非等地区频繁暴发动物疫病疫情等问题，中国农业科学院哈尔滨兽医研究所陈化兰研究员带领的科研团队，利用埃及高致病性 H5N1 禽流感病毒毒株，研制了针对埃及特异性毒株的灭活疫苗，效果显著优于埃及原有疫苗。该疫苗自 2010 年起成功投放埃及市场，已累计出口近 5.7 亿多羽份，使埃及禽流感得到有效控制。

大米是发展中国家的主要粮食作物，为维护世界粮食安全，中国农业科学院利用绿色超级稻分子育种技术，为亚非目标国家培育第二代绿色超级常规稻和杂交稻。目前在这些国家和地区共有38个绿色超级常规稻和26个杂交稻通过品种审定并发放到农民手中。其中绿色超级稻品种同当地品种相比普遍增产20%以上，绿色超级稻在亚非目标国家的推广总面积已超过150万公顷，预计农民增收超过5亿美元。

中国农业科学院通过“中棉系列”棉花新品种助力中亚农民增产增收，在吉尔吉斯斯坦建立“中吉棉花科技园区”，在塔吉克斯坦建立“中棉银海科技有限公司”，推广“中棉系列”品种和配套栽培技术。目前，“中棉系列”品种已通过吉尔吉斯共和国审定，成为当地主栽品种，推广面积超过15万亩，有效提高棉花单产60%以上。

（《人民日报》，2016-12-02，第18版，《创新故事》）

不用土也能“种地”了？

一般认为，农业生产离不开土壤。然而，这一状况未来或许会改变。在前不久举办的国家“十二五”科技创新成就展上，一项名为“智能LED植物工厂”的成果受到广泛关注。这项被业界誉为颠覆“土地利用和农作方式”的技术，到底新在哪里？这种培植技术在我国进展又如何？

借助植物工厂，人类甚至可以在太空、荒漠、戈壁等地域进行作物生产

中国农业科学院农业环境与可持续发展研究所（以下简称中国农业科学院环发所）是我国植物工厂的重要阵地，在国家“十二五”科技创新成就展亮相的正是该团队自主研发的成果。中国农业科学院环发所研究员杨其长表示，目前我国掌握了智能LED植物工厂关键技术，整体水平处于国际前沿。

所谓植物工厂，就是通过设施内的高精度控制实现农作物周年连续生产的高效农业系统，是由计算机对植物生育过程的温度、湿度、光照、二氧化碳浓度以及营养液等环境要素进行全天候控制，不受或很少受自然条件制约的省力型生产方式。

杨其长解释，农业生产就是植物通过光合作用生产碳水化合物的过程。遵循该科学原理，智能LED植物工厂根据不同作物对营养和阳光的需求，对“工厂”内环境要素和营养要素进行实时自动调配，精准供给植物，以确保植物健康生长，这样就实现了不用土、不用阳光，可实现全天候的植物智能化生产，人类甚至可以在太空、荒漠、戈壁等非可耕地里进行作物生产。

与传统农业生产方式不同，植物工厂有七大技术优势：一是作物生产计划性强，可在不受外界环境影响的条件下，实现周年均衡生产；二是单位面积产量高，可大幅提高资源利用效率；三是机械化、自动化程度高，劳动强度低，工作环境舒适；四是不施用农药，产品安全无污染；五是多层式、立体栽培，节省土地和能源；六是不受或很少受地理、气候等自然条件影响；七是与现代生物技术紧密结合，可以生产出稀有、价高、富含营养的植物产品。

“我国人口多，耕地少，人均资源相对不足。同时，人们对洁净安全农产品的需求越来越迫切。这种形势下，当下发展植物工厂非常有必要。”杨其长说。

植物工厂是目前全球农业高技术研究的热点，因其融合了现代生物技术、智能装备与信息技术等新科技，也是彰显一个国家农业高技术水平的重要标志。

杨其长认为，未来植物工厂有望颠覆传统的农作方式，代表了农业发展的方向，掌握植物工厂核心关键技术具有战略意义。

我国从20世纪90年代开始植物工厂研发，目前拥有约100座人工光植物工厂

近年来，植物工厂在东亚、欧美，尤其在日本、韩国、美国、新加坡等国家和地区发展迅速，飞利浦、松下、通用等国际知名企业也纷纷介入植物工厂的技术研发与产业推广，全球植物工厂发展极为活跃。

回顾植物工厂发展历程，从20世纪40年代至今，主要历经早期的试验探索、示范应用和当前的快速发展三个阶段。

20世纪40年代到70年代初为试验探索阶段。该阶段是植物工厂的概念成型与试验探索期，其中两项技术的突破对其发展起到了重要支撑作用，一项是“营养液栽培技术”，另一项为“人工模拟与控制环境技术”，以1949年美国科学家在加州帕萨迪纳建立的第一座人工气候室为标志。其后，日本和苏联相继建成大型人工气候室，进行植物栽培试验。这一时期植物工厂规模较小，仅为几十平方米到几百平方米。应用范围也比较窄，主要局限在实验室和示范农场。光源为高压钠灯，光源与空调能耗大，运行成本较高。

20世纪70年代至90年代末为示范应用阶段，其中以水耕栽培和人工光源技术的突破为重要标志。1973年营养液膜技术的出现，以及随后的深液流栽培技术的发明为植物工厂栽培技术的发展奠定了基础。这一时期，日本植物工厂发展较快，截至20世纪末，日本拥有约20座人工光植物工厂。在这一阶段，人工光源不断改善，高压钠灯逐渐被荧光灯替代，红光LED开始应用，光源的能耗进一步降低；传感器与自动控制技术逐渐引入；示范应用面不断扩大。

21世纪初至今植物工厂快速发展，主要得益于蓝光LED的出现与红蓝LED组合光源的研制成功，以及基于网络的智能控制技术的应用。随着LED的应用，植物工厂人工光源能耗显著降低，栽培层间距进一步缩短，能效比大幅度提升；同时，传感器、智能控制器以及物联网技术的应用为植物工厂智能化管控提供了可能。

在这一时期，各国加快了对植物工厂的研发力度与产业化步伐，日本 2009 年提出大力发展植物工厂、振兴现代农业计划。韩国自 2009 年开始，政府支持科研机构与企业共同进行人工光植物工厂的研发，数年时间内就推出了 10 多个型号的植物工厂产品。美国一方面通过植物工厂的研究希望为空间站和星球探索提供食物保障，另一方面提出了“摩天大楼农业”的构想，希望从空间上突破资源瓶颈，先后出现了芝加哥大厦农场、新泽西州“垂直农场”等设计模式。我国从 20 世纪 90 年代开始植物工厂研发工作，2002 年成功研发自然光植物工厂，2005 年研制出 LED 植物工厂实验系统，并在 2010 年上海世博会首次展出家庭 LED 植物工厂。2013 年国家正式将“智能化植物工厂生产技术研究”项目列入“863 计划”，由 15 家科教单位与企业联合进行技术研发。目前，我国拥有不同规模的人工光植物工厂约 100 座。

2009 年，我国建成首例智能型植物工厂，现已推广到 20 多个省份

看到农民种地的艰辛，杨其长儿时就常想：“种地不用土”该多好！20 世纪 90 年代，杨其长敏锐地意识到，植物工厂是未来的发展方向。他带领研究团队潜心研究，率先提出多个植物的“光配方”，并创制出基于光配方的 LED 节能光源及其光环境调控技术装备，在业界完成了多个首创性工作。

首次提出“光-温耦合节能环境调控”方法，创制出植物工厂节能环境调控技术装备；率先提出“光-营养调控蔬菜品质”方法，创制出采前短期连续光照提升品质工艺及技术装备；率先提出植物工厂光效、能效以及营养品质提升的智能管控方法，创制出基于物联网的智能化管控系统。

2009 年，中国农业科学院环发所植物工厂的研发团队与北京中环易达设施园艺科技有限公司研发出国内第一例智能型植物工厂。目前，该技术成果已推广到北京、上海、山东等20多个省区市。

我国的植物工厂逐渐走向国际舞台。2012—2015年我国连续举办4期植物工厂技术国际培训班，20多个国家的学员接受了系统的植物工厂训练。基于光配方的植物LED光源产品推广到美国、日本、欧洲等，植物工厂成套产品已推广到新加坡等。

植物工厂虽然拥有众多优势，但在实际发展过程中也面临着一些“瓶颈”。杨其长说，植物工厂普及和推广的核心是工业产品化，从目前看，植物工厂标准化、模块化装备的研发方面还有待提高。从研发力量上来看，目前参与研究的主要是科研单位、高校和中小企业。

“希望未来有中国的大企业能积极参与其中，只有实现植物工厂标准化、规模化生产，才能在国际竞争中有地位。”杨其长说。从经济效益上来看，与露地、大棚相比，植物工厂由于初期建设成本较高、耗能较大等原因，总体上来看单位生产成本还是相对偏高，未来仍需要进一步降低成本。

（《人民日报》，2016-08-26，第20版，《关注》）

养猪是门技术活

城里长大的孩子“吃过猪肉，没见过猪跑”，农村长大的孩子接触现代化养猪场的机会也不多。

现代化的养猪场如何养猪？记者日前到中国农业科学院北京畜牧兽医研究所昌平实验基地猪场养了两天猪，零距离感受现代化养猪的学问。

进猪场有点像进核电站。猪吃的是颗粒型全价饲料，公猪有时候还要喂鸡蛋

7 月 15 日一大早，事先按程序到所里申请办手续、再经过场长批准同意后，我随赵克斌研究员和王立刚博士一起来到位于北京昌平区的中国农业科学院北京畜牧兽医研究所昌平实验基地猪场。这个实验基地猪场有 8 名职工，共饲养 1 500 多头猪，主要任务是协助研究所各课题组及各合作单位完成国家、农业部及地方的养猪科研攻关课题。

进养猪场有点像进核电站。第一道门，保安核对车号后打开伸缩门放行。第二道门，按门铃，进到消毒间，喷淋设备自动打开，喷出雾状消毒剂，给外来人员进行消毒。大约 5 分钟后，我们走出消毒间，来到另一间屋子，洗手洗脸，换上消过毒的工作服，穿上专用雨靴，再经过一个消毒池，然后才进到养猪场。

一股浓烈的味道立马扑鼻而来，我皱了下眉头。场长郑永平笑着说："我们长期在这里工作，对这种味道早已经习惯了。"

"可别小看养猪，这也是一门技术活。母猪每天要吃 5.5 公斤饲料，公猪要吃 3 公斤饲料，什么时候吃，吃多少，都要随时记录。小猪仔出生，还要及时称量体重并记录在案"。郑场长一边说，一边让我从拌料、清理猪舍卫生等简单的工序干起。

印象里，养猪一定少不了猪草和麸子。可是，当我定睛一看，却发现这里用的都是一节一节圆柱状的颗粒饲料。赵克斌介绍说，这是颗粒型全价饲料。所谓全价饲料，就是根据猪的生长需要配制而成的直接可饲喂的饲料，里面含有足量的猪成长所需的全部营养元素。"规模化养猪早就不再是随便给点猪草，或者拌点麸皮那么简单了。"

赵克斌告诉我，由于实验基地不大，所以饲料都是从大型饲料厂购买的。这种饲料都是经过膨化的，做成这种形态猪比较喜欢吃。但是有的猪，比如哺乳期的母猪，更适合吃湿湿的料，所以喂母猪的料一般都放到推车里，用自来水搅拌均匀后再用铁锹放到食槽里。

喂养育肥猪（专门产肉的猪）就比较简单了：把它们直接放到一种半自动化的饲喂装置里，饲料都在一个大桶里，可以在它们想吃的时候从底部缓缓流出，保证 24 小时随时吃。

郑场长说，养猪大致分为 4 个环节，即配种、生产、保育和育肥。

这个养猪场共饲养 7 头公猪，每头公猪平均为 20～30 头母猪配种，公猪不仅食量较大，有时还得给他们喂些鸡蛋，以补充蛋白质。

母猪的妊娠期大致为 114 天，一般提前一周将其赶到专用的产床上待产。一头母猪通常一次可以生产 10～18 头小猪仔。由于母猪都是精挑细选出来的，所以能用来下小猪的母猪一般有 8 对乳头，个别也有 7 对。如果母猪一次生产超过 16 只小猪，就只能把多余的小猪送到别的母猪那里哺乳。

我记得曾在一档电视节目里看到：小猪都是固定在一个乳头上哺乳，当主持人把所有小猪打乱，不一会儿它们又回到原来的位置。

王博士解释说："这是对的。先出生的小猪可以优先选择出奶量大的乳头，也有争抢的情况，生下来比较大的小猪往往能抢到奶水足的乳头。一旦确定，它们就会固定下来。"

小猪出生后 30 天为哺乳期，30 天到 70 天为保育期。70 天到 180 天则为生长育肥期，猪出栏时体重可达 100 公斤。

猪的一大本性是打斗。郑场长说："刚出生的小猪，第一件事是要把它的獠牙剪掉，不然它们打斗时会用獠牙把对方的脸划破，甚至将母猪的乳头划破。平常大家看到的猪没有獠牙，其实都在刚出生时给剪掉了。”

即使没有獠牙，它们也要相互打斗，直到排出强弱顺序，从此干什么都依照这个顺序进行。例如，天气冷了，强壮的睡在中间，其他的只能围在边上。

养猪场的猪只需半年就可以出栏，这是品种科技含量提升的结果

两天下来，我在这个养猪场看到许多有趣的现象。

比如，每头猪的耳朵上都有形状各异的缺口。王博士告诉我，这是一种标记方法。因为这个养猪场饲养的都是纯种猪，所以通常都按照种猪场标准管理。“一般左耳朵上的缺口表示个体号，右耳朵上的缺口则表示窝号，表明它是哪一窝出生的。这样就能很清楚地知道这头猪的父母分别是谁，以利于科学研究。也可以说，猪耳朵上的缺口标记着它们的遗传密码。”

在饲养过程中，我发现，尽管养猪场地方不大，但每头猪在哪里吃，在哪里睡，在哪里拉，都会有固定的地方。

王博士说，猪其实很爱干净，甚至超过人们认为最爱干净的猫。但是由于猪皮肤上的汗腺退化得很厉害，不能大量排汗，所以猪很怕热。在规模化猪场，夏天有湿帘降温，有的甚至还有温控系统，所以猪能保持良好的卫生。但农村往往不具备条件，猪只好在池塘或其他脏水坑里打滚，而且会乱吃东西，这些都给人留下“脏”的印象。

“猪其实也很聪明，可能是已知家养动物中最聪明的。猪不仅学东西特别快，有时候还会要些‘小伎俩’。”王博士说，多项研究都表明，猪的智商可能能达到黑猩猩的级别。但是，因为猪的视力很差，加上头颈部的构造不灵活，猪看起来就会显得比较笨。

针对社会上“猪都是用激素催出来”的说法，赵克斌认为，这是一种误读。“猪出栏快是由品种的特性决定的。过去农村的散养猪都是土猪，本身发育就慢，其营养需要不能得到满足，所以一般需要饲养一年，而如今只需半年就可以出栏，这是品种科技含量提升的结果。”

也有人认为，猪养得时间长，味道比较好。赵克斌认为这是事实：“随着饲养时间延长，各种风味物质越沉积越多，脂肪也越沉积越多，所以吃起来又香又有味儿。但是，正如我们知道的，饲养期长了有一个主要变化是猪的脂肪含量大幅增加，而同时蛋白质含量会大幅降低，因此，虽然半年出栏的猪味道稍差，但蛋白质含量较高，脂肪含量较低，是一种比较健康的肉类。所以，从营养角度看，半年出栏的猪肉还是不错的。”

如何让大白猪的乳头数都能达到 8 对或者以上，也是课题组攻关的一个方向

与普通商品猪场主要生产由大白猪、杜洛克猪、长白猪 3 种猪配出来的“洋三元”猪不同，中国农业科学院昌平基地猪场一直坚持用科研指导生产的原则制定饲养方案。据不完全统计，仅 2011—2015 年，猪场就提供试验猪 1 300 余头，完成各类试验采样 200 余次，为各项科技工作开展提供了有力支撑。

王博士介绍说，培育一个猪的新品种，需要 20~30 年时间。目前，他们主要饲养品种为世界上应用最广的大白猪。虽然大白猪品种应用最广，但并不是特别完美。“大白猪的乳头数个别还有 6 对的，如果它的乳头数都能达到 8 对或者以上，就不会有许多小猪因为抢不到乳头导致营养缺乏而夭折。因此，如何让大白猪的乳头数都能达到 8 对或者以上，也是课题组攻关的一个方向。”

我注意到，虽然现在的品种越来越高产，但是产的小猪并不均匀，有的小猪出生时体重能达到 2 千克，有的却只有 0.5 千克。

“小于 0.8 千克的猪死亡率在 60% 以上。所以，怎么让小猪生的时候更均匀也是一个重要的课题”。王博士说。

昌平猪场从2009年起，花费5年时间构建了一个由3个世代的大白猪和民猪构成的试验群体。直到现在，这个群体还是世界上利用我国地方猪种构建的第二大资源群体。利用这个群体，王博士所在的课题组找到了大批中外猪种特色性状重要基因，开发了肉质、胴体、骨骼等性状相关大规模单核苷酸多态性（SNP）标记，及拷贝数变异（CNV）标记用于猪的育种。以此为主要内容申报的成果已于2015年底通过了中国农学会的科技成果鉴定，成果评价总体水平为“国际先进”。

两天体验下来，我深刻地感受到，以畜牧科技为代表的现代农业科技是一门科技含量很高的学科，再不能用“落后”等词汇来形容了。

（《人民日报》，2016-07-25，第18版，《关注·我在科技一线④》）

创新发展，群星闪耀

国家科学技术进步奖二等奖“小麦的引进、研究与创新利用”

“外援”助推小麦育种

我国将引进、筛选出的1.8万份有一定利用价值的优异资源交国家和地方种质库长期保存，极大地丰富了我国小麦种质资源的数量和类型。

我国是世界第一大小麦消费国，小麦消费量约占我国口粮的40%。推动小麦生产持续发展，对确保口粮安全尤为重要。中国农业科学院联合四川省农业科学院、新疆维吾尔自治区农业科学院等10多个省级科研单位，采取国内协作与国际合作相结合、引进创新与自主创新相结合的策略，从20世纪80年代至今，系统开展了国际玉米小麦改良中心（以下简称中心）的小麦引进、研究与创新利用的科研项目，该成果获得了2015年国家科学技术进步奖二等奖。

据项目课题负责人介绍，该项目有点像国内球队引进高水平外援来提高比赛水平和成绩的做法。进入21世纪以来，国内小麦生产面临着越来越严峻的挑战，如气候变化、病害日益加剧，等等。在保证较高产量以增加农民收入同时，更要提高小麦品质，满足百姓日益增长的口味需求。此外，还要降低水肥等投入，在提高产业竞争力的同时还要保护好环境。要实现这些目标绝非易事，除自主创新外，也要借鉴国际普遍的有效做法：引进和利用国际先进农业技术。在农业部等部委的长期支持下，针对我国小麦育种可用亲本资源短缺和品种对白粉病与条锈病的抗性频繁丧失两大关键问题，课题组将目光投向了国际玉米小麦改良中心。

位于墨西哥的国际玉米小麦改良中心是国际农业研究磋商组织下属的15个国际农业研究中心之一，是非营利性的国际农业研究和培训机构。它成立于20世纪60年代初，以培育高产抗病广适小麦新品种闻名于世，用其亲本培育的品种占发展中国家小麦面积的70%，在印度、巴基斯坦、土耳其及澳大利亚等国广为利用，被誉为绿色革命的发源地。

我国和国际玉米小麦改良中心的合作始于20世纪70年代初期。1985年前为起步阶段，以购买商业种子和引进品种为主；1986年至1996年，主要进行小麦合作育种与人员培训；1997年，中心在北京设立了办事处，与国内合作建立5个研究团队，实现了以我为主、合作双赢和共同发展的目标。

双方合作主要体现在三个方面。一是将引进、筛选出的1.8万份有一定利用价值的优异资源交国家和地方种质库长期保存，极大地丰富了我国小麦种质资源的数量和类型；二是从引进品种及国内品种中筛选出兼抗白粉、条锈和叶锈病的成株抗性品种，发现兼抗上述三种病害且效应较大的成株抗性基因位点及其紧密连锁的分子标记，建立了分子标记与常规育种相结合的兼抗型成株抗性育种新方法，育成农艺性状优良的兼抗型育种材料100多份，为培育兼抗型持久抗性新品种提供了遗传基础清晰的亲本、基因、分子标记和成功范例，为解决品种抗病性频繁丧失提供了新思路和可操作的新方法；三是通过引进种质创新利用，累计育成新品种260多个，其中邯6172、济麦19、绵农4号、克丰6号和宁春4号等分别成为黄淮地区、四川、黑龙江和西北春麦区的主栽品种，8个品种获得国家科学技术进步奖。

（《人民日报》，2016-01-18，第20版）

揪出隐藏的致癌物

民以食为天，食以安为先，食品安全的源头在农产品。然而，在五颜六色的农产品里，却隐藏着一类强致癌物——黄曲霉毒素。

为了能很快把黄曲霉毒素从各种农产品中揪出来，确保百姓餐桌安全，中国农业科学院油料作物研究所研究员李培武带领的科研团队，历经10多年攻关，成功研制黄曲霉毒素检测技术体系以及仪器设备，在我国农产品质量安全风险评估领域率先取得重大突破，也使我国跃居本领域研究的国际领先水平。这项成果荣获2015年度国家技术发明奖二等奖。

“黄曲霉毒素”是人类迄今发现的污染农产品毒性最强的一类真菌毒素，包括B族、G族和M族，例如B族的B_1毒性是氰化钾的10倍，砒霜的68倍，致癌力是六六六的1万倍，为Ⅰ类致癌物，引发全球肝癌的比例高达28.2%。

据介绍，植物性农产品中的黄曲霉毒素主要是B_1和G_1，在动物体内转化为肉蛋奶中的 M_1，污染食物链。国际贸易中引发的预警通报比例高达28.6%，每年导致的损失高达2 800多万吨，直接经济损失超过600亿元，并危及粮食安全、食品安全和人民群众生命安全。

因为黄曲霉毒素是自然发生的，农作物要经过种收储运等诸多环节，难以彻底消除其污染。同时，“黄曲霉毒素”善于伪装，让人难于找到，成为长期难以攻克的世界性难题。因此及时检测发现污染物，防止其进入食物链，就成为当务之急。

寻找“黄曲霉毒素”遇到三大瓶颈，一是毒性大免疫原性差，二是抗体创制盲目，三是探针信号弱、假阳性率高。

20世纪六七十年代，国外建立了薄层法和液相法，90年代建立了酶标法和亲和法，但这些仍不能满足高灵敏检测需求。

从1999年起，在国家“863计划”和国家农产品质量安全风险评估重大专项等课题支持下，李培武率领科研团队，从创新杂交瘤筛选法入手，最终创建了高灵敏检测技术体系，研制出17种试剂盒和3种检测仪器，破解了检测灵敏度低、假阳性率高等一系列难题。该技术体系适合于大米、玉米、花生、食用油、生鲜奶及婴幼儿米粉等农产品和食品从农田到餐桌的高灵敏检测，实现了由抗体源头创新到检测技术和终端产品的全程创新。

让人振奋的是，李培武团队研制的检测技术，灵敏度超过国际最高水平的10倍以上，特异性也超过世界纪录，检测时间由过去的30分钟缩短到6分钟。

目前，该技术体系共获得授权发明专利33项，其中美国发明专利2项、韩国1项；发表研究论文91篇，出版专著2部，牵头制定农业行业标准10项。

该技术体系还引起国际上的重视，有关国际机构正在将该技术向亚非推广。截至2014年11月，国际基因库中“黄曲霉毒素”抗体基因资源 77.8%来自本项目。李培武团队还向国内 35 家、国外 17 家科研院所提供了有关研究材料。

“我们的检测方法和产品，不仅要考虑效果，还要考虑推广应用的成本。同时还要求我们的技术产品能适合不同农产品、不同环节筛查，尽可能地保障农产品和食品安全。”李培武介绍说，目前已经建成投产生产线 5 条，年产检测仪器 900 台，试剂盒产能 300 万套，部分产品销往美、印等国家和地区。

该项技术还在中央储备粮库、光明乳业、正大饲料等 900 多家单位示范推广应用，覆盖了种植、养殖、收获、储运、加工等全过程。此外，累计举办专题培训 260 多场，10 500 多人次接受培训，使这些单位的检测能力提升 40%，成本降低 75%，污染损失减少 13%，大大降低了“黄曲霉毒素”进入食物链的风险，有效保护了百姓的健康。

（《人民日报》，2016-01-15，第 19 版）

变以往的“单打独斗”为“联合作战”

打破所与所之间的“门禁”，整合集成全院各研究所的技术、人才、平台等资源条件，构建综合技术生产模式

李清双最近很开心：自己承包的 1 000 亩土地，在去年亩产 650 公斤的高产基础上，今年又创下亩产 868 公斤的历史纪录。其中，10 亩高产攻关田亩产达到 1 056 公斤！

李清双是山东德州市武城县武城镇东小屯村的种植大户。一样的土壤，同样的光照，为何他的承包地能如此高产？

原来，李清双和其他种植大户的连片万亩承包地被中国农业科学院相中，成为中国农业科学院“玉米增产增效综合技术集成生产模式示范田”。中国农业科学院作物科学研究所研究员黄长玲联合院里的其他研究所，以及山东省农业科学院、德州市农业科学研究院，用自己培育的玉米新品种“中单909”一起开展高产试验。

秋收时节，前来参加现场会的专家们纷纷登上架在田间的梯子，俯瞰丰收在望的万亩示范田。玉米亩产超过1吨！实际测产的结果让专家们异常兴奋。

“之所以能实现亩产吨粮，得益于中国农业科学院实施的农业增产增效综合技术集成生产模式研究计划。”黄长玲告诉记者，“过去搞科研，大多是课题组单枪匹马作战，就好比突击排出击，战绩也会不错，但只是小胜，无法展开大战役。这次这么多人共同参与增产增效综合技术集成生产模式研究，就如同把许多突击排组成大兵团，大家各显神通、联合作战，战斗力强了很多!”

他说：“我们课题组的玉米育种是强项，但在栽培、施肥、病虫害防治等方面却是短板。如今，由院党组出面，打破所与所、研究室与研究室、课题组与课题组之间的界限，把全院各个研究所最强的力量调集到万亩示范田，产生了1+1>2的效果，高产是必然的。”

“虽然院里实行院所两级法人管理，但科研实行的是课题组制，课题组制的优势是解决某一个科技创新问题，但‘专而不博’。要服务国家战略需求、解决产业发展问题，就需要从院一级进行顶层设计，将各个课题组乃至各个研究所的最新技术成果进行集成创新。”中国农业科学院党组书记陈萌山告诉记者，为配合农业部开展的“粮食高产创建及增产模式攻关提升年”活动，中国农业科学院于2013年启动实施了农业增产增效综合技术集成生产模式研究计划，大胆改革创新，打破原有科研机制，整合集成全院各研究所的成果、技术、人才、平台等资源条件，构建一系列成熟配套的综合技术生产模式，进行示范推广。

中国农业科学院与全国农业科研、推广单位大联合、大协作，把各自的“秘密武器”组装配套

陈萌山认为，那种依靠单一技术实现单产提高的模式很难持续发展，必须敞开院门，与全国农业科研、推广单位大联合、大协作，进行技术集成、协同攻关。

为此，中国农业科学院的植物保护研究所、作物科学研究所、农业资源与农业区划研究所、农业部南京农业机械化研究所等多家兄弟研究所，与中国水稻研究所一起，围绕水稻高产目标，良种加良法，组装配套，开展协同创新。

在江西珠湖农场千亩示范田里，中国水稻研究所拿出了两个早熟杂交籼稻新品种“广两优 7203”“广两优 7217”和中晚熟品种“内 2 优 111”（也称“国稻 8 号”），中国农业科学院的相关研究所也拿出了各自的“秘密武器”，分不同地块配套使用。

在珠湖农场的示范田中，中国农业科学院植物保护研究所博士李涛告诉记者，他们用上了最新研制的植物免疫诱抗剂“阿泰灵”，水稻的有效分蘖数和叶片叶绿素含量都明显提高，各种病害明显减少。“‘阿泰灵’通过激活植物的免疫系统，调节植物的新陈代谢，相当于给水稻注射了‘植物疫苗’，植物对病虫害的抵抗力大大增强。”

示范田种植的水稻还用上了高效多元植物生长调节剂——“粒粒饱”。中国水稻研究所研究员陶龙兴介绍，“粒粒饱”可以有效延缓根系衰老，优化穗、粒、重的关系，提高水稻结实率和千粒重，进而提高水稻产量。“‘粒粒饱’使用简单，水稻亩产能提高 5%～8%。”

农业部南京农业机械化研究所提供了激光耕整地技术和宽幅远程喷雾技术、超低空无人机喷雾技术等。该所研究员张文毅介绍，这些都是适合于统防统治的田间管理技术，而且成本较低，可让农民既增产又增效。

中国水稻研究所所长程式华为记者算了一笔账：目前全国晚稻平均亩产是390公斤，中稻平均亩产是490公斤，如果将江西珠湖农场示范的新品种和新技术进行推广，保守估计亩增产50公斤；若覆盖长江中下游中、晚稻产区60%的面积，即1亿亩，那么每年将增加100亿斤粮食。

在良种良法之外，再配上生产全程机械化，让农民兄弟增产又增效

城市化进程加快，大量青壮年农民进城，粮棉油生产全程机械化的需求迫切。为此，农业部南京农业机械化研究所四处出击，与相关研究单位联合研制、推广生产急需的各类农业机械。

中国农业科学院油料作物研究所联合全国油菜科研优势单位，集成融合了品种、机械装备、植保、土壤肥料、栽培等5大领域的9项关键技术，建立了油菜全程机械化高效生产模式，示范区的农民基本不用下田，实现了轻松种田。

国家油菜产业体系首席科学家、中国农业科学院油料作物研究所所长王汉中告诉记者，采用全程机械化高效生产模式后，菜籽实际亩产可达210公斤，其收购价格可比一般品种高10%以上，每亩种植收入1 155元。扣除机械、种子、农药、肥料等物化成本425元、人工投入60元，每亩纯收益670元左右，农民高兴得不得了。

此外，农业部南京农业机械化研究所联合棉花研究所研制的采棉机，连续两年试验成功，有效解决了人工采棉的效率低、成本高问题，为我国棉花生产注入了新活力。“使用采棉机之后，高产的同时还实现了高效，农民自然很喜欢。这种高产高效的现代化种植模式，今后可以逐步向集约化、自动化、全程机械化方向发展，而且可复制，具有强大的生命力。”棉花研究所所长李付广认为。

陈萌山表示，下一步中国农业科学院要在农业增产增效综合技术集成生产模式的基础上，进一步推广粮棉油生产全程机械化，让农民在高产的同时获得相应的高收入。

（《人民日报》，2014-11-03，第20版，《关注·新机制催生新活力》）

中棉所创新撑起棉花“国家队”

小麦喜获丰收，绿油油的棉田里又传来好消息：棉花科技也牢牢掌握在我们自己手中。其中超过1/4的棉花是中国农业科学院棉花研究所（以下简称中棉所）培育的品种，高峰时全国竟有一半是中棉所的品种。中棉所为我国棉花单产位于世界领先水平作出巨大贡献，在农业科技创新的道路上树起新的丰碑，无愧“国家队”的光荣称号。

创业创新并举，新品种创造多个第一

“艰苦奋斗、甘于奉献、勤于实践、勇于创新”，走进河南省安阳市黄河大道上的中国农业科学院棉花研究所大门，对面的产业楼上，镌刻着这几个醒目的大字。

这就是我们的“中棉所精神”。我国棉花界目前唯一的院士、棉花研究所原所长喻树迅研究员说，中棉所57年的历史，既是一部创业史，更是一部创新史。

论创业，中棉所虽不像红旗渠那样惊心动魄，却依然可歌可泣：新中国成立初期，棉花紧缺，农业部批准成立中棉所，时任农业部副部长的杨显东带队考察选址。“1957年我从北京农业大学毕业后，就成了棉花研究所第一批科研人员，研究棉花待在北京怎么能行？必须到农村去，到产区去，到棉花生产最需要的地方去。”80多岁高龄的蒋国柱研究员是当年考察组最年轻的成员，但回忆起当年的情形，蒋国柱老人仍然抑制不住内心的激动。

中棉所位于离安阳市区20多公里的白璧镇大寒村，当时不通车，步行要走3个多小时。副所长侯志勇回忆说，有一次骑着自行车去安阳市开会，回来的时候下雨了，满是泥泞的路自行车也骑不动了，只好扛着自行车走了好几个小时。

论创新，中棉所56年来累计培育“中棉所”系列品种90多个，获得省部级以上成果奖励66项，其中国家级奖励22项，包括一等奖4项、二等奖11项。据统计，仅在1990年至2010年，“中棉所”系列品种就累计推广3.57亿亩，占同期全国棉花种植总面积的26%，在粮棉油主要农作物中，同一单位品种在全国范围如此长期、大面积推广种植，绝无仅有。

还是让我们看看中棉所闻名全国的几个第一吧：“中棉所10”——我国第一个早熟棉花新品种，改变了黄淮棉区的棉花种植制度，为实现粮棉双增产作出巨大贡献。“中棉所12”——我国第一个高产、优质、抗病兼得的棉花新品种，1990年荣获国家技术发明一等奖。是我国自育棉花品种中，推广面积最大、种植时间最长、适应性最广、经济效益和社会效益最突出的品种。“中棉所28”——我国第一个杂交棉种，敲开了人工制种杂交棉在我国生产上利用的大门。“中棉所29”——我国第一个国审转基因抗虫杂交棉新品种，填补了当时我国棉花杂种一代利用的空白。“中棉所41”——我国第一个双价转基因抗虫棉新品种，是我国转基因抗虫棉育种的重大突破。

唱响创新主旋律，占领科技制高点

作为唯一的国家级棉花专业科研机构，中棉所面向国家战略需求，面向世界科技前沿，坚持自主创新、协同创新、机制创新齐头并进，唱响创新主旋律。

2007年12月，由中棉所牵头，自筹经费数千万元与美国农业部南方平原研究中心、华大基因合作，启动了“棉花基因组计划”，在国际上首次开展棉花全基因组测序。2012 年 8 月，中棉所在国际上率先完成二倍体棉花（雷蒙德氏棉）全基因组遗传图谱（草图）的绘制，该成果发表于国际权威学术期刊 *Nature Genetics*。2014 年 5 月，亚洲棉全基因组测序组装已全部完成，研究结果已在 *Nature Genetics* 在线发表，为我国在世界棉花基因组学研究方面占得先机，标志着我国棉花基因组学研究取得了国际领先的地位。

“一根筷子轻轻被折断，十双筷子牢牢抱成团。”面对国外抗虫棉对我国棉花产业的严重冲击，中棉所联合国内多家高等院校、科研机构开展协同攻关。先后承接了上游北京大学、清华大学等 30 余家在基因挖掘和构建方面的优势单位，联合了湖北、新疆等全国 11 个主产省区在遗传转化、新品种培育、新材料创制等应用研究方面的优势单位，通过科研合作、协同攻关，成功培育具有自主知识产权的国产双价转基因抗虫棉“中棉所 41”。“中棉所 41”有力地促进了我国转基因抗虫棉新品种的培育，推动了我国棉种产业的快速发展，成为所校协同创新、联合科技攻关的成功典范。

截至 2012 年，培育“中棉所”系列抗虫棉品种 42 个，累计推广面积超过 1 亿亩，约占国产抗虫棉推广总面积的 1/3，在国产抗虫棉市场占有率从 1999 年 5%上升到 2012 年 98%的过程中发挥了主导和引领作用。

以自主创新引领未来

近年来，由于投入大、比较效益低，长江流域、黄河流域棉区植棉面积持续萎缩，我国棉花产业受到新的挑战。

中棉所的人发现，研究所周边种的棉花越来越少了。当年我们离开北京来到这里，不就是因为这里是棉区、有棉花吗？从喻树迅院士手中接过所长接力棒的李付广经过深思，把发展的目光投向更广阔的领域，一个“东移、西进、北上”的战略调整构想逐渐形成。

东移，在东部滨海盐碱地上种棉花。棉花是唯一既抗旱又耐盐碱的农作物。我国东部沿海地区有着广大的盐碱地，这些耕地不适宜发展粮食生产和经济作物，却适宜种植耐盐碱的棉花品种，这样既能保持我国棉花产业的可持续发展，同时也可以改善当地土壤条件。

西进，在新疆发展规模经营，提高棉花生产现代化程度。2013年8月底，新疆科研中心筹备推进工作组成立。2013年底至2014年初，“中国农业科学研究院棉花研究所石河子研究中心”和“中国农业科学院棉花研究所阿拉尔综合试验站”成立，共同促进棉花产业升级发展。

北上，让内蒙古内陆旱区遍地棉花盛开。内蒙古西部的阿拉善盟具有发展棉花生产的优势和潜力。中棉所在当地的大面积试验种植表明，籽棉产量达到523公斤，经济效益是玉米的2~2.5倍。如果能在当地建成500万亩的棉花产区，就相当于内地可以调减1 000万亩棉田发展粮食生产。

李付广介绍未来我国棉花产业的新布局是：长江流域和黄淮海流域传统棉区渐渐隐去，而在内蒙古阿拉善地区西引新疆，东连滨海，形成一个横贯我国东西的狭长的棉花产业带。这是一个极具创新的庞大构想，如果能够实现，将对我国的耕地利用、粮食安全，以及棉花生产格局产生深远和重大的影响。对于这个战略调整，中棉所的科研人员有着足够的信心。

“中国人能解决自己的吃饭问题，也能解决自己的穿衣问题！”喻树迅院士的回答掷地有声。

（《人民日报》，2014-06-20，第10版）

让农民快乐种棉

种植棉花效益高，是农民增收的重要途径。然而，植棉却是一项费工费时的体力活，从育苗、移栽、防虫到采收，每一个环节都不轻松。随着大批农民进城，农村劳动力短缺，谁来种棉？如何让农民快乐种棉？中国农业科学院棉花研究所栽培研究室主任毛树春研究员看在眼里，急在心上。

毛树春决心先从育苗入手。育苗移栽是我国农业增产增效的绿色环保型实用先进技术，但传统营养钵育苗存在“四费”，即费工、费时、费劳动力、费钱。自 2000 年起，毛树春带领团队着手研究替代营养钵技术，发明了棉花轻简化和工厂化育苗新技术，攻克了裸苗移栽不易成活的难点，实现轻简育苗的高产出。单位面积成苗五六百株/平方米，实现育苗从低密度转向高密度，从繁重转向轻简，少载体裸苗移栽的成活率达到 96.4%。

在此基础上，毛树春研究团队进一步研制育苗、装苗和运输的成套设备，发明棉花工厂化育苗方法，实现了棉花育苗的规模化。团队迄今研制专利产品和技术 12 项，其中发明专利 8 项，通过专利转让，技术产品化、产品商品化，这些新技术得到迅速推广，还被列为农业部主推技术，一改传统栽培研究“两个肩膀一张嘴”的被动局面。

毛树春团队乘胜追击，发明了移栽用圆柱切刀式的板茬打洞施肥一体机。连续研制成功半自动裸苗移栽机和全自动分苗装置，联合研制的裸苗旱地板茬移栽机，实行开沟、放苗、覆土和“安家水”的联合作业，实现了棉花育苗移栽的机械化，成本大幅降低，单苗不足 0.1 元钱，适合工厂化、集约化生产，显著提升科学植棉水平。

与传统营养钵相比，毛树春团队的育苗新技术被生产实践证明具有“三高五省，循环和重复利用”的特点。“三高”，即苗床成苗率高达95%，比营养钵提高20个百分点；成活率高达96.4%，略高于营养钵；效益高，增产6%~20%，增效80~136元/亩。“五省”，即工厂化育苗和机械化移栽省工一半、省种一半、省地一半，育苗省时2~3天。

毛树春团队的轻简育苗移栽法，只用较少的石油化学品，这一绿色生产技术已经在长江和黄淮棉区推广应用。据介绍，江苏射阳原银棉农专业合作社租赁大棚13个，采用这些新技术，2013年以来接受订单育苗1万亩，育苗1 600万株，基地采用连续育苗和周年育苗，土地和苗床的利用率提高3倍多。

为了示范推广轻简化育苗移栽技术，毛树春倡导快乐植棉新理念，坚持“专家多走一公里，农民少走十公里”，培训进村入户，指导到田间地头。5年来，他驱车30多万公里，制作幻灯片500张，到田间地头指导农民500余次。

（《人民日报》，2014-06-13，第20版，《创新故事》）

科研人员能专心搞科研了

让科研人员从到处跑课题，到待在实验室里搞科研

走进北京中关村南大街12号，中国农业科学院的大院里，往日繁忙的景象没有了：主楼前停放的一排排汽车不见了，来回穿梭的人也少多了。岁末年初，本该是科研人员最忙碌的时候，以往，来自京内外30多家研究所的课题主持人几乎都要来一趟，进行各种课题的验收、申报、答辩，等等。今年的中国农业科学院大院何以清静了？

记者来到作物科学研究所的农作物基因资源与基因改良国家重

大科学工程楼，只见身着白大褂的科研人员脚步匆匆，手拿试管，进出各个不同的实验室。实验室里，离心机在飞速运转，仪器上各种颜色的显示灯不停闪烁，电脑屏幕上不停变化出各种曲线。

“中国农业科学院实施创新工程，最大的变化是我们的科研人员不再像以前那样到处跑课题，而是待在实验室里搞科研。因为大部分课题组有了持续稳定的经费支持，这样一来，谁不愿意争分夺秒搞研究、出成果呢？别说一线的科研人员，就是科研管理、科研支撑等科研辅助人员的积极性也调动起来了。”作物科学研究所副所长王述民说，过去很多人不愿意做科研辅助工作，因为科研人员可以发文章、出品种，科研辅助人员却没有渠道体现价值。如今，通过组建创新团队，科研辅助人员也进入创新工程了，得到了认可，动力就足了，干劲更高了，形成了良好的创新氛围。

作为首批进入创新工程试点的团队首席科学家，北京畜牧兽医研究所李奎研究员用“四心”表达了自己对创新工程的深切感受。一是科研工作更加“用心”。二是从事长周期农业科研工作更加“安心”——持续稳定的经费支持缓解了农业科研工作长周期性特点与科技项目短期资助为主之间的矛盾，让科研人员可以安心地开展工作，解决了项目中聘用人员工资、实验动物饲养管理费用不足等经费问题。三是投入科技创新工作更加“全心”——创新工程使科研人员可以全心从事本领域的专注方向，减少在项目申请、中期检查、总结及各类会议上所花费的时间，可以将更多时间和精力用来去思考如何做出原创性的重大成果。四是科研课题管理更加“省心”——创新工程经费预算可以根据自己的科研活动实际情况进行申报，使经费的支出更符合科研活动的实际需要。

农业部副部长、中国农业科学院院长李家洋院士表示，中国农业科学院科技创新工程去年正式启动实施，这也是继中国科学院和中国社会科学院之后，被财政部作为“国家三大创新工程”之一予以重点支持的又一重大改革实践。希望通过农业科技创新工程，改革探索科研新体制、管理新机制，回答产业对农业科研的重大需求，支撑传统农业向现代农业转变。

明确方向，稳定支持，为出大成果创造良好环境

“大科研，小作坊”，曾是中国科技界面临的一个普遍问题，农业科技也不例外。拥有 32 个直属研究所的中国农业科学院，看似门类齐全，但梳理下来发现：研究方向上重复立项、学科群间分布不均衡。以 2012 年为例，作物、畜牧、兽医、资源与环境四大方向，占了全院科研经费的 70%。而就经费的来源而言，各研究所的科研经费渠道平均多达 21 个。

中国农业科学院党组书记陈萌山认为，之所以会造成这种现状，根源在于“科技体制机制不健全，缺乏顶层设计”，直接导致各课题组各自为政，缺乏集体作战。

李家洋表示：“‘十连增’后，保障国家粮食安全的难度越来越大，新的历史时期，我国农业科技创新的任务更加艰巨。中国农业科学院实施科技创新工程，必须紧紧围绕农业科研国家队的使命，从‘顶天’‘立地’两个层面，把握新时期农业科技创新的方向和重点，提升农业科技的支撑和引领能力。”

为此，中国农业科学院进行了一系列体制机制方面的改革。

一是面向国家农业产业重大需求和国际发展前沿，顶层设计了以“学科集群—学科领域—研究方向”为基本架构的三级学科体系。全院共设立了八大学科集群，130 个左右学科领域，300 个左右研究方向，解决了研究所发展目标模糊、科研方向混乱、研究力量分散等突出问题，从根本上扭转了中国农业科学院长期以来科技项目、研究方向和科技活动随竞争性、短期性项目摇摆的被动局面。

二是在科学构建学科体系的基础上，按照“整体设计、统筹部署、试点先行、稳步推进”“发展好的多支持、发展快的早支持”的原则，先后分两批遴选了22个研究所193个科研团队开展创新工程试点，重构研究团队，形成了崭新的研究力量。

三是探索建立开放竞争的新型用人机制。建立一个“开放、竞争、流动”的用人机制、“定岗定酬、绩效激励”的分配机制、以科研能力和创新成果目标为导向的绩效考核机制，最充分地调动广大科技人员的积极性和创造性。

“改革总是困难的。”创新工程工作组组长、中国农业科学院副院长唐华俊举例说，哈尔滨兽医研究所基于原有的52个课题组凝合成13个科研团队，农业资源与农业区划研究所由原先的45个课题组整合成12个团队，但“就地卧倒，是为了重新起立”。

“稳定支持是为了营造让科研人员安心、全心做科研的环境，而竞争性课题外加创新工程的绩效激励、末位淘汰机制，可避免在团队内部形成新的‘大锅饭’。”唐华俊告诉记者，按照60%的经费比例给予长期稳定支持，其余40%经费则通过竞争性项目获取，可以解决以往科研学术浮躁、短期行为突出、难以出重大成果和重大突破等问题。

实行新型的学科体系，让科研活力迸发

中国农业科学院实施科技创新工程一年，“顶天立地”的目标已经初步显现。

在“顶天”方面，全院全年共获得各类科技成果218项，以第一完成单位获得国家奖的科技成果6项，首次实现自2000年以来国家自然科学奖、国家技术发明奖、国家科学技术进步奖三大奖项全覆盖。在*Nature*、*Science*等国际顶级核心刊物发表论文20余篇，是历年来发表论文数量最多的年份。

“立地”方面，获得审定农作物品种75个、植物新品种权5件；获专利783项，获新兽药、农药、肥料登记证10项。全年共推广农作物及畜禽新品种190个、新技术228项、新产品93个，推广作物总面积5.28亿亩、畜禽1.8亿头（只）。

新型的学科体系，让基层研究所初步尝到了“甜头”。农产品加工研究所的生存发展，以前一直是院里的“头疼事”。

农产品加工研究所所长戴小枫介绍说，实施创新工程后，所里组建了粮油加工、肉品加工、加工有害生物防控等8个创新团队，探索建立了“服务产业、科研创新、成果培育、人才培养”“四位一体”的科技创新范式。告别了以往“给啥做啥”的“小木匠式”工作模式，“肉品加工团队”一年申请的专利数达80多项，数量是过去10年的总和。

棉花抗逆遗传改良创新团队的首席科学家李付广表示，科技创新工程广阔的科研新视界，打开了一片新的科研世界，带来了新灵感，让我们在基础研究与产业应用上找到了平衡点。

陈萌山表示，中国农业科学院力争通过5~10年的努力，培强一批优势学科，培优一批传统与特色学科，培植一批新兴学科，实现“学科最全、国际一流”和“顶天立地、跨越发展”的现代农业科研院所发展目标。

（《人民日报》，2014-02-10，第20版，《关注》）

我国确认544种外来入侵生物

在正在召开的第二届国际生物入侵大会上，科技部“973计划”生物入侵项目首席科学家万方浩对记者表示，目前入侵我国的外来生物种类很多，已经确认的有544种，其中大面积发生、危害严重的达100多种。我国是遭受生物入侵最严重的国家之一。

近十年新增入侵物种近 50 种，20 余种危险性入侵物种大面积暴发成灾

万方浩指出，生物入侵概念需要明确。一般而言，一国主动引进加以培养、种植养殖，以便丰富国人餐桌或用于保护生态、美化环境等，不归类为生物入侵；“不是本国主动引进，对本土农业、生态环境和人畜健康产生不利影响，才能称为生物入侵”。

据悉，在国际自然保护联盟公布的全球 100 种最具威胁的外来物种中，入侵中国的就有 50 余种。

万方浩说，近 10 年来，我国相继发现了西花蓟马、Q 型烟粉虱、三叶草斑潜蝇等 20 余种世界危险性与暴发性物种的入侵，平均每年增加 1 至 2 种。此外，近年来，我国潜在入侵物种截获频次急剧增加，危险性外来物种频临国门。

西南大学副校长周常勇认为，生物入侵给我国的农业生产、国际贸易、生态系统甚至人畜健康造成了严重影响。

据周常勇介绍，我国入侵生物种类多，生物入侵涉及面广。全国 34 个省（区、市）均有入侵生物发生和危害，涉及农田、森林、水域、湿地、草地、岛屿、城市居民区等几乎所有的生态系统，其中农业生态系统最为严重。

外来物种的来源广、途径多，我国多样化的地理气候条件，也为这些源于不同地区物种的生存提供了便利。20 世纪 80 年代以来，外来物种在我国呈现出更快的增长趋势，近 10 年新增入侵物种近 50 种，20 余种危险性入侵物种接连在我国大面积暴发成灾。这些入侵物种已导致严重的经济损失与生态灾难。

入侵生物危害严重，给农林业生产构成了巨大的威胁。据初步估计，松材线虫等 13 种主要农林入侵物种每年对我国造成 574 亿元的直接经济损失。同时，还造成生态环境的严重破坏，导致生态退化和生物多样性丧失，引起土著种尤其是珍稀濒危物种的消失和灭绝。2000 年，外来有害生物对湿地和森林生态系统造成的间接经济损失分别达 693.4 亿元和 154.4 亿元。

危险性外来物种还严重影响国际贸易，给农产品进出口贸易带来巨大的经济损失。有些外来入侵物种如豚草、红火蚁等还影响人畜健康与社会安定，近年来，国际上已将生物入侵上升到“农业生物恐怖”的高度。

出境旅游尽量不要带回水果、土壤等易造成生物入侵的物品

据介绍，生物入侵的主要途径有两种，一是自然入侵，即入侵物种随着气候变化，跟着风、水流、动物迁徙等侵入；二是人为活动，如贸易、旅游等出入境活动带入。“人为活动是生物入侵的主要途径。”万方浩强调。

万方浩表示，我国急需加强对外来物种入侵的预防与控制工作。全球联防联控是有效阻止外来物种入侵，保障经济、生态安全和社会稳定的根本途径。

据介绍，我国的生物入侵研究有了蓬勃发展，除基础理论研究外，还启动了一系列专注于外来入侵防控技术创新的专项研究，并在数据库建设、检测监测、预警体系构建、扩散阻断、区域联防联控和持续治理等方面开展了研究和建设。目前，以生物防治为核心的外来有害生物持续治理技术体系已在生产中发挥了很好的控制作用。

专家建议，还应进一步发展多学科融合的研究方法，必须增强国家各相关部门的合作与努力，升级责任机制，使之与国际贸易规则和国际惯例相匹配，以期为中国在有关问题上的国际谈判奠定更好的基础。

阻止生物入侵，还应该做些什么？

专家指出，首先应加强科普，让公众知道哪些是外来生物入侵，这样公众一旦发现疫情，可以迅速上报，并配合防控工作。其次，近年来，国人旅游目的地越来越广泛，直接携带生物入境的国际会议如各种博览会等也明显增多，人员入境时有意无意传播入侵物种的可能性大大增加，给生物入侵的防范提出了更高的要求。

专家提醒，游客应积极配合海关等检疫部门的工作，到国外旅游时尽量避免去疫区，尽量不要带水果、土壤等易于造成生物入侵的物品。

（《人民日报》，2013-10-25，第9版，《热点解读》）

走近机采棉

2013年10月19日上午，河南省安阳市白壁镇，中国农业科学院棉花研究所千亩试验田里，随着机器的轰鸣声，像小麦收割机一样的棉花收获机开进棉田，雪白的棉花瞬间从棉秆上卷进机器。机器来回在地里奔腾，不一会儿，一亩地的棉花被收完了。前来参观的人和当地棉农看后连连称赞："看来棉花以后还得靠机器收获了!"

"机器收获是棉花生产发展的必然趋势"，中国农业科学院棉花研究所所长李付广指着正在收获的机器说，这是农业部南京农业机械化研究所研制的国产采棉机，每小时可以收获7~11亩，采净率达到93%，每台价格30多万元，仅为进口机型价格的1/10。这种自走指杆式采棉机是一种新型棉花采收机械，可适应不同的棉花种植模式，结构简单、性能优越，满足了我国广大棉区轻简型棉花收获的需求，在新疆、河南、山东、河北以及南方棉区具有广阔的应用前景。

机器采收的棉花很快被运回到不远处的加工厂，经过去杂工艺，送进轧花车间，轧花打包。

李付广掰着手指头说，现阶段棉花生产用工每亩20个左右，人工费高达每亩 1 000 元以上，占生产成本的一半以上。其中采摘用工占主要部分，长江、黄河流域棉区籽棉人工采收费用每亩达 400~500 元，以新疆为主的西北内陆棉区，人工采收的费用更是高达每亩 660~ 1 300 元，占劳动力用工成本的 80%，人工成本和植棉效益的平衡点已经被打破，唯有发展机采棉，大幅度降低人工投入，方能提升我国棉花种植行业的竞争力。

中国工程院院士喻树迅研究员说，全世界大约 30% 的棉花是机采的。我国棉花机器采收起步晚，大型收获机主要依靠进口，已经成为制约整个棉花生产机械化水平的瓶颈，大力推进机械化植棉是我国棉花发展的出路。

（《人民日报》，2013-10-20，第 1 版，《走基层 · 一线见闻》）

1+8 推动生物种业快速发展

“中国农业科学院作为国家农业科研的排头兵，当然要在发展种业方面带个好头。”

中国农业科学院作物科学研究所所长万建民介绍说，2012 年，在农业部种子管理局等部门的指导和大力支持下，中国农业科学院作物科学研究所与北京德农种业有限公司等 8 家企业共同成立“中玉科企联合种业技术公司”，通过协同创建种质资源鉴定与创新平台、生物技术育种研发与应用平台、品种联合测试平台，共担投入、共享成果，共同推进种业技术创新。

据了解，通过科企合作率先建立了“玉米种质资源研究与创新技术平台”，促进相关企业种质资源引进和基础材料创新。与此同时，通过培训会、工作落实会、田间展示会、电话会、人员互动和电子邮件沟通等形式与措施，积极推进科企合作，在东北区、华北区、黄淮海区5个地点种植优良自交系、新材料、优异种质资源150份，联合评价种质资源和育种材料。通过田间展示和纸质材料向各企业介绍材料，供企业选择优异资源，协同推进了种子企业育种创新能力。

玉米品种联合测试是评价新品种特征特性的关键措施。2012年，联合测试体系建设联合试验点160个，其中黄淮海夏玉米区60个、东华北春玉米区60个、东北早熟玉米区20个和东北中早熟玉米区20个，基本覆盖了我国东华北和黄淮海主要玉米种植区。

联合测试组制定了科学的试验方案，实施详细的试验设计、病虫害检测与田间操作调查记载方案。各承担单位按照方案统一标准严格收获测产，综合田间考察、病虫害鉴定和测产结果，确定晋级品种。玉米品种联合测试体系通过合理试点布局、严格试验设计、高标准操作规范，开展规模化的品种联合测试，为筛选优良新品种提供了基础。

2012年，通过组织规模化玉米分子标记育种培训，促进了“8+1”企业对现代生物育种技术的认识。针对东华北春玉米区和黄淮海夏玉米区育种需求，重点开发了抗玉米丝黑穗病、灰斑病、矮花叶病和粗缩病基因的分子标记及检测技术。

万建民表示，下一步将针对种子企业育种需求，联合申报安全评价试验，联合开展抗虫玉米种质创新与育种工作，推进种子企业育种创新能力。

（《人民日报》，2013-03-25，第20版，
《关注·创新机制体制　建设种业强国》）

南繁基地育种忙

临近年关，海南三亚凤凰机场，一批批游客急切地搭乘航班回家。而中国农业科学院棉花研究所（以下简称中棉所）副研究员刘方，却从河南安阳匆匆赶来，前往60公里外的崖城棉花南繁基地。

“候鸟”育种专家

刘方来南繁基地是为了继续“未完成”的工作——育种棉花。

作为重要的经济作物和战略物资，棉花很“娇气”：气温低于16摄氏度，它就停止生长。如果“顺其自然”，至少需要8年时间才有可能培育一个新的品种，无法满足生产需求。

于是，科学家们找到了“南繁”这个办法，每年冬季到气温在20摄氏度以上的三亚育种。这样就能把育种时间缩短一半，做到“一年两种”，最快4年可以培育一个新品种。

从事南繁工作的科技人员像候鸟一样南北来回迁飞，被称为“候鸟”育种家。

到达基地后，刘方换上短袖衫，戴上遮阳帽，和附近的菜农一样，立马到试验地里“干活”。

和刘方一样，今年将在南繁基地过节的还有史俊芳、王巧莲实验员，刘雪英技师和硕士研究生宋云。研究工作像往常一样，不能停顿。

中棉所南繁基地主任张西岭介绍，从1983年至今，南繁基地已建成崖城、大茅和荔枝沟3处实验基地，面积分别为85亩、500亩和38亩。2009年，南繁基地开始建设海南综合实验基地，基地已经拥有各类仪器设备305台套；除了棉花，还可以进行水稻、玉米、大豆、番茄等10多个作物的南繁实验任务。

抓紧一切时间完成实验

2月2日，星期六。早上8:30。

记者赶到三亚市郊的荔枝沟实验基地时，刘雪英技师和宋云正忙着做实验。

“南繁基地育种课题组的专家们来得多，棉花病害课题组一般很少来。但今年北方气温低，必须到南繁基地来进行，我们现在要抓紧一切时间完成实验。”刘雪英说。

在大茅基地，新建成的4个温室大棚一字儿排开。为什么这么高的温度还用温室？南繁基地办公室主任王业锋告诉记者，温室一是可以保护棉花幼苗不受台风危害，二是可以实现一年种三代棉花的目标，为棉农提供更多更好的品种。

“棉花研究所南繁基地面积不大、作用大。除建所初期的几个品种外，我国大部分主力棉花品种都是在南繁基地培育成功的，其中‘中棉所12’获得国家技术发明奖一等奖，‘中棉所16’‘中棉所19’获得国家科学技术进步奖一等奖，喻树迅院士的许多棉花品种也是在这里进行南繁的。”中棉所新任所长李付广说，除夕夜他也将来基地。

站在科研楼前，王业锋很感慨：“人手少，任务重，要完成这样的建设任务，难度、压力都很大。”他坦言，每天忙到深夜，自己躺在床上却无法入睡，需要仔细考虑每一个细节。早早起床后，他要把一天的安排逐一记录在本子上。没有电工，灯泡憋了，他搬梯子上去换；厕所堵了，他也得去清理。

“棉花不仅与我们的生活息息相关，更事关2 000多万纺织工人的就业问题，和我国纺织品国际竞争力的提升。南繁基地的科研人员和管理人员长期坚守第一线，甘做无名英雄，值得肯定。”李付广说。

（《人民日报》，2013-02-08，第20版，《关注》）

创新助推“领跑”

国家科学技术进步奖一等奖“小麦条锈病治理”——降服锈病保增收

“小麦条锈病有多厉害？这么说吧，如果不加以防治，百姓餐桌上平均每两碗面条就有一碗被它夺走！”

“小麦条锈病菌源基地综合治理技术体系的构建与应用”项目获得2012年国家科学技术进步奖一等奖，项目主持人、中国农业科学院植物保护研究所副所长陈万权研究员深知小麦条锈病的危害。

去过麦田的人可能都会看到：小麦的叶片和穗子上，布满了像铁锈一样的东西，这就是小麦条锈病的症状。其实，小麦条锈病的病原菌——夏孢子，直径才20微米，用肉眼看不到，正是如此微小的一种病原菌，在大流行年份可以造成小麦40%以上的产量损失，甚至绝收。

锈病孢子虽小，但能量不小。它能随气流在高空进行长达上千公里的远距离传播，让人们防不胜防，因而成为一道无解的国际难题。锈病孢子虽小，但它聪明绝顶。它只在活的小麦上寄生，像候鸟迁飞一样在不同麦区迁移，循环往复，危害小麦。如果遇到小麦的抵抗，它还会产生高致病性的后代。

1991年起，中国农业科学院植物保护研究所牵头，组织西北农林科技大学、中国农业大学、农业部全国农业技术推广服务中心以及地方等20多家科研和推广机构的上百名科技人员，开展小麦条锈病研究和防治全国大协作。

然而，锈病孢子轻易不愿服输：它不断变异，产生高致病性的类型，而且变异速度超过科学家的品种选育速度。培育一个抗病品种往往需要8~10年时间，而锈病的变异只要3~5年时间。

面对严峻的挑战，陈万权带领协作组，在前人的基础上不断创新，通过长期不懈的努力，找到了小麦条锈病的“老巢”，发现中国小麦条锈病存在秋季菌源和春季菌源两大菌源基地，查清了菌源基地的精确范围与关键作用，研发成功分子诊断和异地测报技术，建立100多个测报点，预测预报吻合率高达100%，实现了早期精准预报，为防治提供了可靠的依据。

科学家们直捣小麦条锈病“老巢”，压缩这些地区的小麦种植面积。2009年到2012年，在小麦条锈病的发源地压缩近1/3小麦种植面积，大大减少了菌源数量，从源头上减轻了对下游的危害。在小麦主产区，进一步采取药剂拌种、带药侦察、打点保面、春病冬防等技术手段，切断传播途径，大大减轻了危害和损失。

2009年到2012年，累计在全国8省区市推广应用3亿亩次，有效控制了小麦条锈病的暴发流行，每年多挽回小麦损失20亿公斤以上，增收节支120亿元，为国家粮食“九连增”作出了重大贡献。

（《人民日报》，2013-01-25，第20版）

喜看治虫不用药

花生受害率不足2%！这一数字让现场挖土检查害虫情况的专家们惊讶不已。

来自农业部、中国农业科学院、中国农业大学的10多位国内著名植保专家，日前来到河南省辉县市赵固乡大沙窝村花生地下害虫防治示范区，随手抓起刚刨出土的花生仔细研究起来。为什么这里的花生虫害微乎其微？会不会是局部效果突出？专家们随即又让农民朋友在田间进行挖虫测试，按照通行的地下虫挖土试验方法，共采点 5 个，每点 1 米^2，深度 30 厘米，仔细检查害虫，计算结果表明：平均每平方米地下蛴螬存活率仅为 1.21 头。令人称奇的是，如此好的防治效果，竟然是靠一种天意牌太阳能灭虫器取得的。

难道用剧毒农药灌根，采取所有防控措施都没法解决的害虫难题，靠一个小小的太阳能灭虫器就能解决？专家们又驱车 4 公里，赶到赵固乡后田庄村非示范区，现场测试结果令人揪心：尽管这里的花生用了农药，但花生虫蛀率仍高达 45.5%，地下害虫每平方米达 18.5 头，和示范区形成了十分鲜明的对比。

中国农业科学院植物保护研究所研究员、资深植保专家曹雅忠感慨地说："在北京早就听说河南辉县市采用太阳能物理灭虫，没想到防治效果这么好……"

辉县市的农田大部分是砂质土地，非常适合种植花生，花生成了当地农民的"钱袋子"。然而，这些狡猾的金龟子、地老虎等地下害虫，同当地农民打起了"游击战"：它们白天休息，晚上出来搞破坏，把绿油油的花生吃得千疮百孔，花生果受损率高达 45%～50%，有的地块几乎绝收。农民朋友们被迫和这些地下害虫展开斗争，白天赶紧喷施农药，害虫却迅速躲在地下，毫发无损。农民再用农药灌根，虽然灭杀一些害虫，但还是无法彻底根除，过多使用农药，却给食品安全埋下隐患。

2005 年，辉县市主管领导看到了新乡市推广太阳能灭虫 3 万亩的报道：这种太阳能灭虫器白天采用太阳能发电，晚上自动开启诱虫灯灭虫，不用电不用油，没有污染。每台太阳能灭虫器每晚诱杀害虫近千只，其中危害巨大、且历次逃脱农药灭杀的金龟子达 600 余只。

2006 年一开春，辉县市委书记崔学勇找到新乡市科技局，申请开展太阳能灭虫科技行动，当年就拿到了 2 万亩太阳能灭虫计划。

6 月，太阳能灭虫行动在辉县市全面展开。"这玩意儿能逮虫?”一些群众看着太阳能灭虫器悄声议论。第二天，农民们发现每台太阳能灭虫器诱杀金龟子达 600 多只，诱杀棉铃虫、地老虎 200 余只，他们反复数着这些害虫，信服地说：“这玩意儿一不用电，二不用油，一下子能消灭这么多害虫，真神!”

据新乡市植保站统计，辉县市应用太阳能灭虫，每亩增产花生 99.3 公斤，每亩增收 448 元，当年示范区农民增收 896 万元，节省农药 60 多万元、人工费用 120 多万元，而当年的投入仅为 60 万元。

截至 2011 年，辉县市累计实施太阳能灭虫项目达 32 万亩，实现农民增产增收 2 亿多元，节省农药、人工投入 5 000 多万元，而且还打造了辉县绿色花生产业品牌。

专家组经咨询、答疑，结合现场考察结果，确认太阳能灭虫器防治花生田蛴螬、金针虫和蝼蛄的效果分别为 90.2%、50.0%和 56.7%，太阳能灭虫器防治区的花生产量平均每亩比化学防治区增产 17.2%，比对照区增产 65.9%。

太阳能灭虫器发明人尚广强自豪地说：“我们新近又研制开发成功夏季灭虫、冬季照明的一机两用型太阳能灭虫器。目前共获得各种专利 26 项，拥有自主知识产权。农民朋友可以安心使用。”

专家们指出，每台灭虫器可防治 20~50 亩花生田虫害，连片持续使用 2~3 年，即可有效控制花生地下害虫，建议在全国更大范围内推广应用。

（《人民日报》，2011-11-21，第 20 版，《创新故事》）

转基因抗虫棉打破国外垄断

2008—2010 年，我国新型转基因抗虫棉培育和产业化全面推进，新培育36个抗虫棉品种，累计推广1.67亿亩，实现效益160亿元，国产抗虫棉市场份额达到93%，有效控制了棉铃虫危害，彻底打破了国外抗虫棉的垄断地位。这是我国转基因生物新品种培育重大专项取得的成就之一。

转基因生物新品种培育重大专项（简称转基因重大专项），是《国家中长期科学和技术发展规划纲要（2006—2020年）》确定的农业领域唯一的重大专项。按照国务院确定的“加快研究、推进应用、规范管理、科学发展”的指导方针，我国转基因技术研究与应用取得了显著成效：获得一批具有重要应用价值和自主知识产权的基因，培育一批抗病虫、抗逆、优质、高产、高效的重大转基因生物新品种，为我国农业可持续发展提供强有力的科技支撑。

除了新型转基因抗虫棉，在生物育种产业方面，我国转基因抗虫水稻、转植酸酶基因玉米已经获得了生产应用安全证书；新型抗虫、抗除草剂、抗旱转基因作物以及抗病、品质改良转基因动物研究进展加快。

近年来，我国转基因自主创新能力显著提升。克隆基因300多个，完成了80个以上营养品质、抗旱、耐盐碱、耐热、养分高效利用和产量等经济性状基因的功能验证；获得功能明确、具有重要应用价值的功能基因37个，打破了国外基因专利垄断。建立了主要动植物的规模化转基因技术体系，基本满足了规模化转基因育种的需求。

生物安全保障能力显著增强。建立了转基因作物环境、食用安全评价和检测监测技术平台，构建了主要农作物环境和食用安全评价技术体系。研制转基因产品高通量精准检测新技术30余项，制订转基因生物安全评价技术标准6项、检测技术标准18项，开发检测试剂盒25种等，为转基因生物产业发展提供了安全保障。

在转基因生物安全管理方面，国务院早在2001年就发布了

《农业转基因生物安全管理条例》（下称《条例》）。农业部先后制定发布了《农业转基因生物安全评价管理办法》《农业转基因生物进口安全管理办法》《农业转基因生物标识管理办法》《农业转基因生物加工审批办法》；国家质检总局发布了《转基因产品进出境检验检疫管理办法》。《条例》及配套规章共同构成了我国转基因生物安全管理的法规体系。目前转基因生物安全监管工作取得显著成效，促进了生物技术产业健康发展。在安全评价上，始终坚持科学、规范、严格的原则，制定了明确的评价标准，实行农业、卫生、环保等多行业专家联合评价的办法，确保转基因生物的安全性，让广大农民和消费者放心。在执法监管上，大力开展执法普法培训，强化安全意识。在全国开展主要农产品转基因成分监测，加强安全监管检查，严肃查处违法行为。

（《人民日报》，2011-03-23，第2版，
《“十一五”重大科技成就巡礼》）

棉花田里忙育种

新春将至，万家团聚。冰雪南极，浩渺大洋，海南岛，甚至就在家门口，有这样一群科技人员——团圆时刻，他们选择坚守。

这个春节将是张西岭在海南三亚过的第六个春节，北方寒冷冬天的那种年味已经久违。

“我们这里有好多‘南繁人’，春节都是在棉花试验田里过的，去雄授粉、挂牌标花……他们放弃了和家人团聚，也好像忘记了春节似的。”张西岭口中的“南繁人”，就是中国农业科学院棉花研究所海南综合实验基地的科技人员。

“南繁”，是对农作物而言，就是利用南方温暖的气候条件，把

农作物育种材料夏季在北方种植一代，冬季移到南方再种植一代或两代，这样南、北方交替种植，就可以加速世代繁衍，加快品种培育速度。从雪花纷飞的北方追赶太阳，来到海南进行农作物繁殖的农业专家、科研人员也被亲切地称作“南繁人”。

担任中棉所南繁基地主任的张西岭领着我们来到距离三亚市60多公里外崖城镇的中棉所崖城试验基地。我国乃至亚洲唯一的野生棉种植园就在这里，引来世界各国众多品种的野生棉资源在这里安家落户。

穿过形如北方杨树的棉花树“小树林”，看到基地大门上早早贴上的春联，庭院里却寂静无比。眺望远方，棉花试验田里正一片忙碌。

“大年初一那天也是这场景。不信你来看！这是‘南繁人’独有的过年方式。”张西岭说。沿着观察道穿行在试验田里，两边的棉花长势喜人，地里忙碌的人们抬起头打着招呼，有的还“提前拜个年”。

“头上烈日晒，地上湿气蒸。”张西岭说，三亚地处热带，冬天平均气温20摄氏度出头，这几天最高温度也是30摄氏度多。太阳底下站上3分钟，能把人烤出一身大汗。晌午炎热，但也恰好是农作物扬花授粉的最佳时期。但棉花地里，三五成群的育种队员们像勤劳的蜜蜂，继续精心“耕耘”。

驱车赶到大茅基地，这里是中棉所规模最大的南繁基地，位于三亚田独镇大茅黎族聚居区内。穿过充满民族风情的黎族村寨，映入眼帘的依旧是连方成片的棉花试验田，以及棉花地里的“南繁人”。张西岭说，除了棉花，大茅基地还为玉米、大豆、芝麻、麻类等作物提供冬季南繁服务，每年都有来自全国20多个省区市的农业科技人员入驻。“他们也在这里过新年。”

说到大年初一的安排，张西岭说，和前几个春节一样，早上6

点起床去各个棉花基地给大伙拜年，上午9点就会回到荔枝沟基地，那里有他自己的一块棉花南繁技术研究试验田，开始忙活自己的事。

（《人民日报》，2010-02-08，第20版）

给棉铃虫设“陷阱”

抗虫棉怎样治虫？实际上是给棉铃虫挖了一个“陷阱”。中国农业科学院植物保护研究所所长吴孔明博士解释说。

棉铃虫是一种十分凶残的害虫，不仅吃棉花，还吃玉米、大豆、花生等200多种作物。棉铃虫还十分狡猾，它喜欢把卵产在作物营养最丰富的部位，如花、果实的旁边，便于后代生存繁衍。在棉花主产区，5月，棉铃虫把卵产在麦穗上。到6月，棉花现蕾，蛾子就飞到棉花上，这时只有棉花可以给它提供生存条件，没想到这些棉花都有抗虫基因，能源源不断释放“农药”，大批杀死棉铃虫。

在转基因抗虫棉面世之前，人们用苏云金芽孢杆菌制成生物农药，世界上已经使用100多年了。但它杀虫效果差，因为遇到下雨或者光照，它就失去活性。后来，科学家就把它的杀虫基因转入棉花，让棉花里时刻都有能杀死棉铃虫的“农药”。经过几年循环，棉铃虫的数量急剧下降，不仅保护了棉花生产，还保护了其他农作物，对整个农田生态环境的改善大有裨益。

从1996年起，吴孔明博士带领的科研团队，在河北廊坊的科研基地开始了对抗虫棉治虫机理以及对环境安全的长期跟踪研究。数据表明，从1992年到1997年，大田的棉铃虫数量很多，1998年到2003年，棉铃虫数量开始下降，从2003年至今，棉铃虫数量已经非常低，转基因抗虫棉功不可没。

（《人民日报》，2009-06-18，第 14 版）

基因造福人类

翻开世界经济史，不难发现，每一次大的经济危机之后，往往伴随着产业结构的重大调整，孕育着科学技术的革命性突破。这次国际金融危机所带来的世界经济、产业格局的大变化，已经把生命科学推到了世界经济发展的最前沿。

产业前景十分诱人——到 2020 年，在我国规模可达 5 万亿~6 万亿元

1953 年，美国遗传学家沃森和英国物理学家克里克提出了著名的 DNA 双螺旋结构学说，开创了生命科学的新纪元。生命科学获得了前所未有的大发展，新技术新方法不断涌现，人类能够通过控制基因的方法来为自己造福，带动了一个新产业的崛起，世界惊呼："21 世纪将是生物技术的世纪！"

如今，以基因工程为代表的生物技术率先在医药方面取得突破，并同时在医药和农业两大领域形成产业优势。生物技术药物是当前发展最迅速的一类药物，已经成为国际上竞争的焦点。2008 年全球医药工业产值近 8 000 亿美元。

近年来，我国已经成为世界生物技术和产业发展最快的国家之一。与"九五"相比，"十五"期间我国生物技术产业的产值翻了一番，研发经费增加了 4 倍，申请上临床的药物增加了 8 倍，专利申请数量增加了 11 倍，奠定了良好的发展基础。

一般来讲，一个产业的鼎盛期通常是 30 年左右，但与人类健康密切相关的生命科学产业则是长久不衰的。有关专家估算，到

2020年，我国生命科学及其产业规模可达5万亿~6万亿元，占GDP总量的8%~10%，前景十分诱人。

发展速度令人瞠目——以自主知识产权抢占制高点

在“重大新药创制”国家重大科技专项“十一五”计划重点支持下，2009年3月，第三军医大学率先成功研制出世界上第一个口服重组幽门螺旋杆菌疫苗，获得国家发明专利5项，成为具有独立自主知识产权的一类新药，引起轰动。幽门螺旋杆菌是慢性胃炎、胃溃疡及十二指肠溃疡的主要病因，1994年世界卫生组织将其列为一类致癌因子。发展中国家感染率高于50%，我国的感染者超过6亿人，每年胃癌死亡者约为20万人。该疫苗投产后年产值可达10亿元，有望解决胃病预防难的问题，从而产生巨大的经济与社会效益。

基于对生物医药产业的看好，各级地方政府纷纷兴建生物医药产业园区。其中，我国最具盛名的张江“药谷”到2008年底已形成新药产品229个，新药证书超过50个，获得专利授权540多项，其中国际专利30余项。

农业生物技术的发展速度也非常迅猛！到2008年，全球转基因作物种植面积已达1.25亿公顷（相当于18.75亿亩），比我国18亿亩耕地面积还大。目前，已有25个国家先后批准了大豆、棉花、马铃薯等10多种转基因作物进行商业化生产。

在我国，研究开发拥有自主知识产权的转基因抗虫棉，是打破跨国公司的垄断、抢占国际生物技术制高点的成功事例。截至2008年底，我国已获审定的抗虫棉品种共有160个。全国抗虫棉累计产值440多亿元，化学农药用量减少70%~80%，农田环境污染指数降低21%，棉农因此增收节支累计约250亿元以上。

问题困难仍然很多——以吸引海内外人才为突破口

在我国，生命医药产业由于其高新技术的特性，产品和技术常常出人意料，消费者难以迅速接受。另外，我们在这一领域还存在仿制药多、创新能力低，缺乏世界级研发机构和专家、企业规模小、竞争力弱，流通环节多、成本高等一系列问题。

农业生物技术也遇到不少问题和困难，一是基础研究还比较薄弱。二是产业化机制有待完善、企业规模亟待扩大。三是公众对转基因作物缺乏深入了解和认识，转基因作物的好处在传播中处于被动地位，影响管理者的决策。

我国著名生物技术专家、全国政协委员黄大昉研究员指出，尽管我国生物技术研究取得了长足进步，但目前仅在少数作物上取得一定的特色或优势，整体实力与发达国家还有较大差距，产业化速度甚至滞后于一些发展中国家。

面对这样的现状，中国生物技术发展中心主任王宏广教授认为，应该以吸引海内外人才为突破口，发展医药科技，建设医药强国。具体措施为：实施人才兴药战略，打造国际一流药品研发队伍。实施国家重大科技专项，开拓医药研发新局面。加速企业兼并重组，打造千亿元医药企业，建立产学研战略联盟，引导专家进入大企业，开发大产品。打造一批国际互认的研发平台，把国外药品后期研究搬到中国来。同时实施标准战略，抢占植物药、生物药国际标准阵地。

黄大昉认为，从全球来看，转基因作物育种技术及其产业已进入一个以抢占技术制高点与经济增长点为目标的战略机遇期，围绕基因、人才和市场的国际竞争正日趋白热化。我们应借此有利之机，制定相关鼓励政策和扶持措施，较快培育和打造一批知名的、具有较大规模的农业高科技企业。

（《人民日报》，2009-12-25，第9版，
《战略性新兴产业观察》）

农民育种家的不凡业绩

记者日前驱车行驶在河南省新乡市七里营村的农田间，两旁的棉田呈现出“青枝绿叶吐白絮”的壮观景象。如果不是专家介绍，真不敢想象，这些棉花新品种竟然是农民育种家李修立带领的团队精心培育出来的。在30年时间里，李修立培育了8个棉花新品种，其中有4个通过国家审定，在棉花界引起不小反响。

精心研发新棉种

提起农民，人们自然会想到他们是农作物良种的购买者、使用者。在亿万农民中，李修立是幸运的。1957年，中国农业科学院植物保护研究所在七里营村办起了试验站。从10多岁起，李修立就跟着植物保护研究所的专家搞棉花病虫害测报。

1969年，中国农业科学院植物保护研究所和中国农业大学开始在七里营办起了“5786大学”。李修立家里房子多，提供给专家居住。整天下地劳动的他深知农作物品种对农业生产的重要。每天收工回来，李修立就向住在家里的专家讨教，渐渐地，他也迷恋上了育种工作。

1974年，李修立在中国农业科学院专家指导下，正式开始了棉花育种工作。寒来暑往，经过26年潜心努力，2000年，李修立终于培育成功第一个棉花新品种“新植1号”，通过了河南省品种审定。这个品种不仅能增产10%以上，还能抗黄萎病。

2005年，他又相继育成同舟棉1号、同舟棉2号，增产12%以上。后续的新品种则一发不可收，其中“中植6号”等4个品种通过国家审定。李修立培育的棉花新品种也从普通品种发展到抗虫品种。值得一提的是新育成的“中植棉2号”抗虫棉，可同时高抗枯萎病和黄萎病，许多专家将其称为“棉花黄萎病的克星”。

中植棉2号于2006年6月通过了国家品种审定，成为全国首个抗黄萎病、抗棉铃虫的高产棉花品种。“中植棉2号可以说是带‘抗癌疫苗’的棉花，在全国范围内率先解决了棉花黄萎病的难题。”李修立说。

钟情育种新事业

“除了棉花，我还想多培育些小麦、玉米、大豆抗病品种，为广大农民朋友服务。”

一位普通农民，既没有上过正规大学，也没有博士、硕士学位，李修立以农民特有的吃苦耐劳精神，虚心向专家求教，瞄准生产需求，大胆创新，持之以恒，同样做出了不凡的业绩，赢得人们的赞扬。

目前，李修立培育的棉花新品种已经推广到国内10多个省，累计种植面积达数千万亩，不仅为我国棉花生产作出突出贡献，也为增加农民收入起到了实实在在的作用。

“咱农民也能当育种家了！”李修立的事迹在当地引起不小的轰动。但李修立淡然处之，坚持一不开会，二不庆功，继续默默地从事自己的育种事业。

2007年，中国农业科学院植物保护研究所建立新乡科研中试基地，李修立被聘为基地主任。

2009年春天，新乡市科技局也为李修立成立了新乡市棉花抗病育种工程中心。李修立还招聘来几名大专毕业生，充实了育种科技队伍。

谈起今后的打算，淳朴的李修立说：“除了棉花，我还想多培育些小麦、玉米、大豆抗病品种，为广大农民朋友服务。”

（《人民日报》，2009-12-09，第5版）

国产转基因抗虫棉扬眉吐气

20世纪90年代，棉铃虫给国家和棉农造成的经济损失每年都超过100亿元，农民因防治棉铃虫中毒人数高达24万人次。

对付棉铃虫，最好的办法是把一种抗棉铃虫的基因导入棉花。20世纪80年代初期，西方一些大型跨国公司全方位研究农作物转基因技术，培育出转基因抗虫棉，在全球范围引起轰动。

一定要培育国产转基因抗虫棉

作为技术力量最强的国家队，中国农业科学院棉花研究所的领导下定决心，一定要研制出我国自己的抗虫棉来！然而，要研究转基因抗虫棉这个高科技项目，又谈何容易！尤其对于一个地处河南安阳农村的中国农业科学院棉花研究所来说，更是难上加难！技术信息和资料匮乏是他们遇到的最大障碍，所领导就发动科技人员四处寻找相关资料、参加学术会议。专家们经常从北京查阅完资料，连夜乘火车返回，到安阳才凌晨4点左右，他们就深一脚、浅一脚地摸回实验室，接着进行研究。

“功夫不负有心人”，2002年12月，代表我国第二代抗虫棉的“中棉所41”通过审定。接着，“中棉所45”“中棉所47”等20多个国产转基因抗虫棉新品种陆续通过审定。

国产转基因抗虫棉席卷全国，造福社会

1998年，我国抗虫棉种植面积为380万亩，国外抗虫棉占95%以上的市场份额。如今，国产抗虫棉已经占到抗虫棉面积的90%以上，累计推广上亿亩。抗虫棉的种植有效地控制了棉铃虫的暴发危害，农药用量减少60%~80%，每年节约化学农药用量2 000万~3 000万公斤，农药中毒事件降低了70%~80%；国产转基因抗虫棉每亩还可增产皮棉7公斤，增收节支约120元，创造社会经济200多亿元。

目前，以中国农业科学院棉花研究所科技贸易公司为主体，依托中棉所科技成果，在我国三大棉区分别与地方合作，通过优势互补成立了8个区域性合资公司，形成了以中棉所为研发中心的遍布全国的产业化体系，建立了抗虫棉新品种示范点200多个，促进了国产转基因抗虫棉的快速发展。

（《人民日报》，2008-11-27，第14版）

航天育种，中国对人类的独特贡献

航天育种开展全国联合攻关，农民朋友愿望正在变成现实

“尊敬的编辑同志：我是一位农民，今年已经75岁了。我这一辈子还剩下最后一个心愿，就是把我们这里农户种植的薏米种子放在咱们国家的卫星上，希望从太空回来后，能够增加产量。”

这是辽宁省灯塔市罗大台乡邵红上崖子村村民吴伯侯老汉日前写给《中国航天报》的一封信。他在信中介绍说，薏米可是个好东西，被称为米中“人参”，既可食用，也可入药，国内外的需求量很大，但就是产量太低，因而影响了农民种植的积极性。

“国以农为本，农以种为先。”在我国广大农村，有千千万万与吴老汉有着共同心愿的农民，期盼能有更好的作物新品种，种出更好的庄稼，获得更好的收成。

令人欣慰的是，广大农民朋友的愿望正在变成现实。2006年9月9日，我国第一颗育种卫星——“实践八号”育种卫星，在中国酒泉卫星发射中心发射升空，“实践八号”育种卫星装载了九大类、2 020份生物材料，包括水稻、麦类、玉米、棉麻、油料、蔬菜、林果花卉和微生物菌种等152个物种。10月13日，农业部在中国农业科学院作物科学研究所组织召开了“全国航天育种卫星返

回种子地面育种工作启动会”，农业部危朝安副部长、中国农业科学院翟虎渠院长以及有关专家，和来自全国25个省区市132个科研单位、大专院校的210多名科技工作者共商航天育种方案。此次会议决定，由中国农业科学院牵头成立“全国航天育种协作组”，组织全国航天育种科研单位，全面开展地面研究工作。

航天诱变育种生根开花，近4年增产粮食3.4亿公斤

据国家航天育种首席科学家、中国农业科学院航天育种中心主任刘录祥研究员介绍，早在20世纪60年代初，苏联及美国的科学家就已开始将植物种子搭载卫星上天，在返回地面的种子中发现它的染色体畸变频率有较大幅度的增加。此后俄罗斯等国在“和平号”空间站成功种植小麦、白菜和油菜等植物，这项研究的目的是使宇宙飞船最终成为“会飞的农场”，最终解决宇航员的食品自给问题。迄今美国和俄罗斯从事种子搭载的目的都不是为了育成应用于农业的种子。

1987年8月5日，随着我国第九颗返回式科学试验卫星的成功发射，一批水稻和青椒等农作物种子被带到200至400公里的太空中，这是我国农作物种子的首次太空之旅。

刘录祥研究员说，航天育种准确来讲叫航天诱变育种，就是将种子置于空间环境中，由宇宙粒子、失重、弱地磁、高真空等等这些因素综合作用，产生变异，世界上目前已有2 300多个诱变品种，其中我们国家育成的就有640多个。

作为目前世界上仅有的3个（美、俄、中）掌握返回式卫星技术的国家之一，自1987年以来，我国科学家先后进行了21次农作物种子等生物材料的空间搭载试验共涉及70多种植物的1000多个品种。经过多年的地面种植筛选，已育成60多个农作物优异新品系并进入省级以上品种区域试验，其中已通过国家或省级审定的新品种或新组合30个，包括水稻、小麦、棉花、番茄、青椒和芝麻等作物，并从中获得了一些有可能对农作物产量和品质产生重要影响的罕见突变材料。

特别是国家“十五”863计划实施以来，我国农作物航天育种在新品种培育、知识产权保护与产业化以及航天育种机理研究等方面取得一系列重大突破。由中国农业科学院航天育种中心牵头的“863”课题组利用航天技术先后育成并审定水稻、小麦等作物新品种12个，其中“华航一号”和“Ⅱ优航1号”等4个水稻新品种通过国家审定；9个新品种申请了植物新品种知识产权保护。“华航一号”水稻新品种在国家南方稻区高产组区试和生产试验中，产量比对照品种“汕优63”分别增产4.50%和4.39%，成为我国第一个通过国审的航天水稻新品种，累计推广种植面积300多万亩。

据统计，近4年来，由航天育种培育出的农作物新品种已经累计推广850万亩，增产粮食3.4亿公斤，创经济效益5亿元。其实，这样的成绩仅仅是一个开始。由于我国现有耕地的2/3为中低产田，粮食平均亩产仅为不到400公斤，如果按10%的耕地面积推广航天育种培育出的农作物新品种，那么每年水稻的产量将增加25亿公斤，小麦产量增加14.4亿公斤，将创造数十亿元的产值。同时，我国还有3 000万公顷的盐碱地和沙地，利用航天育种培育出耐寒、耐旱、耐盐碱的农作物，将对我国的低品质土地的开发和利用、对改善环境有着更为深远的影响。

航天育种产业化前景广阔，诱变种子长出的粮食可以放心吃

有人担心吃了航天诱变种子长出的粮食会有安全方面的问题。对此，刘录祥认为这种担心是不必要的。刘录祥进一步解释说，航天诱变以及核辐射诱变等从本质上同自然界的一些因素引起的诱变是一样的，我们只不过用化学或物理的方法把它自然变异的过程加快了，二者并没有把其他一些对人类可能有害的外来物种的基因导过来，只是通过诱变使得它自己的基因发生变化，所以它的安全性应该没有问题。“我们也曾经将太空飞行归来的当代种子（非直接食用）进行严格的专业检测，也没有发现它增加任何放射性。因此，食用太空种子生产的粮食、蔬菜等不会存在不良反应。”

刘录祥说，个别人对航天育种还有另外一些误解。前几年，有些媒体宣传“上去一搭，种子一转，回来就增产”，这是完全错误的观念。航天育种实际上是一个研究活动，搭载 5 000 粒种子，可能只有 50 粒变异了，真正有效果、有可能从中选育出优良突变品种的是这 50 粒种子。

刘录祥表示，航天育种技术能否真正发展壮大，关键取决于最终能否实现产业化。预计到 2012 年，我国将建立 3~5 个集生产、试验、示范、开发为一体的现代化航天技术育种产业基地。在“十一五”产业示范发展的基础上，生产、加工、销售利用航天技术育成的农作物优良新品种，广泛开展国际合作业务，为全球农业的发展贡献一份力量。

（《人民日报 · 海外版》，2006-11-20）

蔬菜栽到墙上，红薯长在空中

中国农业科学院里新鲜事真不少！不久前通过专家鉴定的一项科技成果就很奇妙：红薯竟然结在空中，蔬菜也能栽在墙上。让前来采访的记者们眼界大开。

谁都知道，红薯是长在土里的。农业科学家们却设法让它挂在空中，这样做科学吗？课题主持人、中国农业科学院设施农业研究中心主任杨其长博士说，这个在空中结薯的创新灵感来自生活。2005 年初，杨博士与他的学生们聊天，无意间听到来自南方的学生说，家乡的红薯蔓上经常长出小红薯，但它影响了块根的生长和产量。农民们经常要设法把这些红薯蔓翻过来，不让蔓上结薯，但劳动强度很大。

“红薯蔓上长红薯？科学根据在哪里？”杨博士陷入沉思中。他带领学生们进行深入研究，提出了块根功能分离的理论。也就是说：传统的红薯依靠块根膨大形成红薯，而红薯蔓是输送营养的通道。现在则正好相反了，让红薯蔓来膨大形成红薯，块根变为输送营养的通道。它们的功能实现了分离。

这样做有什么好处？杨其长博士说，第一，可以节约土地。第二，无污染。第三，比传统栽培产量高出一倍，从亩产一万斤增长到两万斤。第四，可以周年生长、连续多次收获。第五，减轻劳动强度，不用再挖红薯，改为摘红薯。第六，可以控制品质。第七，可以生产功能红薯，如富含胡萝卜素、维生素 C 等的红薯。

目前，该项技术已经推广到上海、山东、北京、河北等 10 多个省区市的数百个知名农业科技园区，并走向国际——同美国迪斯尼乐园也签订了推广协议。

自 2000 年起，杨其长博士带领课题组还开展了“墙面立体无土栽培技术”研究，已经获得国家发明专利和实用新型专利若干项，并推广到国内 300 多家单位，产生明显的经济和社会效益。

由方智远院士、陈殿奎研究员等著名专家组成的鉴定委员会认为，甘薯空中结薯无土栽培、可拆卸斜插式墙面立体无土栽培为国内外首创。实现了甘薯的“空中结薯”、连续采收和周年生长，单株产量达到 386 公斤。斜插式墙面立体无土栽培模式，较传统栽培提高产量 203%。所研制的斜插式立柱、移动式管道栽培模式，其设备组装、分离和移动方便，增产效果明显。

专家们认为这两项技术从提高都市农业的资源利用效率和经济效益出发，对都市观光型设施园艺的栽培模式和配套技术进行了创新研究，其成果拓展了设施园艺学科的内涵，丰富了设施栽培的技术模式，为都市农业的发展提供了重要的技术支撑。

（《人民日报》，2008-04-03，第 14 版）

棉田里的科技翻身仗

这是一场延续了近 10 年的高科技竞争。

地点：中国黄河流域棉区。

对垒双方：中国与外国转基因抗虫棉技术科技工作者。

时间：1997 年至今。

请看这些激动人心的数据：2002 年中国抗虫棉占领国内市场份额 35%，2003 年上升到 50%左右，2004 年攀升到 60%以上，2005 年已经占据 70%的份额；抗虫棉的种植有效地控制了棉铃虫的暴发危害，农药用量减少 60%～80%，每年节约化学农药用量 2 000 万～3 000 万公斤，农药中毒事件降低了 70%～80%；国产转基因抗虫棉每亩还可增产皮棉 7 公斤，增收节支约 120 元。

回顾这场艰苦的科技鏖战，真令人扬眉吐气！

外方只转让一般技术，并且要价 9 000 万美元

开局对中方不利。早在 20 世纪 80 年代初期，西方一些大型跨国公司纷纷调整发展战略，涉足农业生物技术研究领域。它们成立生命科学研究中心，全方位研究农作物转基因技术，其中孟山都公司第一个拥有 Bt 杀虫基因专利权，培育出 Bt 基因抗虫棉，并在全球范围引起轰动。

90 年代中期，拥有多项转基因技术专利、具有最大棉种经营网络的跨国公司之间进行了重组，大大增强了转基因棉的产业化能力。大后方稳固之后，他们的目光穿过浩瀚的太平洋，盯上了世界产棉大国——中国。

1992年，我国黄河流域棉区大面积暴发棉铃虫，造成了巨大的经济损失。正在这时，外方代表来到中国，表示愿意帮助“绞杀”棉铃虫。他们提出，只要中国肯出9 000万美元的价格，他们就可以把转基因抗虫棉技术转让给我国，但这种转让并不包括技术的核心部分。

“也就是说，技术你可以用，专利权不能给你，而且合同一签就是30年，在这期间，中国不能进行转基因抗虫棉的育种。这样下去，将来中国的棉花安全恐怕要控制在别人的手里了。”李付广当时还是中国农业科学院棉花研究所（以下简称中棉所）科研队伍中的一个毛头小伙，但他和其他老专家一样，认识到了受制于人的危险。

深思熟虑之后，中方科学家们最终作出了一个有胆识的决定：不管道路多么坎坷，一定要研制出具有自主知识产权的抗虫基因和国产转基因抗虫棉。中棉所科研人员要用自己的成果为国争光，为中国棉花科研工作者长志气！

遭到拒绝的外方跨国公司并未就此打道回府。他们迅速调整战略，采用迂回战术，抢先占领中国主要植棉区，直接把“大本营”安在我国两大棉区的主要种棉省——河北和安徽。这两省不仅植棉面积大，而且地跨黄河流域和长江流域棉区。控制住这两省的棉花市场，就等于把国外的转基因棉插在了我们的棉区心脏地带。

1997年，跨国公司在河北省和安徽省建立了两个在华子公司，凭借其成熟、领先的高新技术优势，短短一年时间内，他们的抗虫棉成了中国棉农的“宠儿”。1998年，我国抗虫棉种植面积为380万亩，国外抗虫棉就占到了95%以上的市场份额，国产抗虫棉仅占不到5%的市场份额。

5%！这个数字又一次刺痛了研发工作已经取得重大进展的中

棉所科研人员的心。因供不应求，国外抗虫棉种子价格一度高达80元/公斤，不仅增加了棉农的生产成本，还提高了棉花价格。时不我待，我国科研人员奋发图强，加快了工作进度。

奋起直追，不仅拥有自主知识产权而且能培育新品种

“掌握和建立高效的转基因技术谈何容易！我们一次次失败，又一次次爬起来。1999 年，当我们头一次得到期盼已久的实验结果时，我兴奋地把不懂科研的妻子叫来参观，一遍遍地给她讲，让她分享我的成功。那感觉比中了 500 万元的彩票还要兴奋！”35 岁的刘传亮副研究员回忆起当初的成功，仍然抑制不住内心的激动。

我国科研人员研制的新型融合单价抗虫基因，使我国成为世界上第二个拥有抗虫基因自主知识产权和能培育国产转基因抗虫棉新品种的国家。为进一步提高抗虫稳定性，他们又成功研制出具有国际领先水平的双价抗虫基因及双价基因抗虫棉。在转基因抗虫棉研究方面，我国已经具备了一支可以与国外跨国公司相抗衡的队伍！

中棉所的科研人员建立的棉花规模化转基因技术体系平台，创新性地建立了农杆菌介导法、花粉管通道法、基因枪轰击法三种高效转基因技术方法，这是国际上唯一可同时利用这三种方法快速获得转基因抗虫棉花新材料并成功走向应用的技术平台。现已获得转基因抗虫棉花材料数万株，筛选出有利用价值的种质新材料2 000 余份，其中 600 余份已提供给育种家选育新品种，并育成抗虫棉花新品种 20 余个。

单打独斗只会被各个击破，必须建立全国研发推广体系

比做科研更难的是如何建立符合中国国情的研发推广体系。

“必须把相关科研单位整合起来，形成一个拳头出击！”中棉所的领导在进行科研的同时，把很多精力放在了建立上、中、下游各单位的协作上。

合作体系的上游，是以中国农业科学院生物技术研究所、中国科学院遗传发育研究所和微生物所等为代表的基因构建单位，他们成功构建了拥有自主知识产权的抗虫基因。

中游以中棉所为主，他们建立了棉花规模化转基因技术体系，大批量创造转基因棉花种质新材料，并将获得的新材料快速发放给育种研究单位；中棉所、山东棉花研究中心等10余家棉花育种单位迅速培育出适宜我国不同棉区的国产转基因抗虫棉新品种。

下游则是科技型棉花龙头企业，中棉所科技贸易公司、山东惠民中棉种业有限责任公司等企业经营新培育的转基因抗虫棉新品种，通过新品种的展示与示范以及建立遍布各棉区的营销网络，使国产转基因抗虫棉良种迅速进入市场，种到棉农的地里。

1999年国家启动的“国产转基因抗虫棉种子产业化”和2002年科技部立项的“国家转基因棉花中试与产业化基地”项目，均由中标的中棉所牵头，一支优势互补、强强联合、具有国际竞争力的“联合舰队”终于成功地建立起来了。全国“一盘棋”的研发推广体系展现出旺盛的生命力。

目前，在国家发展改革委、农业部等部门的大力支持下，以中国农业科学院棉花研究所科技贸易公司为主体，依托中棉所科技成果，在我国三大棉区分别与地方合作，通过优势互补成立了8个区域性合资公司，形成了以中棉所为研发中心的遍布全国的产业化体系，建立了抗虫棉新品种示范点200多个，促进了国产转基因抗虫棉的快速发展。至2005年，国产抗虫棉已累计推广9 000多万亩，创造社会经济效益150多亿元。

不见硝烟，但同样精彩，国产转基因抗虫棉打了一场漂亮的翻身仗。

（《人民日报》，2006-05-03，第1版，
《落实科学发展观　建设创新型国家》，蒋建科、曲昌荣）

与棉花结下不解之缘

大成果出自小村庄旁

中国农业科学院棉花研究所自主创新，在国产转基因抗虫棉研究方面取得了一系列令人振奋的成就。然而，也许您难以相信，如此重大的科研成果，是在河南省安阳市一个小村庄旁边的研究所里诞生的。

记者离开安阳市，沿着崎岖不平的公路，到达一个叫大寒村的地方。一排排平房和几栋楼房掩映在绿树之中，四周是成片的试验田，从 1958 年开始，几代中棉所科研人员就生活和工作在这样一个僻静的环境里，创造出 186 项科研成果，其中获得国家级奖励的就有 18 项，全所累计培育成功棉花品种 52 个。

“艰苦奋斗、甘于奉献、勤于实践、勇于创新”，现任所长兼党委书记喻树迅博士这样概括几代中棉所科研人员的精神。这里生活条件虽然艰苦，却为棉花研究提供了有利条件：上班时间在实验室里研究棉花，下班后出门到隔壁的试验田里接着观察、研究棉花，他们的工作和业余时间都花在对棉花的研究上。因为，他们深知棉花对国家的重要性：我国是世界上最大的棉花生产国和消费国，棉花是 2 亿棉农的重要经济来源，涉及 1 900 万纺织及相关行业工人的就业问题，2005 年我国棉纺织品及服装出口创汇 1 152 亿美元，占全部出口创汇额的 15%。

用科技锁定人虫大战的胜局

“1992 年，没有任何征兆，棉铃虫突然暴发。棉农原本在棉花种植期间只需喷施农药 1 次到 3 次，然而在那场灾难中，即使是喷施农药 20 多次，仍控制不住棉铃虫。”回忆起那场灾难，现任中棉所副所长的李付广博士仍然心有余悸。

当时，棉铃虫对黄淮海流域的产棉区危害很大。农民都说，棉铃虫除了电线杆子不吃，啥都吃。农民一季的辛苦被棉铃虫吃了个精光。

就在那一时期，棉铃虫给国家和棉农造成的经济损失每年都超过 100 亿元。农民因防治棉铃虫中毒人数高达 24 万人次。万般无奈的情况下，当时的农业部长宣布：谁能治住棉铃虫奖谁 100 万元！“这 100 万元深深刺痛了我们的心。作为技术力量最强的国家队，面对肆虐的棉铃虫竟然束手无策，脸上无光，抬不起头啊！”喻树迅说，“那时，我们就下定决心，一定要研制出能抗击棉铃虫的抗虫棉来！”

要研究转基因抗虫棉这个高科技项目，对于一个地处农村的研究所来说，技术信息和资料的匮乏是最大的障碍。他们发动科技人员四处寻找相关资料、参加学术会议，在那一段时间里，记者在出差的火车上经常能碰到中棉所的专家，他们从北京查阅完资料，连夜乘火车返回安阳，到安阳才凌晨 4 点左右，他们就深一脚、浅一脚地摸回实验室，接着进行研究。

“功夫不负有心人”，2002 年 12 月，代表我国第二代抗虫棉的“中棉所 41”通过审定。接着，“中棉所 45”“中棉所 47”等 20 多个国产转基因抗虫棉新品种陆续通过审定。到 2005 年，累计推广应用一亿亩。棉铃虫灾害得到了有效控制。

激活每个人的潜能

“把您的优势无限放大。”这是中棉所创新理念的高度概括。

10 多年前，正当中棉所的科研人员在实验室和试验田里同棉铃虫搏斗的时候，又一个严峻的问题摆在他们面前：人才流失。8 位科技骨干走了，派到国外学习的人员大多没回来。怎么办？所长喻树迅提出了“稳定人才、留住人才，营造人才成长环境，以人才促发展”的新思路，在充分调查研究的基础上，实施了“三步走”人才战略。

第一步，盖房子、发票子、定位子。兑现有关政策，把以前拖欠的奖金等福利待遇全部补齐，年底拿出专项经费奖励有突出贡献者。同时破格任用了10多个30多岁的业务和管理骨干，留住了一大批青年优秀人才。

第二步，建平台、搭平台，拉大框架用人才，给英雄以用武之地。

第三步，送出去、请进来，用国际化战略聚英才。中棉所先后派出国考察访问的52人次，请美国、印度专家来访的55人次，参加国内外学术会议50余次，签署合作协议5个，为人才成长和发展创造了一个比较大的空间。

谈起今后的发展，喻树迅表示，要建设好安阳创新中心、海南繁育中心、新疆生产中心和郑州销售中心，使其形成一个完整的研发网络，为我国的棉花生产不断提供强大的科技支撑。

（《人民日报》，2006-05-04，第2版，
《落实科学发展观　建设创新型国家》）

防治禽流感，科技来攻关

今年秋冬以来，我国一些地方陆续发生禽流感疫情，疫情通过层层上报，最后在一个权威机构得到确诊，然后向社会发布。这个机构就是最近一段时期屡见于新闻报道的国家禽流感参考实验室，它设在中国农业科学院哈尔滨兽医研究所。

在普通人眼中，这是一个充满神秘色彩的地方。11月中旬，记者来到这里，看到了我国禽流感防治鲜为人知的一面。

检测分秒必争　方法行之有效

走进位于哈尔滨市南岗区大成街上的国家禽流感参考实验室，

只见身穿白大褂的科研人员正在忙碌着。他们夜以继日地对各地送来的样品进行分析、测序。

“如何识别禽流感病毒，是用电子显微镜观察吗？”记者问。

“是用基因测序。”科研人员介绍，在禽流感疫情诊断方面，他们已经形成了一套行之有效的科学方法，人手倒并不多，关键是严格按照程序操作，利用先进设备判定检测结果。

来自疫区的部分病死鸡的内脏器官，被密封在一只特制的箱子里，经由民航运到哈尔滨市，由专车风驰电掣般送到这里，从接到病料，到登记核实，进行鸡胚接种，再到对死亡鸡胚进行流感病毒检测，他们分秒必争。在此期间，大家轮流守候在实验室里，目不转睛地观察鸡胚的细微变化和检测仪器上的各种仪表，与此连接的计算机不停地打印出一串数据。在认真分析判读有关数据之后，一般在 24 小时之内就能得出初步结论。

立足自主创新　加紧疫苗研制

记者了解到，去年我国禽流感暴发期间，国家禽流感参考实验室研制的 H5N2 疫苗，有效地控制了疫情，受到世界卫生组织的赞扬。近期，他们又研制出具有自主知识产权的国际最新型的 H5N1 基因重组禽流感灭活工程疫苗，比 H5N2 疫苗保护期延长 4 个月以上，对鸭、鹅等水禽也有良好的免疫性。这是目前全球唯一大规模应用的人类/动物流感病毒反向遗传操作工程疫苗，首次成功地解决了水禽缺乏有效禽流感疫苗这一世界性难题，极大地提高了我国禽流感的预防控制能力和国际地位。

科研人员还在国际上率先研制出表达 H5 亚型高致病性禽流感病毒抗原基因的重组新城疫病毒活载体双价疫苗，实现了一次免疫即可预防高致病性禽流感和新城疫两种重大禽病，操作安全、可靠、方便。这种疫苗的批量生产成本仅为现有疫苗的 1/5 左右。目前，该疫苗的产业化正在加紧进行。

科研人员称，只要将疫苗适当改造，就可用于人的禽流感防治。目前疫苗已向全国 9 家公司转让，并签订了向越南出口 3.4 亿羽份的合同，向其他国家出口的商谈也在进行中。

当年未雨绸缪　今日大显身手

“说起禽流感，有一个人不能不提，他就是现任全国畜牧兽医总站站长于康震。”国家禽流感参考实验室的陈化兰博士对记者说。

1994 年，于康震从美国回到中国农业科学院哈尔滨兽医研究所工作，力主开展禽流感研究。尽管中国当时还没有发生禽流感，他的想法还是得到国家相关部门的大力支持，先后获得国家“973 计划”“863 计划”等科技攻关计划和黑龙江省、哈尔滨市等各个方面的项目支持，建立了一整套科学有效的检测方法，开展了一系列科学研究。这个实验室是在参照美国、欧盟同类实验室的基础上，于 2002 年 8 月建成的，是我国最早开展禽流感研究的机构。

对此，中国农业科学院院长翟虎渠深有感触地说，农业科研不仅要出品种、出实用技术，为农民增收和农村经济发展作出看得见、摸得着的贡献，更要从国家和民族的长远利益出发，开展一些事关国家未来经济社会安全的前瞻性基础研究，十年磨一剑，在国家需要的时候拉得出，打得赢。提前开展禽流感研究就是一个很好的例子。

（《人民日报》，2005-11-24，第 14 版）

航天育种结硕果

“十五”期间，由中国农业科学院航天育种中心牵头的课题组利用航天技术先后育成并审定水稻、小麦新品种 12 个，其中“华航一号”“特优航 1 号”“Ⅱ优航 1 号”和“培杂泰丰”等 4 个水稻新品种通过国家审定，已完成或正在参加省级以上区域试验稻麦新品系、新组合 16 个。航天新品种、新组合 4 年累计种植面积 850 万亩，增产粮食 3.4 亿公斤，创社会经济效益 5.0 亿元。

至此，我国科学工作者 15 次利用返回式卫星和神舟飞船搭载植物种子，经多年地面种植筛选，先后育成 60 多个农作物优异新种质、新品系并进入省级以上品种区域试验，其中已通过国家或省级审定的新品种或新组合 20 个，处于世界领先水平。

国家“十五”“863 计划”“稻麦航天育种技术创新与新品种选育”课题组负责人、中国农业科学院航天育种中心主任刘录祥研究员激动地说，航天育种技术是我国科学工作者独创的高新技术，在经历了多年的探索研究之后，已经在农作物新品种培育、特异新种质、新材料创制等方面发挥着越来越重要的作用。尤其是在“十五”期间，科技部在国家“863 计划”中首次将航天育种技术正式立项，给予了极大的支持，使得我国航天育种技术实现了跨越式发展。

目前已经利用航天诱变技术创造出特异种质材料 26 份，其中恢复力强、配合力高、米质较优的水稻恢复系新种“质航 1 号”“泰丰占”和“航恢 7 号”，极早熟、抗病、强筋小麦新种质 SP8581 和 SP0225 等新材料已分别进入水稻和小麦常规育种及杂交稻育种计划，并为全国多家育种单位所引进和利用，对促进稻麦育种起到了重要作用。

考虑到空间科学实验机会的有限性，为了更加有效地发展航天育种技术，刘录祥研究员领导的课题组经过多年探索，从粒子生物学、物理场生物学和重力生物学等不同角度研究了高能单粒子、混合粒子、零磁空间和微重力等航天环境各因素的生物诱变特性，开创了地面模拟航天环境诱变作物遗传改良的新途径、新方法，并已申报航天育种新技术发明专利3项。

我国作为目前世界上仅有的3个掌握返回式卫星技术的国家之一，在航天育种领域取得的一系列开创性的研究成果，受到世界著名的*Nature*和*Science*杂志的专题报道，并首次在美国休斯敦举办的第三次世界空间大会参展，吸引了世界科学家的关注。刘录祥表示，随着国家航天育种工程项目的实施，具有我国自主知识产权的航天育种技术必将为我国农作物育种技术进步和农业发展作出更大贡献。

（《人民日报》，2005-09-29，第14版）

“超级小麦”星火燎原

“超级小麦”培育计划出台

农业部科技教育司司长张凤桐在不久前举行的全国跨越计划会议上正式宣布，我国开始实施“超级小麦”培育计划。盛夏季节，记者连续奔赴北京、河北、山东等小麦主产区，实地观摩采访了“济麦19”“北京0045”等一批小麦高产和超高产新品种和新品系。

“超级小麦”是指产量潜力具有重大突破，产量水平实现跨越性提高，同时具有品质优良、多抗稳产、高效利用光水肥资源等优异性能的小麦新品种。培育推广“超级小麦”可破解目前我国小麦单产能力大幅度提高所面临的若干技术瓶颈问题，通过产量来带动整个小麦育种技术水平的跨越式提高。

小麦作为我国第二大作物，是我国50%～60%城乡居民的主要口粮，全国消费量约1.05亿吨，占全球消费量的20%左右。中国小麦的丰歉直接关系到我国的粮食安全。据预测，2020年我国小麦需求量为1.4亿吨，比现在要增加28%。要实现小麦主体自给，任务非常艰巨。

中国农业科学院作物科学研究所研究员何中虎认为，在小麦面积不可能大幅度恢复增长的现实情况下，唯一的选择是进一步提高单产。通过遗传改良来全面提高产量潜力、产品质量和抗逆能力，进而降低成本，增加附加值，是提高我国小麦竞争力、增加农民收入、保护环境的最经济有效的措施。

15年培育50个超级小麦新品种

我国小麦单产水平与世界高产国家仍有很大差距。现有的一些超高产品种适应性差，虽然有较高的产量纪录，但不能大面积推广，或者是因为其高产纪录是依赖于高投入、高消耗来实现的，不利于可持续发展和农民增收。

农业部明确提出了我国"超级小麦"培育计划的总体目标：在项目实施期间，选育出50个超级小麦新品种，在较大的生产应用面积上使小麦生产能力提高40%，水、光、肥等资源利用率在现有基础上分别再提高15%，育成的超级小麦品种推广种植5亿亩。

项目将以黄淮麦区为主，兼顾南方麦区和春麦区，分三阶段进行。具体目标概括为"六七八"和"百千万"，即：2006—2010年，使百亩产量稳定达到每亩650公斤，千亩稳定达到600公斤，万亩达到550公斤；2011—2015年，使百亩产量稳定达到每亩750公斤，千亩稳定达到700公斤，万亩达到650公斤；2015—2020年，使百亩产量稳定达到每亩800公斤，千亩稳定达到750公斤，万亩达到700公斤。总体目标是既要突出产量指标，又要切实解决超级作物面积不够大的问题。这是"超级小麦"培育计划的一个突出特点。

"超级小麦"的主要研究内容包括：采用常规育种技术与现代分子标记和转基因等现代生物技术相结合，选育各种类型的超级小麦新品种，提高我国小麦商品价值和市场竞争力。建立大规模高效基因转化的技术体系，转化小麦高光效、高营养利用效率、抗旱、抗盐、抗病、抗穗发芽等以及株型发育等一系列重要基因。同时采取包括品比试验、攻关试验、百千万亩展示等形式，加大示范推广力度。

力争使投入产出比达到 1∶40

“超级小麦”培育计划由设在中国农业科学院作物科学研究所的国家小麦改良中心主持，国内小麦育种主要优势单位参加，并与国际小麦玉米改良中心、澳大利亚分子育种中心和美国农业部分子育种中心等科研机构开展合作研究。

项目实行首席科学家负责制，分为新品种选育、遗传生理特性研究和示范推广等部分。建立“首席科学家—省（区）主持人—参加单位（人）”的管理体系，明确责任和分工。

“超级小麦”还将与“973 计划”、国家自然科学基金、“863 计划”、国家攻关、跨越计划、产业结构调整等项目紧密结合，整合现有资源，提高资金利用效率。

专家们乐观地估计，到 2015 年项目共选育成 50 个超级小麦新品种，累计推广面积 5 亿亩，累计增产小麦 500 亿公斤，增加经济效益 800 亿元。项目的投入产出比将达到 1∶40。

（《人民日报》，2005-06-23，第 14 版）

农业科技迎来丰收年景

重拳阻击禽流感

2004 年初，一场突如其来的禽流感疫情迅速在广大农村蔓延。危急关头，科技工作者们昼夜加班，连续鉴定了一份接一份来自全国各地的病料，为确诊禽流感疫情、划定疫区范围立下汗马功劳。中国农业科学院哈尔滨兽医研究所积8年研究之大成，开发成功的两种禽流感灭活疫苗均获得农业部颁发的新兽药证书，其中H5亚型禽流感灭活疫苗是农业部审定批准的唯一可以在全国应用的预防高致病性禽流感的有效疫苗，为彻底战胜禽流感发挥了决定性的作用。

增粮增效促增收

2004年是恢复发展粮食生产的关键一年。2月11日，全国农技中心和中国农业科学院等联合组织的“小麦科技小分队”陆续奔赴安徽蚌埠，为来自农业部优质专用小麦示范县的200多名技术人员举办专题讲座，“科技之春”大型农业技术推广活动由此展开。

中央农业广播电视学校运用广播、电视、网络等多种媒体手段，以小麦、水稻等四大作物50个主导品种和10项主推技术为内容，迅速录制节目向全国播放。

8月30日，农业部植物新品种保护办公室在河南洛阳市举办“首届全国农作物授权品种展示暨品种权交易会”，展示200多个获得农业部授权的农作物新品种，进一步助推粮食生产。年中，传来好消息：我国优质小麦种植面积今年已达1.4亿亩，比1996年增加8.7倍，优质小麦品种发展到100个，实现了历史性跨越。

科技跨越富万家

农业科技成果转化难一直困扰着农业生产，这一状况在2004年得到了根本扭转。农业部、财政部共同组织实施的农业科技跨越计划在年底之前全部验收完毕，基本达到了“实施一个项目，熟化一项技术，开发一个产品，创立一个品牌，提升一个企业，致富一方农民”的目标，已产生经济效益52亿元，预计在今后技术效益期内还可增加经济效益800亿元以上。

同样由农业部和财政部共同组织实施的“农业结构调整重大技

术研究专项”，针对当前农业生产和农村经济发展中存在的突出问题，重点在优质水稻、专用玉米、农产品加工技术与设备等15个领域设置项目，选育出通过审定的、在国内外市场具有较强竞争力的农作物新品种99个，累计推广面积达到1.8亿亩，获综合经济效益120亿元。

科技创新上台阶

几年前，高油玉米对中国百姓来说还是个洋名词。目前，我国的高油玉米已开始在美国、智利和阿根廷等国规模化种植，成为继杂交水稻后我国农业技术发展的又一亮点。

在超级稻育种技术领域，我国也达到国际领先水平，现已累计推广1.12亿亩，增产稻谷112亿公斤，为确保我国粮食安全提供了强有力的科技支撑。专家预测，明年我国超级稻杂交组合推广面积将达到杂交水稻总面积的25%。

6年前，我国种植的转基因抗虫棉中，国产抗虫棉仅占5%左右。2004年，全国转基因抗虫棉种植面积达4 600多万亩，其中国产转基因抗虫棉种植面积达到70%左右，河北、山东、河南、安徽4省还实现了100%的种植国产抗虫棉，平均每亩增收近160元。

（《人民日报》，2004-12-30，第14版）

新品种献给农民

品种是物化的科技成果，它既是农业科学家汗水和心血的结晶，也是最受农民欢迎、使用最简便、见效最快的生产技术。新年刚过，我国农业科学家就为广大农民奉献出3个农作物新品种。

中国农业科学院著名大豆育种专家王连铮主持培育的高油大豆新品种“中作983”，其出油率达到23.5%，超过外国目前大面积种植的高油大豆的含油量，且不属于转基因大豆类型大豆，可以开发绿色食用油，为大豆深加工企业显著提高附加值。

王连铮介绍说，该品种的生育期仅有115天，可以对其实行二茬复种，即上茬为脱毒土豆腹膜，收入可达600~800元；下茬为高油大豆，年产量达150~200公斤，收入可达600~800元，经济效益良好。

油菜是我国最重要的油料作物，2000年以来年种植面积已突破1.1亿亩。最近我国最大的油菜生产省湖北省审定通过了一个全能高效型油菜新品种“中双9号”，该品种是由中国农业科学院油料作物研究所王汉中研究员为首的育种组经过多年艰苦研究育成，它具有高产、高抗菌核病、高抗病毒病、高抗倒伏、高含油量、高蛋白、低芥酸、低硫苷等突出特点，被广大试种农户形象地称之为“六高两低、八项全能”，因而得名“全能628”。它是我国油菜产业应对WTO挑战的杀手锏。

新疆农垦科学院高志云副研究员等培育的特早熟玉米“新玉4号”，早在1989年就通过新疆维吾尔自治区品种审定委员会的审定。但这种突破世界玉米种植禁区的品种历经13年却经久不衰，颇具市场竞争力。

在伊犁地区，一年种两茬正播加复播，亩产可达1 200公斤。在北疆地区麦茬复播可提高复种指数，为牧业提供优质饲料，促进畜牧业发展。

该品种还能用来发展庭院经济，在城市附近可用作鲜食玉米，出苗60天可吃青棒，深受欢迎。该品种适合于西北、山西、辽宁、黑龙江、内蒙古等地区种植。

（《人民日报》，2003-01-09，第11版）

“一箭多雕”抗虫棉

中国农业科学院日前举行了一次别开生面的抗虫棉现场展示会，就连科技部副部长李学勇、农业部副部长韩长赋等领导和专家也冒着酷暑，兴致勃勃地赶往中国农业科学院廊坊中试基地。

与其他抗虫棉现场展示会不同的是，这次现场展示会不仅要考察抗虫棉的抗虫性和长势，还要重点考察抗虫棉对环境是否安全。

培育抗虫棉是正确选择

提起抗虫棉，人们不禁要问，为什么要培育抗虫棉？中国农业科学院生物技术研究所所长黄大昉研究员说，我国既是产棉大国，也是原棉消费大国。棉花和纺织品是我国出口创汇的支柱产业之一，年出口创汇总额占全国出口创汇的1/4左右，且呈逐年上升之势。因此棉花生产的兴衰对我国经济的发展具有举足轻重的影响。20世纪90年代初，我国北方棉区棉铃虫连年大暴发，造成重大经济损失，仅以1992年为例，北方棉区减产皮棉160万担（1担=50公斤），直接经济损失50亿元，严重打击了植棉业与纺织业的发展。为了消灭棉铃虫，大量使用有毒农药，又会污染农田生态环境，损害棉农的身体健康甚至危及生命，而且使棉铃虫对农药产生了抗性，反而加剧棉铃虫的危害。

正是在这危急的情况下，“863计划”于1991年首先启动了“转基因抗虫棉”的研究，随后，国家转基因植物专项、农业部发展棉花生产专项资金、中华农业科教基金和国家计委产业化项目等计划相继实施。在国家的大力支持下，抗虫棉的研究与产业化迅速取得突破。中国农业科学院生物技术研究所的科学家人工合成和改造了苏云金芽孢杆菌杀虫基因，并将杀虫基因导入我国长江、黄河流域及新疆的棉花主栽品种，使我国成为世界上拥有自主知识产权、独立研制和开发成功转基因抗虫棉的第二个国家。

为防止棉铃虫对单一杀虫蛋白产生抗性，生物技术研究所的科学家们又研制成功能同时产生两种杀虫蛋白的双价抗虫棉，并在国际上首次实现了双价抗虫棉的商业化。转基因抗虫棉经农业部批准自 1997 年始在国内进入商业化生产。

抗虫棉是我国目前唯一大面积种植并初步实现产业化的转基因农作物。至 2002 年，全国已有 15 个常规和杂交抗虫棉品种（系）分别通过全国及山西、安徽、山东、新疆、江苏、河南和河北等省份的品种审定。目前，国产抗虫棉在全国的累计推广面积已超过 2 700 万亩。作为主要研制单位，中国农业科学院生物技术研究所参加兴办的“创世纪转基因技术有限公司”2001 年被国家计委授予“高技术产业化示范基地”的荣誉称号。

抗虫棉保证生态安全

中国农业科学院生物技术研究所研究员郭三堆说，抗虫棉的生态安全问题很早就引起了我国政府的高度重视。自 1996 年以来，在科技部“863 计划”、“973 计划”、攻关计划和农业部发展棉花专项基金的资助下，中国农业科学院植物保护研究所的科学家对转基因棉花的生态环境安全性进行了连续多年的系统研究。结果表明，抗虫棉中杀虫蛋白对棉铃虫控制效果在 85%以上，对红铃虫和玉米螟控制效果可达 90%，显著优于化学农药，种植抗虫棉平均减少化学农药用量 70%以上。

与普通棉花施药防治棉铃虫处理比较，种植转基因抗虫棉能显著提高棉田生态系统内节肢动物群落的多样性水平，而且由于减少了化学农药的使用，蚜虫的天敌瓢虫类、草蛉类和蜘蛛类数量大幅度增加，还能有效控制蚜虫的发生。

转基因抗虫棉的推广应用创造了显著的经济、社会和生态环境效益。据国内外科学家联合调查，种植抗虫棉的棉农每年可平均减少农药喷施 13 次，或每亩地减少农药施用 3.3 公斤。由于省药省工，也显著地减少了人畜农药中毒和死亡事故的发生，同时种植抗虫棉的棉农也显著减少用于防病虫的劳动力投入。另据计算，棉农种植抗虫棉每亩增收节支合计约140元，至今累计产生的社会经济效益超过24亿元。

国产抗虫棉的广泛应用，显示了中国农业高技术研究开发的强劲势头和雄厚实力，使我国在农业生物技术领域激烈的国际竞争中占据了一席之地；转基因棉花生态安全评价研究的成果为抗虫棉的进一步发展提供了科学依据。环顾当今世界，科学技术的发展日新月异。也许再过若干年，抗虫棉又会被更新的技术代替，就像它取代化学农药防治棉铃虫一样。但是，就目前的状况来看，抗虫棉无疑是最好的，从大量经过长期研究的科学数据来看，抗虫棉特别是国产抗虫棉，对环境是没有大影响的。

（《人民日报》，2002-08-13，第6版）

用事业招揽全球英才

7月30日，是一个让但颖晖博士毕生难忘的日子。在当天举行的中国农业科学院杰出人才（首批）聘任仪式上，她和另外82名杰出人才从中国农业科学院院长翟虎渠手中接过了聘书。这位居美17年、拥有13项专利，在著名的孟山都公司从事生物工程研究多年的青年科学家，将落户中国农业科学院埋头搞科研。

被誉为农业科研“国家队”的中国农业科学院以占全国8%的农业科技人员，取得26%的国家级奖励成果。截至目前，该院获得成果3 400项，其中60%的应用性成果得到推广，年创社会经济效益逾200亿元。21世纪以来，该院为抢占世界农业科技发展的制高点，决意打出“事业牌”，筹措3亿元巨资，启动“杰出人才工程”。其主要内容为在 5 年内面向全球招聘一级岗位杰出人才 25 名、二级岗位 100 名、三级岗位 400 名，并对一级岗位杰出人才开出了 10 万元年薪、400 万元设备课题费、50 万元安家费的优惠待遇。

“反馈热烈，大大出乎意料，有实力想干事业者踊跃应聘!”年轻的中国农业科学院副院长屈冬玉感叹道。截至 5 月 30 日，该院先后接待 1 000 余人次咨询，其中 308 人提交了报名材料。几经严格筛选，最终通过专家投票选定 83 名，其中包括正在美、日等 8 国从事科研工作的 26 人。这 83 名杰出人才具有以下特点：学历高，博士学位占 87%；年纪轻，45 岁以下占 86%；外语水平高，普遍能自如运用至少一门外语；学术水平强，成果得到同行公认。

引进杰出人才旨在带动、培养并扶持更多的优秀人才。中国农业科学院将引进激励竞争机制，试行“竞争上岗、合同管理、明确目标、严格考核、滚动管理”的体制，建立工作业绩评估、评价体系。对此，受聘的留德归国博士、此前任西北农林大学副校长的魏益民一吐真言：“我们为事业而来，都有强烈的使命感和责任感，十分珍惜这一事业平台，愿齐心协力群体攻关，为我国农业、农村和农民奉献自己的智慧。”

（《人民日报》，2002-08-01，第 5 版）

开辟农民增收新渠道

科技投入不足，科技水平落后，科技成果闲置，已经成为我国农业发展巨大障碍，如何增加投入、提高水平、整合资源，是农业科技下一步发展的关键。这是日前参加中国农业科学院举行的“WTO 与中国农业科技高级论坛第一次会议”的代表们的共识。

专家们认为，导致农民增收缓慢的因素很多，其中主要原因是农业效益下降，农村劳动力就业渠道有限，农业科技水平落后导致农产品竞争力差。

中国农业科学院院长翟虎渠认为，从农业内部看，农业收入特别是种植业仍是农民主要的收入来源，在家庭经营收入中，农、林、牧、渔占到76%。近年来，种植业效益逐年下降，增产不增收，家庭经营中大农业的收入从1997年的1 220元下降到2000年的1 091元，年均递减3.7%。从农业和农村发展的外部环境看，城乡分割的户籍制度等体制性因素，导致农业与非农产业相对劳动生产率差距逐年拉大，农村劳动力向城镇转移受限；多数农民市场观念差，市场信息不对称，影响了农产品商品率的提高和农民收益的提高。从农业生产要素看，科技水平在很大程度上制约了农业发展和农民的增收。

农业部副部长范小建分析了农产品竞争力不足的四方面原因，一是价格竞争力不足；二是质量竞争力不足；三是组织竞争力不足；四是体制上的竞争力不足。农业经济学家刘志澄认为，农产品标准化生产问题是影响农产品质量、销售、流通和出口的重要因素，是制约农民收入增加的重要因素。

实现农业增效与农民增收目标，归根结底要依靠科技进步，不断提高劳动生产率与土地生产率，提高农产品的竞争力。专家们指出，加大投入，整合资源，推进现代农业发展，是促进农业增效和农民增收的重要措施。

国务院政策研究室农村经济研究司司长李炳坤认为，科技经费不足，重复研究过多，科技成果闲置，转化率、利用率低，制约了整体农业科技水平的提高。建议不同层次的政府部门和农业科研单位明确分工，合理配置，提高效率。科技推广关键要与生产挂钩，要扩大规模，通过集中连片大范围的覆盖，减缓家庭土地经营规模过小的矛盾，使科研成果能够得到比较快、大面积的应用。国家计委胡恒洋副司长指出，我国农业科技资源丰富，也积累了很多科技成果，但没有进行资源整合，没有按照农业发展来分配农业资源。

翟虎渠院长提出了七条加强农业科技对农业发展和农民增收支撑的措施。唐仁健等专家则强调，依靠科技促进农业增效和农民增收要注意三个方面的结合，即高新技术与常规技术的结合；技术密集与劳动密集的结合；自主研发与营销的结合。

（《人民日报》，2002-07-09，第10版，《科技》）

农业科研机构改革驶入快车道

新年伊始，我国农业科研机构改革驶入快车道。中国农业科学院启动“杰出人才工程”，对一级岗位的杰出人才，将提供10万元的年薪，并提供400万元的仪器设备和课题启动费、50万元的安家费或相应的住房条件。全国30多个省级农业科学院的院长和8所全国重点农业大学的校长会聚北京，交流农业科研体制改革的经验，探讨加入世界贸易组织后我国农业科技应采取的对策。

各地农科院所纷纷行动

广东、河北、河南、内蒙古、湖北、广西等地农业科学院，西北农林科技大学、西南农业大学等单位为了应对新的农业科技革命和我国加入WTO的新情况，加快了对科研机构的调整和重新组合。

西北农林科技大学按照有利于学科发展、有利于资源优化配置、有利于人才培养和突出特色、发挥优势、优化组合的原则，对原来教学院系和科研院所进行了实质性合并。将原来的5个科研单位的35个学院、系、所整合组成16个学院（研究院、研究所），从机构上彻底打破了原有格局。

广东省农业科学院将8个研究所转制为科技型企业，按现代企业制度运作，5个研究所继续以农业基础性、公益性科研工作为主，承担全省农业中长期关键技术、共性技术的研究开发任务。

江苏省农业科学院每年获得部省级以上科技进步成果奖励数约在18项左右，每年有20个左右的农作物新品种通过省级和国家级品种审定，并涌现出像“两优培九”“特优559”等一批重大科研成果。

湖南省农业科学院以袁隆平品牌与中国科学院长沙农业现代化研究所等单位联合发起创立了袁隆平农业高科技股份有限公司。公司股票已上市发行，募集到7亿元资金投入科研与开发，形成了科技成果转化大载体，大大促进了成果转化。

吉林省农业科学院按照“一院两体”改革思路，对资产进行了优化重组和改造，以院为核心组建了“吉林吉农高新技术发展股份有限公司”。目前的公司总资产已达到2亿元。

中国农业科学院勇当排头兵

作为农业科研的“国家队”，中国农业科学院新一届领导班子审时度势，站在推动国家农业科技发展的战略高度，充分认识到加入WTO后中国农业科学院所肩负的历史使命和面临的严峻挑战。

党组书记、院长翟虎渠教授说，在认真分析发展现状，多方征求意见的基础上，中国农业科学院确定了今后改革发展的战略目标，即以体制创新推动科技创新，通过5~10年的努力，把中国农业科学院建设成为具有国际先进水平的国家农业科技创新中心、国内一流的农业科技产业孵化中心和国际农业科技交流中心。

以学科调整为切入点，通过优化组合，组建作物科学、畜牧科学、兽医科学、资源环境与可持续农业、农业经济、农业科技信息、农产品加工、农产品质量标准与检测等八大学科群，建设17

个具有国际先进水平的研究所，25 个国家级和部级重点开放实验室，保留 3 200 人左右的农业科技创新队伍；近期将对现有的 37 个研究所进行分类改革，其中 5 个进入大学，1 个进入企业，3 个转制为中介机构，11 个转制为科技型企业，17 个转制为非营利性科研机构。

为确保改革目标的顺利实现，中国农业科学院已经启动了“杰出人才工程”。主要内容是，5 年内面向全世界招聘一级岗位杰出人才 25 名，二级岗位杰出人才 100 名，三级岗位杰出人才 400 名。一级岗位的 25 名人才，不仅要求学术造诣深，在科学研究方面取得国内外同行公认的重要成就，还要对本学科的建设和科学研究工作有创新性构想，具有带领本学科在其前沿领域赶超或保持国际先进水平的能力。通过“杰出人才工程”的组织实施，进一步加大优秀人才的选拔培养和引进力度，培养和造就一批国际国内知名的科学家，一批朝气蓬勃的中青年科技骨干，一支精干高效的管理队伍。同时要建立与国际接轨的人才公平竞争机制，设立流动编制，保证适度更新率。

中国农业科学院还以支柱产业发展为核心，通过技术成果投入和资本运营的方式，分专业、按产品大类整合全院内部资源，加强高科技产业发展的整体规划，“十五”期间，将部分转企研究所办成科技型龙头企业，全院组建 20 个左右的股份制公司，并争取 2~3 个公司上市。

（《人民日报》，2002-01-23，第 6 版）

科技服务惠农家

自 20 世纪 80 年代以来，我国建设了 1 300 多个粮、棉、油、糖商品生产基地，这些生产基地对主要农作物的区域化布局、规模化生产和作物增产有很大作用。

进入21世纪，如何更有效地发挥这些生产基地的作用，农业科学家们从实践中找到了最佳途径——开展科技服务。不久前，农业部组织专家对中国农业科学院棉花研究所等11个科研机构承担的“九五”全国优质棉基地科技服务项目进行了验收，专家认为，这些服务项目立项正确，服务目标与市场需求紧密结合，开展产前、产中和产后的服务内容新颖，科技服务架起了棉花科研、生产和棉纺企业的桥梁，对提升植棉业整体的科技水平起到积极的推动作用。

据中国农业科学院棉花研究所毛树春研究员介绍，科技服务涵盖全国主产区41县，建立示范区40万亩，辐射达1 740万亩，一大批杂交棉品种和转Bt基因抗虫棉品种在科技服务中得以推广，良种覆盖率达到了90%，累计增产皮棉30多万吨，取得效益34亿元。通过科技服务推广了一批简捷化、高效化生产技术，每亩省工节本增效150~200元，最高达300~500元；通过试验研究进一步建立了10套新的生产技术规程，使科技服务做到“使用一代、研究一代、储备一代”；培育了一批棉花高产新典型，起到很好的带动作用。

开展产前服务也是科技服务的一项重要内容。一是调研市场，了解到为提高竞争力，需要多样化、特色化、高档化、绿色和有机等优质高附加值的专用棉和“高等级棉”等信息，为棉花品种、品质和生产区域化布局提供了科学根据。二是开展以农户为基准的全程实时信息采集系统，在主产区定点定户300户，获取棉农当年面积、单产和总产等信息资源，开发出中国棉花生产决策系统，并结合纺织、消费、贸易和价格信息，定期发布棉花生产景气报告，为政府和棉农“今年种不种棉花和种多少棉花”提供决策依据，努力实现以销定产，产销平衡。棉花产前信息化的开发和服务社会作用大，反映强烈，深受欢迎。

根据产前信息化的市场调研，项目组对专用棉的开发进行了尝试。在示范区规模化种植长绒棉、彩色棉、中短绒棉、短绒棉和高比强棉等，与纺织集团公司签订了一批合同。特别是开创了我国有机棉规模化生产的先河，获得了国际有机产品认证机构的认证，与台港商签订了合同。由于专用棉采用“订单农业”，一般增值15%～20%。在优质专用棉的规模化生产形成了科工贸、农工商和产供销一体化经营模式的同时，科研机构也在服务中获得了经济效益。

（《人民日报》，2001-11-28，第6版）

让农业驶上信息高速公路

9亿农民终于有了自己的网站。2000年6月28日，中国第一家综合性网上农业交易平台——农网（http：//www.nong.net）在北京隆重推出，引起了农业界的广泛关注。

据中国农业科学院国际合作与产业发展局副局长、农网董事会主席钱克明博士介绍，农网（http：//www.nong.net）开通后，将致力于真正的网上农业B2B交易，从事全方位的综合性农业电子商务交易，为广大农民提供包括农业机械、农业生产资料、农业产品甚至农村生活资料交易在内的专业网上服务，并由中国农业银行总行提供全面网上结算系统支持。在农网www.nong.net“交易大厅”，你可以很快找到所需要的一切农业物资；在“会员办公室”，你可以发布产品信息或求购信息；通过“商情快递”，你可以随时掌握农资市场变化。专家称，农网的建立不仅拉近了厂商与分销商之间的距离，而且有利于加快农业生产资料和生活资料的流通，促进农业科技与经济的紧密结合。

作为一个农业大国，中国拥有9亿农民的广阔农村市场，将网络信息技术应用于农业，是加速发展农业经济的明智之举。为了尽早开辟这个世界上最广阔的大市场，中国农业科学院占尽先机，领衔组建了中国第一家也是唯一一家具有权威性的全国农业综合性网上交易平台，并以“九亿人的网”为奋斗目标，组成了包括中国一拖、TCL在线、洛阳春都、北大融通以及香港龙浩等实力雄厚的股东阵容。

农网执行总经理黄柏绶对农网的发展非常乐观。他说，农网既是一个全方位的综合性农业电子商务交易平台，又是最具实际意义的网上农村供销社和高效综合的农业信息网络中枢系统。我们将脚踏实地做实事，以造福中国9亿农民为宗旨，将农网建设成为国内外一流的专业电子商务网站。

农业经济与管理专家钱克明博士认为，农网是在变革时代应运而生的企业。它的产生必将加快农业生产资料和生活资料的流通，帮助农民企业和农民恰当地选择和获取市场信息，将先进的电子商务引入中国农业购销系统，使中国农业大踏步走向世界。

（《人民日报》，2000-07-18，第11版）

唐河巨变

唐河变了。

一排排低矮的农舍变成了一幢幢漂亮的二层楼房；一条条乡间土路变成了笔直宽阔的柏油马路；一座座荒岗变成了一个个果园；一片片农田上建起了一栋栋大棚温室……无论走到全县的哪个角

落，到处都能见到“中国农业科学院科技综合示范县”的招牌。唐河，已变成了农业科技成果转化的理想基地。

熟悉农业的人大都知道这样一句话：“农业大县，工业小县，财政穷县”。然而，河南省唐河县的领导层高瞻远瞩，千方百计找到了“科技”这根撑杆，成功地跳出了这个似乎无法走出的怪圈。

县委书记陈义生兴奋地说，几年来，他们同以中国农业科学院为主的52家科研单位合作，先后引进100多名专家进行技术指导，引入300多项农业新技术、新品种，用现代科技改造传统农业。从1995年到1999年，全县生产总值增长48%，农民人均纯收入增长65%，财政收入增长143%，城乡居民储蓄存款余额增长105%，农民人均纯收入和财政收入增长中分别有50%和35%来自科技的贡献。科技显示出巨大威力。

科技人员：唐河农村显身手

唐河县地处南阳盆地，是个典型的内陆农业大县，其人口数量、耕地面积、粮食产量均占全国的1%。改革开放以来，唐河经济有了较快发展，但一直没能改变结构单一、种植粗放、布局分散、效益低下的状态。面对农民增收、财政增收、县域经济综合实力增强的三重压力，县领导认识到，只有依靠科技改造传统农业，才能获得新的发展。

转折发生在1994年7月，龙潭乡乡长党万如带领3个村的干部到河北去参观考察梨树种植技术，路过郑州时碰巧在107国道旁发现了“中国农业科学院郑州果树研究所”的牌子。党乡长便带着大家进了研究所，又正好遇上科技推广处副处长叶永刚，叶处长热情接待大家，当他了解到农民们在梨树下种小麦时，便连连摇头说：“这不中！得种花生和西瓜。小麦是深根作物，和果树争养分，那梨树保准长不好。种西瓜一亩地最少能卖2 000元，再种一茬红萝卜，那票子净往你家里跑。不过，没有技术是办不成的。”村干部们听得心花怒放，党乡长一把拉住叶永刚的手说：“就请你到俺乡里去讲课，指导俺们种西瓜，中不中？”叶永刚被大家的热情感动了，他郑重地点了点头。

从此，叶永刚背着行李住到了龙潭乡找子庄村，走村串户宣讲无籽西瓜种植技术，并手把手教给农民。西瓜熟了，叶永刚又连夜印制了2万份材料，带着村干部到武汉农产品展销会上散发。西瓜全卖出去了，一亩收入超过2 000元，在全县引起了震动。第二年，无籽西瓜一下子在全县推广开了。

无籽西瓜的巨大成功，让许多农业科技人员看中了唐河这个大舞台，对他们产生了吸引力，农业专家纷至沓来。郑州果树研究所70多岁的退休西瓜专家尹文山，为推广无籽西瓜，自费印刷技术资料，不顾年迈体弱，经常深入瓜田作现场指导；畜牧研究所的孙保忠，是全国著名的牛肉营养专业博士，他还把承担的科研项目带到唐河，边研究边对唐河黄牛产业化进行全程指导。为了使牛肉分体及嫩化程度与国际市场接轨，他不顾三伏天的炎热，光着膀子，不分昼夜地在养牛场实验分析，对原有黄牛屠宰加工企业生产工艺流程进行了改造，引进了先进设备和牛肉嫩化排酸技术，制定了符合市场需求的分割标准，开发出牛肉产品50多个，使每吨牛肉增加效益6 000元。

如今，在科技人员和广大干部、农民的共同努力下，唐河已初步形成瓜菜、黄牛、唐酥梨、优质烟叶、种子、节水灌溉技术等几大产业，成为农村新的经济增长点。

政府：甘为成果转化搭桥修渠

唐河取得的成功还应归结于县委、县政府对科技和人才的重视。叶永刚在龙潭乡推广无籽西瓜取得成功的当年，引起了时任县委书记袁晴超的重视。袁书记立即约见了叶永刚，请他先给县乡两级干部讲课，再给1 000多名副科级以上干部讲课，连续40多天，叶永刚又下乡巡回作报告，一口气讲了26场，县上还把录音和录像带分发到村组播放。袁书记随后聘请叶永刚作科技顾问，县人大、县政府聘请叶永刚当科技副县长。

县委在深入调查的基础上，决定攀亲结缘，力争成为中国农业科学院科技综合示范县。1996年12月，南阳市市长王菊梅、唐河县委书记袁晴超率团到中国农业科学院汇报、洽谈院县合作，就科技人员、科研机构、科技成果如何走向市场，提出了有利于农民增收、有利于科研单位和科技人员增收、有利于财政增收的“三个有利于”合作原则，得到了中国农业科学院专家们的一致肯定和极大兴趣。双方草签了将唐河县作为中国农业科学院科技综合示范县的意向书。次年11月，中国农业科学院副院长许越先带领14个研究所的29位专家来到唐河，为唐河挂牌，推动双方合作向纵深发展。

为了确立科技在县域经济发展中的战略地位，县上除了建立由书记、县长牵头的科技领导小组外，县直各单位和各乡镇也建立了相应机构，做到“一把手”亲自抓科技。县委、县政府出台了一系列文件，并经县十届人大九次会议形成决议，把示范县建设的组织领导、科技投入、目标管理等工作纳入规范化、法制化轨道。在每年召开的县人代会上，科技副县长作《科技工作报告》，接受人大代表的审议和监督。

凡是来过唐河的农业科技人员都会有这样一个强烈的愿望：赶快到田间地头去，把科技成果尽早教给农民朋友！因为，来到唐河的科技人员毫无后顾之忧，他们不必亲自联系住处，更不必操心如何下乡。县上花了100多万元，把县政府招待所装修成“专家楼”，每间房子都装上了空调，都有独立的卫生间，安装了长途直拨电话，还为专家们配备了两辆专车。县科委还专门派出一名联络员，负责专家们的生活和工作，专家们想吃什么，给联络员打个招呼就行了，吃住全部免费。20个乡镇也都为专家们装修了带空调的房子，专供专家下乡休息。

全面合作，三方受益

在“三个有利于”机制的驱动下，唐河出现了5个方面的可喜变化：一是干部和群众的科技意识得到大幅度提高。初步解决了技术棚架现象；全县新技术推广率达到90%以上，良种覆盖率达到95%以上。二是种植结构趋于合理，农业发展后劲增强。全县已初步形成20万亩西瓜、10万亩优质梨、23万亩麦稻轮作吨粮田和一批特色产业生产基地。三是农副产品科技含量提高，市场竞争能力增强。科技的注入，使传统的农产品“脱胎换骨”，尤其是无籽西瓜和优质牛肉，已率先打响了唐河品牌，不仅在国内有较高的知名度和市场占有率，还打入了国际市场。有籽西瓜公斤价为0.4~0.5元，而无籽西瓜达0.65~0.85元；普通牛肉公斤价13元，而经过育肥的高档牛肉则达数十元甚至150元。四是在全国产生了良好的示范带动作用，提高了中国农业科学院和唐河县的知名度。五是促进了全县经济的健康发展。在1999大旱之年，全县财政收入仍达到1.85亿元，是1996年的1.5倍。

科研单位和科技人员在为唐河农业服务的过程中也获得了较高的经济收入。到目前为止，中国农业科学院和其他科研单位已从唐河直接获得技术服务费82万元，物化成果收益1 011.5万元。其中，1997年278.5万元，1998年386.5万元，1999年428.5万元。仅中国农业科学院郑州果树研究所近几年来获得各种收益748.5万元。不仅对稳定农业科研队伍发挥了作用，也促进了科研水平的提高。

广大农民的收益最大。龙潭镇找子庄村农民陈宗刚，全家5口人，靠种植无籽西瓜成为全镇有名的“瓜王”，他家盖了二层楼，楼上楼下有9间房子，给儿子娶了媳妇，日子越过越红火，今年他把全家的9亩地都种上无籽西瓜。村支部书记陈秋和高兴地说，俺们村已有30%的农户盖了楼房，40%的农户盖了平房，这都是种无籽西瓜给我们带来的变化。目前，无籽西瓜已成为全县的支柱产业，去年全县农民靠无籽西瓜一项人均增加收入59元，今年全县已落实无籽西瓜面积达15万亩。

（《人民日报》，2000-03-01，第5版）

专家提出解决早稻积压新思路

由中国农业科学院农业区划研究所唐华俊、陈印军等科研人员组成的课题组，日前提出了解决我国南方早稻积压的新思路，即在积极发展优质食用稻的同时，大力发展“三高”饲料早稻。

近年来，我国南方早稻积压和饲料短缺问题日益突出。为此，中国农业科学院同中国科学院、南京农业大学的科研人员组成课题组，承担了国家“九五”科技攻关项目“红黄壤地区粮食生产持续发展战略研究”，课题组在系统性分析研究的基础上，创建了红黄壤地区粮食生产波动性量化测算模型，提出了在南方双季稻主产区进一步推进早稻优质化和多样化是扭转目前早稻积压低效的关键，即在发展优质食用早稻的同时，积极发展“三高”饲料早稻，并加强饲料稻的综合开发。

从实际情况来看，我国南方目前已具备了发展优质早稻和饲料早稻的条件，中国水稻研究所等已育成了一批优质早籼品种。广东省1997年发展优质早稻800万亩，占早稻总面积的四成以上，较好地解决了早籼米质差、积压等难题。湖南省农业厅组织的试验结果表明，高蛋白饲用糙米完全可以取代玉米成为南方饲料工业高能饲料的主要来源。

据估算，如将南方双季稻主产区的1/3早稻改种“三高”饲料稻，以提高单产 20%计算，可产饲料稻谷 152.7 亿公斤，折合糙米 122 亿公斤，可以基本解决目前南方籽粒饲料短缺难题。

（《人民日报》，1999-03-23，第 5 版）

书记省长谢专家

1999 年 1 月 9 日下午，在京参加学习的贵州省委书记、代省长一行冒着严寒，专程赶往中国农业科学院，向其赠送一面锦旗，上面写着“科技扶贫成绩斐然” 8 个大字。中国农业科学院党组书记、院长吕飞杰高兴地接受锦旗。

贵州省委书记兴奋地说：“中国农业科学院响应中央号召，组织 28 个所 220 多名专家不远千里深入贵州坚持长期开展科技扶贫，做了大量扎实而卓有成效的工作。近几年贵州省农业连续 6 年获得大丰收，农村人口粮食已基本自给，实现了历史的跨越。这里面也渗透着中国农业科学院领导和专家们的心血和汗水，值此新年之际，我们代表贵州省 3 600 万人民向中国农业科学院的专家们表示感谢！”

的确，中国农业科学院对贵州的贡献是巨大的。3 年来，中国农业科学院把科技扶贫作为“三下乡” 的最高目标，集中全院科技力量，向贵州派出科技副职 35 人，引进优良作物品种 300 多个，累计实施项目 20 多个，资金总额达 1.5 亿元，赠送价值 210 多万元的仪器设备和图书、光盘等，培训技术骨干 4 200 多人次。

吕飞杰院长对贵州人民给予的大力支持表示感谢，他说：“开展科技扶贫是中国农业科学院深化科技体制改革的必然选择，贵州省领导重视科技、尊重人才，贵州人民勤劳、纯朴，给科技扶贫工作提供了许多便利条件，也深深打动了我们科技人员。”

贵州省领导一行还参观了作物品种资源研究所、生物技术中心、蔬菜花卉研究所等研究机构，双方还于当天正式组建了“中国农业科学院—贵州省农产品开发中心”。双方商定，今后要在农产品加工、优质烤烟、优质柑橘、饲料等领域深入展开全面合作。

（《人民日报》，1999-01-11，第5版）

科技降虫

“如果没有技术创新，就很难设想会有今天抗虫棉培育的重大突破”，今年以来，连续参加6个抗虫棉品种审定和验收的棉花专家们不禁发出了这样的感慨。令专家们兴奋的是，抗虫棉在大田生产中获得成功，必将带动更多的生物技术向实用化迈进，推动新的农业科技革命。

此时此刻，在座的每一位专家都不会忘记6年前棉铃虫猖獗时的情景：我国北方棉区大面积暴发成灾，当年的发生量为常年的20倍以上，在鲁西南、冀南、豫北等重灾区，棉花减产达50%，有的几乎绝收。其为害程度在我国历史上还未曾有过，仅黄淮海棉区每年损失60亿~100亿元人民币，损失程度接近于蝗灾。棉铃虫已成为我国棉花生产的“拦路虎”，疯狂的棉铃虫肆虐为害庄稼，除了电线杆子啃不动外其他的作物都要乱咬胡吃。为了治住虫害，棉农们不得不加大用药量，每年给棉田喷药次数高达15~20次，每亩仅农药成本就达80~100元，不料棉铃虫抗性不断提高，对任何农药几乎“刀枪不入”，大量的剧毒却无情地杀死了棉铃虫的天敌，又使棉铃虫失去天敌的控制，像脱缰的野马更加泛滥。广大棉农“谈虫色变”，一时也没有了办法，生产积极性受到严重挫伤，棉纺业也因此受到很大影响，也引起国务院及各级地方政府的高度重视。

难道棉铃虫真的就没治了吗？在这关键时刻，中国农业科学院棉花研究所又一次紧急行动起来。1993 年初春，在北京白石桥路中国农业科学院一间普通的招待所里，由农业部主持，对棉花研究所提出的“抗虫棉加速繁育利用及其配套技术研究”进行专家论证。

为了搞好这项重大科研项目。课题主持人、我国著名棉花育种专家汪若海研究员带领科研人员常年往返于北京中国农业科学院总部和远在河南省安阳市远郊农村的棉花研究所之间。为了查找资料方便，需要在天亮前赶到北京，他们就只得半夜从安阳上火车，从北京返回所里又正好是半夜，他们便深一脚浅一脚摸回实验室，继续挑灯夜战，向棉铃虫发起冲击！他们勇于创新，大胆运用生物工程技术与传统育种技术相结合的途径，把微生物苏云金芽孢杆菌的抗虫基因成功导入棉花，从而使棉花对鳞翅目害虫有高度抗性。特别是对棉铃虫及玉米螟、红铃虫等抗性很强，尤其对为害最严重的二代棉铃虫抗性十分显著，一般情况下可减少农药用量 60%～70%。抗虫棉的纤维品质与推广良种相当，符合纺织工业要求。有关部门领导和许多专家都认为“这是我国棉花育种史上一个新突破”，受到了广大棉农的欢迎，目前，他们育成的几个抗虫棉正迅速在适宜棉区推广。

与此同时，研究抗虫棉的另一支重要力量——中国农业科学院生物技术研究中心，承担了我国“863 计划”转基因抗虫棉重大关键项目的任务，中心组织全国 20 余家科研单位、数百名科技人员联合攻关。

课题组在郭三堆研究员的带领下，以拿出拥有自己知识产权的成果为目标，他们知难而进，下决心走自己人工合成杀虫基因，再导入棉花的技术路线。要人工合成杀虫基因，绝不允许有丝毫的差错，其难度是可想而知的！从此，课题组主要成员都放弃了节假日，不分昼夜，连续工作。经过多年不懈努力，终于攻克了一道又一道难关，取得了重大突破。至今已育成 12 个抗虫棉优良品系，其中两个已通过品种审定。去年，当棉铃虫再度严重发生时，这些国产抗虫棉又一次经受住了严峻的考验。经专家鉴定，国产抗虫棉抗虫性显著而稳定，防虫效果与外国抗虫棉相当，纤维品质好，丰产性强，亩产皮棉可达 100 公斤以上，而化学农药用量至少节约 80%，大大减轻了环境污染和人畜中毒事故。

国家“863 计划”生物技术领域专家委员会委员、中国农业科学院生物技术研究中心主任黄大研究员不无感慨地说，如今，我国已成为世界上第二个独立开发成功转基因抗虫棉并拥有自己知识产权的国家。抗虫棉的育成再一次证明，只要我们选准方向，集中力量，完全可以攻占农业科学技术的制高点。

试验、示范抗虫棉就要承担高科技带来的风险。河北省河间市国欣农研会便是这样一支敢冒高技术试验风险的农民科技组织，年轻的农研会理事长卢怀玉农艺师，4 年前从中国农业大学毕业后，毅然放弃优越的工作条件，回到农村，回到其父亲创办的农研会。他亲眼看到农民们在生产中遇到靠常规技术无法解决的难题时所表现出的焦急与无奈。就连他们这个以推广植棉技术为专业的农研会也难逃棉铃虫带来的厄运，虽然用上了各种防虫技术，也难克顽虫。弃棉不种的会员越来越多，眼看农研会的植棉业要垮下来。正在这时，他们得知中国农业科学院棉花研究所、生物技术研究中心等都在培育基因抗虫棉，便三番五次登门求教，要求承担抗虫棉的试验、示范任务。在专家们的支持下，经过连续 3 年大胆引进和多品系试验，承担了巨大的风险。在试验过程中曾一度遇到很多曲折，处于内外交困的两难境地。但他们坚信高科技不动摇，以百折不挠的精神奋战3年，耗资120万元，为早熟抗虫棉“93-6”的审定推广发挥了巨大作用。

（《人民日报》，1998-10-15，第5版）

特菜喜迎春

大棚内，在无土栽培架上，一盘盘刚刚发芽的紫苗香椿、娃娃缨萝菜、芦丁苦荞、龙须豌豆苗……外形整齐，色泽碧绿，正在快速生长。大棚外，一片片菊苣、马兰头、苦荬菜、枸杞紧密相连，竞相吐芳。这是记者最近在北京春社蔬菜技术研究开发中心看到的一批新菜特菜品种。

这个占地60亩的蔬菜技术开发中心以中国农业科学院蔬菜花卉研究所为技术依托单位，转化该所的新成果、新技术。由芽苗菜专家王德槟研究员、张德纯副研究员率领课题组研制成功的芽苗菜栽培技术，以植物的种子、根茎为原料，采用工厂规模化生产的方式，促使种子和根茎在适宜的温、湿度条件下直接发芽，成为营养丰富、优质保健、速生清洁、无污染、无公害的新型高档蔬菜，已被中国绿色食品发展中心认定为“绿色食品”，现已推广到全国300多个城市。春社蔬菜技术研究开发中心看准了这项前景广阔的技术，他们要进一步配合中国农业科学院的专家，开发出更多的芽苗菜品种，满足市场需求。

除了芽苗菜，中心还试种了许多新菜、特菜。像菊苣，它的栽培方法就很特别，先进行直播，待肉质根成熟后将其收获，放在黑暗的环境中进行囤栽，即长成鹅黄色的菊苣芽球，它含有野莴苣和山莴苣苦素，有清肝利胆的功效，是目前国际上最流行的优质高档蔬菜之一。还有枸杞头、枸杞嫩梢，经中国农业科学院专家们努力，首次将其变为一种特菜，它含有较丰富的蛋白质和粗纤维、各种矿物质、维生素等，可以预防干眼症、夜盲症等。专家试种成功的花椒蕊也是前所未有的，同样具有多种保健作用。

中国农业科学院蔬菜花卉研究所研究员王德槟深有感触地说：随着人民生活水平的不断提高，特菜的更新速度会越来越快，今天的特菜明天就很可能成了大众菜。因此，我们要面向市场加强科研和开发，把春社蔬菜技术研究开发中心办成一个面向全国的特种蔬菜新技术推广、繁种和培训的窗口，源源不断地为市场提供特菜新品种和新技术。

（《人民日报》，1998-07-11，第 7 版）

远山送科技

初冬的贵阳，雨凇凝重，寒风吹拂。70 多位肩扛器材、手提书箱的科技人员陆续从祖国各地赶到贵阳，开始中国农业科学院今年第二次赴黔科技扶贫。

一

贵州，西部云贵高原上的山区省份；中国农业科学院，地处北京的花园式最高农业科研机构，他们缘何千里联姻？负责组织赴黔科技扶贫工作的中国农业科学院党组副书记高历生的回答简单明了：这是我院面向经济建设主战场的需要，也是贵州省脱贫致富的需要。

其实，早在前几年中央发出向中西部进军的号召后，中国农业科学院党组就毅然作出在贵州、新疆、宁夏投入科技力量，把科研成果推向老少边穷地区的决定。由中国农业科学院院长吕飞杰等 3 位院领导带队，有关研究所所长和专家组成的 18 人考察组即赴贵州，进行了多层次、多渠道、多形式的考察与调查分析，签订了中国农业科学院与贵州科技与开发合作等数十项合作协议。

二

险峻奇拔的峭岩，连绵起伏的山峦，给黔山高原平添一分绮丽的自然景色。但这些自然景色却常让挂职担任铜仁地区科技副专员的玉米专家、高级农艺师赖铭隆紧锁眉头。在“地无三里平，十里不同天”的贵州山区，由于缺少土地，许多农民只能在坡度很大的山坡上点种玉米，不施肥、不浇水，长出的玉米一场大雨会冲走，几天无雨又旱死，基本上是靠天吃饭。赖铭隆来到这里，根据当地土层浅薄、保水保肥性能差的特点，引进推广营养钵保温育苗移栽技术。这一技术很灵，使玉米成熟期提前，避开伏旱，很快在贵州省许多地县推广应用。每年春节刚过，赖铭隆就千里迢迢来到贵州一头扎向田间地头，指导农民备耕备种。在沿河这个国家重点扶贫县，他走遍了全县 22 个乡镇，全县 80%的农户直接或间接地接受过他的玉米生产技术传授，当地农民都知道中国农业科学院来了一个“赖苞谷”（苞谷即玉米）。

在贵州科技扶贫的专家中，像赖铭隆这样的专家还有许多。中国农业科学院专家到贵州省科技扶贫，自然遇到了语言不通、对工作生活环境不适应等诸多困难。但专家们对自己从事的事业无怨无悔，不计得失。茶叶研究所研究员权启爱在石阡县安营扎寨，晴天一身汗，雨天一身泥，建起了优质茶园和 5 个茶厂，年加工能力 400 多吨，当地农民富了，当地干部也乐了。去省城，汽车在山路上抛了锚，他跳下来就帮着推车，沾满一身泥水。吴亦侠省长接见他时，他手掩着西装上擦之不掉的泥痕，很不好意思：“很过意不去，我着急来，只带了一套西装，衣衫不洁就见省长。”吴省长一把紧紧握着他的手：“不！过意不去的是我，你远离研究所、远离亲人来这里扶贫，我要感谢你啊！”

三

中国农业科学院自去年开始，不断在贵州调兵遣将。全院 38 个研究所有 25 个研究所在今年向贵州派出专家进行科技扶贫，19 位科技副职常年扎在山区帮助领导地方科技工作。不同专业、不同时节派往贵州各地进行现场考察、咨询、指导生产的各类专家 200 多人次。这次中国农业科学院专家还专门编辑出版了《贵州农业实用技术汇编》，为贵州制作了《中国农业科学院实用技术成果 200 项》光盘，向贵州赠书和生产指导材料 1 万多册以及 200 多万元的仪器设备。

中国农业科学院把各类项目实施作为提高科技扶贫质量的重要途径。今年双方联合实施的 100 万亩玉米高产攻关项目，通过玉米良种应用、肥球育苗技术、平衡配方施肥技术、分带轮作技术的实施产量明显提高。据抽查，在项目实施区域内平均亩产达到 369 公斤，比这些地区前三年平均单产增加 29.2%。建立的一批示范区、示范田、示范园，如万亩优质烤烟生产基地、10 万亩以脐橙为主的优质柑橘基地、优质高效名茶基地在今年都取得了良好的进展，在当地发挥了示范、带动作用。

（《人民日报》，1997-12-17，第 10 版，《热点寻踪》）

播撒知识良种

一批特殊旅客

今年 2 月 22 日晚 8 时，从北京开往贵阳的 87 次特快列车刚驶出北京西站，14 号车厢里就开始热闹起来了，乘客们三五成群挤在一起，兴奋地交谈着、议论着，就像一家人一样亲密无间。列车员这才注意到，他们这节硬卧车厢来了一批特殊旅客。瞧那行李架上，既没有高级的旅行箱，也没有大宗物品，只有一捆捆还散发着油墨香味的书刊和资料以及成袋成袋的东西，打开一看，尽是各种农作物的种子……原来，这批乘客全是中国农业科学院的专家，共有97人，组成“科技下乡团”，专程赴贵州送科技下乡。

“贵州农业这几年有了较大发展，但潜力仍然很大，我们农业科技工作者在那里大有用武之地”，曾在铜仁地区连续9年开展科技扶贫的玉米专家赖铭隆正向围在他身旁的同事们介绍贵州情况。老赖先后推广了10项玉米配套高产栽培技术，使铜仁地区粮食产量大幅度增长，在当地成了家喻户晓的扶贫专家，农民们亲切地尊称他为“赖苞谷”。

春节前，刚刚度过25岁生日的《农业科技通讯》杂志社，派下海军编辑带了一大批杂志，准备送到基层干部和农民手中。院科技局还组织人力加班加点，专为贵州等中西部地区赶编了一本《实用科技成果200项》，是从中国农业科学院近3 000项成果中精选出来的，书后还附有各所的详细地址、邮编、电话、电报挂号等，便于农民联系。

记者在车厢来回一看，发现院机关各局、各所几乎都派一位领导披挂上阵，知名的专家也来了不少。院办副主任安成福研究员兴奋地说：“这是中国农业科学院响应中宣部等提出的‘三下乡’活动、实施进军中西部战略的实际行动，院里这次下了很大决心，吕飞杰院长等院领导亲自组织、带队，从京内外24个研究所抽调了97位专家，这在中国农业科学院还是第一次呢。”科技局局长信乃诠接过话茬说：“加上已到贵州任科技副县长的12位专家，这次实际共有109人，大家的目的只有一个：多给贵州办些实事！”

深夜，车厢已熄灯了，但仍然有人借着地灯昏暗的光线在备课……

让科技下村入户

26日一大早，专家们不顾连续乘车42小时的疲劳，分成9个组分赴贵州 9 个地、市、州。连日来，大家都沉浸在悼念小平同志的悲痛之中。一路上，专家们不禁回忆起小平同志 1964 年 7 月视察中国农业科学院特产研究所时的情景。陈庆沐副研究员深情地说：“小平同志作出了农业最终要靠生物技术来解决问题的英明论断，这是对农业科技工作者的极大鼓舞，我们要以搞好这次下乡扶贫的实际行动来悼念敬爱的小平同志。”

当赴安顺地区的专家组来到普定县马官镇号云村时，村民们呼啦一下围过来问这问那。这个有 340 户人家的村庄大抓农业科技工作，走科技致富之路，在全省率先办起了村农业技术学校、村农业综合技术研究会，建成近 300 亩蔬菜基地。专家们来到村科技带头人杨德祥家的菜地里仔细查看，对他的种菜技术给予鼓励。蔬菜专家谢丙炎边看边说：“育苗要通风透气、防止病害，苗床每年都要换个地方，新菜区最好集中育苗……”杨德祥连连点头。

贵阳市郊区的黔陶乡骑龙村罗依寨，是江泽民总书记去年视察过的地方，全寨 23 户苗族农民前年刚从海拔 1 550 米的山上搬下来，住进了新房子。科技局局长信乃诠率专家组专程赶到这个山寨，村民们早已等候在村口，并以舞蹈欢迎。著名畜牧专家赵含章研究员连一口水都顾不上喝就直奔农户家里。在吴国成家的畜圈里，养着 6 头猪、5 只兔和 3 头牛，赵含章俯下身，用手逐个摸着猪，查看猪的生长情况，随手抓起一把猪食放到眼前仔细观看：“你给猪喂的是熟菜吧？”“是的”吴国成答道。“菜煮熟了猪吃得多”，“是这样子的”吴国成连忙插话道。“但是，生完猪仔的母猪要生、熟料各加一半来喂，因为生的菜叶维生素含量高，对猪的营养好。”“谢谢指导。”吴国成拉着赵含章的手感激地说道。

在贵阳市乌当区，听说农民企业家刘元举准备兴建一个 10 万头规模的大型养猪场，专家们不禁锁紧了眉头，这么大规模的养猪场，国内目前还没有，世界上也少见啊。专家组赶紧前去考察，发现这10万头猪场集中建在400亩土地上，他们就猪场布局、供水、排污、防疫、引种等方面提出了改进意见。在花溪区青岩科技示范镇，专家组现场察看了300亩桃树基地，见刚定植的苗子太小、埋得太深，果树专家左覃元研究员二话没说，就挽起袖子，下地当场示范正确技术，镇领导当场指示，立即学习、推广专家的方法。专家们一边调研，一边开办讲座，用了5个半天时间，分别就自己专业领域的最新动态及国际上的一些热点、难点问题，和我国将采取的措施详细作了讲解，受到干部和农民们的欢迎。镇宁县有个乡不通车、不通电，为了听专家讲课，乡长带着干部提前一天赶到县城，听完课，乡长大声说："真是大开眼界，不虚此行!"

踏上科技扶贫的征程

半个月下来，百位专家走遍了30个县、101个乡镇的畜牧场、茶场、苗圃、农户等，举办各种专题报告会和系列讲座64场次，培训农业干部和技术骨干2 500人次，向当地赠送各类书籍35种1 220本，杂志340多册，挂图及内部宣传材料等3 480份，赠送各类作物种子13种以及一批实验试剂，还现场签订了13项科技合作意向协议。

3月7日，在贵州省政府举行的座谈会上，省委副书记王思齐说："中国农业科学院'科技下乡团'专业齐全、阵容强大。各位专家求真务实、无私奉献，使所到之处的干部和群众十分感动。专家们的建议很有见解，针对性强，省委、省政府将认真研究落实。"中国农业科学院院长吕飞杰在会上说："这次科技下乡活动从人员数量、时间、路程等方面在我院历史上都是空前的。这次虽然取得了一些成绩，但这仅是我们与贵州全面合作迈开的第一步。这次是来认门的，今后要加强与各地、县的联系，为贵州引进优良品种和实用技术，培养实用人才。"

这批专家才回京一个月，赖铭隆、吕凤金等一批专家又乘上开往贵州的列车，去逐项落实所签订的协议，踏上了科技扶贫的征程。

（《人民日报》，1997-04-09，第10版）

记植物病虫害生物学国家重点实验室

近两年来，我国广大棉区棉铃虫连续暴发成灾，引起了上至国务院领导、下至普通棉农的高度重视。小小的棉铃虫为何有如此巨大的威力？人们不禁要问，怎样才能从根本上治服这样的虫害？植物病虫害生物学国家重点实验室就是专门为控制这些重大病虫害而建立的，这里的科技人员正夜以继日地研究、探索病虫害发生、发展规律，为防治病虫害提供最新的科学依据。

据联合国粮农组织统计，全球农作物因病虫害造成的产量损失分别为：粮食达10%，棉花达20%，蔬菜、果树达40%～50%。有史以来，人类与病虫害的斗争就一刻也没有停止过，曾多次出现因病虫害大暴发而导致人类饥饿的悲惨局面。新中国成立45年来，我国成功地控制了蝗灾的危害，在国际上首次搞清了黏虫的迁飞规律，并在小麦锈病、棉铃虫等病虫害防治研究方面取得重大成就。中国农业科学院植物保护研究所作为主要研究单位作出了重要贡献，涌现出一批国际知名的专家、教授，植物病虫害生物学国家重点实验室就是依托于植物保护研究所建成的。

实验室建成3年多来，实行“开放、流动、联合”的运行机制，承担了包括“863计划”、国家自然科学基金项目在内的各类课题23项，设立开放基金13项，现已取得14项中外瞩目的重大研究成果。

植物青枯病一直是危害主要经济作物的不治之症，对其病因和防治的研究属世界性难题。由何礼远、康耀卫等主持研究的项目“青枯病菌胞外蛋白输出缺失突变体及有关基因克隆”，在世界上首次获得了青枯病菌胞外蛋白缺失突变体，明确了它在青枯病致病过程中的作用。这一成果为有效防治植物青枯病提供了理论依据，得到了国际学术界的好评。

黄矮病是小麦生产中最主要的病害，产量损失较大，迄今为止，世界主要产麦国还没有从普通小麦中发现抗性材料。由成卓敏、何小源等主持的“利用生物技术人工构建小麦对大麦黄矮病毒的抗性基因”研究，利用大麦黄矮病毒外壳蛋白基因，人工构建小麦对病毒的抗性基因。这一成果开辟了我国培育抗病毒小麦新品种的新路。

由黄大昉、张杰、彭于发等主持进行的“苏云金芽孢杆菌杀虫蛋白基因导入荧光假单胞菌”研究，成功地把药效短、不稳定的苏云金芽孢杆菌的杀虫蛋白基因导入荧光假单胞菌，经过改良的这一新菌对小菜蛾、玉米螟、棉铃虫等害虫杀灭作用显著。该成果将使我国农业开拓出一条以遗传工程微生物防治病虫害的新路。著名棉虫专家郭予元主持开展的“营养对棉铃虫的飞行和繁殖力的影响及棉铃虫滞育”研究，首次在实验室条件下用800头棉铃虫做飞行试验，发现每头棉铃虫一个晚上平均能飞77公里，这一重大成果对解释棉铃虫突发、暴发成灾以及预测预防和组织有效防治均有重要意义，引起学术界普遍重视。

我国平均每年霜冻面积约34万平方公里，最重年份达77万平方公里。因霜害造成的农作物每年损失达30亿元。孙福在等人同中国农业科学院农业气象研究所合作，在国内首次立题进行“冰核活性细菌和防止农作物霜冻新技术研究”证明冰核细菌是诱发和加重植物霜冻的重要因素，深入研究了我国冰核细菌种类、分布、诱发霜冻机理和防霜新技术，填补了国内空白，有些方面有新发现和新进展，达国际领先水平。利用冰核细菌开展人工降雪研究也取得一定进展，为我国大面积开展雪上运动奠定了基础。

到目前为止，该实验室已接待了来自美、苏、日、英、法、德等18个国家和地区近140名专家教授访问，并建立了广泛的国际联系。实验室副主任周大荣研究员在第19届国际昆虫学大会开幕式上代表我国昆虫学工作者所做的大会学术报告获得一致好评，为我国争得了荣誉。

谈起实验室的成就，何礼远主任谦虚地说，我们还要加倍努力，更好地为发展农业服务。

（《人民日报》，1994-11-19，第3版）

发展农业最终靠科技

新年伊始，中国农业科学院37个研究所的所长们就分别从全国14个省、市匆匆赶到北京，共商农业科研大计。

最近部分地区粮价上涨牵动着每位所长的心，农业要再上台阶，科技究竟应该怎么办？王连铮院长一席讲话，让农业科学家们感到振奋。党的十四届三中全会之前，中央专门召开农村工作会议，农业部近日又开了全国农业工作会，几个会议都对农业科技工作提出了新的要求和任务，解放思想，建立新的农业科技运行机制，适应社会主义市场经济的需要，成为中国农业科学院改革的当务之急。农业形势迫切需要中国农业科学院拿出更大、更多的成果。

作为农业科研的“国家队”，中国农业科学院在基础研究、应用研究、推广、开发、培养人才等方面都取得一流的成果，为农业发展作出了巨大贡献。他们的研究无一不与人民生活息息相关，家家户户餐桌上的每一种食物，中国农业科学院几乎都有专门研究所去研究。在过去的一年里，该院共获各类成果 64 项。水稻研究所育成的杂交水稻新组合“汕优 10 号”，推广面积达 2 600 万亩，获国家科学技术进步奖一等奖；蔬菜花卉研究所培育的“中蔬 5 号”“中蔬 6 号”番茄新品种已在 25 个省推广，获国家科学技术进步奖二等奖；作物品种资源研究所承担的“粳型稻种的起源及耐旱性与耐冷性”研究已通过国家自然科学奖的初审，这项重大的基础研究将对水稻遗传育种产生重要影响。

发展农业最终要靠科技。油料作物研究所所长郭庆元对此体会更深，他们培育的“中油 821”油菜新品种，自 1985 年以来一直是我国油菜的当家品种。在过去的一年里，油料作物研究所各类成果应用面积达 3 000 多万亩，社会经济效益达 6.7 亿元。

作物品种资源研究所不仅在基础理论方面取得重大突破，还建成亚洲最大的种质资源库，收藏了 20 多万份作物资源。他们把目光大胆地移向市场，重点开发杂粮保健品。该所培育成功的爆裂玉米“黄玫瑰 1 号”“黄玫瑰 2 号”“黄玫瑰 3 号”新品种，现已风靡全国，占领了国内 80%以上的市场，结束了我国爆裂玉米依赖进口的局面。最近，研究人员别出心裁，研制成功小米冰激凌。他们下一步的目标是：让杂粮制品走进高级饭店和人们的餐桌。

柑桔研究所何天富所长正为全国柑橘生产中出现的品种杂乱无章而担忧，我国柑橘面积居世界首位，但出口量却不到国际上的 1%，几乎没有竞争力。他正焦急地向有关部门起草一份加强柑橘品种改良的建议。

（《人民日报》，1994-01-17，第 3 版）

南方红黄壤，新的开发热点

当东北的三江平原、华北的黄淮海平原、西北的黄土高原和北方旱地农业研究开发如火如荼的时候，另有一批科技人员已经把目光移过长江，盯上了南方的红黄壤。

红黄壤地区遍布南方15个省（自治区），面积达218万平方公里。尽管其耕地面积只占全国耕地的28%，然而，这里生产的粮食和经济作物占到全国产量的一半以上，主要农作物生产量在全国均占重要位置，烤烟、桐油、油茶等经济作物都是独有的。

同干旱的北方相比，红黄壤地区雨量充沛，光照和热量丰富，特别适宜作物和林木生长，农业生产潜力巨大。据统计，这个地区约有80%以上的山区、丘陵地区生产潜力没有很好地发挥出来。比现有耕地多一倍的荒山荒地没有得到合理开发和利用，38%的现有耕地处于低产田水平，年亩产低于300公斤。

红黄壤地区的东南沿海属国家重点经济开发区，北面是长江流域开发区，西南与东南亚一些国家接壤，地理位置十分优越。其中有许多大城市作依托，经济文化比较发达，交通方便，乡镇企业也有一定基础，商品经济较为活跃。目前，国家已在这里建立5个经济特区、8个沿海开放城市和8个高新技术开发区。有专家预计，今后5~15年内，南方红黄壤地区的农业以至整个经济将会有一个大的飞跃，有可能在全国率先达到小康水平。

然而，红黄壤地区人均收入很不平衡，多数地区低于全国平均水平，边远山区还相当贫困。人均占有耕地仅相当于全国人均耕地的1/3，预计到2000年，人均耕地将由现在的1亩减少到0.86亩。而耕地的后备资源不多，加上植被破坏，水土流失面积增加，季节性干旱也日益加剧。据统计，新中国成立40年来，长江流域每年旱灾面积平均达9 000万亩，这些因素限制了资源潜力的发挥。

红黄壤是在高温多雨环境下遭受强风化强淋溶形成的老年性土壤，这类土壤的基本特点是酸、黏、瘦。由于酸性强，质地黏重，蓄水保墒和保肥供肥性能都差，造成植物所需的多种营养元素缺乏。据普查统计，该地区耕地几乎都缺氮，100%的旱地和60%的水田缺磷，58%的耕地缺钾。

目前，国内外在红黄壤地区的研究有两种主要趋势。一是从红黄壤某些基本性质的基础研究入手，进一步探求红黄壤改良利用和农业生产的新技术。二是进行综合研究，宏观研究与微观研究结合，农林牧不同利用方式结合，生态治理与经济发展结合。我国政府十分重视红黄壤地区的治理与农业发展工作。新中国成立以来，中央和地方先后组织了科研、生产、教育部门的专业人员对红黄壤的资源、类型、分布等进行了大量研究，并在耕作制度、品种改良、栽培技术改进等方面取得重大进展，对这个地区粮食发展起到了重要作用。

在“六五”“七五”期间，农业部把南方红黄壤综合改良利用列为重点课题，在浙江、江西、湖南、贵州、云南5省建立了6个实验基点，中国科学院和各省有关部门也建立了一批实验基点，取得了许多重要科技成果。

“八五”期间，红黄壤综合治理研究被列入国家重点科技攻关计划，由中国农业科学院主持，组织中国科学院、南方各省农业科学院、农业大学、农业厅和科委等共计389名科技人员参加。又进一步明确了研究方向，即：以中低产地区的综合治理和农业持续发展为目标，通过治水改土，培肥地力，有效控制水土流失，研究提高土地综合生产能力的多种模式及其相应的配套技术，最终建立高产、高效、优质、低耗的持续发展农业生产的样板。为此，国家批准在浙江、江西、湖南、四川、贵州、云南等省区共设立10个代表不同类型地区的攻关试验区。还设立了三大专题，即“红黄壤地区农业持续发展的宏观战略研究”“红黄壤退化机制和防治措施的研究”“红黄壤不同类型地区作物周年高产稳产高效调控技术研究”。以试验区研究解决各种发展模式及其配套技术问题，以专题研究进行宏观控制与专项关键技术的突破，组成点与面、微观与宏观、全面发展与专项深入相结合的研究体系。红黄壤研究开发从此进入了新阶段，引起了世人的关注。

两年来，攻关研究取得显著进展，已通过鉴定的成果27项，推广面积达55万亩，直接经济效益9 754万元。现已初步提出了红黄壤不同类型区粮食与经济作物持续高产稳产的农作制度及相应的配套技术体系。

（《人民日报》，1993-11-16，第11版）

拼搏在农业科学前沿

在中国农业科学院文献信息中心东侧，一座乳白色大楼格外引人注目，这便是该院最年轻、充满活力的一个研究机构——生物技术研究中心。近百名科研人员夜以继日地奋战在农业科学的最前沿。

以重组DNA为核心的现代生物技术始于20世纪70年代。它突破了生物物种间遗传物质转移与交换的天然屏障，使人类从对生物的简单认识和利用一跃进入按照自己的意愿改造和创造生物性状的新时代。80年代以后，植物生物技术的发展异军突起。1983年国际上第一例转基因植物诞生，随后几年，转移抗病毒、抗虫、抗除草剂基因的农作物，如烟草、番茄、马铃薯等相继问世，并开始进入田间试验。这些喜讯如滚滚春雷，震撼了国际生命科学领域，激荡起人们将生物技术应用于农业的美好遐想。

改革开放后最早走出国门的一批农业科技工作者，如沈谨朴、贾士荣、尤崇杓、岳绍先等最先感受到了国内外科技发展的强烈反差，也最先意识到这是我国农业科学发展的新契机。他们一回到祖国，便向中国农业科学院和农业部提出了创建农业生物技术专门研究机构的建议。当时以何康、卢良恕为首的部、院领导对专家们的建议给予坚决的支持。院党组专门成立了生物技术研究领导小组，并决定集中精兵强将，将先期建立的院分子生物学和基因工程研究室（挂靠在土壤肥料研究所，范云六负责）与植物细胞工程和单克隆抗体课题组（设在蔬菜研究所，分别由贾士荣、蔡少华负责）合并，组建一支敢于攻坚，敢为人先的科技骨干队伍。时隔 10 年，我国科技工作者已经在国际农业生物技术领域中占有一席之地，成为一支不容忽视的力量。10 年实践已有力地证明了当年创建生物技术研究中心，加快农业生物技术发展的建议和决策是完全正确的，是非常及时的。

生物技术中心筹备期间和成立之初一共只有二十几位同志，缺乏足够的研究经费，没有像样的仪器设备，3 个实验室分散在土壤肥料研究所和蔬菜研究所，工作条件十分艰苦。但是，共同的理想和目标把大家紧紧地凝聚在一起，在沈谨朴、范云六、贾士荣等同志的带领下，全体成员不计名利、不计报酬、团结合作、埋头苦干，短短几年间科研工作就取得了一系列进展。K88—K99 双价基因工程疫苗的构建与应用，黄瓜、白菜等植物原生质体培养，马铃薯遗传转化，马铃薯 X 和 Y 病毒单克隆抗体试剂盒研制，苏云金芽孢杆菌杀虫蛋白基因克隆以及转基因水稻等接连获得成功。近年来，生物技术中心取得了一批高水平的研究成果。特别是“863 计划”重大关键技术项目——棉花抗虫基因工程研究取得了重大突破，使我国成为世界上成功进行 Bt 杀虫蛋白基因人工合成与转移育成抗虫棉花的第二个国家。转基因抗虫棉株系的获得，大大加速了我国农业生物技术产业化的进程，为减轻棉铃虫的危害带来了希望。其他重要的科研进展和成果还有：抗菌肽基因的合成与抗青枯病马铃薯转基因株系的获得，转双价基因抗虫烟草的培育，高含硫氨基酸转基因苜蓿的研究，马铃薯 Y 病毒中和抗体重链和轻链基因的克隆与序列分析等。这些达到了国际先进水平并具有创新与特色的研究成果已为国内外科学家们所瞩目。

高技术的竞争，归根到底是人才的竞争。高水平一流人才的培养和一支能攻坚的科研梯队的建设是取得竞争胜利的关键。生物技术中心现在拥有以范云六、贾士荣研究员为代表的我国农业生物技术领域的知名专家和学科带头人。他们献身科学的敬业精神、严谨求实的治学态度和勤奋顽强的工作作风为年轻一代树立了榜样。在他们的精心培养下，一大批中青年科技人才正在迅速成长。10 年来，生物技术中心共培养了博士毕业生 11 名，硕士毕业生 27 名，博士后 1 人，现有在读博士和硕士研究生 22 名。目前，已有 3 名中青年获得该院学科带头人的提名人，2 名被农业部评为有突出贡献的中青年专家。在年轻一代中，不少人已在国际或国内生物技术舞台上崭露头角，取得了显著的成就，郭三堆研究员就是其中的突出代表。他多年坚持扎根于祖国的土地，敢于攻占农业生物技术的制高点。为了早日育成我国自己的转基因抗虫棉，他带领一批有志青年夜以继日，奋力拼搏，终于获得了达到国际先进、部分为国际领先的研究成果，为我国农业的发展作出了重要贡献。抗虫棉课题组因其出色的工作在最近国家高技术研究发展计划实施 10 周年庆祝大会上荣获先进集体的光荣称号。

中心主任黄大昉研究员兴奋地说，10 年来，生物技术中心的科技人员共承担“863 计划”、国家自然科学基金项目、攻关项目、国际合作项目等共 58 项，获得国家与部级科研成果奖励 9 项，已鉴定成果 15 项，申请国家科技发明专利 3 项，在国内外发表论文超过 200 篇。此外，1992 年以来，生物技术中心共接待各国学者来访 40 余次，邀请国外专家讲学 14 次，接待国内外近 40 个科研与教学单位的客座研究人员 60 余人。这一切说明生物技术中心已成为我国农业生物技术领域一支重要的骨干力量，在国内外产生了广泛的影响。

（《人民日报》，1996-07-17，第 10 版）

消息篇

我国科学家发现水稻高产基因

记者于22日了解到，中国农业科学院作物科学研究所周文彬研究员团队在水稻中研究发现了水稻高产基因*OsDREB1C*。

北京时间7月22日凌晨，相关研究成果在国际著名学术期刊*Science*以研究长文的形式在线发表。该研究历时7年完成。

据介绍，基因*OsDREB1C*可提高光合作用效率和氮素利用效率，显著提高作物产量，可使水稻提前抽穗，打破了农业生产中长期存在的“高产不早熟、早熟不高产”矛盾。

该研究工作为培育更加高产、高效、早熟的作物品种提供了基因资源，为作物增产和减少氮肥施用、实现“绿色高效”提供了解决方案。

研究团队2018年至2022年间在北京、三亚、杭州的多年多点田间试验发现，在主栽水稻品种“秀水134”中过表达该基因，可使抽穗期至少提前2天，产量显著提升。

（《人民日报》，2022-07-23，第4版）

“大食物观”线上学术研讨会举行

农业农村部食物与营养发展研究所日前举行“大食物观”线上学术研讨会。会议以“大食物观”为主题，围绕动物、植物、微生物等食物资源的开发现状、重要创新进展及存在的问题开展研讨。

研讨会交流了营养视角下我国食物自给率的现状、植物性食物开发思路、动物蛋白保障方案、水产品生产潜力分析、植物基和替代蛋白等未来食品发展的重点任务与挑战，提出了下一步的创新方向和政策建议。中国农业科学院党组书记张合成介绍，科技创新要突出重点，强化粮食安全战略研究，加强耕地到国土空间拓展创新，加强非农业资源拓展创新，加强食物品种生产方式创新。国家食物与营养咨询委员会主任陈萌山表示，有关方面要以大食物观为指引，按照新发展理念的要求，在确保粮食安全基础上，抓紧构建与大食物观相适应的政策体系和技术支撑体系，全方位、多途径开发食物资源，以更好地满足人民群众日益多元化、健康化、个性化的食物消费需求。

据了解，会议进行了网络直播，1.8 万余人次实时在线观看。

（《人民日报》，2022-06-08，第 6 版）

中国农业科学院实施“增粮科技行动”

中国农业科学院日前举行“增粮科技行动”发布会，发布了相关发展目标与重点任务。这是中国农业科学院继推动实施“使命清单制度”，发布“强种”“沃田”科技行动后，开展的又一项重大科技行动，将为实现“口粮绝对安全、谷物基本自给”提供有力科技支撑。

中国农业科学院副院长、中国工程院院士王汉中表示，“增粮科技行动”的核心是实施水稻、小麦、玉米、大豆、马铃薯五大作物增粮科技攻关行动，聚焦高产优质（宜机）良种筛选推广、高效栽培关键核心技术研发、丰产技术集成示范与推广应用等重点攻关任务，到 2030 年，力争实现五大粮食作物大面积试验单产水平大幅提升，推动全国粮食产能稳步提升。中国农业科学院将从战略层面统筹人才、资金、平台等科技资源，按照产业链布局创新链，开展跨学科、跨研究所、跨团队的联合攻关。

中国农业科学院作物科学研究所所长、中国科学院院士钱前说，我国迫切需要通过科技创新破解单产增长乏力等难题，推动粮食产业提质升级。“增粮科技行动”围绕主要粮食作物，聚焦增产共性技术攻关，力争到 2030 年，科技创新支撑粮食生产能力大幅提升，实现水稻、小麦产量和品质同步提升，确保口粮绝对安全，实现玉米、大豆和马铃薯单产与总产均显著提升。

（《人民日报》，2022-05-31，第 6 版）

中国农业科学院实施“强种科技行动”

26 日，中国农业科学院在海南省三亚市南繁硅谷正式发布“强种科技行动”中长期发展目标与重点任务，揭牌成立中国农业科学院研究生院南繁学院，并与三亚市政府签署种业创新实验室共建协议。

中国农业科学院党组书记张合成介绍，“强种科技行动”的核心是实施“种业自主创新攻关、种业企业创新能力提升、种业科技平台建设”三大行动，聚焦“强基础理论、强核心技术、强种质保护、强重大品种、强粮食单产、强种源自给”等目标，为实现“种业科技自立自强、种源自主可控”和打好种业翻身仗提供有力支撑。

中国工程院院士万建民表示，“强种科技行动”将分阶段实现水稻、小麦、玉米、大豆四大作物，以及杂粮、蔬菜、油料、畜禽等种业发展目标。力争到 2030 年，实现粮食作物品种高产优质与自主可控、四大作物单产水平和品质稳步提升。

（《人民日报》，2021-09-27，第 5 版）

我国科学家突破杂交马铃薯育种技术难题

记者从中国农业科学院了解到，我国在杂交马铃薯研究领域取得突破性成果。中国农业科学院深圳农业基因组研究所研究员黄三文带领科研团队，创新理论和方法培育杂交马铃薯，用二倍体育种替代四倍体育种，并用杂交种子繁殖替代薯块繁殖。国际学术期刊 *Cell* 日前在线发表了黄三文团队的研究成果，这是我国“优薯计划”实施以来取得的重大突破。

全球有 13 亿人口以马铃薯为主食。一直以来，马铃薯的生产都靠薯块进行无性繁殖，繁殖系数低、储运成本高、易感染病虫害。据介绍，普通栽培马铃薯是依靠薯块进行无性繁殖的同源四倍体物种，由于四倍体遗传的复杂性，致使马铃薯的遗传改良进程缓慢。目前，二倍体育种已经成为全球马铃薯研究领域热点，但要实现二倍体杂交马铃薯育种，需克服两个关键障碍：自交不亲和与自交衰退。

黄三文团队前期打破了马铃薯的自交不亲和并对马铃薯自交衰退的遗传基础进行了系统解析，在此基础上，凭借学科优势进行育种决策，培育出第一代杂交马铃薯品系“优薯 1 号”。小区试验显示，“优薯 1 号”产量接近 3 吨/亩，具有显著的产量杂种优势。“优薯 1 号”的成功选育证明了杂交马铃薯育种的可行性，使马铃薯遗传改良进入了快速迭代的轨道。

（《人民日报》，2021-08-12，第 5 版）

我国科学家揭秘害虫“偷盗”植物解毒机制

国际期刊 *Cell* 杂志 25 日在线发表中国农业科学院蔬菜花卉研究所所长张友军团队文章《烟粉虱劫持了一个植物解毒基因代谢植

物毒素》。这是我国农业害虫研究领域首篇刊登于 *Cell* 的文章，并将作为 *Cell* 封面文章于 4 月 1 日出版。

烟粉虱被联合国粮农组织认定为世界第二大害虫，也是迄今为止唯一被称为“超级害虫”的农业害虫。自 2001 年起，张友军团队开始探索烟粉虱寄主适应性及其暴发成灾的机制，在全球率先发现了烟粉虱从植物中获得水平转移基因 *BtPMaT1* 促进其广泛的寄主适应性，并揭示其解毒植物毒素从而导致烟粉虱广泛寄主适应性的分子机制。据介绍，植物被昆虫咬食后，能够产生防御昆虫的次级代谢产物和相应的“解药”。研究人员证实烟粉虱“偷盗”了植物的这个特殊防御功能，从而打破了植物的防御体系。该研究将为烟粉虱田间精准绿色防控技术的研发提供全新思路，*Cell* 审稿人评价其是昆虫适应性进化研究领域的重大突破性进展。

（《人民日报》，2021-03-26，第 11 版）

我国主要畜禽核心种源自给率超过 75%

中国农业科学院今天举行“科技创新引领畜禽种业高质量发展”新闻发布会。会上发布的信息显示，我国畜禽种业自主创新水平和种源保障能力持续提升，主要畜禽核心种源自给率超过 75%，为畜牧业健康稳定发展提供了有力支撑。

据中国农业科学院副院长刘现武介绍，中国农业科学院围绕国家畜禽种业重大需求，引领优质、高效育种方向，培育了一批畜禽新品种（配套系），保障了种业安全。以北京油鸡为素材，培育出“栗园油鸡蛋鸡”和“京星黄鸡 103”肉鸡配套系，产蛋量、繁殖力和饲料转化效率得到显著提高，实现了优良地方品种的开发利用。

（《人民日报》，2021-01-27，第 13 版）

我国作物种质资源保存量位居世界第二

中国农业科学院今天举行“科技创新引领粮食产业高质量发展”新闻发布会。中国农业科学院副院长万建民院士说，我国农作物良种覆盖率在96%以上，自主选育品种面积占比超过95%，其中，水稻、小麦两大口粮作物品种已实现完全自给。良种对粮食增产贡献率已超过45%。“十三五”期间，中国农业科学院在主粮育种科技领域取得重大进展。作物种质资源保护与利用基础进一步稳固，建成完善了国家作物种质资源保护与利用体系。全国作物种质资源保存总量超过52万份，位居世界第二，设计保存容量150万份的新国家作物种质库土建工程已完工，预计2021年投入运行。

万建民说，我国作物单产显著提升，粮食总产连续5年超过6.5亿吨，粮食作物满足基本自给，口粮实现绝对安全。其中，水稻和小麦等口粮作物生产保持稳定，基本实现供需平衡；玉米生产发展迅速，总产保持快速增长势头；大豆生产得到恢复性增长；杂粮作物有升有降，总体保持稳定。

作物基础理论研究成果丰硕，部分作物基础理论研究实现从跟跑向并跑或领跑转变。构建了亚洲栽培稻3 010份种质泛基因组，绘制出小麦D基因组精细图，构建国际首张普通菜豆单倍型图谱。

中国农业科学院同时还突破了一批育种关键技术，助力提升我国作物育种自主创新能力和水平。建立了可固定杂种优势的水稻无融合生殖体系，实现了杂交稻无融合生殖“从0到1”的突破。

（《人民日报》，2021-01-13，第10版）

国家农科发展战略智库联盟成立

在科学技术部农村科技司和农业农村部科技教育司指导下，由中国农业大学主办，联合西北农林科技大学、中国农业科学院、中国科学院等国内外42家高校科研机构和企业共同发起的“国家农业科技发展战略智库联盟”，13日在京成立。

“智库联盟”以服务全面实施乡村振兴战略和推进农业农村现代化为宗旨，面向世界科技前沿、面向经济主战场、面向国家重大需求、面向人民生命健康，开展涉农科技领域的趋势分析、技术预测、战略规划、政策研究、科技评估、技术服务、咨政建言等战略研究与决策咨询，以期打造国内一流、国际知名的专业化农业科技发展战略高端智库联合体。各理事成员单位表示，发挥智库联盟在国家农业科技决策领域的影响力，为国家现代农业发展、乡村振兴和全球农业科技创新合作提供智力支撑。成立大会后，首届农业科技发展战略智库高峰论坛举行。

（《人民日报》，2020-12-15，第6版）

祁阳站积累观测研究数据160万个

记者日前从中国农业科学院获悉，我国首个农业野外实验站——祁阳红壤实验站积累观测研究数据160万个，在土壤质量监测、南方低产田改良、红壤酸化防治等方面取得显著成效。祁阳红壤实验站建站以来，几代祁阳站人聚焦我国南方14省区，200余万平方公里红壤大地的农业科技需求，先后攻克南方水稻坐秋、红壤酸化防治等重大难题，取得了一系列科技成果，获得省部级以上成果奖励43项，其中国家奖6项。

（《人民日报》，2020-12-07，第19版，《新闻速递》）

中国农业科学院启动科技助农活动

日前，中国农业科学院专家到黑龙江桦川县田间地头给农民授课，这标志着中国农业科学院“田间课堂”科技助农活动全面启动。据介绍，“田间课堂”是中国农业科学院主动面向现代农业建设主战场的新举措，今后将打造“一所一样板、一团队一课堂”的新机制。科研人员将长期扎根基层，与农民面对面交流，通过“专家讲给能人听、能人做给农民看”的方式，将生产问题转换为科学问题，解决农业生产上的实际问题。

（《人民日报》，2020-09-14，第 19 版，《新闻速递》）

我国设施蔬菜生产获得突破性进展

日前，国家“十三五”重点研发计划“设施蔬菜化肥农药减施增效技术集成研究与示范”项目取得突破性进展，攻克一系列技术难题，圆满实现了既能让大棚菜减少农药化肥使用，又能增产增效的目标。

据介绍，该项目由中国农业科学院蔬菜花卉研究所牵头，中国农业大学、浙江大学、西北农林科技大学等国内 29 家科研院所联合实施。项目针对我国设施蔬菜化肥和农药过量施用等引起的环境污染和农产品质量安全问题，以东北寒区、西北干旱区、黄淮海与环渤海暖温带区、长江流域与华南亚热带多雨区设施蔬菜为研究对象，筛选、优化设施蔬菜增效高产等关键技术，实现了化肥减施、化肥氮利用率提高、农药使用量降低等目标，蔬菜增产 4.1%，增效高于 5%。

（《人民日报》，2020-08-17，第 19 版，《新闻速递》）

“一步法”杂交制种新技术开发成功

日前，中国农业科学院作物科学研究所农作物基因资源与基因改良国家重大科学工程利用基因编辑技术，研发出“一步法”创制核不育系及其保持系的技术。据介绍，我国玉米年播种面积超过6亿亩，几乎都是杂交品种，创制不育系和利用不育系制种是杂种优势利用的关键技术。传统育种方法步骤多，进程慢，通常需6~8年，采用“一步法”杂交制种新技术可以将育种进程缩短到1年多。

（《人民日报》，2020-08-03，第19版，《新闻速递》）

我国经济与园艺产业发展迅速

记者从日前召开的经济与园艺作物科技发展研讨会上获悉：近年来，我国经济与园艺产业发展迅速，蔬菜、棉花、油料、麻类、水果、茶叶、烟草、特种经济作物的栽培面积和产量持续稳定增长，种植面积仅次于粮食作物。

中国农业科学院蔬菜花卉研究所所长张友军介绍，通过科技引领、技术创新，经济与园艺作物产业已成为我国农村发展、农民致富、脱贫攻坚与乡村振兴的重要抓手。

（《人民日报》，2020-07-29，第10版）

中国农业科学院发布草地贪夜蛾防控技术

日前，中国农业科学院向全国发布了草地贪夜蛾最新防控技术。这些技术将为基层农技人员和农民提供指导，保障粮食及农业生产安全。

草地贪夜蛾是玉米上的重大迁飞性害虫，玉米苗期受害可能减产。中国农业科学院统筹协调全院科研力量联合攻关，形成了一整套草地贪夜蛾防控技术，明确成虫迁飞规律，构建了监测预警技术体系。科研人员还研发出了相关的生物防治产品、农药制剂和施药机械。当前部分技术已在云南、广西、四川等地推广。

（《人民日报》，2020-06-08，第 19 版，《新闻速递》）

我国农业绿色发展指数提高

中国农业科学院 5 日发布的《中国农业绿色发展报告 2019》显示，我国农业绿色发展指数从 73.46 提升至 76.12。

报告提到，在农业资源节约与保育方面，我国深入实施耕地质量提升行动，建设高标准农田，扩大轮作休耕试点，发展节水农业，加强生物多样性保护，逐步降低资源开发利用强度。2019 年全国耕地质量平均等级为 4.76，较 2014 年提升了 0.35 个等级。

在农业产地环境治理方面，重点推动农业投入品减量、农作物秸秆综合利用、畜禽粪污资源化利用和废旧农膜回收利用等工作，农业资源环境的突出问题得到初步遏制。2019 年，水稻、小麦、玉米三大粮食作物的化肥利用率为 37.8%，比 2013 年提高了 6.2 个百分点；农药平均利用率为 39.8%，比 2013 年提高了 4.8 个百分点。

农业生态系统保护方面，通过建设种养结合、生态循环的清洁田园等，各地农田生态环境明显改善；通过开展水生生物养护增殖与放流、完善休渔禁渔制度等，水生生物资源快速下降趋势得到初步遏制；通过深化草原产权制度改革、实施草原生态补贴政策等，草原生态功能和载畜能力持续提升。

这份报告由中国农业绿色发展研究会和中国农业科学院农业资源与农业区划研究所牵头编制。报告还构建了我国农业绿色发展指标体系及绿色发展指数模型。

（《人民日报》，2020-06-06，第 6 版）

我国十字花科育种研究收获大

日前，中国农业科学院农业信息研究所和国家农业图书馆收集的统计信息显示，我国科研工作者在十字花科育种领域外文论文发表量排名世界第一。其中，华中农业大学名列发文机构第一位。据中国工程院院士傅廷栋介绍，十字花科作物主要包括油菜、白菜、甘蓝和萝卜等。世界十字花科育种领域的分析报告统计了 1995 年至 2018 年的外文文献年度发文量和中国作者年度发文量，结果显示，从发展速度来看，我国已由 1995—2005 年的年度发文不足 10 篇提升到 2018 年发文 95 篇。

（《人民日报》，2020-04-27，第 19 版，《新闻速递》）

我国全域高精度数字土壤数据库建成

记者从中国农业科学院获悉：由该院农业资源与农业区划研究所牵头，联合我国 12 家专业科研院所，历时 21 年共同完成了覆盖我国全域的高精度数字土壤数据库。据悉，这是我国迄今最完整和精细的土壤资源与质量科学记载。

据成果第一完成人、中国农业科学院农业资源与农业区划研究所张维理研究员介绍，所谓数字土壤，就是数字化的土壤，它是利用现代信息技术方法，模拟、重现土壤类型、土壤养分等土壤性状的空间分布特征。这一成果对我国自20世纪80年代以来投入巨资完成的大比例尺土壤调查图件及资料进行“抢救性收集”和“时空整合”，建立了多个数据库，转化为数字化表达，可满足各行业对高精度土壤科学数据的迫切需求。

张维理说，中国高精度数字土壤含九大图层，具有多要素（多项土壤理化性状）、高精度（100米数据）、时空维度（40年土壤空间数据）特征。数据库能以1公顷为单元提供各地多项土壤资源与质量理化性状，其中的土壤质量稳定性性状，如土体构造、质地、母质、成土条件、土壤类型等，时效性达上千年，可长久使用。该项成果还为全国31个省区市的农业、环境、自然资源管理部门用于实施耕地保护与地力提升、面源污染防治、土地整治、测土配方施肥、基本农田建设等国家工程，取得了巨大社会效益和经济效益。

张维理表示，未来将高精度数字土壤加载到耕地机械、施肥机械和灌溉机械芯片中，可实现精确施肥、耕作与灌溉。利用土壤时空大数据，还可以对重点农区和流域实现分区、分类、量化管理，能在减少农用化学品投入的同时，增加作物产量，提高农民收入，在保证我国粮食安全、环境安全的同时，让百姓餐桌上的食品更安全。

（《人民日报》，2020-04-08，第12版）

非洲猪瘟防控与猪场复养技术版本升级

中国农业科学院日前推出非洲猪瘟防控与猪场复养技术要点

2.0 版，以推动规模化猪场生物安全防控技术体系建立与完善。这是中国农业科学院继去年 9 月面向全国发布推广规模化猪场复养、非洲猪瘟诊断与检测、非洲猪瘟清洁消毒等 3 项技术要点后，升级推出的技术版本。据了解，中国农业科学院将进一步凝练科技问题和重点技术产品，为恢复生产提供强有力的科技支撑。

（《人民日报》，2020-03-30，第 19 版，《新闻速递》）

中国农业科学院博士留学生居全国农林类高校首位

农业农村部党组成员、中国农业科学院院长唐华俊院士在 16 日举办的中国农业科学院研究生院建院 40 周年交流会上说，该院今年 10 月成为全国首批来华留学质量认证院校。在校留学生来自全球 57 个国家，其中“一带一路”沿线国家 19 个，博士留学生规模位于全国农林类高校首位。

40 年来，中国农业科学院研究生院已经形成理学、工学、农学、管理学四大学科门类，培养了 15 000 多名高层次人才。

农业农村部副部长张桃林说，中国农业科学院研究生院为中国农业科技创新和现代农业发展培养了大批高层次人才，为全面建成小康社会和社会主义现代化建设作出了积极的贡献。

唐华俊表示，经过 40 年发展，中国农业科学院研究生院学科专业布局不断优化，学科体系不断完善。在全国第四轮学科评估中，作物学、植物保护、畜牧学、兽医学 4 个学科被评为 A$^+$，生物学、农业资源与环境 2 个学科被评为 A$^-$，A 类学科占参评时博士一级学科的 60%，A$^+$学科数在全国所有高校中与北航等院校并列第 12 位。先后与比利时列日大学和荷兰瓦赫宁根大学合作开展博士学位教育项目，其中中比项目成为国内农业领域首个中外合作办学项目，实现了高层次国际化人才培养模式的新突破。

（《人民日报·海外版》，2019-11-17）

中国农业科学院发起“国际农业科学计划”

由中国农业科学院与联合国粮农组织、国际农业研究磋商组织、国际原子能机构和成都市人民政府共同主办的第六届“国际农科院院长高层研讨会”11 月 12—14 日在成都举行。农业农村部副部长张桃林，中国农业科学院院长唐华俊院士、国际农业研究磋商组织执行主任埃尔温·格兰杰等出席开幕式并致辞。联合国粮农组织总干事屈冬玉通过视频发表讲话。

本届研讨会以“科技促进农业农村绿色发展”为主题，致力于推动联合国 2030 年可持续发展议程目标的实现。来自 39 个国家的政府部门、农业研究机构和 15 个国际组织的 400 余位代表齐聚一堂，围绕“农业绿色生产体系构建”“农业自然资源与生态环境保护”等五个议题，进行深入交流分享，共同探讨了农业科技创新促进农业发展方式转型的新思路和新举措。

据悉，中国农业科学院 13 日发起“国际农业科学计划”，第一期项目将投入 1 000 万美元；目标是建立稳定的国际合作协同攻关机制，促进科学家全方位融入全球创新网络，提升科技创新水平，通过全球协作打造农业科技命运共同体。

（《人民日报》，2019-11-14，第 6 版）

农业三大粮食作物化肥农药使用量零增长

3日在北京举办的农业绿色发展研讨会发布了《中国农业绿色发展报告2018》，该报告由中国农业科学院中国农业绿色发展研究中心编写。

报告显示，我国农业绿色发展在6个领域取得重大进展：

空间布局持续优化。全国已划定粮食生产功能区和重要农产品生产保护区9.28亿亩，认定茶叶、水果、中药材等特色农产品优势区148个。

农业资源休养生息。耕地利用强度降低，耕地养分含量稳中有升，全国土壤有机质平均含量提升到24.3克/公斤，全国农田灌溉水有效利用系数提高到0.548。

产地环境逐步改善。全国水稻、小麦、玉米三大粮食作物平均化肥利用率提高到37.8%，农药利用率38.8%，化肥农药使用量双双实现零增长；秸秆综合利用率83.7%。畜禽粪污资源化利用率达70%；新疆甘肃等地膜使用重点地区废旧地膜当季回收率近80%。

生态系统建设稳步推进。已划定国家级的水生生物自然保护区25个、水产种质资源保护区535个和海洋牧场示范区64个；全国草原综合植被覆盖度提升到55.3%，重点天然草原牲畜超载率明显下降。

人居环境逐步改善。全国完成生活垃圾集中处理或部分集中处理的村占73.9%，实现生活污水集中处理或部分集中处理村占比17.4%，使用卫生厕所的农户占48.6%。

模式探索初见成效。遴选出全域统筹发展型、都市城郊带动型、传统农区循环型3个综合推进类模式和节水、节肥、节药，畜禽粪污、秸秆和农膜资源化利用，渔业绿色发展7个单项突破类模式，可为我国不同类型地区农业绿色发展提供参考和借鉴。

（《人民日报》，2019-04-04，第14版）

中国农业科学院探索人才分类评价机制

中国农业科学院日前召开人才工作推进会，探索创新人才评价机制，推进实施人才分类评价工作。

作为我国农业科研的“国家队”，中国农业科学院自去年实施人才强院和人才优先发展战略以来，针对不同类型、不同学科人才实行分类评价，以品德、能力、业绩、贡献和潜力为导向，破除论资排辈，不唯论文资历和头衔，按照基础研究、应用研究和软科学研究分类进行遴选。一年来有 53 名青年英才获得高级职称，85 名青年英才获得博士生导师资格。据悉，中国农业科学院还将加大农科英才选拔培养力度，赋予团队首席和领军人才更大的人财物支配权、技术路线决策权；构建科学有效的薪酬激励机制，用足用好成果转化奖励收入分配政策。

（《人民日报》，2018-10-22，第 18 版，《科技短波》）

我国农业发明专利申请量全球第一

记者日前从 2018 中国农业农村科技发展高峰论坛上获悉：我国农业科技进步贡献率由 2012 年的 53.5%提高到 2017 年的 57.5%，取得了超级稻、转基因抗虫棉、禽流感疫苗等一批突破性成果。主要农作物良种基本实现全覆盖，自主选育品种面积占比达 95%，畜禽水产供种能力不断提升。

此次论坛由农业农村部科技教育司、中国农业科学院、农业农村部科技发展中心、中国农学会等举办，论坛发布了《中国农业农村科技发展报告（2012—2017）》《2017 全球农业研究前沿分析解读》等 5 个专项研究报告和智库报告。

《中国农业农村科技发展报告（2012—2017）》显示：2017年农作物耕种收综合机械化水平达到67%。农业高新技术产业不断壮大，带动农村新产业新业态蓬勃发展，为保障国家粮食与食品安全、促进农民增收和农业绿色发展发挥了重要作用。报告强调，我国农业农村科技工作要面向世界农业科技前沿、面向国家重大需求、面向现代农业建设主战场，不断提升农业农村自主创新能力和科技成果转化应用水平，力争到2035年，农业农村科技创新整体实力进入世界前列，部分关键领域居世界领先水平，若干领域引领全球农业科技发展，全面支撑我国乡村振兴战略和农业农村科技现代化发展。

《2017中国农业科技论文与专利全球竞争力分析》显示：2014—2016年间，我国农业发明专利申请量全球第一，且近5年技术发展增速保持第一；同时在园艺、种植和播种技术、饲料和肥料几个领域相对技术优势排名第一。分析结果显示：2014—2016年间，我国农业领域基础研究受到重视，论文产量不断提高，总发文量全球排名第二；我国农业科技论文的国际影响力较高，论文总被引频次排名全球第二，学科规范化引文影响力指标高于全球平均水平；我国农业科技论文产出质量受到研究同行和高级别期刊的高度认可，高被引论文发表量和Q1期刊论文发表量均在全球排名第二；在分析化学与应用化学、农业工程以及食品科学与技术等学科领域表现突出。专利全球竞争力分析结果显示：中国有16家机构进入全球前五十重要专利权人排名，其中中国科学院排名第二；中国农业科学院排名第四。

（《人民日报》，2018-09-26，第6版）

国家蜂业提质工程举行现场会

日前，由中国农业科学院蜜蜂研究所牵头的国家蜂业提质工程暨蜂产业扶贫攻坚现场会在陕西省宁陕县举行。

据介绍，2018 年中国农业科学院蜜蜂研究所启动了国家蜂业提质工程专项，在健康养殖技术研究方面取得新进展，实现了对蜜蜂主要疾病的快速诊断，蜂蜜掺假技术检出率从 60%提升到 90%以上，极大提升了蜂蜜品质和质量安全水平。会议期间，与会专家和代表还参观了宁陕县土法养蜂和中蜂标准化高效饲养技术示范基地、活框健康养殖关键技术、现场取蜜以及车间加工灌装示范等。

（《人民日报》，2018-08-31，第 18 版，《科技短波》）

我国马铃薯种植面积世界第一

中国农业科学院国家薯类作物研究中心揭牌仪式日前在京举行。记者在揭牌仪式上获悉：中国主要薯类作物年种植面积超过 1.5 亿亩，占全国可用耕地 8%左右。其中，马铃薯和甘薯的种植面积和总产量均居世界第一位。薯类作物是我国粮食作物的重要组成部分，其产业发展对促进我国种植业调整，支持农业发展具有重要意义。

国家薯类作物研究中心是在整合中国农业科学院在马铃薯和甘薯领域研究力量基础上建立的国家级薯类作物研究公共平台。建立该中心旨在有效整合薯类作物科技资源，探索建立新形势下高效的农业科技协同创新的组织模式，建成具有世界先进水平的薯类作物研发与成果展示平台。

（《人民日报》，2018-08-03，第 10 版）

甜瓜绿色发展技术加速推广

由中国农业科学院主办、中国农业科学院郑州果树研究所和河南省兰考县人民政府承办的“甜瓜绿色发展技术集成模式研究与示范工作”现场会，日前在兰考县举行。据项目首席专家徐永阳介绍，中国农业科学院“瓜果绿色发展技术集成模式研究与示范”协同创新项目实施以来，示范区内的甜瓜果实平均提早成熟 5~10 天，农药减施 40%，化肥减施 30%，果品质量明显提升，亩增效 1 500~ 2 000 元。项目已初步形成了一套可在黄淮海和长江流域甜瓜主产区推广的技术模式，向河南、山东等甜瓜主产区辐射近万亩。

（《人民日报》，2018-06-22，第 20 版，《科技短波》）

国家灌溉农业绿色发展联盟成立

由中国农业科学院农田灌溉研究所牵头组建的国家灌溉农业绿色发展联盟 5 月 19 日在河南省新乡市成立。

据联盟理事长、中国农业科学院农田灌溉研究所所长黄修桥介绍，已有中国农业大学、中国水利水电科学研究院等 84 家国内高校、科研单位、推广应用单位和企业加入了该联盟。通过联合科研攻关，联盟将力争在作物生命需水过程控制与高效用水生理调控技术、田间高效节水灌溉技术与产品、智慧型灌区用水管理技术与产品等方面取得突破，形成主要粮食作物、蔬菜、果树、茶叶等绿色节水增效模式，提出“华北节水压采、西北节水增效、南方节水减排、东北节水增粮”等绿色用水方案。

（《人民日报》，2018-05-21，第 9 版）

第一届国际生物防治大会在京开幕

由中国农业科学院、中国植物保护学会、国际生物防治组织主办，中国农业科学院植物保护研究所、植物病虫害生物学国家重点实验室、生物农药与生物防治产业技术创新战略联盟承办的“第一届国际生物防治大会”14日在京开幕。来自全球40余个国家的800多名生物防治领域的科学家出席大会。

本届大会的主题是“生物防治与人类健康”。此次大会是中国首次与国际生防组织共同举办的国际盛会，对促进我国农业的绿色发展、科学发展具有极大的推动作用。农业农村部党组成员、中国农业科学院院长唐华俊在致辞中介绍，中国政府高度重视农业生产的生态文明建设与环境保护，力争在“十三五”期间将有害生物绿色防控率提高至40%以上。中国现有260多家生物农药生产企业，生物农药制剂年产量近13万吨，年推广应用生防技术面积4亿~5亿亩次。

（《人民日报》，2018-05-15，第9版）

中国农业科学院推出蔬菜绿色生产新模式

中国农业科学院日前在山东寿光市举办“蔬菜作物绿色发展技术集成模式研究示范现场展示会”，集中展示了“三健康一高效”模式，即有利于消费者健康、生产者健康、产地环境健康和经营者的高效益。

据项目首席科学家、中国农业科学院蔬菜花卉研究所研究员于贤昌介绍，我国蔬菜总面积3.2亿亩，总产量7.69亿吨，分别占世界的43%和49%以上，稳居世界第一。中国农业科学院蔬菜花卉研究所牵头，动员组织院内外12家单位，以实现设施蔬菜绿色发展为目标，集成蔬菜病虫害绿色防控等国内外先进技术及装备，建立了我国设施蔬菜绿色发展技术集成模式。试验证明，该模式可以减施化学农药40%以上，减施化肥30%以上，节水20%以上，节省人工40%以上，增效15%以上。

（《人民日报》，2018-05-08，第6版）

3 010份水稻基因组计划揭示水稻遗传信息密码

由中国农业科学院作物科学研究所牵头，联合国际水稻研究所等国内外16家单位共同完成的“3 010份水稻基因组计划”，通过剖析水稻核心种质资源的基因组遗传多样性，对水稻起源、分类和进化规律进行了深入探讨，这一成果将提升全球水稻基因组研究和分子育种水平，加快优质、广适、绿色、高产水稻新品种培育。25日，国际权威学术期刊*Nature*杂志长文刊登了这项研究。

项目负责人、中国农业科学院作物科学研究所研究员黎志康表示，这3 010份水稻来自89个国家和地区，代表了全球78万份水稻种质资源约95%的遗传多样性。研究人员用新一代基因组测序技术和高性能计算机平台，对这些水稻种质资源进行了大规模基因组重测序和大数据分析，解析了水稻种群基因组多样性本质。这项研究的所有数据和测序材料已经通过多个途径公开分享，3 010份水稻种质已发放给中国科学院、武汉大学、华中农业大学等40家科研单位、高校和育种单位，用于大规模发掘影响水稻高产、抗病虫、抗逆、优质新基因和育种应用。

据介绍，随着分析的深入和更多数据的产生，包含水稻全部优良基因多样性的数据库还将更加庞大和精细，可以从中找到与任何性状相关的关键基因并应用到育种中，这将为开展水稻全基因组分子设计育种提供足够的基因来源和育种亲本精确选择的遗传信息，为高效培育高产、优质、多抗水稻新品种奠定基础。

（《人民日报》，2018-04-27，第12版）

中国农业发展战略研究院成立

由中国工程院联合中国农业科学院发起的中国农业发展战略研究院26日在北京成立。研究院第一届理事长由中国工程院院长周济院士和中央农村工作领导小组办公室主任韩俊担任，院长由中国农业科学院院长唐华俊院士兼任。

据介绍，中国农业发展战略研究院的主要任务包括：承接中国工程院农业农村经济和农业科技领域发展战略咨询研究项目，研究制定国家“三农”发展的总体战略、发展路线和周期性规划，围绕农业农村发展重大战略问题等重点领域开展研究，为国家及政府有关部门战略决策提供咨询服务；联合国内农业领域主要的科研院所、高等学校、涉农企业，建立协同创新战略联盟，探索农业科技创新联盟紧密合作发展的新机制和新模式；推动农业国际交流与合作，培养具有全局意识和国际视野的农业领军人才和高层次战略研究人员；等等。

（《人民日报》，2018-01-27，第6版）

我国科学家成功培育“无膜棉”

由我国唯一的棉花院士、国家棉花产业技术体系首席科学家喻树迅研究员率领的科研育种团队，经过6年攻关，主持培育成功无膜棉新品系“中棉619”，实现了不用薄膜也能种植棉花的重大突破。

新疆是全国最重要的产棉区，尤其是南疆棉花种植面积达2 000万亩，约占全疆的2/3。20世纪80年代以来，新疆大范围推广使用地膜覆盖技术，棉花产量因此大幅提高，但残膜也带来一系列环境问题。截至2016年，新疆的地膜覆盖面积已近5 000万亩，地膜总使用量达150万吨。本次培育成功的无膜棉新品系“中棉619”，可以晚播种10多天，正好躲过了春天播种时的低温；由于具有早熟的特点，又巧妙地躲过了秋天收获时遇到的低温霜冻等不良气候。通过这些特点，实现了不再需要覆盖地膜的目标。

（《人民日报》，2017-11-13，第4版）

国家食药同源产业科技创新联盟成立

由农业部农产品加工局指导，中国农业科学院农产品加工研究所主办的国家食药同源产业科技创新联盟日前在京成立。该联盟将引领食药同源产业科技创新、模式创新和机制创新，促进“农食医药”协同发展。

现代科技和大量临床医学实践证明，以食药同源性原料加工制备的食品兼具中药的保健功能和食品的营养功能，长期坚持食用，能够有效降低不科学饮食导致的潜在疾病风险，预防慢性疾病发展和控制亚健康人群数量增长，提高全社会的健康水平。

（《人民日报》，2017-09-11，第20版）

中国农业科学院下放研究员评审权

记者日前从中国农业科学院人才工作会议上获悉：中国农业科学院将把研究员的评审权逐步下放到各个研究所，并围绕加强人才引进、培养、培训、激励、评价、保障等12个方面研究提出了30项改革措施，着力构建尊重知识、尊重人才、激发活力的良好创新氛围。

据悉，中国农业科学院人才队伍建设的定位和着力点将在“三个给”上发力，即给平台，建立以“以用为本”为导向的人才培养使用机制；给待遇，健全以“名利双收”为目标的人才评价激励机制；给环境，营造以“潜心科研”为追求的人才成长环境。同时要发挥好引领示范作用，打造全国农业系统人才建设的“试验田”。

（《人民日报》，2017-07-26，第6版）

我国科学家攻克韭蛆防治难题

我国科学家经过不懈努力，成功攻克韭蛆防治难题，制服了这个农产品质量安全“头号杀手”。日前，中国农业科学院在山东省寿光市组织召开了“日晒高温覆膜法”防治韭蛆新技术示范现场会，专家组实地考察了示范现场并听取项目组科研示范情况汇报，对该项新技术予以高度评价。

中国农业科学院蔬菜花卉研究所所长孙日飞说，韭蛆是为害韭菜的毁灭性害虫，防治该害虫时不合理使用农药是造成韭菜质量安全问题频发的关键因素。

2013年，在公益性行业（农业）科研专项“作物根蛆类害虫综合防治技术研究与示范”等项目的支持下，中国农业科学院蔬菜花卉研究所联合国内30多家科研院所、教学单位进行深入攻关，在系统研究韭蛆的生物生态学特性、田间发生为害规律与灾变机制的基础上，发现韭蛆具有极其不耐高温的特点，并在此基础上，发明了“日晒高温覆膜”防治韭蛆的新技术。不仅农户每亩节省生产成本2 000元以上，而且韭菜生产不再需要农药防治韭蛆，保证产品绿色化。

专家组认为，该技术是一项绿色、经济、简便、实用的根部害虫防治的革命性新技术，是害虫绿色无害化防控的典范，该技术的应用将有力促进我国韭菜产业的发展。

（《人民日报》，2017-07-10，第6版）

可持续食物安全与营养研讨会举行

由中国农业科学院与世界粮食安全委员会共同举办的“农业转型与城镇化背景下的可持续食物安全与营养国际研讨会”日前在京举行。

国家食物与营养咨询委员会主任陈萌山在会上作了主题报告，阐述了中国粮食安全与营养的现状与挑战，并从全面实施粮食安全新战略、推动营养导向的可持续农业生产、建立更安全的食品价值链、强化脆弱群体的营养保障与加强国际贸易与合作等五方面提出了中国粮食安全与营养的政策选择。

（《人民日报》，2017-06-09，第20版，《科技短波》）

中国农业科学院推进19项协同创新

4月10日，中国农业科学院在京召开科技创新工程全面推进期工作会议，部署和启动了“农作物基因大数据的分析与利用”“东北黑土地保护”等19项协同创新任务。

自2013年启动实施科技创新工程以来，中国农业科学院获得国家奖19项，发表科技论文14 000余篇，其中在*Nature*、*Science*系列刊物上发表论文21篇。中国农业科学院共审定动植物品种294个，获得植物新品种权78项，新农药、兽药证书45个，发明专利1 540项。培育出“高山美利奴细毛羊”等畜禽新品种，打破国外畜禽品种垄断格局。

（《人民日报》，2017-04-11，第4版）

马铃薯中式主食技术瓶颈突破

中国农学会日前对中国农业科学院农产品加工研究所主持完成的“马铃薯中式主食加工关键技术创新与产业化”成果进行了科技成果评价。专家组一致认为该成果整体技术达到国际领先水平。

专家组认为，该成果针对我国马铃薯主食加工专用原料、关键技术和加工专用装备等问题，研究创建了马铃薯主食加工原料和产品的评价筛选方法，发明了马铃薯主食产品的营养当量模型和马铃薯主食产品的鉴伪方法，填补了中式马铃薯主食加工原料和产品的评价方法及标准化技术缺失的空白；创建了马铃薯面条熟化强筋与强压成型等技术，突破马铃薯中式主食加工黏度大、成型难、发酵难等技术瓶颈。

该成果还发明了马铃薯主食加工生产恒温恒湿面带熟化、连续高温调质等关键装备，创建马铃薯主食加工系列生产线，研发出五大类200余种可以作为主食的马铃薯产品，实现了马铃薯主食规模化、自动化、标准化、工业化生产。近3年产品在9省7市百余家企业生产，产品生产总量18.9万吨，累计销售额45.4亿元。

（《人民日报》，2017-03-28，第3版）

番茄口感孬，或因颜值高

日前，中国农业科学院传来好消息，该院深圳农业基因组研究所黄三文研究员领衔的科研团队在番茄风味品质研究中取得重要突破，首次阐明了番茄风味遗传基础，发现了番茄风味调控机制，为番茄风味改良奠定了重要理论基础。相关研究成果日前在国际顶级学术期刊 *Science* 上以封面文章的形式发表。

近年来消费者常常抱怨“现在的西红柿越来越没有以前的味儿了”。为了解决这一难题，中国农业科学院深圳农业基因组研究所黄三文研究员和美国佛罗里达大学哈里·克利（Harry Klee）教授组成了20人的联合研究团队，历时4年多的协同攻关，终于发现了番茄风味调控机制。

该研究团队组织了一个170人的“品尝小组”，对100多种番茄进行了多次严格的品尝实验，并利用数据模型分析确定了33种影响消费者喜好的主要风味物质，这些物质包括葡萄糖、果糖、柠檬酸、苹果酸和29种挥发性物质，揭示了番茄风味的物质基础。

该研究团队进一步发现，之所以“西红柿没有以前的味道了”，是由于在现代育种过程中过于注重产量、外观等商品品质，导致了控制风味品质的部分基因位点丢失，造成13种风味物质含量在现代番茄品种中显著降低，最终使得番茄口感下降。这项成果则为培育美味番茄提供了切实可行的路线图。

该研究得到了科技部、国家自然科学基金委员会、中国农业科学院创新工程、广东省“珠江人才”的资助，深圳农业基因组研究所是该成果的第一完成单位。

（《人民日报》，2017-01-29，第4版）

我主粮自给率达98.1%

由海南省人民政府、中国农业科学院、联合国粮农组织（FAO）和国际农业研究磋商组织（CGIAR）共同主办的“第五届国际农科院院长高层研讨会”今天在海南陵水黎族自治县召开。研讨会以“农业科技创新减少饥饿和贫困”为主题，来自52个国家的相关负责人与专家学者等240余名代表参加了本次会议。

中国农业科学院院长唐华俊强调说，目前我国农业科技进步贡献率已超过56%，有效保障了我国粮食等重要农产品的供应充足，特别是水稻、玉米、小麦的自给率达到了98.1%，把13亿中国人的饭碗牢牢端在自己手中，促进了农业生产增效与农民增收，为全球粮食安全作出了重要贡献。

（《人民日报》，2016-12-14，第6版）

国家棉花产业联盟成立

国家棉花产业联盟今天在北京成立。联盟力争用5~10年的时间，在我国主产棉区打造出500万~1 000万亩、产能60万~120万吨的中高端品质原棉生产基地。

国家棉花产业联盟的发展目标是，通过“科研—生产—加工—流通—纺织”等全产业链的通力合作，探索建立棉花生产供给新模式，改变传统的“小而分散”生产方式，推动棉花产业供给侧结构性改革。

（《人民日报》，2016-11-29，第10版）

我国免耕播种技术达到国际领先水平

困扰社会多年的秸秆焚烧难题有望解决。由中国农业科学院所属农业部南京农业机械化研究所研究完成的“旱田全量秸秆覆盖地免耕洁区播种关键技术与装备”项目，日前在京通过了科技成果评价。评价专家认为该成果整体技术达到国际领先水平。

评价专家组在听取首席科学家胡志超研究员相关项目报告后认为，该项成果发明了全量秸秆覆盖“洁区播种”、碎秸分流与均匀覆盖、压滑组配防堵滞等关键技术，创制了全量秸秆覆盖免耕洁区播种技术装备，为秸秆禁烧、实现就地还田肥料化利用提供了有力技术与装备支撑。

据介绍，在国家花生产业技术体系、中国农业科学院科技创新工程、国家科技支撑计划等项目支持下，课题组持续攻关创新，取得了原创性突破。

该成果获授权专利10件（发明5件、软件著作权1件），发表论文18篇，制订标准与技术规范7项；成果第一完成人获“江苏省十大杰出专利发明人”。

（《人民日报》，2016-11-26，第6版）

我国科学家破解蔬菜驯化的秘密

中国农业科学院蔬菜花卉研究所王晓武科研团队，对白菜和甘蓝两类芸薹属作物的驯化进行了深入研究，揭示了驯化与古多倍化形成的亚基因组的关系，相关研究结果于8月15日在线发表于*Nature Genetics*上。

白菜和甘蓝类蔬菜是我国百姓餐桌上最常见的蔬菜。这两类蔬菜最大的特点就是类型极其丰富多样。白菜类常见的有大白菜、小白菜、芜菁、菜心，而甘蓝类常见的蔬菜则包括结球甘蓝、苤蓝、羽衣甘蓝、芥蓝、花椰菜、青花菜、抱子甘蓝等。但是这两个物种为什么能被驯化出如此多样的类型一直是一个待解的难题。此外，这两个重要物种还有一个特别有趣的现象。虽然是两个物种，但是在500年前中国人将白菜驯化出结球大白菜，欧洲人将甘蓝驯化出结球甘蓝；2000年前欧洲人将白菜驯化出根膨大的芜菁，而500年前欧洲人将甘蓝驯化出茎膨大的苤蓝。为什么两个物种，经过我们祖先独立的驯化，都能形成叶球或者膨大根（茎）这样非常相似的性状也一直是长期困扰科学界的一个谜题。通过分析选择信号与亚基因组的关系，研究人员获得两个重要发现。第一，亚基因组的存在促进了结球性状、根（茎）膨大等性状的驯化，进而形成器官形态的多样性。第二，同源基因的平行选择是导致不同物种驯化形成类似产品器官的重要原因。

为了解开上述谜题，王晓武研究员团队完成了白菜和甘蓝类蔬菜作物代表材料的基因组重测序，构建了白菜和甘蓝类蔬菜的群体基因组变异图谱。分别确定了一大批白菜和甘蓝叶球形成与膨大根（茎）驯化选择的基因组信号与相关的基因。研究获得了白菜和甘蓝类蔬菜作物全基因组的大量变异，确定了一批与白菜类和甘蓝类蔬菜叶球形成和根（茎）膨大有关的重要基因，为加快白菜类与甘蓝类蔬菜分子育种奠定了重要基础。

（《人民日报》，2016-08-17，第12版）

我国首次举办国际作物科学“奥林匹克大会”

今天，国际作物科学领域的“奥林匹克大会”在北京开幕。我国农业科学家经过不懈努力，取得一批“金牌”级科技成果，据统计，“十二五”期间，我国选育并审定农作物新品种3 100多个，累计推广15亿亩。农业部副部长、中国农业科学院院长李家洋院士在开幕式上说，我国主要农作物良种基本实现全覆盖，畜禽品种良种化、国产化比例逐年提升，良种在农业增产中的贡献率达到43%以上。

国际作物科学大会是作物科学领域的“奥林匹克”，第七届国际作物科学大会由中国首次获得主办权。受国际作物学会委托，由中国农业科学院和中国作物学会联合主办，中国农业科学院作物科学研究所承办。本次大会以“作物科学——创新与可持续发展”为主题，来自70多个国家的2 000多位作物科技工作者一起分享作物科技研究的最新进展，探讨作物科技和产业发展的未来。

（《人民日报》，2016-08-16，第6版）

我国新型技术模式提升油菜国际竞争力

记者日前从中国农业科学院在湖北省黄梅县举办的旱地油菜周年绿色增产增效新技术集成现场观摩会上了解到：通过科研大协

作、大攻关建立的油菜—棉花周年高产高效技术模式，油菜和棉花生产效益显著提高，预计每亩纯效益分别达 422.8 元和 605 元，全年纯效益达 1 027.8 元，比传统棉油套栽模式增加纯收益 651.8 元，增效 1 倍，显著提升了我国油菜产业的国际竞争力。

据介绍，针对我国油菜生产水平和比较效益低、农艺农机融合度差的瓶颈问题，2012 年中国农业科学院启动了中国农业科学院科技创新工程重大命题“油菜优质高产综合技术集成与高效生产模式建立”项目，由中国农业科学院油料作物研究所牵头，联合多家单位，重点开展“油稻”“油菜—玉米”“棉油”等轮作制机械化条件下的绿色增产增效技术集成和示范推广，经过近 5 年攻关，先后在长江中游主产区建立了 12 个千亩以上面积的高效生产模式示范基地，推进了油菜新技术的成果转化与应用，生产效益不断提升。

2013 年以来，云梦、公安、襄阳、黄梅等大面积油菜“五化”（机械化、轻简化、集成化、规模化、标准化）生产示范，油菜生产成本从传统的每公斤超过 5 元，逐渐下降到 2.0 元上下，逐渐接近加拿大等主要出口国的直接田间生产成本（1.5~2 元），产品竞争力不断提升。

（《人民日报》，2016-05-23，第 10 版）

我国科学家发现棉铃虫对作物的抗性新机制

记者 16 日从中国农业科学院植物保护研究所获悉：该所经济作物虫害监测与控制团队研究发现，棉铃虫苏云金芽孢杆菌（Bt）毒素受体基因 *ABCC2* 的变异可以导致其对 Bt 作物产生高水平的抗性，但这种变异显著增加了抗性棉铃虫对另外一种生物毒素阿维菌素的敏感性。相关研究成果2月12日在线发表于国际知名期刊 *PLoS Pathogens* 上。

该研究证实了棉铃虫对两种生物毒素存在负交互抗性现象并阐述了其分子机理，为棉铃虫等靶标害虫对Bt作物的抗性治理提供了新思路。该研究由中国农业科学院植物保护研究所与华中师范大学等单位合作完成，得到了国家自然科学基金创新研究群体等项目的资助。

（《人民日报》，2016-02-17，第14版）

肥料产业科技发展峰会举行

由中国农业科学院农业资源与农业区划研究所和中国农村科技杂志社主办、中国肥料产业链科技创新战略联盟承办的“‘根力多’第二届中国肥料产业科技发展峰会”日前在京举行。会议就我国农业供给侧结构性改革、我国肥料产业的转型与升级、肥料技术创新与突破等议题展开深入研讨。会上还发布了《中国肥料产业科技发展报告》，梳理了我国传统肥料和新型肥料产业的现状及发展趋向，对肥料产业的未来发展具有指导意义。

（《人民日报》，2016-01-22，第20版）

我国农业基因组研究跃居世界前列

记者从17日在深圳举行的第二届国际农业基因组大会上获悉：目前我国农业基因组研究水平已居世界前列。

第二届国际农业基因组学大会由中国农业科学院深圳农业基因

组研究所、中国科学院遗传与发育研究所以及英国 *Nature Genetics* 杂志等单位共同主办，国内外 300 多名知名学者围绕农业基因组学、种子资源与育种等展开学术交流。

中国农业科学院深圳农业基因组研究所所长钱前研究员介绍说，我国已经把水稻、小麦、玉米以及黄瓜等大概 70%~80%重要的作物基因组测序完成，初步掌握了这些作物遗传基因的功能性状，研究水平已走在国际前列。

（《人民日报》，2015-11-18，第 1 版）

我国成为世界第三大奶业国

我国奶源基地建设步伐加快，万头牧场数量居世界首位，超大规模养殖模式引领全球，奶牛存栏目前已达到 1 400 多万头，奶类产量 3 800 多万吨、乳品产量 2 600 多万吨、乳品进口 180 多万吨，折合为原料奶奶类消费近 5 000 万吨，中国已成为世界第三大奶业国。

农业部奶业管理办公室副主任马莹在近日开幕的第四届“奶牛营养与牛奶质量”国际研讨会上说，奶业是中国的新兴产业和朝阳产业，也是畜牧业中最具活力和潜力的产业。中国政府高度重视奶业发展，取得了巨大成绩。2014 年，全国 100 头以上奶牛规模养殖比重达到 45%，比 2008 年提高 26 个百分点。荷斯坦奶牛平均单产近 6 吨，北京、上海等地一些规模场单产突破 10 吨。机械化挤奶率达到 90%，比 2008 年提高 39 个百分点。生鲜乳三聚氰胺抽检合格率连续 6 年保持 100%。奶源基地建设步伐快，万头牧场数量居世界首位，超大规模养殖模式引领全球。奶业一体化程度不断提高，乳企自建和参股奶源比例超过 20%，比 2008 年提高了 1 倍多。

由中国农业科学院北京畜牧兽医研究所、美国奶业科学学会和中国奶业协会共同主办的第四届“奶牛营养与牛奶质量”国际研讨会，以“奶业挑战与合作”为主题，围绕“奶牛营养与牛奶质量基础研究”“牛奶质量与安全”“新技术与新产品”3个专题共安排了39场报告。

（《人民日报》，2015-05-13，第15版）

我国农业科技进步贡献率达56%

农业部副部长、中国农业科学院院长李家洋院士今天在中国农业科学院工作会议上说，去年粮食生产“十一连增”，农业科技贡献巨大，农业科技进步贡献率达到56%。

李家洋说，2014年，中国农业科学院分批完成了32个试点研究所科研团队遴选工作。把原有的1 026个课题组优化整合成315个科研团队，同时跨研究所组建了8个科研团队。主粮作物高产攻关取得新突破，水稻研究所杂交稻、作物科学研究所玉米新品种分别获得955公斤、1 227.6公斤的亩均单产新纪录。在*Nature*、*Science*等国际顶尖学术期刊发表论文7篇。全年共获得各类科技成果221项，以第一完成单位完成的7项成果获得国家奖、以参加单位获奖2项，获省部级奖37项。

（《人民日报》，2015-01-27，第1版）

我国科学家揭开苦味黄瓜的秘密

吃黄瓜大多数人一定喜欢那种清甜的味道，然而苦味黄瓜可能对人体更有利。今天出版的国际顶级学术期刊*Science*以长篇幅论文的形式发表了由中国农业科学院蔬菜花卉研究所研究员、深圳农业基因组研究所副所长黄三文领导完成的黄瓜苦味合成、调控及驯化分子机制研究。这项研究揭开了黄瓜变苦的秘密，或为将来开发合成治疗癌症的药物打下基础。

中国农业科学院今天为此在京举行新闻发布会，黄三文介绍，黄瓜原产于印度，野生黄瓜在印度是作为泻药使用的。因为它的果实和黄连一样苦，轻咬一口就会让人受不了，所以没有人愿意吃。但野生黄瓜中有很多有益的农艺性状基因，尤其是对主要黄瓜病害具有非常好的抗病性，因此它们对于培育抗病黄瓜品种是非常宝贵的材料。

黄三文说，我们现在食用的黄瓜都是从极苦的野生黄瓜驯化来的，因此了解黄瓜驯化的遗传机理对于黄瓜品质育种具有重要指导意义。由于黄瓜缺少成熟的研究体系，研究起来困难较大。为了破解黄瓜苦味合成、调控及驯化的分子机制，黄三文团队从实验室早期积累的黄瓜基因组大数据中挖掘重要的线索，再结合传统的遗传学、代谢组学、生物化学和分子生物学等知识验证这些线索，开展深入研究。

黄三文说，这项研究揭示了黄瓜苦味合成、调控及驯化的分子机制，共涉及11个基因。即：发现了苦味物质葫芦素是由9个基因负责合成的，其中4个基因的生物化学功能已经确证了；这9个基因受到2个“主开关基因”（*Bl*和*Bt*）的直接控制，*Bl*控制叶片苦味，*Bt*控制果实苦味；在野生极苦黄瓜向栽培黄瓜驯化过程中，*Bt*基因受到选择，导致无苦味黄瓜的出现，但在逆境条件下仍然会变苦；发现*Bt*启动子区域的一个突变能够使得黄瓜在逆境条件下也不会变苦，通过精确调节果实和叶片中*Bt*和*Bl*的表达模式，可以确保黄瓜果实中不积累苦味物质，保证黄瓜的商品品质，同时提高叶片中的葫芦素含量用于抵御害虫的侵害，减少农药的使用。

黄瓜苦味物质葫芦素具有很好的药用价值。最早在《本草纲目》中就记载甜瓜的瓜蒂具有催吐及消炎的功效，而瓜蒂中含有大量的葫芦素。现代医学研究还发现葫芦素能够抑制癌细胞的生长，可与其他抗癌药物一块用于癌症治疗。黄三文表示，正在与有关科研单位合作研究，葫芦素的合成和调控机制一旦破解，或为将来开发合成治疗癌症的药物打下坚实的基础。

专家认为，黄三文团队综合采用了基因组、变异组、转录组、分子生物学和生物化学等多种技术手段，解决了长期影响黄瓜生产的一个重大应用问题，这是蔬菜基因组研究直接用于品种改良的优秀范例，为培育超级黄瓜提供了可供选择的育种方案。

（《人民日报》，2014-11-30，第 4 版）

我国农业展望报告首次发布

未来 10 年，我国三大主粮的自给率预计将保持较高水平，能够实现“谷物基本自给、口粮绝对安全”的粮食安全目标。

这是记者 20 日从中国农业科学院农业信息研究所主办的“2014 中国农业展望大会”上获悉的。此次大会发布的《中国农业展望报告（2014—2023）》由中国农业科学院农业信息研究所牵头，会同农业部有关单位专家学者完成。

大会执行主席、中国农业科学院农业信息研究所所长许世卫博士在发布展望报告时说，未来 10 年，我国三大主粮（稻谷、小麦和玉米）的自给率预计将保持较高水平；食用油生产预计将稳步增长，进口将有所下降，未来大豆进口仍有增长，但进口增速将明显放缓；肉类进口预计将持续增加；奶类进口将继续增加。

报告还指出，未来 10 年，现代市场体系、农业支持政策、科学技术进步将为中国农业提供新的发展机遇。中国主要农产品产量将稳中有升，奶类以3.5%的年均增长率成为主要农产品中增长速度最快的产品之一。总体上看，中国主要农产品需求增长速度要略高于生产的发展速度，中国人的饭碗将仍然牢牢端在自己手中。

（《人民日报》，2014-04-21，第2版）

中国科学家水稻研究成果在 *Nature* 杂志发表

记者近日从中国农业科学院获悉：该院作物科学研究所万建民教授课题组科研人员在控制水稻分蘖的新激素信号转导研究中取得了开创性进展。12月11日在线出版的国际顶级杂志——*Nature* 以研究论文形式刊登了相关研究成果。据悉，该论文第一作者为周峰博士，通信作者为万建民教授。该项研究是与南京农业大学作物遗传和种质创新国家重点实验室全面合作完成。

（《人民日报》，2013-12-20，第20版）

我国科学家率先绘出谷子基因组重要图谱

由中国农业科学院作物科学研究所、中国科学院上海生命科学研究院国家基因研究中心、中国科学院遗传与发育生物学研究所等8家单位联合组成的科研团队，在国际上率先完成了谷子单倍体型图谱的构建和47个主要农艺性状的全基因组关联分析，相关成果6月24日在线发表于 *Nature Genetics* 上，标志着我国在谷子遗传学研究领域取得了重要突破。

据项目负责人、中国农业科学院作物科学研究所刁现民研究员介绍，谷子是起源于我国的古老作物，脱壳后为小米。我国的谷子资源占世界存量的80%以上。但长期以来，科研人员对这些遗传资源的群体结构缺乏了解，进而限制了对谷子基因资源的高效发掘和深度利用。

该项目成果为谷子的遗传改良及基因发掘研究提供了海量的基础数据信息，将促进谷子发展成为旱生禾本科和高光效作物光合作用研究的模式作物，丰富禾谷类作物比较遗传学与功能基因组学的研究内容，同时也将对未来禾谷类作物的品种改良、能源作物的遗传解析产生深远的影响。

（《人民日报》，2013-06-25，第1版）

我国科学家成功绘出小麦A、D基因组草图

由中国科学家领衔的研究团队，在国际上率先完成了小麦A基因组的测序和草图绘制，以及小麦D基因组供体种——粗山羊草基因组草图的绘制，结束了小麦没有组装基因组序列的历史。这两项研究成果于美国时间24日在线发表在*Nature*杂志上，这标志着我国小麦基因组研究跨入了世界先进行列。

据介绍，小麦是世界上分布最广、种植面积最大的作物。小麦及其祖先种原产于西亚地区的一个很小的“新月沃地”地带。在大约8 000~10 000年前，小麦的四倍体种（AB基因组）与粗山羊草（D基因组）通过天然杂交，生成了六倍体小麦（ABD基因组），此后才“冲出新月沃地，走向世界”。

小麦A基因组的测序和草图绘制，由中国科学院遗传与发育生物学研究所植物细胞与染色体工程国家重点实验室小麦研究团队发起，通过与深圳华大基因研究院和美国加州大学戴维斯分校合作完

成，将为研究小麦驯化史提供一个全新的视角。研究团队鉴定出34 879个编码蛋白基因，其基因数量与已知禾本科植物基因组的基因数相似。研究发现，在进化过程中由于大量反转座子重复序列在基因间的插入，导致小麦A基因组的剧烈扩增。与已知禾本科作物基因组比较分析，鉴定出3 425个A基因组特异基因和24个新小RNA，并发现含NB-ARC功能域的抗病基因在小麦A基因组明显增多。通过同源基因的比对和关联分析，还鉴定出一批控制重要农艺性状的基因。该研究还筛选出大量的遗传分子标记，将有助于重要数量农艺形状基因的克隆及基因组选择，促进小麦的分子育种。

小麦D基因组草图的绘制，由中国农业科学院作物科学研究所与深圳华大基因研究院等单位历经5年努力完成。据介绍，小麦D基因组共有7条染色体，约44亿个碱基对，大约是水稻基因组的10倍。通过粗山羊草全基因组分析发现，其抗病相关基因、抗非生物应激反应的基因数量都发生显著扩张，因而大大增强了其抗病性、抗逆性与适应性。研究还发现，在D基因组中有小麦特有的品质相关基因，而且这些也有许多发生了显著扩增，从而使小麦的品质性状大大得到改良，成为唯一能够制作馒头、面包、饺子等多种食品的粮食作物。正是由于D基因组的加入，才使小麦的抗病性、适应性与品质得到大大改良，推动小麦成为世界上种植区域最广的第一大粮食作物。目前大面积种植的普通小麦的D基因组多样性非常贫乏，已成为制约小麦品种改良的瓶颈。D基因组草图的绘制为粗山羊草的开发利用及进一步的品种改良奠定了基础，并有望使小麦常规育种与杂交小麦取得突破性进展。

（《人民日报》，2013-03-25，第13版）

中国农业科学院首次面向全球公开招聘所长

记者从中国农业科学院获悉：该院科技创新工程正式启动，首次面向全球公开招聘植物保护研究所所长，同时对引进的各类人才分别给予200万~400万元不等的科研启动费，100万~300万元仪器设备费，以及其他相关补助。

中国农业科学院院长李家洋院士表示，今年将择优选择6个左右研究所、100个左右重点研究方向进行试点，招聘组建100个左右科研团队。同时，中国农业科学院将科学制定以绩效考评为核心的一系列相关制度和办法，构建创新工程长效机制。完成重大农业科技命题的论证，基地平台布局、国际合作全球战略布局和其他重点研究方向的前期预研工作。

（《人民日报》，2013-02-01，第20版）

油菜新品系含油量刷新世界纪录

记者从国家油菜产业技术体系2012年度工作会议上获悉：国家油菜产业技术体系首席科学家、中国农业科学院油料作物研究所王汉中团队选育的油菜新品系含油量再次刷新世界最高纪录。

王汉中团队选育的油菜新品系YN171含油量达到64.8%，比一般品种含油量（41%左右）提高了55%以上，创造了油菜含油量世界最高纪录。同时，该团队育成的高产油量杂交组合中“11-zy293”在2011—2012年度国家区试中含油量达49.57%，亩产油量达95.63千克，产油量增幅居参试品种之最。如果杂交组合中“11-zy293”每年推广1 000万亩，则可增产菜籽油1 2.8万吨以上，每年可以为我国油菜产业增收12.8亿元。

（《人民日报》，2013-01-22，第10版）

第二代转基因棉花我国拥有国际发明专利

记者20日从转基因生物新品种培育重大专项棉花项目执行专家组在中国农业科学院举办的新闻发布会上获悉，在转基因重大专项的大力支持下，我国第二代转基因棉花研究总体跃居世界领先水平，并拥有国际发明专利等自主知识产权，为摆脱高端棉花长期依赖进口的局面，打下坚实基础。这是我国继转基因抗虫棉之后，在这一高科技领域取得的又一项标志性重大科技成果。

中国农业科学院棉花研究所所长、中国工程院院士喻树迅指出，我国原棉“缺口”逐年加大，已从2002年的12%上升到2011年的40%。我国棉纤维内在品质相对较差，绝大多数只能适纺32支纱，而适纺60支以上高支纱的优质原棉严重依赖进口。

以改善纤维品质、提高作物产量、增强抗逆性等为主要目标的第二代转基因技术，近年来已成为世界科研领域竞相研究的热点。

（《人民日报》，2012-03-21，第2版）

玉米新品种“中单909”育成

中国农业科学院作物科学研究所黄长玲研究员带领的玉米高产育种团队，历时10年成功育成“中单909”玉米新品种，并通过国家农作物品种审定委员会审定。据悉，该品种2009—2010年参加黄淮海夏玉米品种区域试验，两年平均亩产630.5千克，比对照增产5.1%。2010年生产试验，平均亩产581.9千克，比对照郑单958增产4.7%。适宜在河南、河北保定及以南地区、山东（滨州除外）等地夏播种植。

（《人民日报》，2012-02-02，第16版）

科学防控黄曲霉毒素危害

前不久，某知名企业生产的一批液体乳产品被检出黄曲霉毒素M_1超标，引起社会关注。黄曲霉毒素M_1是一种什么物质？对人体健康有何危害？是怎么产生的？记者进行了采访。

中国农业科学院农产品加工研究所研究员刘阳博士说，黄曲霉毒素M_1是由牛、羊等哺乳类动物食用了被黄曲霉毒素B_1污染的饲料后，在体内经过羟基化产生的，主要存在于乳汁及肾、肝、乳腺中。黄曲霉毒素M_1是一种强毒性、强致癌物质，2002年被世界卫生组织列为I类致癌物。

美国普渡大学食品工程博士云无心认为，牛奶中出现黄曲霉毒素M_1的原因是饲料中黄曲霉毒素含量过高。把发霉的谷物作为饲料，其中的黄曲霉毒素在24小时之后就能进入奶中。显然，黄曲霉毒素跟双汇瘦肉精很相似，问题看似出在原料，但企业没有保证原料合格同样难辞其咎。特别作为常规检测项目，企业居然没有自检出来，说明其生产和质控存在缺陷。从行业标准到牛奶源头，再到企业质控，各个环节的漏洞连接在一起，就形成了危险的质量陷阱，不仅会危及消费者的身体健康，更会从长远上损害企业乃至整个行业的信誉。

刘阳说，为了最大限度地控制黄曲霉毒素M_1的摄入量，我国及世界上许多国家制定了乳及乳制品中黄曲霉毒素M_1的限量标准。国家质检总局把黄曲霉毒素 M_1 作为乳及乳制品的必须检测和监测指标。

要防控乳及乳制品中黄曲霉毒素 M_1 污染，刘阳建议，首先，防止饲料原料及饲料受到黄曲霉的污染。一方面，要严格控制玉米、小麦麸皮等饲料原料中黄曲霉毒素 B_1 含量，若原料受到污染，应将受污染的原料剔除，并通过降解和去除技术减少黄曲霉毒素 B_1 的含量；另一方面，在饲料加工和贮藏过程中，加强企业生产管理，保证饲料加工、贮藏环境的干燥、清洁和卫生，防止黄曲霉的感染和黄曲霉毒素的产生。

其次，严格控制原料乳中黄曲霉毒素 M_1 的含量。乳制品生产企业应严格按照国家质检总局的要求，加强原料乳黄曲霉毒素 M_1 的检测，确保原料乳及乳制品的安全。为了保护消费者健康，最大限度减少黄曲霉毒素 M_1 的摄入量，质检部门应加强对黄曲霉毒素 M_1 的检测和监测力度，保证乳及乳制品的质量安全。

刘阳提醒消费者，预防黄曲霉毒素最好、最现实的办法是尽量不要在自家里储存过多的干果和鲜果，应及时将苹果等水果放置到阳台等温度较低的地方保存，一旦腐烂或者发霉，坚决不要再吃。储存大米、花生、葵花籽等要注意通风、干燥，防止霉变。

（《人民日报》，2012-01-08，第 4 版）

APEC 农业技术转移大会举行

由中国农业科学院、北京市科学技术委员会共同主办的“APEC 农业技术转移大会暨第四届中国农业新技术新成果交易对接大会”日前在京召开。

会议主题为“加强农业技术转移，确保 APEC 粮食安全”。参会代表围绕气候变化及粮食安全中的技术转移、APEC 经济体农业技术转移合作、技术转移中的知识产权问题、私营企业在技术转移中的作用等4个专题进行交流研讨，分享APEC各成员体在农业技术转移方面的政策投资环境、成功经验、优秀模式，探讨在APEC成员体间建立高效农业技术转移平台和机制的模式，提高APEC区域农业技术转移效率，促进区域粮食安全和食品安全。

（《人民日报》，2011-12-08，第16版）

我国白菜基因组研究达到国际领先水平

记者今天从中国农业科学院获悉：8月29日，国际权威学术期刊*Nature Genetics*在线发表了由我国主导，通过国际合作完成的白菜全基因组研究论文。这标志着我国以白菜类作物为代表的芸薹属作物基因组学研究取得了国际领先地位。

据悉，该项成果是在中国农业科学院蔬菜花卉研究所和油料作物研究所、深圳华大基因研究院主导下，由中国、英国、韩国、加拿大、美国、法国、澳大利亚等国家组成的“白菜基因组测序国际协作组”共同完成。这是继黄瓜基因组测序和马铃薯基因组测序项目后，由中国主导，通过国际合作完成的蔬菜领域基因组研究的又一重大成果。研究结果表明，白菜基因组共包含约42 000个基因。

专家指出，白菜基因组序列分析的成果对白菜类作物和其他芸薹属类作物的品种分子改良具有重要意义，对保障城镇居民的“菜篮子”具有现实意义。

白菜类作物包括大白菜、小白菜、菜心和芜菁等形态各异的一大类蔬菜，其中大白菜和小白菜是我国栽培面积和消费量最大的蔬菜作物，我国是世界最大的白菜生产国，目前大白菜和小白菜栽培面积已超过400万公顷，在我国的蔬菜供应中具有举足轻重的地位。2008 年 10 月，中国农业科学院蔬菜花卉研究所在利用第二代基因组测序技术进行黄瓜基因组测序取得重大进展的基础上，联合相关单位，启动了使用新一代技术进行白菜基因组测序的研究。

（《人民日报》，2011-08-31，第 4 版）

我国主导马铃薯基因组研究获重大成果

记者今天从中国农业科学院获悉，7 月 14 日，国际权威学术期刊 *Nature* 发表了马铃薯全基因组序列图和生物学分析的封面论文。此项成果是由 14 个国家 29 个单位的 97 名研究人员组成的“马铃薯基因组测序国际协作组”经过 6 年艰苦的努力共同完成的。在项目执行过程中，中方团队实现了从参与到主导的跨越，奠定了我国在马铃薯基因组研究领域的国际领先地位。

据介绍，由中国农业科学院蔬菜花卉研究所、深圳华大基因研究院等组成的中国马铃薯基因组项目团队在此项成果中发挥了重要作用。

分析结果表明：马铃薯基因组共包含约 39 000 个基因，在进化过程中经历了两次全基因组复制。通过对基因组的分析初步揭示了马铃薯自交衰退的基因组学基础。

（《人民日报》，2011-07-21，第 1 版）

中外研讨奶牛营养与牛奶质量

由中国农业科学院北京畜牧兽医研究所、美国奶业科学学会和中国奶业协会共同主办的第二届“奶牛营养与牛奶质量”国际研讨会日前在北京举行。

中国、美国、加拿大、英国、新西兰和巴西等国家的34位知名专家作了专题报告，总结和交流最新研究进展，探讨推动各国政府、相关组织和科学家之间进一步深入开展合作研究，加大奶牛营养与牛奶质量研究领域的投入，建立成果共享的机制。

（《人民日报》，2011-05-16，第20版）

中巴共建农业联合实验室

中国农业科学院和巴西农牧业研究院日前在北京举行中国—巴西农业科学联合实验室揭牌仪式。该实验室是我国面向拉美国家的第一个农业科学联合实验室。

据悉，按照工作计划，中国农业科学院2012年将在巴西农牧研究院设立联合实验室，这将是我国在国外设立的第一个农业科学联合实验室，也是我国农业科技实施全球布局的重要一步，具有里程碑式的意义。

（《人民日报》，2011-04-18，第12版）

中国农业科学院成立南方经济作物研究中心

中国农业科学院南方经济作物研究中心日前在位于长沙的麻类研究所启动。据中国农业科学院麻类研究所所长熊和平介绍，我国南方区域广泛，特色作物品类繁多，具有广阔的发展前景。

（《人民日报》，2011-04-11，第20版，《科海短波》）

大豆新品种亩产创新高

秋收时节，从新疆传来振奋人心的好消息：由我国著名农学家、中国农业科学院原院长王连铮研究员带领课题组培育的大豆新品种“中黄35”在新疆创下全国大豆单产最高纪录——亩产达到405.89公斤，突破亩产400公斤大关。为振兴我国大豆产业带来新的希望。

记者从中国农业科学院作物科学研究所了解到：由南京农业大学国家大豆改良中心邱家训教授和沈阳农业大学董钻教授为组长的专家组日前在新疆生产建设兵团农八师148团种植的“中黄35”大豆超高产田进行现场测产验收。

在实测地块中随机选取5点进行理论产量计算，结果表明：该地块理论产量410.56公斤/亩，实收1.066亩，亩产为405.89公斤，再创全国大豆单产最高纪录。

高产田实收45.29亩，总产16 419.99公斤，平均产量为362.55公斤/亩。

据介绍，大豆新品种“中黄35”系高产、高油品种，先后通过国家黄淮海北片夏大豆、北方春大豆和内蒙古自治区、吉林省审定，适宜北方10个省区市种植。

专家组一致建议进一步良种良法配套，在适宜地区大力推广种植“中黄35”，实现大豆增产、农民增收。

（《人民日报》，2010-10-29，第5版）

国家外专局与中国农业科学院签署科技合作协议

国家外国专家局日前与中国农业科学院签署《关于引进外国智力为农业科技发展服务合作框架协议书》。人力资源和社会保障部副部长、国家外国专家局局长季允石和中国农业科学院院长翟虎渠代表双方在协议上签字。

根据协议，国家外国专家局将有针对性地支持中国农业科学院在小麦、玉米、水稻、棉花等主要农作物和牛、羊、猪、鸡等家畜家禽的良种繁育、品种改良，以及重大动物疫病的防控、农业可持续发展等领域的引智力度。

（《人民日报》，2010-09-27，第 20 版，《科海短波》）

我国首次为转基因粮食作物颁发安全证书

记者从中国农业科学院获悉：由我国著名生物技术专家、中国农业科学院生物技术研究所范云六院士带领的科研团队，历经 12 年完成的转植酸酶基因玉米研究项目，日前获得农业部正式颁发的转基因生物安全证书（生产应用），这是我国首次为转基因粮食作物颁发安全证书，标志着转植酸酶基因玉米从此正式跨入产业化阶段。

转植酸酶基因玉米研究项目，是中国农业科学院近年来重点跟踪管理、培育重大科技成果的重大项目之一。经过严格规范的安全评价，转植酸酶基因玉米从 2005—2008 年先后完成了农业部规定的各项安全性评价试验，于 2008 年 12 月通过了农业部安全评价委员会评审。

中国农业科学院生物技术研究所所长林敏教授表示，转植酸酶基因玉米主要用于饲料加工，可以释放可被动物利用的无机磷，减少动物粪、尿中磷的排泄，减轻环境污染。同时，转植酸酶基因玉米利用农业种植方式替代原有工业发酵生产方式生产植酸酶，可减少厂房、设备、能源消耗等投入。因此，以玉米为载体生产的植酸酶直接用于饲料加工，实现了以环保、节能的农业生产方式生产“绿色磷”的梦想，具有巨大的产业优势和应用前景。

林敏介绍，转植酸酶基因玉米是我国首例获得安全证书的粮食作物，也是国际上首例研制成功的转植酸酶基因玉米，这一重大成果的取得历时 12 年，达到了国际同类研究的领先水平。转植酸酶基因玉米的产业化，将是我国作物生物技术产业化进程中具有划时代意义的里程碑，是我国农业生物技术继转基因抗虫棉产业化之后具有巨大发展潜力的农业高科技新兴产业，对提高我国玉米种业国际竞争力和促进饲料及养殖业的可持续发展将产生重大影响和贡献。

“农民朋友要想种植转植酸酶基因玉米，还需要等待两年以上的时间，因为还需要经过品种区域试验、品种审定等一系列程序后方能大面积种植。”林敏说道。

（《人民日报》，2009-12-03，第 6 版）

黄瓜基因组精细图绘制成功

世界著名的 *Nature Genetics* 杂志 11 月 1 日在线发表了一篇有关蔬菜作物的基因组测序和分析的重要论文。这是由我国科学家发起并主导的国际黄瓜基因组计划第一阶段所取得的重大成果，对黄瓜和其他瓜类作物的遗传改良、基础生物学研究以及对植物维管束系统的功能和进化研究将发挥重要的推动作用。中国农业科学院 2 日公布了这一重大成果。

中国农业科学院副院长刘旭研究员介绍，黄瓜基因组共有约 3.5 亿个碱基对。项目组采用新一代测序技术，自主开发了一套全新的序列拼接软件，成功地以较低的成本绘制了黄瓜基因组的精细图。

（《人民日报》，2009-11-04，第 2 版）

马铃薯基因“蓝图”公布

由 14 国科学家组成的“国际马铃薯基因组测序协作组”今天同时在北京、阿姆斯特丹、伦敦、纽约、利马等地宣布了马铃薯基因组序列框架图的完成。这是中国科学家主导的科技团队对世界粮食安全作出的新贡献。

此次公布的马铃薯的基因“蓝图”主要是由中国农业科学院蔬菜花卉研究所和深圳华大基因研究院组成的中国马铃薯基因组测序团队完成的。据中国农业科学院副院长、项目发起人之一屈冬玉介绍，马铃薯基因组有 12 条染色体，8.4 亿个碱基对，该“蓝图”覆盖了 95%以上的基因。基因组序列将帮助科学家们从分子水平上了解马铃薯是如何生长、发育和繁殖的，从而有助于继续提高马铃薯品种的产量、品质和抗病性。更重要的是，以基因组序列为工具，马铃薯育种家将加速新品种的培育，原本需要 10~12 年的育种过程可以缩短到 5 年左右。

我国是世界最大的马铃薯生产国，但单产水平只有先进国家的 1/3。参与和主导国际马铃薯基因组测序计划，使我国直接进入了马铃薯遗传育种研究的第一方阵，这为培养具有自主知识产权的优良品种打下了坚实的基础。

据介绍，2006 年至 2008 年底，国际协作组遇到了基因组高度杂合、物理图谱质量不高、测序成本高等困难。中方首席科学家黄三文博士另辟蹊径：以单倍体马铃薯为材料来降低基因组分析的复杂度，并采用快捷的全基因组鸟枪法策略和低成本的新一代 DNA 测序技术。这一新策略大大提高了研究进程，提前两年完成了马铃薯全基因组的测序，而且促进了中国团队实现从参与到引领的过程。

（《人民日报》，2009-09-24，第 19 版）

国际农经大会在京召开

被誉为“国际农经界奥林匹克”的第二十七届国际农经大会今天在北京开幕。国务院副总理回良玉出席开幕式并代表中国政府致辞。他强调，中国农业发展取得了举世瞩目的成就，但也面临不少困难和挑战，要深入研究中国特色农业现代化道路，不断推进理论创新、实践创新、政策创新，促进农业可持续发展。希望国际农经大会充分发挥桥梁和纽带作用，积极推动各国农业经济学家紧紧围绕世界农业发展的新机遇、新挑战开展研究、携手合作，服务农业发展，造福各国人民。

回良玉指出，改革开放 30 多年来，中国较好地解决了 13 亿人口的吃饭问题，较快地增加了农民的收入，人民的营养和健康水平明显提高，农村面貌显著改善。中国农业农村发展取得的成绩，不仅为促进中国经济社会发展、全面推进小康社会建设提供了重要支撑，而且为维护世界粮食安全、推进全球反贫困进程、促进可持续发展作出了重要贡献。在新的形势下，我们必须按照统筹城乡发展的要求，进一步加强农村制度建设，大力发展现代农业，加快发展农村公共事业，全面推进社会主义新农村建设。

回良玉指出，当今世界农业发展既面临重大机遇，也面临严峻挑战。世界人口快速增长，农产品能源化利用加快，保障世界粮食安全特别是发展中国家食物有效供给的压力越来越大；全球气候变化加剧，耕地、水资源紧缺的矛盾越来越突出；全球一体化和贸易自由化深入发展，应对农业国际化带来的挑战，任务越来越艰巨。促进农业可持续发展，是国际社会的共同责任，也是农业经济学家的光荣使命。希望国际农经学界紧紧围绕世界农业的可持续发展进行广泛而深入的研究，为农业发展提供有力的理论和政策支撑。

国际农经大会每3年召开一次。今年恰逢国际农经学会成立80周年，中国作为国际农经学会创始会员首次举办这样的会议，由中国农业科学院和国际农经学会共同主办，中国农业经济学会、世界银行、联合国粮农组织、国际食物政策研究所等协办。此次会议的主题是“全球农业的新景观”，旨在对今后十年以及未来的农业前景作出科学评估。来自世界70个国家、地区和国际组织的1 000多名代表出席了会议。

（《人民日报》，2009-08-18，第2版）

超高产小麦“中育12号”亩产可达600公斤

中国农业科学院棉花研究所日前在河南省新乡市前岸头村举行小麦新品种“中育12号”现场观摩会，据专家介绍，这里的2 800亩示范小麦长势喜人，亩产可以达到600公斤。“中育12号”已于2008年9月通过河南省审定，并已申请品种保护。据介绍，“中育12号”利用我国独创的“矮败小麦育种技术”，聚合了丰富的遗传基因。

（《人民日报》，2009-06-04，第2版）

我国启动“绿色超级稻”国际合作项目

今后3年，非洲和亚洲地区2 000万贫穷稻农的水稻产量将增加20%以上。中国农业科学院院长翟虎渠博士今天在此间与比尔及梅琳达·盖茨基金会正式签署了“为非洲和亚洲资源贫瘠地区培育绿色超级稻”国际合作项目，将为这些地区的稻农培育15个新品种，以确保增产目标的实现。这是中国为维护世界粮食安全采取的又一实际行动。

据翟虎渠院长介绍，“绿色超级稻”项目总经费约 1 800 万美元，实施时间为 3 年。该项目在目标国家进行示范和推广，推动杂交稻种子的生产能力，并为撒哈拉以南非洲国家、亚洲和中国的西南部水稻分子育种建立一个高效水稻基因型分析技术平台。

该项目由中国农业科学院牵头，参加单位包括国内的中国科学院遗传与发育生物学研究所和国外的国际水稻研究所等多个研究机构。

（《人民日报》，2009-03-24，第 2 版）

我国科学家成功破解转基因抗虫棉难题

转基因抗虫棉的生物安全性问题争论终于告一段落。日前，国际知名学术刊物 *Science* 在显要位置刊登了中国农业科学院植物保护研究所吴孔明研究员等科学家历经 15 年艰辛完成的研究论文“种植 Bt 棉花有效控制棉铃虫在中国多作物生态系统发生与为害”，得出了转基因抗虫棉可以有效改善农作物生态环境的结论，在国际上引起轰动。

棉铃虫是世界性农业害虫，仅棉花一项，每年造成的损失高达 100 亿元人民币以上。我国于 20 世纪 90 年代中期开始大面积种植具有自主知识产权的国产转基因抗虫棉，目前种植面积已超过棉花总面积的 85%。国产转基因抗虫棉大面积种植以来，害虫对转基因抗虫棉抗性变化及生态群落演进问题一直是国际学术界关注的热点，受到国际社会高度重视并存在不同看法。

记者今天从中国农业科学院举办的座谈会上了解到，这项研究成果阐释了转基因抗虫棉影响靶标害虫种群演化的规律和机理，为大面积种植背景下棉田有害生物可持续控制和农田有害生物区域治理提供了理论基础和实践样板。

（《人民日报》，2008-10-15，第 2 版）

棉花基因组测序获重大进展

中美两国联合主持开展的陆地棉基因组测序研究取得重大进展，已从两条染色体上找到 363 个基因，这为棉花育种实现从传统育种向分子育种的跨越展示出光明前景。这是记者从近日召开的国际棉花基因组大会了解到的。

2007 年，中国农业科学院棉花研究所联合美国农业部南方平原农业研究中心，在世界上首次启动了陆地棉基因组测序研究项目。

（《人民日报》，2008-07-12，第 2 版）

一种超级害虫入侵机制研究登上 *Science* 杂志

记者从中国农业科学院获悉：美国 *Science* 杂志今天发表了我国科学家的一项重大成果——《非对称交配互作驱动一种粉虱的广泛入侵及对土著生物的取代》。

据项目首席科学家万方浩博士介绍，被世界自然保护联盟列入全球最危险入侵生物的 B 型烟粉虱利用交配行为入侵并取代土著生物。研究发现了 B 型烟粉虱与土著烟粉虱之间存在“非对称交配互作”，这一机制在促进 B 型烟粉虱数量增长的同时，压抑土著烟粉虱种群增长，从而促进B型烟粉虱迅速入侵，取代危害性不大的土著烟粉虱。这一研究成果将为入侵生物的预警和治理提供学术支撑。

中国农业科学院表示，这项以研究外来物种入侵为目标的国家重点基础研究发展计划（“973计划”）——“农林危险生物入侵机理与控制基础研究”，在对烟粉虱、紫茎泽兰、松材线虫等的入侵机制与特征方面已取得重大进展。外来物种入侵对农业生产带来的巨大损失及对生物多样性的严重威胁，已成为国际社会面临的重大科技问题。加强外来危险生物的入侵机理、灾变机理及控制技术的基础研究，发展早期预警与预防、检测与控制的理论与技术，是解决这一问题的根本途径。

（《人民日报》，2007-11-10，第2版）

我国大豆新品种创下高产纪录

记者今天从中国农业科学院获悉：我国大豆新品种创下亩产达371.8公斤的高产纪录，这为我国油料生产提供了强有力的科技支撑。

由我国著名大豆育种家、中国农业科学院原院长王连铮研究员主持育成的高产高油大豆新品种“中黄35”，今年在新疆石河子新疆农垦科学院作物科学研究所实验地上，实收1.2亩，亩产达371.8公斤。这是继1999年“新大豆1号”创造的亩产397公斤以后，又一大豆高产纪录。

专家组认为，黄淮海地区的夏播大豆品种“中黄35”在北纬44度左右的新疆地区作春播品种是适宜的。在良种良法相结合的条件下，“中黄35”的产量可达到亩产400公斤或更高的水平。此外，该品种含油量达 23.45%，符合国家当前关于扶持油料生产的政策。专家建议，国家有关部门应该立即着手予以大力推广，为恢复我国油料生产水平，抑制实用油涨价发挥应有的作用。

（《人民日报》，2007-09-26，第2版）

我国研制成功国际领先的高活性植酸酶

中国农业科学院今天宣布，由我国农业科学家历经10多年刻苦攻关完成的“利用玉米种子反应器生产高活性植酸酶”项目，日前通过农业部科技成果鉴定。由李振声院士、戴景瑞院士和方荣祥院士等著名科学家组成的鉴定委员会认为：该项目技术水平达到国际同类研究的领先水平，具有广阔的应用前景。

磷是动物不可缺少的营养元素。玉米、大豆等饲料原料中磷的含量非常丰富，其中65%以上以植酸磷的形式存在，但许多动物如猪、鸡、鸭、鱼、虾等因为消化道内缺乏植酸酶，无法利用这些植酸磷，只能随粪便排出，由此造成环境污染。植酸酶是一种性质优良的饲料添加剂，可将植酸磷分解成无机磷。

20世纪90年代，国内外相继开发了用微生物发酵方式生产的第一代植酸酶，在我国应用已经取得显著的经济效益：养殖业每年减少使用磷酸氢钙80万~120万吨，养殖业排放的磷可减少30%以上，氮可减少10%以上。

范云六院士率领的课题组利用具有自主知识产权的植酸酶基因，将其成功地转入玉米并获得能够生产高活性植酸酶，同时又能稳定遗传的转基因玉米，即第二代植酸酶产品。也就是说，用这种方法生产的玉米本身就含有植酸酶，相当于把玉米变成“工厂”生产植酸酶，在国际上开创了低成本、环保、节能、高效生产植酸酶的新兴技术领域。该技术获得农业部农业转基因安全审批证书。

专家们指出，磷资源在自然界储藏量非常有限，且不可再生，其替代资源的开发具有十分重要的战略意义。

（《人民日报》，2007-09-11，第2版）

我国科学家首次出任“世界农科院”秘书长

我国科学家、中国农业科学院原副院长王韧博士，在新一届国际农业研究磋商组织（CGIAR）秘书长兼首席执行官的激烈竞聘中最后获胜，由世界银行建议的对王韧博士的任命经过全球公开的咨询程序，已得到国际农业研究磋商组织全体成员国的批准。这是记者今天从中国驻世界银行执行董事会办公室获悉的。

国际农业研究磋商组织秘书长兼首席执行官主持该组织的日常工作，其在国际社会的重要性与地位相当于联合国粮食和农业组织（FAO）的总干事长。此次全球招聘先后吸引了100多位应聘者，经过激烈竞争，最后有10人进入候选程序，4人进入面试程序，最终王韧博士获胜，被任命为国际农业研究磋商组织秘书长兼首席执行官。专家认为，王韧博士当选标志着我国参与国际农业科学技术议程制订进入了新时代。

王韧博士1955年11月出生于山西省太原市，曾就读于山西农业大学和中国农业科学院研究生院，1985年在美国弗吉尼亚理工学院和州立大学获昆虫学博士学位。回国后曾长期在中国农业科学院工作，1993年至1995年12月任国际生物防治研究所副所长，1995年经国务院批准被任命为中国农业科学院副院长，2000年1月至今任国际水稻研究所主持业务的常务副所长。王韧博士还曾担任联合国粮农组织及联合国环境规划署病虫综合防治和抗性育种专家组成员、国际马铃薯研究中心理事会副主席、国际昆虫学理事会理事、中国昆虫学会副秘书长等职务。

（《人民日报》，2007－04－17，第4版）

我国农业生物技术整体水平跃居世界先进

我国农业生物技术经过20年发展，整体水平跃居世界先进，部分领域已达到世界领先水平。

中国农业科学院生物技术研究所围绕高产、优质、高效和可持续农业发展的国家重大需求，取得一系列重大原创性的研究成果。

转抗虫基因三系杂交棉分子育种技术获重大突破，攻克了三系杂交棉恢复系狭窄、抗虫性缺乏、可育性不稳以及杂种优势不明显等一系列重大难题，率先在世界上实现了杂交棉花的三系配套，研究水平跃居国际领先。

我国科学家已培育出64种适应不同棉区需要的转基因抗虫棉品种。2006年，国产转基因抗虫棉的种植面积已占全国抗虫棉种植面积的75%，打破了国外抗虫棉种子的垄断。

在转基因油菜种子的油体中高水平表达有生物学功能的鲑鱼降钙素蛋白，表达量可以达到种子总蛋白的6.47%，目标蛋白分离纯化过程明显简化，整体水平国际领先。

转基因抗病水稻已完成安全性评价，平均增产6.8%~10.8%、抗病性稳定、品质达2级优质米标准。转基因水稻一旦应用，将是继杂交水稻后中国对人类的又一重大贡献。

（《人民日报》，2007－01－09，第2版，《权威发布》）

中外学者揭开植物代谢奥秘

如果你在日常生活中细心观察会发现同是西红柿，有的皮厚耐贮藏，有的皮薄易烂；有的偏酸富含维生素C，有的偏甜口感好。到底谁是真正的控制因子？如何才能获得理想的品质？中外科学家的一项最新研究，首次在世界上揭开了植物代谢的奥秘。

由中国农业科学院留荷学者、荷兰格罗宁根大学生物信息中心傅静远博士和荷兰科学家联手，创造性地将遗传基因组学的新理论，运用到代谢组学上。他们揭示出75%的代谢产物的差异性是遗传因素引起的，而不同生态型间的“代谢物”组成的巨大差别，表明了代谢物对提高植物对环境适应性有着重要作用，也决定了作物的营养、抗性和其他重要品质。

这一最新研究成果发表在本月英国出版的最新一期*Nature Genetics*上。研究证实，在单一植物不同生态型中存在着显著的代谢差异，而杂交过程可以导致代谢物组成和数量上的变化。这一发现，对传统育种的代谢工程的改造和生物技术的发展有着重大意义。采用这种方法，研究人员全面掌握了代谢调控的主要基因位点，通过这些位点的筛选、变异，可大大提高育种效率。

傅静远博士说，科学家们此前一直对代谢途径作“窗口式”的研究，如今用遗传学、生物信息学的方法，却打开了“一扇门”。由此可以找出水稻、小麦等粮食作物及各种蔬菜、花卉的同位基因，从而提高育种效率以及加快农业生物技术的进程。专家指出，该研究还对具有特异性的“未来农业”产生重要影响。比如，以后人们可以选择最适合自己“代谢特质”的不同营养组成的大米。

（《人民日报》，2006-09-07，第14版，《科技新知》）

有机磷农药降解酶制剂研制成功

困扰农产品质量安全的有机磷农药残留有望得到解决。中国农业科学院生物技术研究所的科学家们采用生物技术，首次在世界上成功研制出“有机磷农药降解酶制剂”。这一具有自主知识产权的重大成果，能有效降解有机磷农药，去除农产品的农药残留。

中国农业科学院副院长雷茂良日前在北京宣布了这一国家“863 计划”项目的最新进展。据介绍，目前国际上还没有商品化生产的有机磷降解酶制剂。金鉴明院士等专家对该成果进行鉴定后认为，这项成果达到国际领先水平。

中国农业科学院范云六院士带领和指导的这个研究课题组，经过了 5 年的自主创新，从被有机磷农药污染的土壤中筛选出能降解多种有机磷农药的细菌，克隆出了“有机磷降解酶”的编码基因。

项目主持人伍宁丰研究员说，“有机磷降解酶”可与蔬菜、水果等农产品表面残留的农药发生化学反应，能破坏剧毒成分的结构，使剧毒农药瞬间变为无毒、可溶于水的小分子，以达到蔬菜水果的迅速脱毒，这种降解酶做成的洗涤液对环境不会有二次污染。

据悉，北京佳农新贸易发展有限公司已与中国农业科学院生物技术研究所签订了技术转让合同，今年将生产 1 404 吨降解酶，可望解决 125 万吨蔬菜水果的农药残留降解问题。

（《人民日报》，2006-06-03，第 1 版）

大豆新品种“中黄 13”首获国际新品种保护权

由著名农学家王连铮研究员主持培育的超高产高蛋白大豆新品种“中黄 13”，近日获得韩国品种权，品种权号：KHV060039.

8NW，从而成为我国第一个获得国际新品种保护权的农作物新品种。专家认为，“中黄13”首获国际新品种保护权，是我国知识产权保护取得的突破性进展，标志着我国农业科技创新和农业知识产权保护工作跨上了一个新台阶。

王连铮率领课题组先后培育成功“中黄13”等一系列大豆新品种，为我国大豆生产作出了杰出贡献。“中黄13”2004年在山西襄垣县良种场亩产达312.4公斤，2005年亩产达305.6公斤，均经国家大豆改良中心专家组现场实收。

农业部最近公布了2006年国家重点推广品种，其中大豆有8个品种。黄淮海地区重点推广两个大豆品种，即“中黄13”和“豫豆22号”。据农业部全国农业技术推广中心统计，2004年“中黄13”播种面积为233万亩，目前已经成为黄淮海地区播种面积第一位的新品种。

（《人民日报》，2006-05-30，第2版）

我国甘蓝遗传育种技术世界领先

5月18日，来自科技部、农业部等有关部门的领导和专家考察了中国农业科学院蔬菜花卉研究所方智远院士课题组的试验田，观摩了“中甘17”“中甘21”等优良甘蓝新品种。不久，这些甘蓝新品种将走上百姓的餐桌。这也标志着我国甘蓝显性雄性不育育种技术及其规模化制种取得重大进展，整体跃居世界领先水平。

30余年来中国农业科学院蔬菜花卉研究所相继育成不同类型甘蓝新品种15个，累计推广面积约1亿亩。

（《人民日报》，2006-05-20，第2版）

我国棉花栽培技术获得革命性突破

我国棉花栽培技术获得革命性突破。不用走路，不用弯腰，只需坐在拖拉机后，把棉苗一棵棵放在犁刀开好的田畦里，栽棉就像栽菜一样轻松。这项由中国农业科学院棉花研究所研制成功的新技术总体达国际领先水平，并且已拥有自主知识产权。

在“国家科技攻关”“农业结构调整”等科技项目的资助下，中国农业科学院棉花研究所栽培室主任毛树春研究员领导的课题组发明了无土基质、促根剂和保叶剂等系列专利技术，攻克了棉苗生根困难，裸苗移栽不易成活等难题。新技术具有苗床成苗率高、移栽成活率高、省种、省工等特点，可使每亩增效 80 元以上。

这项新技术先后获得 7 项专利。去年，该技术在鄂、苏、赣等 12 个省的 100 多个优质棉基地县以及 5 000 多农户中扩大示范了 1 万多亩，取得了巨大成功。

（《人民日报》，2006-05-09，第 1 版）

我国五大原创农业科技成果世界领先

作为农业科学研究的“国家队”，中国农业科学院在“十五”期间不断加强自主创新，获得一大批具有自主知识产权的重大科技成果，其中获奖成果近 500 项，每年创造经济效益 200 多亿元。禽流感疫苗、抗虫棉、矮败小麦、超级稻、双低油菜等五大原创性农业科技成果居世界领先地位，走出了一条依靠自主创新推动农村经济发展的道路。这是记者今天在中国农业科学院举办的全国农业科研机构联谊会上获得的信息。

在获奖科技成果中，获国家级奖一等奖 3 项、二等奖 17 项，省部级奖 161 项；发表科技论文 1 万多篇，平均每年增加 20.6%，其中被 SCI 收录 514 篇，每年增加 49%；出版专著 535 部，获准专利 220 项，审定品种 187 个，获新兽药证书 29 项。

（《人民日报》，2006-01-09，第 2 版）

我国棉花育种技术跃居世界前列

记者蒋建科从中国农业科学院获悉：我国转抗虫基因三系杂交棉分子育种技术获重大突破，研究水平跃居世界领先。完全具有自主知识产权的转抗虫基因三系杂交棉不仅保持了抗虫棉的特点，而且能提高品种的产量和品质，降低成本，增产幅度一般达 25% 以上。目前，我国约有 5 000 万亩棉田适宜种植杂交棉，若按此推算，理论上可新增皮棉 80 万～100 万吨，增收 100 亿～120 亿元，相当于目前 1 000 万亩棉田的总产量，亦即相当于增加了一个长江流域棉区。

17 日下午，来自国家发展改革委、科技部、农业部等部门的有关领导和专家，来到北京市平谷区，实地观摩了中国农业科学院生物技术研究所培育成功的转抗虫基因三系杂交棉新品种和新品系，对我国自己培育的转抗虫基因三系杂交棉给予了高度评价。至此，我国已经在水稻、玉米、油菜、大豆和棉花等五大粮棉油主要作物中实现了三系配套，在世界上遥遥领先。

三系即不育系、保持系和恢复系，是杂交育种的一种技术方法，通过三系配套，可以使作物的杂种优势得到充分利用，从而培育出既高产又抗病虫害的作物新品种。从 1999 年起，中国农业科学院生物技术研究所郭三堆研究员率领的课题组在相关部门的大力支持下，与邯郸市农业科学院合作，开展了转抗虫基因三系杂交棉分子育种研究，经过6年不懈努力，终于取得重大突破性进展。课题组攻克了三系杂交棉恢复系狭窄、抗虫性缺乏、可育性不稳以及杂种优势不明显等一系列重大科学难题，在国际上首次成功地创建了高产量、高纯度、高效率、大规模、低成本、能够直接应用的转抗虫基因三系杂交棉常规育种与分子育种相结合的新体系，具有明显的创新性，这是棉花育种史上的重大突破，整体技术水平居世界领先。

目前，课题组已经将抗虫基因导入优良棉花品种，获得了抗虫性达90%以上的新种质材料和新品种（系）40多个，选育出一批比对照常规抗虫棉增产显著或品质优良、抗虫性强的新组合。其中，“银棉2号”在2003—2004年全国品种区域试验中，籽棉、皮棉、霜前皮棉分别是对照品种“中棉所41”的121.1%、126.4%、129.2%，均居第一位，2005年通过国家审定，是我国第一个转双价抗虫基因的三系杂交棉新品种；另有3个组合正在参加全国区试。

此外，三系杂交棉还可减少农药用量、保护生态环境，具有巨大的经济效益、社会效益和生态效益。

（《人民日报》，2005-09-18，第1版）

我国转基因棉花产业化国际领先

国家转基因棉花中试与产业化基地近日在位于河南安阳的中国农业科学院棉花研究所建成，该基地的建成标志着我国转基因棉花研究及其产业化总体达到了国际先进水平，显著增强了我国在转基因棉花研究与产业方面的国际竞争力。

据介绍，我国在转基因技术研究开发领域，巩固了独创的花粉管通道法遗传转化棉花的国际领先地位；在转基因棉花新品种培育领域，巩固了杂交转基因棉花、早熟转基因棉花等类型的优势地位，使国产抗虫棉市场份额从1995年最初的5%左右提高到2004年的62%。

我国是世界最大的棉花生产国。棉花种植面积最高年份占世界棉花种植面积的近20%。我国主要植棉区农业人口达3亿之多。然而，在20世纪90年代初，我国棉花生产形势十分严峻，黄萎病通常可造成10%~20%的棉花损失，严重时高达30%以上，且导致皮棉质量严重下降；棉铃虫每年给国家造成几十亿元的经济损失，严重年份甚至可达100亿元；大量的农药使用不仅大大增加了农民生产成本，而且严重破坏了生态环境，并损害了农民身体健康。在棉纤维品质方面，我国棉花比强度低于美棉，导致我国棉花出口份额大幅下降（目前我国棉花出口份额占世界棉花贸易量不足1%）。

为了凝聚我国棉花转基因研究力量，通畅棉花基因工程上下游连接渠道，以增强我们参与世界高技术竞争的能力，国家有关部门决定在地处棉花主产区黄河流域腹地的中国农业科学院棉花研究所建立起国家棉花转基因中试及产业化基地。并以此为基础，最终发展和培育出具有国际竞争实力的、集研究开发和技术推广为一体的民族高科技农业企业集团，参与国际国内棉花科研、生产和销售等领域的竞争。

目前，基地已经建成棉花转基因技术平台、生物技术育种平台、产业化体系平台、国内外人才交流和培养平台、转基因棉花安全评价平台等五大平台，为我国转基因棉花研究的可持续发展奠定了坚实的基础。

（《人民日报》，2005-08-16，第6版）

水稻基因“天书”被打开

历时6年半的国际水稻基因组计划宣告圆满结束，水稻基因“天书”被中外科学家联手打开。今天出版的英国*Nature*杂志刊登了这一计划绘制完成的水稻全基因组序列精细图。据称，这是目前在高等生物中最精确、最完整的测序工作之一，海峡两岸的中国科学家出色地完成了其中1/5的工作任务。

国际水稻基因组测序计划始于1998年，日、美、中等10个国家和地区参与了这一计划。这次绘制完成的水稻基因组全图覆盖率达到95.3%，误差率不超过万分之一。它不仅定位了水稻中的3.75万个基因，还率先在动植物中完成了对着丝粒的测序。

2002年初步绘制完成水稻基因组草图时，中国科学家即已参与了这项国际大型研究工作。以中国科学院上海生命科学院国家基因研究中心领衔的项目组完成了第四号染色体的精确测序任务，台湾“中研院”植物研究所则负责第五号染色体的精确测序。

中国科学院国家基因研究中心主任韩斌介绍说，该中心在初步完成测序任务后，又进一步填补了4个物理空缺和近300个序列空缺，承担并完成了水稻籼、粳两个亚种间全基因组序列的比较及水稻基因组着丝粒序列的分析工作。

中国农业科学院中国水稻研究所所长程式华认为，水稻基因测序的完成，离育种还有一段距离，还要开展水稻功能基因组的研究，深入详细地研究其功能，进而进行分子设计育种，有目的地开展基因重组，培育出优质、高产、抗病的超级水稻。

据了解，在参加国际水稻基因组计划的同时，中国科学院北京基因组研究所还启动了杂交水稻基因组计划。它以水稻育种专家袁隆平院士培育的杂交水稻品种为蓝本，完成了两个水稻亚种籼稻和粳稻的全基因组序列精细图，其有关成果发表在*PLoS Biology* 2005

年第3卷第2期上。一南一北两大基因研究机构的工作，把中国水稻基因研究提升到了一个新高度。

（《人民日报》，2005-08-12，第11版）

我国首次向国外申请植物新品种权

记者蒋建科今天从科技部获悉：我国知识产权保护工作获得突破性进展！我国著名农学家、中国农业科学院原院长王连铮研究员培育的大豆新品种“中黄13”，日前取得韩国官方的受理通知书，这是我国首次向国外申请植物新品种权。专家认为，这一事件具有里程碑意义。

今年4月，中国农业科学院农作物研究所委托北京中农恒达植物品种权代理事务所有限公司，向韩国申请大豆新品种“中黄13”的植物品种权。这是我国实施植物新品种保护以来向国外申请的第一个植物品种权，在新中国历史上也属首次。

“中黄13”是以“豫豆8号”为母本，以“中90052—76”为父本培育而成的。该品种集高产、高蛋白、适应性广、抗性较高等诸多优点于一身，具有抗倒伏、抗涝、耐旱、增产潜力大等特点，亩产可达250~300公斤，2004年在山西襄垣创亩产312.4公斤的高产纪录。在2001年通过全国农作物品种审定委员会审定的12个大豆新品种中，“中黄13”增产幅度位居首位。该品种还抗花叶病和霜霉病以及中抗孢囊线虫和根腐病。近两年来，该品种在黄淮海地区得到迅速推广。

据介绍，最近两年，国内品种权申请量增势迅猛，年申请量已跃居国际植物新品种保护联盟成员国前五名。截止到今年6月底，农业部植物新品种保护办公室受理的植物品种权申请已超过

2 300件，外国公司和个人向中国提出的植物品种权申请达到59件。但是，一直没有国内申请人向国外提出品种权申请。

（《人民日报》，2005-07-15，第11版）

"国稻6号"转让创天价

中国农业科学院创下我国单个水稻新品种最高转让价。该院下属的中国水稻研究所近日和江苏明天种业公司正式签约，由明天种业出资1 000万元，买断由中国水稻研究所育成的超级稻"国稻6号"的全国经营权。而此前我国农作物新品种转让价一般为几百万元。

据中国农业科学院院长翟虎渠介绍，"国稻6号"是中国水稻研究所科研人员历时多年育成的具有自主知识产权的新型超级稻。1999年，在科技部、农业部相关项目及浙江省重大科技攻关项目的资助下，科研人员将分子育种与常规育种技术相结合，于2002年育成集高产、优质、高抗、广适、口感佳等诸多优点于一身的新型超级稻——"国稻6号"。尽管该品种尚未获得国家新品种审定，但在全国范围内仍有四五家知名种业公司欲夺得该品种的经营权。

据介绍，"国稻6号"在浙江试种时，百亩平均亩产达805公斤，最高田块为825公斤；2004年在国家南方稻区区试中平均亩产591公斤，处于全国领先水平。此外，它的口感和米质可与"东北米"相媲美。

中国超级稻育种与示范项目首席专家、水稻研究所所长程式华表示，以"国稻6号"为代表的第二代超级稻的出现，标志着我国超级稻研究取得突破性进展。但要大面积推广这些新品种，需要科研机构与科技企业等共同努力。此次经营权的成功转让，对于加快中国超级稻的产业化发展意义重大。

（《人民日报》，2005-07-08，第11版）

小麦科技获得重要突破

我国小麦科学技术获得重要突破，日前，经过专家现场实打验收，由中国农业科学院作物科学研究所选育的小麦新品种“轮选987”，大面积亩产达511公斤；由莱阳农学院主持的“旱地小麦高产节水栽培技术”获得重大突破，采用该技术，不用浇水，小麦亩产达603公斤。

“轮选987”是中国农业科学院作物科学研究所利用矮败小麦开展轮回选择，从改良群体中选择优良可育株，经系谱选育而成的高产、稳产小麦新品种，2003年通过国家农作物品种审定委员会审定。验收组认为，“轮选987”是一个丰产性好、增产潜力大的小麦新品种，种植地区广阔，从新疆阿克苏到黄淮麦区都能种植。

由莱阳农学院领衔攻关的旱地小麦肥料早施深施高产节水栽培技术，实现了小麦在不浇水、省肥、省工的条件下平均增产15%以上。山东省农业科学院赵君实研究员对记者说：“我国北方普遍干旱缺水，从这次实打验收情况看，该项技术成熟、小麦新品系也比较理想，很适合在北方旱作地区推广。

（《人民日报》，2005-07-07，第13版）

中日科学家联袂育成“超级水稻”

由日本科学家和中国农业科学院中国水稻研究所钱前研究员等

科研人员组成的研究小组，最近首次在世界上克隆出一种增加水稻穗粒数的水稻高产基因，并将基因分析技术与传统作物种植方法相结合，培育出了既高产、又抗倒伏的新型超级水稻。这一重大突破性成果发表于6月24日出版的美国*Science*杂志上。

（《人民日报》，2005-07-03，第2版）

矮败小麦育种技术国际领先

我国育种科学家历经10余年努力在矮败小麦高新育种技术上取得重大突破，培育出“轮选”系列矮败小麦新品种。这一成果达到国际领先水平。在6月10日由中国农业科学院主办的现场观摩会上，与会代表对矮败小麦育种试验田和利用矮败小麦选育的国审新品种“轮选987”进行了现场观摩。

“轮选987”在参加国家小麦区域试验的北部冬麦区试中，产量名列第一，比主栽品种（“京冬8号”“京411”）平均增产14.8%，并在2004年国家黄淮南片区域试验中创造了小区折合亩产715公斤的高产纪录。

（《人民日报》，2005-06-11，第1版）

四个超级稻新品种获推广种植

中国水稻研究所的科学家近日为广大稻农奉献出4个最新的超级稻品种，分别是“协优9308”“国稻1号”“国稻3号”和“中浙优1号”，一般种植产量每亩500公斤以上。

据专家介绍，“协优 9308”品种穗大粒多，米质好，抗倒性较强，适宜浙江、湖南、福建等省种植。“国稻 1 号”品种抗病性强，米质优，是我国科学家首次应用分子育种技术选育的杂交水稻新组合。该品种适宜在安徽、广西、江西、湖南和浙江等作双季稻种植和湖北、安徽等省作单季稻种植。“国稻 3 号”品种丰产性好、抗病性强、综合农艺性状优良。该品种在江西作双季晚稻栽培，播种期为 6 月 15—20 日，10 月中下旬成熟。“中浙优 1 号”品种是一个适宜于长江中下游区域作单季种植的优质米新组合，稻米外观品质好，适口性好。

（《人民日报》，2005-05-11，第 1 版）

专家建议加快抗虫棉种子产业化

在日前由中华全国供销合作社科技推广中心和中国农业科学院棉花研究所联合举办的“中国转基因抗虫棉发展战略研讨会”上，专家建议加快抗虫棉种子产业化，加速国产转基因抗虫棉发展，增加棉农收入。

转基因棉花因其在技术、生产成本和环境保护等方面的显著优势，发展极为迅速，目前全球棉花面积的 20%为转基因棉花。我国高度重视转基因棉花的研究和推广，已培育并审定转基因抗虫棉品种 17 个，转基因棉花的种植面积已占我国棉田面积的 30%左右。目前，我国黄河流域棉区棉田面积的 80%都是转基因抗虫棉。抗虫棉的推广应用有效地控制了棉铃虫的暴发危害，在减少治虫 70%～80%的情况下不影响产量，同时节约农药 60%～80%。

但与发达国家相比，我国抗虫棉发展还存在着基因研究与转化能力相对较弱、研发力量布局不合理、棉种产业化水平低、种子企业综合素质和竞争实力偏低等问题。

专家们认为，抗虫棉市场前景广阔。全球每年棉花生产量为1 850~2 000万吨，棉种需求量近10亿公斤。我国自2000年以来棉花年需用种量2亿公斤，棉种市场需求巨大，而国产转基因抗虫棉发展潜力同样巨大，值得重视。

（《人民日报》，2005-02-01，第14版）

国家农科创新体系框架初现

记者蒋建科今天从中国农业科学院获悉：一家农业科研机构，研究同一种作物育种的课题组竟有10多个；另一家农业科研机构，明明不在水稻主产区，但研究水稻的课题组却有好几个……今后，我国农业科研领域存在的这种各自为战、小而全、低水平重复研究的现象有望得到改观。

中国农业科学院将与全国31个省区市的2 000多所农业科研机构和农业高等院校携手，共建国家农业科技创新体系。

据中国农业科学院院长翟虎渠介绍，即将建设的国家农业科技创新体系由三个层次组成。

以国家农业科研机构为主体，通过对包括国家、部门重点实验室在内的科技资源的整合优化、基础设施建设与管理制度创新，在北京建成国家农业科技创新中心，负责全局性、方向性、战略性农业科学知识创新、高新技术开发和重大关键技术研究开发工作。

以具有明显优势的省级农业科研机构和高等院校为主体，建成东北、黄淮海、长江中游、长江下游、华南、西南、黄土高原、内蒙古及长城沿线区、青藏高原以及西北绿洲共10个国家农业科技创新区域中心，以重大关键技术系统集成为重点，负责区域内重大农业技术创新和农业知识创新工作。

以科研实力较强、具有一定代表性的省、地级农业科研机构为主体，依据全国农业综合二级区划，建成50个左右综合性、300个左右专业性农业科研试验站，负责区域内重大科技成果的熟化、组装、集成、配套与示范。

通过上述建设和发展，到2010年前后，形成布局结构合理、主攻方向明确、资源优势互补、科研推广衔接的国家农业科技创新体系，获得一批突破性重大科研成果，培养和造就一支具有世界顶尖水平的科技专家队伍。

据悉，作为我国农业科学研究的“国家队”，中国农业科学院最早提出建设国家农业科技创新体系的设想，得到了全国众多农业科研机构和部分农业高校的响应。2004年12月，全国第一个国家农业科技创新区域中心——东北农业科技创新中心在吉林省农业科学院挂牌，标志着国家农业科技创新体系进入试点阶段。

（《人民日报》，2005-01-17，第11版）

中国农业科学院信息化建设网络工程竣工

由中国农业科学院承建的国家重大科学工程信息化建设网络工程，日前在中国农业科学院作物科学研究所竣工。著名农学家卢良恕院士轻点鼠标，开通该网络工程，这也标志着中国农业科学院院所远程视频会议系统同时开通。

该项工程于2003年7月开始招标，2004年5月，中标公司长城计算机软件与系统公司进驻中国农作物基因资源及基因改良大楼，负责整个项目的安装和调试。该网络骨干速率可达千兆，百兆速率到桌面。如此高性能设备组成的网络，基本能满足中国农业科学院5年内信息化的需求。

中国农业科学院院长翟虎渠通过远程视频会议系统与相隔1 200公里之外的哈尔滨兽医研究所所长孔宪刚进行了视频交谈，在10多分钟的时间里，视频画面稳定连贯，声音清晰，各项技术指标完全达到设计要求。

（《人民日报》，2004-12-21，第11版）

中国农业科技高级论坛举办

出席日前中国农业科学院举办的“中国农业科技高级论坛——土壤质量与粮食安全”的专家们提出，提高耕地质量，实施“藏粮于地”新战略，确保国家粮食安全。

专家们认为，我国耕地质量整体水平偏低，加之土壤退化，对农业生产与粮食安全造成不利影响。他们建议，将提高土壤质量列入国家中长期科技发展规划和“十一五”重点科研计划。各级政府应在实际工作中不断提高土壤质量，实施“藏粮于地”新战略，增强粮食生产能力。同时，可将培肥地力尤其是基本农田的地力列入国家重大工程项目。

（《人民日报》，2004-12-13，第11版）

我国攻克棉花移栽技术难关

“栽不活的棉花，哭不死的娃娃”，这个农谚说的是棉花移栽不可能成功。由中国农业科学院棉花研究所毛树春研究员领导的课题组，在承担国家“十五”科技攻关重大计划项目和农业部农业结构调整重大专项的研究中，攻克了棉花“两无两化”移栽技术难关。日前，该成果通过了农业部组织的专家鉴定，鉴定委员会认为：该技术居同类研究的国际领先水平。

“两无两化”移栽技术，即棉花无土育苗和无载体（单苗）移栽，棉花育苗工厂化和移栽机械化。采用该技术，移栽苗成活率高，每株成苗仅2~3分钱，节省用种50%~70%，节省用工1/3，增产皮棉6%~10%。

（《人民日报》，2004-12-01，第2版）

农作物基因改良工程获重要进展

经过近5年努力，中国农业科学院建设运行的“中国农作物基因资源与基因改良国家重大科学工程”取得重要进展。

作为我国“九五”期间的10个国家重大科学工程之一，该工程于2000年3月正式立项，由中国农业科学院作物科学研究所承担建设和运行管理任务。几年来，项目先后从国外引进了黎志康、林辰涛、毛龙等一批知名科学家回国。国内著名研究机构和大学的100名客座研究人员前来开展合作研究，大大提高了科研水平和成果质量。

中国农业科学院作物科学研究所所长万建民说，近几年来，这一工程共主持国家级科研项目300多项，获国家级奖励的成果达到39项，在国际上率先建成小麦、水稻、大豆的核心种质，发表论文800余篇，其中被SCI收录的论文100多篇，开展国际合作研究63项，培育新品种100多个，培养研究生148名，获得专利41项。

（《人民日报》，2004-11-29，第11版）

大豆超高产育种获重大突破

我国大豆超高产育种获重大突破。由我国著名大豆育种家、中国农业科学院王连铮研究员主持育成的大豆新品种“中黄13（中作975）”，日前在山西襄垣县良种场获得亩产312.4公斤的高产纪录。这是王连铮承担的科技部农作物超高产育种大豆项目所取得的新成果，国家大豆改良中心邱家训教授等5位专家组成的专家组实地监督收割并测产。

“中黄13”是一个集高产、高蛋白、适应性广的大豆新品种。该品种适应性广，具有抗倒伏、抗病性较好、增产潜力大的特点，亩产可达250~300公斤。在2001年通过全国农作物品种审定委员会审定的12个大豆新品种中，“中黄13”增产幅度位居首位。据了解，“中黄13”大豆蛋白质含量达42.84%，中抗孢囊线虫病、花叶病毒病发病率低，适于高产栽培。

“中黄13”今年在全国10多个省种植面积接近200万亩。自2001年该品种通过国家新品种审定以来，已在全国累计推广近400万亩，为振兴我国大豆生产展示出广阔前景。“中黄13”是王连铮研究员带领课题组花费10年心血，以“豫豆8号”为母本，以“中90052—76”为父本精心培育而成的。

（《人民日报》，2004-11-02，第11版）

我国转基因抗虫棉技术跨历史新高

在国家有关部委的大力支持下，我国国产转基因抗虫棉技术创新和产业化发展跨上新台阶。今年国产转基因抗虫棉种植面积占到全国转基因抗虫棉的70%，在减少农药使用量、减少环境污染、增加农民收入等方面产生了巨大的效益。

农业部全国农业技术推广服务中心日前在河南省漯河市召开“国产转基因抗虫棉技术创新和产业化现场观摩会”，记者看到，几十个来自全国各地科研单位培育的转基因抗虫棉新品种长势喜人，丰收在望。据介绍，我国自1991年开始进行抗虫基因的构建工作，1992年就合成了单价抗虫基因，成为继美国之后第二个独立构建拥有自主知识产权抗虫基因的国家。10多年来，经过我国农业科学家的不懈努力，抗虫基因不断刷新，抗虫基因构建由单价到双价，由单抗棉铃虫到抗病、抗蚜虫等多抗，目前又开始了改良品质、提高产量等方面的基因构建工作。

针对转基因抗虫棉品种后期易早衰等问题，农业科学家们研究提出了“健康栽培法”，制定了4套栽培技术规程和2套病虫害防治技术规程，并大面积示范成功，皮棉亩产达到149公斤，比对照增产20%以上。

在产业化方面，涌现出了中国农业科学院棉花研究所科技贸易公司、创世纪转基因技术有限公司等科研主导型和企业主导型、基地主导型、协会主导型4种类型的转基因抗虫棉品种产业化经营模式，大大加速了国产转基因抗虫棉的推广速度。目前，国产转基因抗虫棉种子市场占有率已超过国外抗虫棉，占据我国抗虫棉生产的主导地位。

全国农业技术推广服务中心主任夏敬源博士说，在看到国产转基因抗虫棉取得巨大成绩的同时，更应该进一步提高国产转基因抗虫棉的竞争力，当务之急是要抓紧转基因抗虫棉良种产业化。

（《人民日报》，2004-10-08，第11版）

抗虫杂交棉新品种“中棉所48”通过审定

由中国农业科学院棉花研究所最新培育成功的大铃型抗虫杂交棉新品种“中棉所48”，今年通过安徽省农作物品种审定委员会的审定。中国农业科学院最近为此在江苏射阳召开现场观摩会，来自全国棉花主产区的近200名代表对“中棉所48”的长势和表现给予高度评价。

“中棉所48”具有丰产、优质、抗病等优良农艺性状，出苗好，长势健壮，结铃性强，适应性广，吐絮畅且集中，絮色洁白。在射阳县试种示范表明，该品种平均亩产籽棉427公斤，亩产皮棉166公斤。专家们认为，抗虫杂交棉对调整农业生产结构、增加农民收入、增强民族棉业的国际竞争力等具有十分重要的意义，“中棉所48”的推广必将推动我国抗虫杂交棉进一步健康、快速发展。

（《人民日报》，2004-09-27，第11版）

我国转基因棉花研究又获重大突破

由中国农业科学院棉花研究所等承担的高科技项目“棉花工厂化转基因技术体系”研究，日前通过专家鉴定。以该技术体系为支撑，已直接育成转基因棉花新品种8个，累计推广转基因抗虫棉3 200多万亩，从而使我国在这一高科技领域占有了一席之地。

近年来，转基因农作物成为世界上普及应用速度最快的高新技术农作物，1996—2003年，全球转基因农作物种植面积增长了近40倍。我国转基因农作物则以转基因抗虫棉为主，面对激烈的国际竞争，我国转基因棉花研究与产业化在国家支持下取得一系列重大突破，培育出一批转基因抗虫棉新品种，并获得自主知识产权。

在科技部、农业部以及河南省等有关部门的大力支持下，中国农业科学院棉花研究所开展了“棉花工厂化转基因技术体系”的研究，通过几年努力，终于建成了高效、工厂化的棉花转基因技术体系，年产转基因棉花 6 000 株以上，有效降低了棉花转基因运行成本。通过转基因技术体系的优化，还将抗虫、抗病、纤维品质改良等基因转入到 20 多个主栽棉花品种中，此外，他们还将植物嫁接技术成功地应用于转基因棉花的快速移栽，其成活率达到 90%以上，有效解决了棉花转基因苗移栽成活率低的难题。

专家们认为，该项成果处于国内同类研究的领先水平，达到国际先进水平。在该项技术的带动下，我国转基因抗虫棉种植面积迅速扩大。中国农业科学院棉花研究所所长喻树迅介绍说：1998 年，我国转基因抗虫棉种植面积为 380 万亩，其中 95%为外国抗虫棉，而国产抗虫棉仅占 5%左右。今年全国转基因抗虫棉种植面积达 4 600 多万亩，而国产转基因抗虫棉种植面积达到 70%左右，其中河北、山东、河南、安徽 4 省实现了 100%的种植。目前，国产转基因抗虫棉种植面积累计达到 7 000 多万亩，平均每亩增收 140 元至 160 元，受到广大棉农的热烈欢迎。

（《人民日报》，2004-09-21，第 11 版）

我国首次进行授权农作物品种展示

由农业部植物新品种保护办公室、农业部科技发展中心和洛阳市农业科学研究所举办的“首届全国农作物授权品种展示暨品种权交易会”今天在洛阳市开幕，来自全国各地的数百名代表观摩了 200 多个获得农业部授权的农作物新品种并现场进行了品种权的交易和洽谈。

5年来，我国植物新品种保护事业迅猛发展，截至2004年7月31日，农业部植物新品种保护办公室共受理水稻、玉米、小麦等品种权申请1635件，授予品种权465件，年申请数量已跃居国际植物新品种保护联盟成员国前10名，受到国际组织的高度赞扬。

中国农业科学院棉花研究所日前也在河南安阳召开“2004年转基因抗虫棉新品种现场观摩会”，来自全国各地的120位棉业界代表现场参观了中棉所最新培育成功的优质转基因抗虫棉新品种“中棉所45”和“中棉所41”高产展示田。

“中棉所45”是国家“863计划”生物技术与现代农业领域现代农业主题专家组组长、我国著名育种家喻树迅博士利用现代高科技转基因生物技术与常规育种相结合的办法，育成的优质转基因抗虫棉新品种，代表了当前我国棉花育种的最高水平。该品种高产、优质、抗病，抗虫性强且稳定。与国外品种相比，丰产性、抗病性及综合农艺性状突出。

（《人民日报》，2004-08-31，第12版）

大豆“中黄13”推广400万亩

由我国著名大豆育种家、中国农业科学院原院长王连铮研究员主持培育的高产高蛋白大豆新品种“中黄13”，正在全国得到大面积推广。记者日前从中国农业科学院在安徽阜阳市举行的“高产高蛋白大豆新品种‘中黄13’繁育基地现场观摩会”上了解到，“中黄13”今年在全国10多个省种植面积接近200万亩。

自2001年该品种通过国家新品种审定以来，已在全国累积推广近400万亩，为振兴我国大豆生产展示出广阔前景。“中黄13”是王连铮研究员带领课题组花费10年心血，以“豫豆8号”为母本，以“中 90052—76”为父本精心培育而成的，该品种集高产、高蛋白、适应性广、抗性较高等诸多优点于一身，具有抗倒伏、抗涝、耐旱、增产潜力大等特点，亩产可达 250～300 公斤，在 2001 年通过全国农作物品种审定委员会审定的 12 个大豆新品种中，“中黄 13”增产幅度居首位。该品种还抗花叶病和霜霉病，中抗孢囊线虫和根腐病。近两年来，该品种在黄淮海地区得到迅速推广，在阜阳市进行的试验示范过程中，曾获得了亩产 290 公斤的高产纪录，界首市农民张志 2003 年创造了亩产 303.9 公斤的最高产量。

（《人民日报》，2004-08-23，第 12 版）

专家研讨农业科技的现在与未来

由中国农业科学院与世界粮食奖基金会联合主办的“农业科技·现在与未来”国际研讨会 7 月 10 日至 12 日在北京举行。此次研讨会的主题是：农业科学技术的创新与发展。来自国内外的 150 名专家就农业政策与农村发展、中国粮食安全、农业生物技术等议题进行了研讨和交流。

世界绿色革命之父、诺贝尔奖获得者布劳格博士应邀作了题为“21 世纪的中国与世界农业”的主题报告。本年度世界粮食奖获得者袁隆平院士作了题为“超级杂交稻育种”的专题报告。

（《人民日报》，2004-07-13，第 11 版）

蜂胶制品安全可靠

“蜂胶与其他具有药用价值的食物一样安全可靠，对人类健康有明显的功效。”在日前举办的“蜂胶与人类健康研讨会”上，来自中国农业科学院、农业部等机构的30余位知名专家学者得出了这样的共识，他们还对近期社会上关于“蜂胶是否含铅”的疑虑作出了明确的解答。

专家认为，蜂胶是蜜蜂从胶源植物的幼芽或枝干破伤部位采集的树脂，混入其上颚腺分泌物和蜂蜡等复合而成的胶状物，含有黄酮类、萜烯类、酚类、有机酸类等20余类200多种化学成分。在长期的研究中人们发现蜂胶可提高人体免疫力，在降血糖、降血脂、降血压、防止胃溃疡等诸多方面辅助疗效明显。

蜂胶对许多病原微生物有很强的抑制和杀灭作用，包括葡萄球菌、链球菌、链霉菌、大肠杆菌以及疱疹病毒、流行性感冒病毒等。但它不是抗生素，没有抗生素的毒副作用。中外科学家已用大量科学研究表明服用蜂胶不会引起肠道寄生菌群失调，没有致癌、致畸等毒副作用。而安全研究结果和人们长期服用的事实也证明，蜂胶与其他具有药用价值的食物一样安全。

专家们指出，蜂胶原料中的铅是蜂农在刮集铁纱副盖上的蜂胶时带入的，这种原料只占蜂胶原料的一小部分。针对这一问题，早在1994年中国农业科学院蜜蜂研究所就承担了农业部科技兴农专项基金重点攻关项目“蜂胶除铅技术产业化的研究”课题，蜂胶除铅技术已获突破，“华兴”等有卫生批号的蜂胶制品含铅量符合国家食品卫生要求，可以放心服用。

（《人民日报》，2004-06-24，第15版，《生活与健康》）

专家建议加快建设国家农业科技创新体系

如何尽快提高粮食综合生产能力、增加农民收入？在今天举行的全国农业科研机构联谊暨2004年中国农业科学院工作会议上，专家建议：加快国家农业科技创新体系建设，为确保粮食安全、农民增收提供强有力的科技支撑。通过5~8年的不懈努力，使农业科技进步贡献率达到55%以上，科技成果转化率提高到60%，从整体上缩小与发达国家的差距。

来自全国各省、自治区、直辖市农业科学院及部分农业高等院校的领导，全国各农业科学技术领域知名专家、院士共200多位代表共聚中国农业科学院，探讨全国农业科技创新体系建设方案。

中国农业科学院院长翟虎渠说，我国现有的科技创新能力已经为解决国家粮食安全和推进农业与农村经济发展作出了历史性贡献，但要支撑今后几十年国家粮食安全与全面建设农村小康社会对科技的需求显然是不够的。鉴于农业科研产出的周期性，要求我们必须从现在开始加强科技储备能力。翟虎渠指出，到2030年，我国人口将达到16亿左右，届时粮食需求总量将达到6.5亿吨左右，比去年总产量4.5亿吨多出2亿吨，要实现这个目标，只有紧紧依靠科学技术。历史已经证明，没有农业科技的重大原始创新与突破，没有一批先进实用的科技成果的大面积推广应用，就无法为粮食安全与农民增收提供强有力的科技支撑，更谈不上建设小康社会。

据了解，自去年初由中国农业科学院倡议成立的“全国农业科研协作网”运行一年来，已经产生了明显的效果。该科研协作网今后的奋斗目标是：用3~5年的时间，以国家级农业科研机构为主体，组建国家农业科技创新中心，以九大农业自然综合区划内优势单位组建区域农业科技创新中心，以50个国家级和300个省级农业科研试验站为基础，构建具有国际一流水平和较强竞争力的国家新型农业科技创新体系。

（《人民日报》，2004-01-07，第11版）

国产转基因抗虫棉深受农民欢迎

国产转基因抗虫棉产业化研讨会今天在深圳举行，来自农业部、广东省、中国农业科学院以及全国 12 个省的代表发出倡议，准备成立国产转基因抗虫棉产业联盟，使国产转基因抗虫棉产业化工作迈上一个新台阶。

国产转基因抗虫棉是中国农业科学院生物技术研究所郭三堆研究员领导的课题组完成的，从而使我国成为美国之后第二个拥有转基因抗虫棉自主知识产权的国家。之后，课题组又将两个杀虫机理不同的基因同时导入棉花，获得了双价基因抗虫棉植株，成为我国农业领域为数不多的拥有自主知识产权的高科技项目。

1998 年，中国农业科学院生物技术研究所和深圳市东方明珠公司等在深圳共同发起组建了创世纪转基因技术有限公司，全面组织实施国产转基因抗虫棉产业化工作。2002 年，全国国产转基因抗虫棉种植面积 1 788 万亩，今年全国国产转基因抗虫棉种植面积已突破 2 000 万亩大关，并分别同印度、缅甸等国家签订了合作协议。2001 年 12 月，国产转基因抗虫棉的核心专利技术被世界知识产权组织和国家知识产权局授予中国专利金奖，进一步扩大了国产转基因抗虫棉的国际影响。

（《人民日报》，2003-07-30，第 11 版）

我国研制出小麦良种“加工厂”

我国小麦育种技术获重大突破。由中国农业科学院作物科学研究所刘秉华研究员率领的课题组历经近 10 年的不懈努力完成的“矮败小麦创制与高效育种技术新体系建立”研究项目今天通过农业部主持的成果鉴定。由李振声院士、庄巧生院士、刘大钧院士、董玉琛院士等著名专家组成的鉴定委员会听取了技术报告，审阅了相关资料，经质疑、讨论和综合评议，一致认为该成果属国际首创，达到国际领先水平。

小麦是我国的第二大粮食作物，常年种植面积约 4 亿亩左右，年产量占全国粮食产量的 22%。据测算，在提高单产的诸多因素中，良种的因素占 30%。但是，小麦的育种确实是一件十分辛苦的工作，而且周期较长。从 1985 年起，中国农业科学院刘秉华研究员率领的课题组开始了艰难的探索，课题组以太谷核不育小麦为受体、矮变一号为矮秆标记供体，从杂交后代群体中筛选到矮败小麦。矮败小麦接受其他品种花粉后，其下一代的矮秆株为雄性不育，非矮秆株为雄性可育，二者极易辨认；且雄性败育彻底，不育性稳定，异交结实率高，是开展轮回选择育种的理想工具。这个独特的小麦遗传资源属国际首创。

专家介绍说，矮败小麦不是一个具体的品种，而是一个育种工具，它就像一个良种加工厂、孵化器，育种材料通过它可以源源不断地培育出满足不同需求的新品种，实际上是为小麦育种研究提供了一个先进成熟的技术平台，适合在全国任何地方应用。

（《人民日报》，2003-07-16，第 11 版）

甘蓝遗传育种获突破

中国工程院院士、中国农业科学院蔬菜花卉研究所方智远研究员带领甘蓝课题组的中青年专家，利用本课题在国内外首次发现甘蓝显性雄性不育材料，进行甘蓝显性雄性不育系的选育与利用研究，最近又获得新突破。

课题组现已选育出不育性稳定，不育株率达100%，不育度达99%以上，主要经济性状整齐稳定，配合力好的5份甘蓝显性雄性不育系。同时，通过国际合作，引进经改良的甘蓝胞质不育系31份，经回交转育已获得10余份回交生长发育、开花结实正常，有蜜腺，配合力良好的胞质不育系，应用前景良好。

经该课题组不断的探索，研究提出了用显性雄性不育系配制甘蓝杂交种的制种技术并已在生产上应用，用该技术配制的杂交种杂交率达100%，比用自交不亲和系制种提高5%~10%。用显性雄性不育系配制出“中甘16”“中甘17”“中甘18”“中甘19”“中甘21”等5个不同类型甘蓝新品种。

北京市科委日前组织部分专家对“甘蓝雄性不育系选育和利用研究”工作进行了现场考察，共展示甘蓝新品种与育种材料300多份。来自全国30多家种子生产销售单位的代表也先后来现场观摩甘蓝新品种，从现场观察比较看到，新推出的“中甘16”“中甘17”“中甘18”“中甘21”等甘蓝新品种表现早熟、优质、抗逆、丰产，它们与由日本、荷兰、美国等国种子公司经销的“铁头1号”“珍奇”“爽月”等甘蓝品种相比，在早熟性、品质及丰产性等方面有明显的优势。参加考察的专家认为：甘蓝雄性不育系及其制种技术研究成功，为我国甘蓝育种开辟了一条先进实用的新途径，具有重要的实践意义和科学价值，对提高我国甘蓝育种及生产水平都具有重要意义。

据介绍，上述甘蓝品种已逐渐成为农村种植结构调整的重要蔬菜品种，特别是在西部大开发扶贫项目“西菜东调工程”中，这些品种已成为甘蓝类蔬菜产业化开发的重要产品。目前，上述甘蓝新品种正在全国各地大面积推广。

（《人民日报》，2003-07-14，第11版）

苹果渣制成生物饲料，小牛羊代乳粉问世

榨完果汁的苹果渣如果倒掉，不仅会污染环境，还会造成资源的巨大浪费。科学家们经过努力，将苹果渣转化为新型功能性生物饲料。这项成果今天在京通过农业部组织的专家鉴定。

我国是果汁出口大国，生产果汁的副产品——果渣酸度大，可溶性糖含量高，不宜直接饲喂动物。在国家“863 计划”的资助下，中国农业科学院饲料研究所刁其玉博士带领的课题组与上海九川科技公司合作，经过 4 年攻关，将发酵生物技术和动物营养平衡原理相结合，研制出功能性动物饲料。苹果渣的常规营养成分得到改善，试验表明，用该产品饲喂奶牛，可以明显提高产奶量。

30 日一同通过鉴定的另一项成果“羔羊、犊牛早期断奶关键技术——代乳品的研制与应用”，则根据羔羊、犊牛的营养需要及营养特点，成功研制出了犊牛、羔羊代乳粉，该产品可有效降低犊牛的鲜奶消耗，降低饲养成本，缩短母羊繁殖周期，提高幼畜成活率。该产品显著优于国外同类产品，使用成本更低。有助于解决我国反刍动物饲养中犊牛耗奶量大、饲养成本高，母羊繁殖周期长、成活率低等关键问题。

（《人民日报》，2003-07-01，第 11 版）

全国农科院所组建科研“航母”

春耕时节，由中国农业科学院发起，中国人民大学、中国农业大学等 64 家农科院和大学联合组建的“全国农业科研协作网”开始正式运行。专家认为，此举意味着新组建的大型农业科研“航母”开始拔锚起航。

面对党中央、国务院对“三农”问题提出的新任务、新要求，以及我国加入世界贸易组织后农业面临的挑战和机遇，原有分散的农业科研体制已无法适应。

从数量上看，我国拥有国家级和省级农业科学院 30 多个，地市级农业科学研究所 300 多个，县级农业科学研究所 2 000 多个，高等院校 67 所，农业中等学校 375 所，再加上其他涉农科学研究机构和高等院校，是世界上为数不多的一支非常庞大的农业科技队伍。

从体制上看，这些科研力量却分属不同的部门，相互之间来往较少，导致了许多课题重复研究。科研经费“撒胡椒面”的现象十分突出，有的课题组平均科研经费才几千元，根本无法开展研究工作，出现了“有钱养兵，无钱打仗”的难堪局面。在一些科研单位内部，甚至还出现了“夫妻店”“父子兵”式的课题组，不仅浪费了十分有限的农业科研经费和科研资源，还无法研究出重大成果，直接影响我国农业的可持续发展能力和农产品国际竞争力。

对此，中国农业科学院在全力推进中国农业科学院科技体制改革的过程中，深感有必要借助中国农业科学院改革的经验来推动全国农业科研体制的改革。经过深入调查和长时间思考，逐步形成了一个构建“全国农业科研协作网”的设想，得到了同行们的认可和赞同。1 月中旬，来自中央政策研究室、国务院研究室、国家计委、财政部、科技部、农业部和中国科学院等部门的领导以及来自全国农业科学院和部分农业高等院校和综合性大学的院士、知名专家 300 多人会聚北京，召开全国农业科研协作研讨会，就如何建设全国农业科研协作网达成了一致意见，即：紧紧围绕全面建设小康社会的目标，加强农业科研协作，以“全国农业科研协作网”的形式，围绕国家目标，促进全国农业科技资源的整合，逐步形成与市场经济相适应、符合现代农业特点的新型国家农业科技创新体系，为促进调整农业结构、提高农业效益、增加农民收入、改善生态环境、增强农产品国际竞争力、全面建设小康社会，提供强大的科学技术支撑。

本着“实事求是、因地制宜”的原则，以现有农业科研机构、农业高等院校和农业企业为依托，在自愿合作的基础上，在政府政策引导和必要的扶持下，形成民间网络和协作机制，解决政府难以协调和现有计划不能涵盖的问题。

（《人民日报》，2003-04-16，第 11 版）

今年植棉正逢时

临近春播时节，许多农民朋友都在考虑该种什么。日前，由中国农业科学院棉花研究所和全国优质棉基地科技服务项目课题组完成的中国棉花生产景气报告显示：2003 年中国棉花生产景气指数达到 1989 年以来的最大值，是中国棉花生产的黄金年。

中国棉花生产景气指数是一种揭示棉花生产走势的前瞻性指标，用于预测和决策。中国棉花生产景气指数值大表示生产势旺盛，种植规模宜扩大；值小表示生产势弱，种植规模宜缩减。2003 年中国棉花生产景气报告认为，与 2002 年相比，2003 年棉田面积将扩大 21.7%，预计今年面积扩大到 7 440 万亩。

专家们强调，科学植棉要做好以下几项工作：一是必须以全面提高棉花质量为重点。二是要大力推广杂交棉和抗虫棉品种，逐步实现一地一种种植制度。三是要推广应用棉花栽培模式化和规范化技术。四是要积极稳步发展优质专用棉，实行“订单农业”。

专家们还替农民朋友仔细算了一下，如果一切顺利，预计今年每亩棉花比去年可增加纯收入 120~150 元。

（《人民日报》，2003-03-05，第 2 版）

中国农业科学院巨资打造“农业硅谷”

未来5年内，在毗邻京津塘高速公路的廊坊市万庄镇，将矗立起一座花园式农业科技园区。

在这一集科研、中试、示范、培训和产业孵化于一体的农业科技创新工程里，将汇集国内一流的科研人员，开展农业高新技术研究，集中展示全球农作物新品种、新技术、新产品，孵化一批具有国际竞争力的科技型农业企业或产业集团。这是中国农业科学院院长翟虎渠在今天举行的中国农业科学院国际农业高新技术产业园奠基仪式上，向记者描绘的一幅鼓舞人心的画卷。

据透露，该园区总规划面积为1 333公顷，预计总投资50.8亿元，2007年底完成全部建设内容。园区整体分成3个功能区。一是农业高新技术创新试验核心区2 000亩，以中国农业科学院自主创新成果为主，进行农业高新技术的中试、示范与技术集成；二是国际农业高新技术试验示范区2 000亩，主要依托中国农业科学院及所属40多个研究所与发达国家及国际组织的广泛联系，引进国外最新农业科技成果，进行高新技术的试验、示范和成果改造、集成，加速引进成果的转化和产业化进程；三是农业高新技术产业孵化区1.6万亩，以招商引资为主要方式，依托中国农业科学院的技术力量与优势，培育一批具有国际竞争力的科技型农业企业集团。

（《人民日报》，2003-02-25，第11版）

科研机构与大学携手编织协作网

虽是数九寒天，北京友谊宾馆专家俱乐部里却是春意盎然，几十双有力的大手紧紧地握在一起。来自全国各省农科院、农业大学的负责人商定：共同实施农业科技工作大联合、大协作，构建全国农业科研协作网。这是我国农业科技界值得庆贺的一件喜事，从此，我国农业科研机构条块分割、各自为政、资源配置分散的局面将彻底改变，农业科研工作迎来了“联合收割”的新时代。这次由中国农业科学院发起并组织的协作网终于把全国的农业科学院和农业大学吸引到一起来了。新中国成立以来，特别是改革开放20多年来，我国农业科技事业取得了举世公认的长足进步，为农业与农村经济发展作出了重要贡献。同时也初步形成了农业部直属三院、省级农业科学院、农业高等院校、地市级农科所等组成的国家农业科学研究体系。但是，长期以来，上述科研机构的分布基本上是条块分割、各自为政，资源配置分散，中央和地方职能雷同，研究工作的同水平甚至低水平重复比较普遍。中国农业科学院作为农业科研的“国家队”，将进一步加强与地方农科院及农业大学的合作，在条件成熟时，共建区域性农业科技创新中心，为区域优势农产品生产提供技术支撑；在优势农产品生产区域，与地方政府及当地农业科研机构共建区域农业试验站、农业高新技术园区等，推进科技与区域优势农产品生产、区域农业经济发展紧密结合。

加强全国农业科技协作，组建各学科领域专家组，根据全面建设小康社会目标及我国农业发展的新趋势，组织制订我国中长期农业科技发展规划，对农业创新的方向，项目立项等提供决策建议，根据优势农产品区域布局，组织协作攻关。

争取经过2~3年的努力，逐步形成与我国农业生产区域布局相配套的、与国家农业科技创新体系相呼应的、比较完整的新型农业科研协作网络体系。

（《人民日报》，2003-01-24，第8版，《纵深报道》）

《中国种业》杂志推进国际交流

《中国种业》杂志日前和荷兰 Callas 国际投资公司、中国种子协会等联合举办种子改良研讨会，以这种特殊形式纪念该杂志创刊 20 周年。

《中国种业》杂志是由中国农业科学院作物品种资源研究所和中国种子协会主办的国家级种业刊物。经过 20 年努力，《中国种业》发行范围逐步扩大，上到部委领导、下至乡镇农业科技推广人员甚至农民，都能看到《中国种业》杂志。这对宣传种子法，促进我国种业市场的规范化发挥着巨大的作用，同时也对促进国际种业交流作出了不可替代的作用。

在研讨会上，来自科技部、外经贸部、农业部、中国农业科学院等部门的领导和专家同国际同行一起，就如何提高中国种子质量、进一步扩大国际合作进行了深入研讨。

（《人民日报》，2002-10-29，第 10 版）

亚洲农业信息技术联盟大会在京召开

今天上午，由中国农业科学院和亚洲农业信息技术联盟主办，中国农业科学院科技文献信息中心等承办的第三届亚洲农业信息技术联盟大会在北京开幕。

全国政协副主席孙孚凌等到会祝贺并讲话，来自 30 多个国家（地区）以及国内的 200 多名农业信息技术和信息管理方面的专家出席会议。

（《人民日报》，2002-10-27，第 2 版）

“转基因抗虫棉种子产业化项目”取得重大进展

由中国农业科学院棉花研究所科技贸易公司承担的国家计委高技术产业化生物技术专项——“转基因抗虫棉种子产业化”项目，日前取得重大进展。该项目的成功实施，不仅建成了包括技术创新、中间试验、良种繁育、种子加工、质量监控和营销推广6大体系，还培育成功“中棉所37”“中棉所38”“中棉所39”“中棉所41”等多种类型的转基因抗虫棉新品种，使我国在转基因抗虫棉领域达到国际领先水平。

该项目利用我国自行研制并拥有自主知识产权的*Bt*杀虫基因、双价（*Bt*+*CpTI*）杀虫基因等，以农杆菌介导法、花粉管通道法、基因枪轰击法等遗传转化技术方法，并结合常规育种技术，育成了多种类型的转基因抗虫棉新品种。据中国农业科学院棉花研究所所长喻树迅博士介绍，该项目不仅保证了棉花高产、稳产、优质，还较好地保护了生态环境，减轻了农药对环境的污染。

在该产业化项目的带动下，承担单位以高新技术成果入股等方式在我国三大主产棉区（黄河流域棉区、长江流域棉区、西北内陆棉区）合资组建了5家集生产经营于一体的区域性公司，在新疆南疆、北疆，长江流域棉区的安徽望江，黄河流域棉区的山东惠民分别建立了4个生态育种试验站，初步形成了覆盖全国三大主产棉区的转基因棉花育种体系以及相应的棉花种子生产、加工、销售、推广和服务网络，其培育的抗虫棉品种已在冀、鲁、豫、苏、皖、鄂、湘等11个主产棉省开花结果，经济社会效益显著。

尤为可喜的是，2002—2003年度转基因抗虫杂交棉制种、常规转基因抗虫棉原良种繁育共计11.5万亩，生产成品种子1 150万公斤，可推广面积670万亩。通过本项目的实施，已示范、辐射推广 1 892 万亩，共增加社会效益 21.947 亿元。项目达产后，预计年生产转基因抗虫棉成品种子 4646 万公斤，年销售额达 4.549 亿元。

（《人民日报》，2002-09-18，第 2 版）

我国高产高蛋白大豆育种获突破

日前由农业部全国农技中心于安徽阜阳召开的黄淮海地区大豆高产经验交流会上，来自全国大豆主产区的 200 多名代表参观了一块面积达 2 000 亩的“中黄 13（中作 975）”大面积高产试验田，高度评价其良好表现。

这一由我国著名大豆育种专家、中国农业科学院原院长王连铮研究员主持育成的高产高蛋白新品种已通过全国品种审定，并在黄淮海地区大面积推广。

“中黄 13”是一个集高产、高蛋白、适应性广、抗性较高的大豆新品种。该品种适应性广，具有抗倒伏、抗病性较好、增产潜力大的特点，亩产可达 250~300 公斤。在 2001 年通过全国农作物品种审定委员会审定的 12 个大豆新品种中，“中黄 13”增产幅度居首位。

（《人民日报》，2002-09-10，第 6 版）

棉花丰收，农民增效

中国农业科学院棉花研究所和山东中棉棉业有限责任公司日前在山东惠民县举行抗虫杂交棉现场观摩会。来自科技部、农业部、中国农业科学院以及全国各地的领导和专家近 200 人，实地考察了中国农业科学院棉花研究所和山东中棉棉业有限责任公司的抗虫杂交棉制种基地和示范田，听取了专家的专题报告，对抗虫杂交棉的表现予以充分肯定。

中国农业科学院棉花研究所所长喻树迅研究员说，惠民是最早与中国农业科学院棉花研究所开展杂交棉科技合作的基地县之一。早在1989年，中国农业科学院棉花研究所就先后派驻几位棉花专家在这里开展棉花杂交制种工作，通过多年努力，棉花杂交制种已发展到6 000多亩，居全国第一，走在了行业的前头，并创立了“中国公认名牌产品”“名优品牌”等一系列荣誉，为广大棉农提供了优质抗虫的高科技棉花种子。

专家和代表们对“中棉所29”“中棉所38”等品种的表现大加赞赏。江苏省射阳县种业有限公司总经理陈昌龙在会上高兴地说，我们1997年开始引进“中棉所29”，6年来全县共推广种植抗虫棉120余万亩，累计增加经济效益1.2亿元，真正达到了棉花丰收、农民增效的目标。

中国农业科学院棉花研究所研究员靖深蓉在专题报告中指出，“中棉所38”利用不育系制种很方便，不去雄只授粉，省工省劲，很受农民欢迎。

（《人民日报》，2002-08-07，第6版）

我国加强生物科学国际合作

国际应用生物科学中心日前在中国农业科学院设立项目办公室，以进一步加强同中国的合作。这已是第九个在中国农业科学院设立中国办事机构的国际组织。国际应用生物科学中心致力于解决农业和环境的可持续发展问题，旨在通过传播、应用和创造包括农业、林业等领域的科技知识，在全世界范围内改善和提高人类的生活质量。

（《人民日报》，2002－07－18，第6版）

中日农业技术研究发展中心启用

我国农业领域迄今最大的无偿援助项目——中日农业技术研究发展中心日前在中国农业科学院落成并正式启用。

中日农业技术研究发展中心是两国农业科技人员进行科技创新、研究开发和学术交流的基地，其仪器设备设施由日方无偿提供，价值约1亿元人民币。由中方投资兴建的现代化智能型研究大楼，位于中国农业科学院内，建筑面积约1万平方米。

该中心隶属于中国农业科学院，技术力量雄厚，设有7个研究室和25个实验室及3个部，拥有农作物育种、品种资源、生物技术、农产品加工、土壤肥料、农业气象、农业节水工程、植物保护、信息技术等多个学科的专业技术人员及青年学科带头人。组建中心的最高目标是借助日本政府无偿援助项目和其他中日农业技术合作项目，在中国农业科学院深化改革的大框架下，建立一个有条件进入国家农业技术创新基地的技术研究开发机构。

（《人民日报》，2002－07－08，第6版）

电脑帮你定方案，种地不再凭经验

北京和河北等地的一些农民如今种地已不再凭经验了，去年他们用上了中国农业科学院诸叶平研究员等研制的“小麦—玉米连作智能决策系统”，这项高科技成果开始走进田野，帮他们精打细算。农民们可根据市场行情和自己的喜好，提出要追求最高产量还是追求最高效益等等。科技人员将这些要求输入计算机，该系统便能给出一个最佳方案，以帮助实现预定的目标。该系统日前已通过农业部组织的专家鉴定，由于该系统的先进性和在使用中产生的显著效益，使其受到了广大农民的欢迎和专家们的高度评价。

由中国农业科学院科技文献信息中心主持完成的这项课题是国家“863 计划”信息技术领域的重点项目和北京市自然基金项目。该项研究针对我国小麦—玉米周年连作地区的生产特性，应用人工智能技术、网络技术、模拟可视化技术、数据库技术等开发成功的“小麦—玉米连作智能决策系统”，能用于分析小麦—玉米周年连作地区的农业资源、品种搭配、播期选择、水肥管理等问题，可根据农民的选择来进行智能决策。该系统可逐日模拟小麦—玉米生长情况，开发成功的浏览系统还可实现管理信息的远程访问及信息发布。

（《人民日报》，2002-02-06，第 6 版）

中国超级稻产量又创新高

中国超级稻生产集成技术示范现场验收会日前在浙江省乐清市举行。经省科技厅组织的专家组现场实割验收，乐清市超级稻“协优 9308”连作晚稻两个百亩示范片平均亩产分别达到 726 公斤和 702 公斤，比一般杂交晚稻组合亩产高出 100 多公斤。这是该组合继去年创造浙江省单季稻亩产最高纪录后，又创连作晚稻亩产新纪录，同时也标志着农业部、财政部实施的农业科技跨越计划“中国超级稻试验示范”项目结出了丰硕的成果。

这次在乐清市超级稻生产集成技术示范片种植的“协优9308”组合，由中国水稻研究所选育而成，该组合集高产、优质、多抗及优良株型于一体。去年农业部在新昌县组织专家对该组合作单季稻种植的集成技术示范片进行了验收，百亩示范片平均亩产达789公斤，其中高产田亩产达818公斤。超级稻生产技术采用良种与良法配套，深受农户的欢迎。

专家认为，“协优9308”连作晚稻种植达到了单季稻的亩产水平，是专家们协作攻关、综合集成的产物，它的研究成功对当前发展效益农业和调整稻田种植结构、保障我国粮食安全具有重大意义。

（《人民日报》，2001-12-30，第6版）

国际家畜研究所在京设办事处

经农业部批准，国际家畜研究所北京办事处日前在中国农业科学院成立。国际家畜研究所是在全球范围内从事家畜研究的国际机构，总部设在肯尼亚的内罗毕市，其战略方针是：最大限度地利用科学成就，消除发展中国家畜牧业存在的制约因素，应对家畜革命提出的挑战。

（《人民日报》，2001-12-14，第6版）

我国攻克熊蜂人工饲养难关

中国农业科学院蜜蜂研究所所长张复兴研究员日前接受记者采访时说，我国已攻克熊蜂人工饲养技术难关，可以向社会批量提供熊蜂，用于温室蔬菜授粉，增加蔬菜产量，改善蔬菜品质，从而结束了我国只能依靠进口熊蜂给温室蔬菜授粉的历史。

熊蜂在温室中是比蜜蜂更为优良的授粉昆虫。欧美一些国家率先在温室中利用熊蜂为番茄、黄瓜、辣椒、茄子和草莓等授粉，产生了显著的经济效益，使得近几年在国际上迅速掀起了利用熊蜂给温室蔬菜授粉的热潮。

然而，熊蜂是野生的，如何大量繁育就成为一个难题。从1996年起，中国农业科学院将此列为重点研究项目，并从院长基金中划出专项资金予以支持。与此同时，课题组还参加了上海市科技兴农重点攻关项目“熊蜂的周年繁育技术与温室蔬菜授粉应用”的全国招标活动，最后一举竞标成功。几年来，经过课题组的不懈努力，终于攻克了这个技术难关，所繁育的熊蜂价格比进口的便宜，具有较强的市场竞争能力。

（《人民日报》，2001-12-06，第6版）

《中国蔬菜》入选中国期刊方阵

“如果你想靠种菜致富，那么最简便的方法莫过于订一份《中国蔬菜》杂志。”在《中国蔬菜》杂志创刊20周年之际，广大农民读者作出了这样实实在在的评价。专家学者们则认为，该杂志在推动蔬菜学科发展，促进蔬菜科技成果转化，培养人才等方面发挥着不可替代的重要作用。近日，该杂志入选中国期刊方阵，被评为全国“双百”重点期刊。《中国蔬菜》杂志编委会中有3位院士、15位博士生导师。

（《人民日报》，2001-11-16，第6版）

中国农业科学院育成系列大豆新品种

由我国著名大豆育种专家、中国农业科学院原院长王连铮研究员主持选育的“中黄 13”等系列高产优质大豆新品种，最近分别通过有关省、市作物品种审定委员会的审定，正在加速推广，受到广大农民的欢迎。

据了解，“中黄 13”（中作 975）大豆蛋白质含量达 42.84%，中抗孢囊线虫病、花叶病毒病发病率低，适于高产栽培，1999 年在河北吴桥进行的试验表明，亩产达 268.5 公斤。此外，中国农业科学院还有一大批优良大豆品系在全国 12 个省区市进行区域试验和生产试验。

（《人民日报》，2001-09-27，第 6 版）

中国农业科学院同西藏自治区签订科技合作协议

中国农业科学院日前同西藏自治区人民政府在京签订科技合作协议。中国农业科学院院长吕飞杰和西藏自治区人民政府副主席加保等出席会议。

根据协议，中国农业科学院将最新的科研成果，特别是粮食、蔬菜、林果及其他经济作物、畜禽优良品种、农副产品贮运保鲜、精深加工等实用技术，优先在西藏自治区示范、推广、应用。西藏自治区则向中国农业科学院无偿提供研究、实验、示范、推广基地与场所。此外，双方还将采取联合攻关、合作开发、委托培训、技术入股等多种方式开展长期的科技合作，双方为此还成立了科技合作领导小组。

（《人民日报》，2001-07-09，第 6 版）

中国农业科学院与浙江签订合作协议

中国农业科学院和浙江省人民政府日前在京签订农业科技合作协议。中国农业科学院院长吕飞杰和浙江省副省长章猛进等出席签字仪式。双方商定，中国农业科学院根据浙江效益农业发展的实际需要，每年选择若干成熟适用技术在浙江推广，为浙江农业高新技术示范园区、优质高效农产品示范基地建设等提供人才培训和技术支持，不断开辟农业科技合作新领域。

（《人民日报》，2001-05-14，第6版）

我国加强农业科技国际合作

中国—国际农业研究磋商小组秘书处日前在中国农业科学院成立。这标志着我国农业科技国际合作跃上新台阶。

国际农业研究磋商小组是国际农业研究领域中层次最高、规模最大的农业研究组织。为了进一步加强我国与国际农业研究磋商小组的合作，农业部决定成立中国—国际农业研究磋商小组，下设一个秘书处作为常设办事机构，地点设在中国农业科学院，其任务是协调管理中国与国际农业研究磋商小组的合作研究项目。

（《人民日报》，2001-03-07，第6版）

中国农业科学院将体制改革推向纵深

今天在京召开的中国农业科学院2001年工作会议提出，积极稳妥地把改革推向纵深，将全院37个研究所按照5种模式进行转制，着力于研究所的重组与联合，力争在2~3年内，完成全院的科技体制改革。

中国农业科学院作为农业科研的“国家队”，在“九五”期间，以全面推进新的农业科技革命为主题，一手抓创新，一手抓科技成果推广与产业化，加强了生物技术、信息技术和航天技术等高新技术的研究，取得了一系列重大成果。全院共承担各类计划子专题2 193个，获各类科研经费5.69亿元，获科技成果871项，发表论文1.3万余篇，出版专著600部。选育出主要农作物高产优质新品种100余个。

在生物技术领域，先后取得一批达到世界先进水平的科研成果。克隆了具有自主知识产权的相关基因20余个。在棉花方面，培育成功已通过国家品种审定的转基因抗虫棉8个，累计推广近600万亩。在水稻方面，分离和克隆了水稻抗稻瘟病基因，并将细菌基因导入水稻，在国内外首次获得抗水稻白叶枯病的转基因植株。在小麦方面，首次在国际上将中间偃麦草的抗黄矮基因导入普通小麦。同时在世界上首次获得抗病毒转基因小麦。

中国农业科学院院长吕飞杰在报告中说，今年将启动16个研究所的改革试点，其中4个转制为企业，1个进入企业，3个进入大学，一个转制为中介服务机构，4个转制为非营利性机构，4个进行联合、重组的改革试点。为此，院里制定了有关转制的实施方案和工作条例，并将派出工作组协助工作。对于大多数非试点单位的研究所，今年也要大力进行内部运行机制的改革，必须转变观念，根据农业发展新阶段对科技的需求，找准突破口，大力创新，抢占制高点。同时对学科和研究室进行重组，试点实行课题制，全面推行全员聘任制、中层干部竞争上岗。

（《人民日报》，2001-02-13，第6版）

我国库存作物种质资源量跃居世界第一

我国“主要农作物和林木种质资源评价与利用研究”项目取得重大进展。记者日前从国家科技部主持的“九五”国家科技攻关项目验收会上了解到：经过“九五”国家科技攻关，我国国家种质库长期贮存的种子数量达到 332 835 份，从而使我国库存作物种质资源量跃居世界第一。

据了解，“九五”期间，在科技部、农业部、国家林业局和中国科学院等的领导组织下，由中国农业科学院作物品种资源研究所牵头，313 个科研单位共 1 125 位科技人员参加该项目攻关研究，先后完成了 39 种（类）作物种质资源的繁殖更新和入国家库（圃）长期保存，进一步丰富了国家作物种质资源的多样性，为我国作物育种和生产的持续发展奠定了物质基础。

与此同时，科技人员还完成了三峡库区和赣南、粤北共 35 个县的作物资源考察，以及部分地区水稻、小麦、大豆野生种和野生近缘植物的考察，发现了一大批新类型和新种质，抢救了一批珍稀、濒危的作物种质资源；完成水稻、小麦、玉米、大豆、棉花五大作物指纹图谱绘制标准制订，绘制出五大作物重要种质指纹图谱 1 019 份，为种质资源基因型鉴定提供了重要方法和基础。

该项研究 5 年共获得通过鉴定（认定）的成果 46 项，达到国际领先水平 2 项，国际先进水平 5 项，有 34 项成果获国家级、省部级奖。专家们认为，其研究成果对我国近期作物、林木的育种和生产的发展，以及我国科技的进步都将带来很大的社会、经济和生态效益。

（《人民日报》，2001-01-11，第 2 版）

中国农业科学院成立草业研究中心

中国农业科学院近日成立了草业综合研究与发展中心。这是由草原研究所、畜牧研究所等10多个研究所联合组成的半紧密型产学研联合体。中心将以重大科研课题与产业化项目为纽带，开展科技攻关，促进中国农业科学院及全国草业科技创新。中国农业科学院从自己培育的60多个牧草品种中筛选出33个已正式登记的优质牧草进行推广。

（《人民日报》，2000-12-27，第5版）

我国农业信息化建设初具规模

在风起云涌的信息化浪潮中，我国农业的信息化并没有落后于其他产业部门。我国农业科技网站已经发展到目前的177个，并通过相互的连通形成一个完整的体系。

记者从今天在中国农业科学院召开的全国农业科技信息网络化和数字化工作会议上获悉，目前，我国已有农业信息网站1 500个，其中农业科技网站177个。大部分省区市农业科学院、农业大学已不同程度与本地区信息网或因特网联网，基本上可以连通国家或国际网，获取电子信息目录或原文。

亚洲农业信息技术联盟主席、中国农业科学院科技文献信息中心主任梅方权研究员在主题报告中说，我国农业科技数据库的建设也有了新的进展。目前，中国农业科学院科技文献信息中心拥有中外文数据库11个，并生产相应的数据光盘，数据总量达900万条，可快速检索到世界85%左右的农业科技文献信息。

“十五”期间，我国将在全国农业科技机构和农业高等院校基本实现农业科技信息的网络化和数字化，以农业信息化带动农业现代化。为实现上述目标，在继续扩大和完善公益性的中国农业科技信息网的基础上，中国农业科学院将联合30多个省区市农科院、40多个农业大学的情报信息机构，以股份制形式建立超大型的中国农业科教网，积极参与市场竞争。

全国农业科技信息网络化和数字化工作会议由中国农业科学院科技文献信息中心、农业部情报研究所、中国农学会情报分会和中国农学会农业图书馆分会共同举办。农业部、科技部、财政部、国家计委以及各省区市农业信息研究所和农业大学图书馆的300多名代表参加了会议。

（《人民日报》，2000-11-30，第5版）

首届中国农业科技园区论坛举办

中国农学会和中国农业科学院决定，近日在广东联合举办“首届中国农业科技园区论坛”，邀请国家有关部门领导和知名专家就我国农业科技园区的发展现状和趋势进行深入研讨，提出针对性较强的具体建议，供政府部门决策参考。

据中国农业科学院副院长许越先介绍，农业科技园区是顺应我国农村经济和农村特点发展而产生的一种新的社会组织形式，它为农业科技创新和农业高新技术的产业化创造了适宜的环境。

我国地市级以上的农业科技园区已达400多个，较好地发挥了试验示范和辐射带动作用，成为我国农村经济一个新的增长点，在调整农业结构、增加农民收入、加强基层农技推广等方面发挥了巨大作用，显示出广阔的发展前景和巨大的生命力。

（《人民日报》，2000-11-27，第5版）

中国农业科学院为贵州培训农业领导干部

受中共贵州省委的委托，由中国农业科学院主办的贵州地市农业领导干部培训班日前在中国农业科学院开学。来自贵州 5 个地市的 60 多位地县领导将参加这次为期 20 天的培训班。

（《人民日报》，2000-09-04，第 5 版）

唐河制定科技综合示范县建设规划

河南省南阳市政府日前在京主持召开专家论证会，对《中国农业科学院唐河科技综合示范县建设实施规划》进行了全面论证。

唐河是中国农业科学院选定的首家科技综合示范县。唐河县委、县政府制定的建设规划，提出创建 10 个优质高效农业先导小区，全县农业总产值到 2002 年达到 44 亿元，农民人均纯收入达到 2 500 元。由卢良恕、方智远、范云六、张子仪等院士和 23 位高层次专家组成的专家委员会认为，该规划在主要方面都有重要突破和创新，项目建设方案科学可行，技术依托与主要任务明确，可望取得典型示范效应与先导带动作用。

（《人民日报》，2000-09-04，第 5 版）

专家呼吁采取生物措施控制外来有害植物

近来，薇甘菊和大米草等外来有害植物对我国农林生态环境破坏日趋严重，已经发生了严重的生态入侵现象。对此，中国农业科学院的专家们呼吁，采取生物控制措施，抑制外来有害植物的为害。

据中国农业科学院生物防治研究所副研究员丁建清介绍，原产于南美的薇甘菊目前在珠江三角洲一带大肆扩散蔓延，对广东福田内伶仃岛国家级自然保护区构成了巨大威胁。薇甘菊是一种菊科藤本植物，有“植物杀手”之称，20世纪80年代初由香港侵入深圳，它沿树攀缘、遇草覆盖，使成片成片的植物枯死，进而使野生动物失去食物来源。该草还在香港、广西、广东等地大面积发生，并逐年扩大危害面积。原产于美国东海岸的互花米草（大米草的一种），20多年前作为护滩植物引入福建宁德，但该草现在变成了害草，对福建、浙江南部产生了很大的危害，由于该草大量繁殖，覆盖了闽东宁德50万亩的滩涂，致使这些地区的水产养殖业遭受重大损失，它还堵塞航道，给海上运输带来不便，甚至诱发赤潮。

为此，专家们建议采用生物防治的方法，从有害植物的原产地引入对本地生态环境安全的天敌，来控制有害植物，恢复生态平衡。

据介绍，中国农业科学院生物防治研究所作为我国生物防治科研的“国家队”，在生物防治领域取得了大量科研成果，经国家有关部门批准，由中国农业科学院生物防治研究所近期从国外引进生物防治技术，进行试验和组装配套，控制薇甘菊和大米草的为害。据测算，仅防除大米草一项，就可挽回上千万元的经济损失；防除薇甘菊也可产生巨大的生态、经济和社会效益。

（《人民日报》，2000-08-30，第5版）

优质面包品尝会举行

谁家的面包最好吃？日前在中国农业科学院举行的一次优质面包品尝会上，由天津市宝坻县农业局和天津利达面粉集团用“中优

9507”小麦烘焙的面包受到与会专家的一致好评。

据介绍，“中优9507”小麦是由中国农业科学院作物科学研究所培育的优质面包专用小麦，去年被农业部和财政部列为首批农业科技跨越计划项目，在天津市的大力支持下，育种单位和宝坻县政府紧密合作，开展了该品种商品粮的产业化生产，取得了圆满成功。

专家们认为，这次由育种单位、生产部门和企业联合进行小麦新品种加工中试和食品品尝在我国尚属首次，这对于了解品种的加工性能，促进科研与生产的结合，推动我国优质小麦产业化具有示范作用。

据该项目首席科学家何中虎研究员介绍，经农业部谷物检测中心、国际玉米小麦改良中心等国内外权威部门全面检测，“中优9507”小麦的面包加工品质超过国内一级优质面包麦的标准，达到国外一级优质麦的标准，是我国目前最好的面包专用小麦品种。

（《人民日报》，2000-08-23，第5版）

抗虫杂交棉“中棉所38”表现良好

我国抗虫棉育种技术创新获进展，由中国农业科学院棉花研究所选育的拥有我国自主知识产权的转基因抗虫杂交棉“中棉所38”综合农艺性状表现良好。中国农业科学院日前为此在山东省惠民县良种棉加工厂制种基地举行转基因抗虫杂交棉现场观摩与经验交流会，来自农业部、科技部以及全国棉花主产区的代表150多人现场观摩了“中棉所38”的抗虫情况，并给予较高评价。

据介绍，“中棉所38”是一种新型的转基因抗虫杂交棉，其抗虫基因由中国农业科学院生物技术研究所构建，其母本为不育系，不需人工去雄，从而提高了制种效率，可减少50%的用工，降低制种成本。该品种集抗虫、抗病、丰产、优质、简化制种于一体，于去年5月通过全国品种审定委员会审定。

实践证明，“中棉所38”能有效降低棉铃虫和红铃虫的发生，一般可减少农药用量的60%～80%，从而有效保护了害虫的天敌，使瓢虫大量增加，对棉花伏蚜具有明显的抑制作用。经检测，该品种的丰产性、抗病性、纤维品质等优于其他参试品种。

专家们认为，大面积推广“中棉所38”，可以提高棉花产量、降低投入、增加农民收入，同时也是减少环境污染、保护生态平衡的有效措施。

中国农业科学院副院长张奉伦教授在讲话中说，中国农业科学院棉花研究所是我国棉花研究的国家队，建所40余年来共培育出38个棉花新品种，尤其是近几年在棉花生产滑坡的严峻形势下，该所利用现代高新技术手段，成功地培育出转基因抗虫棉新品种，为我国棉花生产作出了重要贡献。他希望中棉所再接再厉，不断提高创新能力，为广大农民培育更多更好的杂交棉新品种。

（《人民日报》，2000-08-16，第5版）

农业科技西部万里行圆满结束

中国农业科学院举办的“农业科技西部万里行”活动今天在京圆满结束，中国农业科学院为此举行总结大会。农业部副部长万宝瑞代表农业部对此次活动的圆满成功表示祝贺。

据介绍，此次万里行活动在农业部、科技部、国家西部开发办等部门的大力支持下，由中国农业科学院院长吕飞杰亲自挂帅，率领包括5位院士在内的百人专家团，历时一个月，行程7 100公里，奔赴内蒙古、宁夏、甘肃、新疆4省（区），对13个重点农牧区进行了考察、调研和座谈，同当地各级政府签订了17项合作协议；实地考察涉农企业、农业生产和生态环境建设现场共75处；开展现场集中技术咨询活动12场，解答了2万多农民和基层干部的技术难题；举行9场专家报告会和10场科技信息发布会；举办4场大型科技咨询洽谈活动，发布了1 073条技术信息，发放技术资料6 000多份，沿途签订专项技术合作意向336份。受到当地政府和农民的热烈欢迎，在4省（区）引起强烈反响。

吕飞杰院长说，西部万里行活动是中国农业科学院投身西部大开发的第一个重大行动。作为农业科研的“国家队”，中国农业科学院理所当然地要走在西部农业开发的最前列，想西部所想，急西部所急，以科技保证西部农业的大发展。

万宝瑞副部长希望中国农业科学院认真总结经验，再接再厉，在农业科技西进行动中充当先锋，为西部大开发作出更大贡献。

（《人民日报》，2000-07-07，第5版）

我国培育出面包专用小麦新品种

由中国农业科学院作物科学研究所培育的高产优质面包专用小麦“中优9507”日前通过天津市品种审定委员会审定。中国农业科学院和天津市政府为此在天津市宝坻县举行“跨越计划项目——‘中优9507’小麦现场观摩会”，来自全国小麦主产区的200多位代表参加观摩会。著名农学家、中国科学技术协会副主席王连铮教授和著名小麦专家、中国科学院院士庄巧生等实地考察后对该品种给予充分肯定。专家们认为，该品种的培育成功实现了优质与高产的良好结合。

据中国农业科学院研究员何中虎博士介绍，我国的小麦面积、总产量和消费量均居世界第一，但我国的商品小麦质量差且不稳定，做出的面包质地差、易掉渣，压出的面条易断不耐煮、咬劲差，生产的饼干不脆、口感差，国际竞争力较弱。近年来，我国小麦连年丰收，国产小麦供过于求，而优质麦则供不应求，主要依赖进口。

经农业部谷物检测中心、国际玉米小麦改良中心等单位检测，“中优 9507”的面包加工品质超过国内一级优质面包麦的标准，达到国外一级优质麦的标准，是我国品质最好的面包专用小麦新品种。

经北京、天津的区域试验以及在宝坻县等地的大面积生产示范表明，“中优 9507”亩产达 400~450 公斤，籽粒饱满，抗病抗倒伏等农艺性状优良，在跨越计划项目的支持下，该品种在产业化方面取得重大进展，天津宝坻县今年可向全国提供一级良种 250 万公斤。与此同时，天津利达面粉集团有限公司、北京大磨坊面粉有限公司等还与天津市宝坻县等签订了优质小麦购销协议，实施订单农业，形成了科研—生产—企业的开发模式，促进了优质麦的大规模商品化生产。

（《人民日报》，2000-06-07，第 5 版）

中国农业科学院西部万里行启动

“中国农业科学院西部万里行”今天在京正式启动。农业部副部长万宝瑞、中国科学技术协会副主席王连铮、中国农学会会长洪绂曾以及中国工程院原副院长卢良恕院士等出席仪式并为专家团授旗。中国农业科学院院长吕飞杰带领由 6 位院士和 80 多位副研究员以上专家组成的专家团今天乘火车奔赴内蒙古自治区，打响了农业科技西进的第一炮。

中国农业科学院院长吕飞杰在讲话中说，“农业科技西部万里行”活动是在详细、认真调研与讨论的基础上，精心制订的“科技西进行动计划”的开篇。专家团这次将深入内蒙古、宁夏、甘肃、新疆等西北4省（区）的12个县市，开展形式多样、简朴实效的农业科技推广、咨询活动，包括成果展示、千人科技咨询、田间地头技术指导、对口交流、合作项目洽谈及科技报告等，把全院筛选出适用于西部地区的65个新品种、104个新产品和106项新技术送到农民手中。

据悉，中国农业科学院已决定用5年时间，在西部示范推广10项综合新技术，建设发展10个区域化优质高效农产品生产基地，建立10个科技综合示范县，为西部培养一大批各层次的农业科技人才。

（《人民日报》，2000-05-30，第5版）

推广唐河经验，发展高效农业

河南省南阳市综合分析当前农业发展面临的挑战和机遇，充分发挥本地农业资源丰富的优势，在科技部、中国农业科学院等部门大力帮助下，紧紧依靠科学技术，研究提出并启动实施了“南阳市持续高效农业发展行动计划”。经过一年多努力，这一措施已取得初步成果，得到科技部、农业部、河南省、中国农业科学院等有关部门的肯定。

南阳是一个名副其实的农业大市，但大而不强的特点十分突出，农民人均纯收入低于河南省平均水平，与全国平均水平差距更大。

近几年来，南阳狠抓了以科教兴农为重点的强本增效措施，农业生产力水平和农民收入水平有了一定程度的提高。唐河县自1996年起，依托以中国农业科学院为主的科研单位，大规模引入现代科技改造传统农业，促进了县域经济发展。从1995年到1999年，全县地区生产总值增长48.3%，农民人均纯收入增长65%，财政收入增长105%，农民人均纯收入、财政收入增长中分别有50%和35%来自科技。

唐河取得的经验得到中央有关领导的肯定，也为南阳实施科教兴市战略找到了突破口。从1997年底开始，南阳市委、市政府及时总结唐河等地的先进经验，将其在全市范围内扩展、延伸和提升，并请来科技部、中国农业科学院等有关专家，为发展高效农业出谋划策，提出了“南阳市持续高效农业发展行动计划”。

一年多来，行动计划已取得明显成效。全市农业结构调整步子加快，已争取到涉农项目16个，总投资达2.6亿元，在持续干旱、夏秋粮减产的情况下，农民收入不减少且略有增长。去年全市农民人均纯收入1 886元，较上年增长2.2%，全市小辣椒、花生、瓜等分别扩大30万亩、35万亩和50万亩，袋料香菇新增2 000万袋，网箱养鱼新增1.55万箱。以上几项增收15.6亿元，抵扣粮食减收因素后农民人均增收60元。

（《人民日报》，2000-05-16，第5版）

中国农业科学院与运城加强科技合作

中国农业科学院和山西省运城地区行署于4月28日签订协议，双方决定合作建立“中国农业科学院运城地区农业科技综合示范基地”。

双方决定建立院、地区级领导互访制度，同时为运城地区培养农业方面急需的高级专业人才。根据运城生态和资源条件，中国农业科学院决定在“农林、果蔬、中药材、畜禽”等方面为运城提供优良品种及快速繁殖技术，在“设施农业、节水农业、生态农业、农副产品深加工”等方面提供国内外最新技术成果，重点指导地区和各县市各建设一个农业科技综合示范园区，以此辐射带动全区，逐步把运城建成农业新技术成果试验、示范、推广基地。

（《人民日报》，2000-05-02，第2版）

专家研讨“WTO与中国农业”

国家自然科学基金2000年首期管理科学论坛日前在京举行。该论坛邀请著名经济学家、中国农业科学院农业政策研究中心主任黄季焜博士作了题为“WTO与中国农业”专场学术报告，黄主任充分论证了中国加入WTO对我国农业及农产品市场的影响等，并提出一些建议。

（《人民日报》，2000-03-20，第5版）

我国首座冬枣气调库通过鉴定

中国农业科学院北京福瑞通公司与山东沾化县冬枣实业总公司合作建设的我国第一座气调库日前通过专家鉴定。该气调库容积为2 500立方米，贮藏量为500吨，设计合理，设备优良，配置先进，保鲜效果好，填补了我国鲜枣保鲜库的空白。

（《人民日报》，2000-01-18，第5版）

中国农业科学院研究生院培养高科技人才千余名

中国农业科学院研究生院充分发挥农业科研“国家队”的优势，20年来，已为社会输送农业高科技人才累计近1 200名，为我国农业科学研究事业和农业技术创新作出了突出贡献。

中国农业科学院研究生院是经国务院学位委员会批准的首批博士学位和硕士学位授予单位，也是迄今我国唯一有博士学位授予权的农业科研单位。20年来，紧紧依托全院38个研究所和22个国家及农业部重点实验室，利用全院承担国家级课题较多、经费充足、起点高、导师水平高的优势，实行研究生教学和科研工作紧密结合的办法，努力把全院建成培养研究生的重要基地。与此同时，研究生院还发挥地处中关村的优势，从一些著名高校聘请知名专家教授，开设相关课程，弥补了教学力量相对较弱的劣势，保证了研究生质量的稳步提高。

中国农业科学院研究生院为解决我国农业科技高层次人才断层问题发挥了巨大作用，该院培养的研究生多数充实到中国农业科学院所属的各个研究所，成为科研战线的生力军。还有一大批研究生输送到各省农业科研系统和大专院校，成为科研和教学的中坚力量。第一届硕士研究生王韧1982年赴美攻读博士学位，后到英国担任国际生物防治研究所所长。为了改变我国农业的落后面貌，他听从祖国的召唤，毅然放弃了国外的优厚待遇，回国担任中国农业科学院副院长职务。博士研究生王海波1994年毕业后，到河北省农林科学院工作，在科研上取得一系列重要成果，现已担任副院长、中国农学会常务理事等职。博士研究生李立会的学位论文《利用生物技术向小麦导入冰草优异基因的研究》，被专家们认为在“国内植物远缘杂交研究中居领先水平，在小麦冰草属间杂交这个领域中，处国际领先地位”，入选全国100篇获奖博士论文，获得教育部颁发的奖励证书。

目前，该院已有11个专业有博士学位授予权，有28个专业有硕士学位授予权，基本涵盖了农业科学的学科。研究生院还建成作物学等6个博士后流动站，拥有博士生导师97人，硕士生导师775人，成为我国名副其实的高级农业科学研究人才培养基地。

（《人民日报》，1999-11-09，第5版）

饲料工业新技术研讨会举行

由中国饲料工业协会、中国农业科学院饲料研究所举办的“99中国国际饲料工业新技术研讨会”今天在北京举行。来自中外饲料行业的代表共100余人参加了研讨会并作了精彩的学术报告。

（《人民日报》，1999-10-29，第5版）

中国农业科学院发布优质经济作物新品种

中国农业科学院今天向社会发布66个经济作物新品种。这些新品种包括华红苹果、早酥梨等20个果树品种，“郑抗八号”西瓜等7个瓜类品种，“甘蓝8398”“中杂9号”番茄等19个蔬菜品种，“苎麻7469”等3个麻类品种，龙井长叶等2个茶叶品种，以及烟草、甜菜、油料、人参等新品种。

中国农业科学院院长吕飞杰指出，随着人们生活质量的提高和经济的发展，经济作物发展的空间和市场越来越广阔，作用越来越重要。中国农业科学院有13个研究所从事经济作物研究，他们从20世纪80年代初就及时调整研究方向，把优质高产作为新品种研究开发的主要目标，今天发布的新品种都是广大科技人员多年辛勤研究的结晶，希望这些品种能为调整农业结构、增加农民收入作出一定贡献。

（《人民日报》，1999-10-20，第 5 版）

中国农业科学院育出小麦新品种

中国农业科学院原子能利用研究所等单位将核技术、生物技术等高新技术与常规育种有机集成，在培育超高产小麦和耐盐小麦研究方面取得突破性进展。

前不久，由科技部中国生物工程开发中心、中国农业科学院、河北省沧州市等单位领导和专家组成的观摩团对“H112”小麦在河北省任丘市的示范种植情况进行了实地考察。“H112”大穗、矮秆高抗倒伏、具有亩产 600 公斤潜力的优势特征得到大家的一致肯定。“H112”为冬性，耐寒抗冻，成熟期比推广的中熟品种早 2~3 天。1999 年经几十个示范点调查，充分证明了“H112”是一个具有广泛适应性的超高产小麦新品系。

“H89”为冬性，耐寒抗冻，早熟。1991—1994 年连续 3 年与山东德州地区农科所合作进行田间耐盐性鉴定，综合耐盐性达到一级。1999 年在河北省沧州地区盐碱地大面积示范种植，在冬春无雨严重干旱情况下，均表现出较强的耐盐性和抗寒性。

（《人民日报》，1999-08-19，第 5 版）

中国农业科学院成立科技与经济发展咨询中心

中国农业科学院科技与经济发展咨询中心日前在京成立。该中心由全院17个研究所组成，对全院有关咨询服务进行组织和协调，中心实行事业单位企业化管理的运行机制，在农业产业政策及发展战略咨询等7个方面开展服务，架起农业科技与经济结合的桥梁。

（《人民日报》，1999-07-19，第5版）

中国农业科学院成立两个研究中心

中国农业科学院作物品种资源与品种改良研究中心、农业资源与环境研究中心今天同时在京挂牌成立，标志着该院科技体制改革进入新阶段。

作物品种资源与品种改良研究中心主要由作物科学研究所、作物品种资源研究所和原子能利用研究所等组成，该中心将集中学科优势，针对我国农业特别是粮食生产面临的重大科技问题，选准突破口，力争取得重大突破，成为国际一流水平的国家级研究中心。

农业资源与环境研究中心由土壤肥料研究所、农业气象研究所、农业区划研究所等近10个研究所组成，已先后承担600余项课题，发表论文近3 000篇。该中心的目标是瞄准农业资源和环境研究的国际前沿领域，面向全国农业资源和环境重大问题，联合相关专业领域的科技优势，为实现农业可持续发展提供理论和技术支持，争取建成国内一流的现代化研究中心。

（《人民日报》，1999-07-07，第5版）

《21 世纪中国农业》出版

中国农业在下个世纪将向何处去？如何实现农业的持续、稳定和高速增长？农业科技体制如何适应新的农业科技革命的要求？由中国农业科学院原副院长陈万金等主编、江西科学技术出版社日前出版的《21 世纪中国农业》全面、系统地回答了这些问题。

组织出版该书的宗旨是未雨绸缪、规划未来，为农业宏观决策提供科学依据。该书编委会集中了中国农业科学院、国务院政策研究室、农业部、中国农业大学、中国科学院等 12 家单位的 77 位高水平专家学者，精心写就《21 世纪中国农业》一书。全书由新的农业科技革命、粮食安全与食物生产等 4 部分组成，共 43 万字。该书高度浓缩了许多学者多年来的研究成果，以全新的观点和思路，提出了 21 世纪中国农业的发展战略及措施。

（《人民日报》，1999-04-08，第 5 版）

中国农业科学院甘蓝课题三次获大奖

在最近公布的 1998 年度国家级重大科技成果奖励中，中国农业科学院蔬菜花卉研究所甘蓝育种课题组培育的早熟甘蓝新品种“8398”获国家科学技术进步奖二等奖。这是这个现有 6 人的课题组第三次获国家级重大成果奖励。

甘蓝俗称圆白菜、包菜等。20 世纪 70 年代以前，我国各地生产上应用的许多优良品种大多是从国外引进的。为了改变这种被动局面，中国农业科学院蔬菜花卉研究所甘蓝育种课题组与北京市农林科学院蔬菜研究中心合作，于 1973 年成功地选育出我国第一个甘蓝杂交种“京丰 1 号”。1985 年，他们与北京市农林科学院蔬菜研究中心合作完成的“甘蓝自交不亲和系选育及其配制的 7 个系列新品种”荣获国家科技发明一等奖。

课题组并没有因此而满足。他们又瞄准蔬菜生产和市场的需求，把抗病、抗逆、优质、丰产定为育种的新目标，向着更高的领域艰难跋涉。1991 年，他们终于育成了甘蓝新品种“中甘 11 号”和“中甘 8 号”，实现了预期目标，获得国家科学技术进步奖二等奖。

近年来，课题组从自身不足处寻找突破口，大胆创新，开展了生物技术等新技术在甘蓝育种中利用的研究并取得重要进展。从 20 世纪 70 年代至今，课题组共育成甘蓝新品种 13 个，育种技术及品种的优良特性一直居国内领先水平，累计推广约 5 000 万亩，种植面积约占全国甘蓝总栽培面积的 60%~70%，累计产生经济效益近 20 亿元。部分良种种子已销往美洲、东南亚及独联体国家。

谈起这些成绩，课题主持人、中国农业科学院蔬菜花卉研究所所长方智远院士谦虚地说：“这些首先归功于国家的资助和各级领导的重视和支持，得益于课题组的紧密团结和协作。20 年来，课题组人员虽有变化，但全组老中青科技人员互相支持，各尽所能。”

（《人民日报》，1999-03-25，第 5 版）

抗旱又添两种“新武器”

我国农业化学抗旱节水技术获得重大突破。由中国农业科学院农业气象研究所减灾研究室主任王一鸣率领的课题组，经过 8 年努力，最近终于研制成功新型抑制蒸腾剂“农气一号”和抗旱型种子复合包衣剂，从而给我国北方正在进行抗旱的广大农民提供了两种“新武器”。

从1991年开始，由王一鸣带领的课题组承担了国家“八五”科技攻关专题，他们针对我国北方干旱和干热风等灾害的特点，在总结国内外抗蒸腾剂研究的基础上大胆创新，把国际上公认的代谢型和薄膜型的优点合二为一，研制成功新型抑制蒸腾剂“农气一号”，它能在抑制作物水分蒸腾的同时，提高根系活力，增加水分、养分吸收，具有“开源”和“节流”的双重功效，它还能增强酶的活性、增加叶绿素含量、增强光合作用。

课题组针对我国北方旱区存在的春播保苗这一难题，研制成功以抗旱节水为突出特点的抗旱型种子复合包衣剂，功能更齐全，效果更显著，从而填补了我国种衣剂新剂型的空白。

在此基础上，课题组还建成了以陵县为主的4个中试厂，年总生产能力达到3 200吨，在潍坊、阜新、寿阳等4个示范应用基地进行大面积示范，使该项技术迅速辐射到全国10多个省区市，现已累计应用1 400多万亩，增产粮食5.6亿公斤，新增产值5.92亿元，取得了显著的经济效益和社会效益。

（《人民日报》，1999-03-18，第5版）

中国农业科学院体制改革推出16项重大举措

新年伊始，中国农业科学院又紧锣密鼓地推出16项重大改革举措，蔬菜花卉研究所、饲料研究所等4个研究所被确定为一所两制的试点所，中国农业科学院的科技体制改革正向纵深发展，在全国农业科技界引起了较大反响。

中国农业科学院院长吕飞杰深有感触地说，如果在10年前或20年前提出要中国农业科学院创收1亿元或经费自给50%，那是连想也不敢想的事。今天，不仅实现了这个目标，而且还促成了11

个研究所（中心）的联合和合并，全院有半数研究室进行了重组，新兴学科的研究经费已占到全院总课题的一半左右。

改革开放 20 年来，中国农业科学院不断深化科技体制改革，特别是近年来，该院逐步树立市场意识和竞争意识，克服“等、要、靠”依赖思想，摒弃只从学科出发搞科研的观念，拓宽视野，把科研从过分集中于“产中”研究拓宽到包括产前、产后及环境、资源、经济各个领域，成立学科群性质的综合研究中心，促进 20 多个研究所在节水农业和产后加工领域上的联合攻关与联合推广。

通过竞争，该院“九五”获得各类纵向科研项目子专题 1 591 个，经费支持强度比“八五”增加 30%以上，年均科研经费达4 000 万元。去年获国家奖达15 个，充分展示了国家队的水平与实力。该院还鼓励、引导广大科技人员主动走向经济建设主战场，连续 10 多年坚持在黄淮海地区、红黄壤地区、三江平原等中低产地区开展科技攻关和推广。目前，全院 60%的应用成果已在生产中大面积推广，每年平均产生社会经济效益达 230 亿元以上。

最近，中国农业科学院决定对全院 38 个研究所实行分类改革，以不同的形式实现为经济建设服务的目的，对那些科研实力较强、研究专业与国家重点领域相符的研究所，通过大力建设现代化研究所，进一步增强实力，争取成为国家农业科技创新体系的骨干机构。同时大力开展管理创新和机制创新，实行院所长负责制和领导干部能上能下制度，在中层领导中推行聘任制，建立科学的评议制度，设立重点研究所、国际合作等 7 种基金，公开竞争，择优支持。对 8 个重点领域进行认真研究，明确重点，大力组织攻关，每年抓 30 个左右重点课题，加速重大成果的诞生。

（《人民日报》，1999-03-17，第 5 版）

我国两系法杂交技术获重大突破

由西北农业大学何蓓如教授带领的课题组经多年试验研究，近期创制成适应我国北方光、温条件的小麦光周期敏感雄性不育系和异常温度敏感雄性不育系，使杂交小麦生产“三系法”简化为“两系法”，为我国北方小麦主产区杂交小麦大规模走向生产创造了重要条件。

运用“三系法”生产杂交小麦种子，由于不育系和保持系外观相似，繁种容易混杂；并且由于两个系株高几乎相同，授粉不理想，因而繁种产量低、成本高。

何蓓如教授带领的课题组创制的异常温度敏感小麦不育系“A16”，在关中秋播完全雄性不育，而在当地春播或其他温度较高区域播种则育性可达60%~70%，实现不育系自繁。

该课题组创制的光周期敏感材料“A31”，在幼穗分化后期日长达14.5小时表现完全雄性不育，而低于此日长条件则有较高自交育性。黑龙江、吉林已用雄性不育的“A31”与当地优良品种测交，已初步选出一个优质、抗病强优势组合，较当地良种增产18%。

他们还创制成在黄淮冬麦区日长条件下完全雄性不育，而在云贵高原冬麦区日长条件下可自繁的中纬度光周期敏感雄性不育系“A20”，并已筛选出适应黄淮冬麦区应用的恢复系，初步育成强优势组“9720-12”，初步试验较对照增产15%。

这三种适应我国北方应用的小麦光、温敏感雄性不育系，无须借助保持系便可生产不育系，繁种产量高、有利保纯、技术简单、农民易于掌握。

中国农业科学院作物科学研究所研究员薛光行等科研人员历经11年研究，最近揭开了阻碍我国两系法杂交水稻推广的难解之谜。

他们发现“研究光、温敏强度的消长与变异规律更为重要，当前两系法杂交水稻制种、繁种生产中风险偏高是不育系植株对光、温的敏感性不一致”造成的。

多年来，两系法杂交稻因为纯度不高，结实率不稳，使它的推广受到一定影响。对此，中国农业科学院作物科学研究所开展了深入研究，科研人员从当前生产上用的核心种子“培矮 64S”分选出一个“C03”品系，它在北京地区的抽穗期比“培矮 64S”晚一周，然而纯度和不育性稳定性都比“培矮 64S”好。薛光行说这一研究的意义在于它能提高光敏核不育系的素质，进一步提高不育系和杂交稻的纯度及育种成功率，使种子繁育速度加快，降低两系法杂交稻生产的风险和成本。

该项研究还确认了隐性核不育水稻对光、温的敏感性的强度是可以选择的，建立了能协调光、温之间的关系的育种技术。由中国科学院副院长许智宏院士等著名专家组成的鉴定委员会认为该项研究达到国际先进水平。

（《人民日报》，1999-03-03，第 5 版）

科技添生机，新菜四季青

虽是数九寒天，但我国北方城市的大小菜市里，各种新菜特菜琳琅满目，新鲜如初，且价格平稳、供应均衡。专家们说，科学技术在蔬菜生产中发挥了巨大作用。

记者从日前在中国农业科学院举行的全国蔬菜科技工作经验交流会上了解到，自 1988 年经国务院批准组织实施“菜篮子工程”以来，我国蔬菜的生产和销售取得了令人瞩目的成就。10 年间，蔬菜播种面积增长了 97.5%，蔬菜总产量由 10 年前的 1.55 亿吨增加到3.13亿吨，增长了101.93%，人均占有鲜菜量由13年前的119公斤提高到目前的253公斤。全国蔬菜年总产值达到2 500亿元，在种植业中仅次于粮食，种菜成为农民的主要经济来源之一。

这些成就首先归功于科技工作者选育出一大批丰产、抗病、优质新品种。全国蔬菜科技工作者先后育成1 000多个白菜、甘蓝、番茄、黄瓜等新品种，在全国广泛推广，使主栽品种实现2~3次更新，良种覆盖率达80%以上，单产一般比原主栽品种增产10%以上。

其次是研究推广了设施栽培高产栽培技术。广大科技人员对日光节能温室、塑料棚等进行了研究改进，采用了滴灌、二氧化碳施肥技术等新技术，使设施栽培水平不断提高，为元旦、春节市场增加了大批时鲜蔬菜，有效缓解了长期困扰北方地区的冬春淡季缺菜难题。

蔬菜病虫害防治技术在广大科技人员努力下也取得新进展。研制成功了生物农药和新药新制剂，不仅控制住了病虫害的危害，也减轻了化学农药对蔬菜的污染。

此外，科技人员还加强了蔬菜产后贮藏和保鲜技术的研究，使我国蔬菜产品开始向工业食品方向延伸。一些大城市采用塑料保鲜袋、气调法贮存青椒、蒜薹等，其商品率可保持在80%~90%，一批多维菜汁、蔬菜脆片、脱水菜、速冻方便菜等也开始投放市场，适应了人们生活节奏逐步加快的需求。

（《人民日报》，1999-02-01，第5版）

中国农业科学院做农业科研排头兵

中国农业科学院在瞄准世界农业科学发展前沿与主流，大力开展生物技术、信息技术等新兴学科研究的同时，积极组织科技人员走向经济建设主战场。在科学研究和成果推广等领域取得一批重大成果，起到了农业科研“国家队”的作用。

记者从今天在京举行的中国农业科学院工作会上了解到，近年来，中国农业科学院加大改革力度，从调整科研结构入手，把过去过分集中于“产中”的研究，拓宽到包括产前、产后及环境、资源、经济各个领域，并实现了11个研究所（中心）的联合，精简了6个研究机构。全院有1/2的研究室进行了重组。

通过这些改革，有力推动了全院应用基础、高新技术和重大课题的研究，取得了突出的成绩。“八五”期间，该院以占全国农业科技人员8%的力量，获得了占全国26%的农业方面的国家奖。1998年，该院获国家奖达15项。转基因抗虫棉、转基因水稻、动物生物工程饲料与疫苗等一批处于世界前沿的重大成果正陆续问世。从而实现了中国农业科学院要多出大成果的目标。

与此同时，该院还充分发挥成果针对性、实用性都较强的优势，组织全院科技人员走向主战场，坚持实施“千百万”科技兴农工程（即组织千名以上科技人员，赴100个县推广成果，培训万名以上农业技术骨干），取得明显成效，被评为全国“三下乡”先进集体。目前，该院有60%的科研成果已在生产中应用，在全国农业生产中发挥着重要作用。每年平均取得社会经济效益达230亿元以上。

中国农业科学院院长吕飞杰说，今后要把十五届三中全会决定所提出的8大农业科技发展领域作为全院科研工作的重点，加强知识创新，当好农业科技排头兵，大力推进科技成果产业化。今年要重点推出16项重大改革举措。

（《人民日报》，1999-01-26，第5版）

中国农业科学院在贵州扶贫成绩斐然

中国农业科学院将贵州省确定为科技扶贫的重点省份，经过3年扎扎实实的送科技下乡活动，探索出了一条加速农业科技成果转化的新路子，促进了当地经济发展，被评为全国“三下乡”活动先进集体。

1996年，中国农业科学院与贵州省政府签订了科技合作协议，决定首先从玉米、马铃薯、烤烟、柑橘和农产品加工5个方面入手，解决制约当地农业发展的关键性技术难题。

玉米是贵州省主要粮食作物之一，长年种植面积在1 000万亩左右，产量占全年粮食总产的26%左右，但由于品种老化、技术不配套等问题，玉米单产较低。为此，中国农业科学院与贵州省农业厅、贵州省科委共同研究决定，联合实施杂交玉米高产攻关项目，实施年限为4年，每年实施100万亩。中国农业科学院派出专家团，采取育苗移栽、平衡施肥、病虫害防治等10大项新技术，使14个县、市的105万亩玉米平均单产在1997年达到351公斤，比前3年平均单产增加72.8公斤，新增玉米产量7.3万吨，新增产值8 879万元。中国农业科学院作为技术依托单位积极参与贵州省“推广脱毒马铃薯种薯温饱工程项目”，主持编写了项目可行性研究报告，会同贵州省扶贫办进行了3次技术培训，帮助筹建了脱毒马铃薯中心，建立了9个脱毒马铃薯快繁基地，形成遍布全省9个地州市48个贫困县的推广技术体系，全省马铃薯亩产可由现在的425公斤提高到750公斤。

此外，中国农业科学院还在“2万亩优质烤烟生产基地建设”“15万亩优质柑橘基地建设”等扶贫项目上取得突出成绩。他们先后组织了3次面向贵州的大型送科技下乡活动，28个研究所的220位专家在全省30个县的101个乡（镇）开展咨询、培训等活动，共培训农民和技术骨干 4 200 人次，赠送科技书刊和光盘 7 200 册(盘)，捐赠仪器设备价值 212 万元，他们还选派科技副专员、副市长、副县长 31 人，帮助引进农作物优良品种 300 多个，帮助落实项目 20 多个，累计资金 1.5 亿元。

(《人民日报》，1999-01-07，第 4 版)

专家现场观摩“中棉所 30”

由中国农业科学院组织的“转基因早熟抗虫棉‘中棉所 30’现场观摩会”日前在河南省新乡市召开，来自农业部、中国种子集团公司及河南、山东、吉林、安徽等 8 个省的代表近百人，现场观摩了延津县小店镇的“中棉所 30”种子田和高产田，总结交流各地示范“中棉所 30”的经验。由中国农业科学院棉花研究所育成的转基因早熟抗虫棉“中棉所 30”，今年先后通过国家和山东省品种审定。

(《人民日报》，1998-11-06，第 5 版，《教科文短波》)

中国农业政策国际研讨会举行

由中国农业科学院农业政策研究中心和联合国粮农组织亚太地区办事处联合主办的中国农业政策国际研讨会日前在京召开。来自美、日、加、欧盟、世界银行等国家和国际机构的专家及农业部、科技部、财政部等国内代表共 80 余人参加会议。

全国人大常委会副委员长成思危等领导出席会议并讲话。

(《人民日报》，1998-10-16，第 5 版)

抗虫杂交棉优生优育

由中国农业科学院组织的“转基因抗虫杂交棉——‘中棉所29’现场观摩会”日前在山东省惠民县召开。来自科学技术部、农业部、中国农业科学院、中国种子集团等部门的领导以及全国各地的棉花专家120余人现场察看了惠民县良种棉加工厂杂交抗虫棉的杂交制种情况，对“中棉所29”所表现出的抗虫性和丰产性给予充分肯定。

“中棉所29”是中国农业科学院棉花研究所培育成功的我国第一个抗虫杂交棉品种，今年相继通过了全国品种审定委员会及山东、安徽两省的审定。自1993年以来，中国农业科学院棉花研究所率先以转基因抗虫棉为父本，通过人工去雄授粉杂交生产杂交种。该杂交种既继承了母本的丰产性和抗病性，又继承了父本的抗虫性和结铃性，将棉花杂种优势和抗虫性结合在一起，既高产又抗虫。

山东省惠民县良种棉加工厂作为中国农业科学院杂交棉生产基地，及时引进“中棉所29”，经过几年努力，“中棉所29”抗虫杂交棉表现出抗病、抗虫、丰产、优质、适应性广等优良性状，深受广大棉农和棉纺企业的欢迎，也引起了科研和生产部门的高度重视。山东、江苏、安徽、湖北、河南、湖南等省纷纷引种试种，累计种植面积达13万亩。为了满足广大棉农的需要，惠民县良种棉加工厂今年扩大制种面积至2 000亩，可生产棉种16万多公斤。中国农业科学院副院长杨炎生研究员要求引种部门加强技术指导，确保抗虫杂交棉迅速推广。

（《人民日报》，1998-10-07，第5版）

中外专家研讨食物政策

由国际食物政策研究所和中国农业科学院共同主办的国际食物政策研讨会日前在京举行。来自国家计委、国务院发展研究中心、农业部、中国科学院等部门的专家学者同国外同行，就中国未来急需研究的食物政策以及对外合作等进行了深入研讨。

（《人民日报》，1998-07-13，第5版）

中国农业科学院育成超高产小麦“H92-112”

由中国农业科学院原子能利用研究所与山东烟台市农科所合作，采用多亲本复合杂交、核技术诱变和细胞工程技术等多项高新技术培育成功的大穗矮秆型超高产小麦新品系“H92-112”，亩产突破600公斤，在山东省科委日前主持召开的“国家重点攻关生物技术育种高产小麦验收会”上，得到与会专家的一致肯定。

今年在我国北方小麦遇到持续低温、光照不足、雨水多、湿度大、病虫害猖獗等不利条件下，“H92-112”小麦经受住了严峻的考验，经山东省专家测产验收委员会测产验收，该小麦平均亩产达638.5公斤，最高亩产达643.9公斤。

该小麦籽粒硬质、饱满，经测定，蛋白质含量达13%，湿面筋含量达34%，赖氨酸含量为0.43%，抗白粉病，轻感叶锈病，成熟期比山东当地中熟品种早2~3天。

经国内10多位著名育种、栽培专家鉴定后认为，利用高新技术培育的“H92-112”小麦具有穗粒数50粒以上、千粒重40克以上、亩穗数30万左右的特点，即“5、4、3型”产量构成模式，是实现亩产突破600公斤的一种产量结构，其增产潜力大，应用前景广阔。

据介绍，该小麦适宜种植范围较广，在山东、苏北、豫东、冀南、晋南、北京、天津等地均可种植。

（《人民日报》，1998-07-10，第5版）

中国农业科学院成立两个综合研究中心

中国农业科学院农产品加工综合研究中心和节水农业综合研究中心于2月28日在京正式成立。

中国农业科学院院长吕飞杰介绍说，这两个中心作为院属跨所的综合研究与开发的组织及协调机构，其宗旨是要形成多学科综合优势，实现优势互补和科研资源的合理配置，促进科研成果产业化和商品化。

（《人民日报》，1998-03-05，第5版）

首批抗虫棉成为棉铃虫克星

对农药几乎“刀枪不入”的棉铃虫今天遇到了“新杀手”。棉铃虫只要吃了一种棉花叶子，它就会在随后的几天里慢慢中毒身亡。这两种名为“R93-6”和“RH-1”抗虫棉新品种日前首次通过全国农作物品种审定委员会棉麻专业组的审定，这标志着我国抗虫棉育种取得历史性突破。由中国农业科学院棉花研究所承担的这项“抗虫棉加速繁育利用及其配套技术研究”日前顺利通过农业部科技司的项目验收。

棉铃虫是棉花的重大致灾害虫。为了防治棉铃虫，每年用药次数多达15~20次，每亩农药成本高达80~100元，使生态环境、人畜安全等受到严重影响，广大棉农“谈虫色变”，棉铃虫成为制约我国棉花生产的制约因素。

中国农业科学院棉花研究所在过去研究抗虫棉的基础上，利用现代生物技术与传统育种技术相结合的技术途径，在我国首次将抗棉铃虫的基因转育到生产上已大面积推广的高产、优质棉花品种中去，育成一批抗虫棉。这些抗虫棉主要抗鳞翅目害虫，尤其对棉铃虫和玉米螟具有良好抗性，对棉红铃虫、大袋蛾等也有一定抗性。对棉铃虫的天敌没有不利影响，反而能有效保护天敌，对人畜无毒，一般情况下，可减少用药60%~70%，减少成本50元~80元/亩，有利于保护生态环境。

几年来，抗虫棉已在冀、鲁、豫等省试种示范累计超过72万亩，创社会经济效益1.1亿元，为棉铃虫综合治理开辟了一条重要的技术途径。

（《人民日报》，1998-02-05，第5版）

菊苣为餐桌添新菜

鲜嫩透亮、外形很像白菜心的新型蔬菜——菊苣，由中国农业科学院蔬菜花卉研究所芽苗菜专家王德槟、张德纯等科研人员引进并在我国栽培成功，春节前在北京小批量上市。

据王德槟研究员介绍，菊苣又称欧洲菊苣、苞菜，为菊科多年生草本植物，多以嫩叶、叶球或软化后的芽球食用，宜凉拌，也可作火锅配料或炒食，略带苦味，有清肺利胆之功效。菊苣原产地中海、中亚和北非，近代在欧洲栽培较多。

王德槟、张德纯率领的课题组针对市场需求，大胆探索，首创了一套在室内弱光条件下利用简易设施栽培优质高档芽苗菜的新模式，缩短了生长周期，提高了生产效率，而且不施任何农药和化肥，食用安全，最近被评为农业部科学技术进步奖二等奖。

（《人民日报》，1998-01-22，第5版）

中国农业科学院肩负科教兴农使命

作为全国农业科学研究的“国家队”，中国农业科学院必须在迎接新的农业科技革命的进程中奋勇争先，肩负起“使农业科技率先跃居世界先进水平”的重大使命。日前在京举行的中国农业科学院工作会议明确了今后改革的这一方向。

据中国农业科学院院长吕飞杰介绍，去年，中国农业科学院紧紧围绕我国农业和农村经济发展中的重大科技难题，开展科学研究和科技推广，取得了一批达到国内领先甚至国际领先水平的重大成果，全院科技成果转化率达到75%，年创经济效益累计近200亿元。

品种选育一直是中国农业科学院的科研强项，去年该院又在中国超级稻研究方面取得新进展，已选育出30多个新品种、新组合。

农业部副部长刘成果对中国农业科学院取得的成就给予了充分肯定，并希望中国农业科学院适应社会主义市场经济发展的形势和新的农业科技革命的形势，出人才、出成果、出效益。

据了解，中国农业科学院已决定通过制定规划，突出重点，按照有所为有所不为的原则，不再搞重复性研究，腾出力量开拓新的科研领域，争取在干旱、半干旱地区节水农业、持续生态农业等领域有重大突破，争取“九五”期间取得重大成果100项。

（《人民日报》，1998-01-20，第5版）

三峡库区作物品种资源抢救工作完成

三峡库区作物品种资源抢救工作目前基本完成。由中国农业科学院作物品种资源研究所等组建的“中国作物种质资源考察队”经过一年半努力，共收集作物种质资源 4 074 份，使一大批珍稀、濒危、古老的品种资源在三峡截流之前被妥善保存到国家种质库(圃)，有效保护了该地区特有的生物多样性。

三峡库区复杂的地形地貌和优良的气候条件形成了多种多样独具特色的作物品种资源，也受到联合国粮农组织和我国政府的高度重视。从 1996 年夏开始，25 位专家教授兵分两路，奔赴三峡库区 16 个县，行程 28 600 余公里，深入到 175 个乡镇的 261 个村寨，走访考察近千户农家，收集作物品种资源 4 074 份、制作蜡叶标本 200 余份，使一大批珍稀资源，如“背籽糯”“十年籽”苞谷等，以及大量具有开发价值的野生植物资源得到及时抢救和保护。

（《人民日报》，1998-01-13，第 5 版）

航天总公司空间技术农业应用研究所挂牌

中国航天工业总公司空间技术农业应用研究所今日在北京宣告成立，这标志着我国空间技术育种走上了一个新的发展阶段。

中国农业科学院原子能利用研究所（今日增挂了中国航天工业总公司空间技术农业应用研究所的牌名)，自 1994 年开始空间技术育种工作，先后利用返回式卫星搭载了小麦、大麦、玉米、高粱、大豆、小豆、向日葵等作物种子和食用菌种，在应用及应用基础研究方面取得较好进展。

（《人民日报》，1997-12-29，第 5 版）

“中棉所24”高产早熟

由中国农业科学院棉花研究所近年培育成功的短季棉新品种“中棉所24”，经过数年努力，已顺利通过全国品种审定委员会的审定。

试验表明，“中棉所24”比对照“中棉所16”增产15%以上，该品种叶片功能期长，光合效率高，适当早播更高产，据中国农业科学院棉花研究所栽培室连续4年试验，“中棉所24”在4月底、5月初作晚春套棉，在前茬亩产小麦300公斤的情况下，亩产皮棉86~92公斤，河南省农业科学院用“中棉所24”作晚春套棉亩产皮棉87公斤，而春套棉仅80公斤，在新疆作一熟春棉皮棉亩产150公斤。棉农经种植认为该品种“早播高产，晚播早熟”，是一个高产稳产，适播期长，适合春、夏套的短季棉新品种。用此作晚春套产量与春套棉相当，但霜前花可提高20%左右，有效解决了麦棉两熟中低产、晚熟这一重大课题。同时该品种兼抗枯黄萎病，纤维品质优良，洁白有丝光，是用于纺高支纱的优良品种。

（《人民日报》，1997-11-21，第5版）

国际农业研究磋商组织来华交流

由农业部、国际农业研究磋商组织和中国农业科学院举办的“国际农业研究磋商组织——中国活动周”11月10日至12日在京举行，来自18个国际农业研究中心和我国中央及地方的农业科研机构和大专院校的80余位农业专家共同研讨中国农业科技发展中存在的问题和对策。

国际农业研究磋商组织在中国的合作伙伴已发展到50多个，

覆盖了20多个省区市，已完成合作项目60余个，基本涵盖了农业科技领域的各个方面，累计育成作物新品种252个，累计增产粮食多达2.5亿吨。

（《人民日报》，1997-11-12，第5版）

国际水稻所与我国进行交流

我国加强与国际水稻所的合作研究，经过近20年的不懈努力，双方在品种改良、杂交水稻等13个领域全面取得丰硕成果，为促进世界和我国水稻生产发挥了重大作用。这是记者从中国农业科学院和国际水稻所主办的“国际水稻所—中国对话会”上了解到的。

我国水稻种植面积居世界第二位，但稻谷产量居世界第一位，我国是世界上水稻单产较高的国家之一，水稻生产占有重要位置。1976年起，我国就开始了与国际水稻所的合作，由中国农业科学院牵头，组织包括中国农业机械研究院、浙江农业大学、福建省农业科学院以及北京大学等教学科研单位，与国际水稻所开展全面合作研究。

中国农业科学院中国水稻研究所与国际水稻研究所早在1983年就开展了穿梭育种合作研究，并培育出了新品种“中育一号”及一系列优良的品系。

我国还给国际水稻所赠送了1 117份农家水稻品种，国际水稻所则回赠了3 124份栽培稻和1 041份野生稻。目前，双方合作培育的19个水稻改良品种已在我国广东、广西、福建、湖南、湖北、安徽、江苏等近10个省、自治区大面积种植。

（《人民日报》，1997-11-10，第5版）

中国农业科学院庆祝建院40周年

坐落在北京西郊的中国农业科学院今天彩旗招展，隆重庆祝建院40周年。党和国家领导人江泽民、李鹏、李岚清等为建院40周年题词，国务院副总理姜春云到会祝贺并讲话。

江泽民的题词是：服务农业主战场，攀登科技新高峰。

李鹏的题词是：依靠科技进步，促进农业发展。

李岚清的题词是：进一步加强农业科研开发工作，大力推进科技成果的产业化和推广应用，为我国农业现代化事业作更大的贡献。

姜春云说，中国农业科学院走过了40年的光辉历程，在农业科研和人才培养两个方面，都取得了丰硕成果。到1996年末，全院共取得科技成果3 183项，其中获奖成果1 669项，有一批重大成果达到了国际、国内先进水平。这些成果的推广应用，取得了巨大的经济效益和社会效益。中国农业科学院培养出一大批优秀农业科技人才，成为我国农业科技战线的骨干力量。我国农业和农村经济能有今天的发展水平，是与广大农业科技人员的辛勤工作、创造性劳动分不开的。

姜春云指出，江泽民同志所作的十五大报告是我们党带领全国各族人民迈向新世纪的政治宣言和行动纲领。在十五大报告中，江泽民同志再次强调，大力推进科教兴农。我们要充分认识江泽民同志关于进行一次新的农业科技革命指示的丰富内涵和深远、重大意义，切实加大工作力度，力求在农业科技基础研究、农业科技成果推广应用、提高农民科学文化素质、农业科技体制改革等方面，取得新的突破，推进新的农业科技革命，这是整个农业战线和广大农业科技人员的一项重大使命。他要求作为全国农业科学研究中心和全国农业科学学术中心的中国农业科学院，在推进新的农业科技革命中，发挥带头、示范、骨干作用，当好“排头兵”，出更多的成果，培养一流的人才，为我国农业的发展作出新的贡献。

中国农业科学院院长吕飞杰在会上讲话，表示要再创中国农业科学院新世纪辉煌。

姜春云、温家宝、吴阶平、陈俊生、钱正英、朱光亚等也题了词。宋健、朱光亚和国家计委、国家科委、农业部等部门的领导同志出席了庆祝大会。全国省级农业畜牧科研单位、部分高等院校负责人以及有关单位领导与中国农业科学院新老科技工作者共700多人欢聚一堂，共贺院庆。会上表彰了曾获国家级农业科技一等奖的代表，宣布由梅方权任主任的中国农业科技信息网开通，姜春云为开通仪式剪了彩。

（《人民日报》，1997-10-09，第4版）

种子穿“衣”增产又抗旱

中国农业科学院农业气象研究所科技开发中心主任李茂松等青年科研人员经过数年努力，最近研制成功了一种抗旱型种衣剂，并于日前通过专家鉴定。

干旱是威胁我国农业生产的主要因素之一。中国农业科学院农业气象研究所针对这一实际问题及种子产业化工程中的薄弱环节，应用现代胶体化学的理论和方法，结合近代农药复配技术，采用超细微研磨新工艺，研制成功了多功能复合种衣剂——20%达美抗旱型种衣剂。经试验，这种抗旱型种衣剂具有抗旱保水的特点，同时具有国内外同类产品相当的防治病虫效果，保苗增产效果显著，技术成熟，产品性能稳定。

两年来，这种抗旱型种衣剂已在山东省、河北省和山西省累计示范603万亩，产生经济效益达1.93亿元，深受广大农民欢迎。

专家们认为，这项新成果是集抗旱保水功能和药、肥复合于一体的多功能型种衣剂，填补了国内空白，达到国际领先水平。

（《人民日报》，1997-10-08，第5版）

清河农场试种现场会对比明显，抗虫棉不怕棉铃虫

中国农业科学院8月12日在地处天津市宁河县境内的北京清河农场举行抗虫棉试种示范现场会。国家科委副主任韩德乾、农业部副部长路明等考察了河北国欣农研会试种的抗虫棉。

专家们仔细查看了中国农业科学院棉花研究所育成的转基因抗虫棉“93R-6”的抗虫情况，并和国外引入的抗虫棉及常规棉进行了对比，明显地看出“93R-6”具有高抗棉铃虫、早熟、丰产、整齐度好等特点。据河北省河间市国欣农研会董事长、高级农艺师卢国欣介绍，8月11日的调查结果表明：转基因抗虫棉在没打过一次化学农药的情况下，棉株顶尖被害率仅3%，亩成铃数为54 880个，而常规棉虽然长势旺盛、青枝绿叶，但已喷化学农药15~20次，棉株顶尖被害率高达51%，亩成铃数才2 656个。从国外引入的转基因抗虫棉同样具有高抗棉铃虫、整齐度好等突出特点，但亩成铃数才39 010个，少于“93R-6”，棉铃也比“93R-6”略小。

据中国农业科学院院长吕飞杰介绍，转基因抗虫棉“93R-6”是由中国农业科学院棉花研究所以短季棉品种“中棉所16”为母本，以转基因棉种质系为父本经杂交并回交选育而成的。

（《人民日报》，1997-08-15，第5版）

中国农业科学院推出改革新举措

中国农业科学院今天在此间召开科技体制改革经验交流现场会，并将深化改革、迎接新的农业科技革命作为今后一段时间工作的重中之重。

据中国农业科学院院长、党组书记吕飞杰介绍，召开这个现场会是为了更好地贯彻落实江泽民总书记关于中国的农业问题、粮食问题，要靠中国人自己解决。这就要求我们的农业科技必须有一个大的发展，必然要进行一次新的农业科技革命的指示精神，坚定不移地全面深化改革，为此推出以下几个新举措。

——立足国情，加快结构调整。在学习、借鉴国外先进经验时要准确地分析各国模式，博采众长，坚持中国特色，改革应着重于挖掘内部潜力，不要寄希望于增加新的机构或编制，而要在集合、集成上下功夫，适应农业向产业化发展的趋势。

——优化学科结构，加快发展新兴学科。“九五”期间，将 40 多个研究机构调整为 35 个左右。同时，把发展新的学科看作结构调整改革的一个重要方面，合理配置产前、产中、产后科研力量，着力发展生物技术、农业减灾防灾、农业资源与环境、节水农业等新兴学科，建立适应现代化的农业学科体系。

——积极推动联合，组织重大项目攻关。经过两年努力，兰州中兽医研究所和兰州畜牧研究所合并为兰州畜牧与兽药研究所；饲料研究所与饲料中心联合管理；廊坊基地划归植物保护研究所管理；宏观研究室与计算中心划归文献中心管理，使全院直属单位从 49 个减少到 43 个，近期还将对一些有关联的单位进行调整。对外，要加强与兄弟科研单位、高等院校的联合，形成“集团军”优势。

——以“三三”制配置科技力量。全院直接从事科研活动的科技人员，1/3 从事基础性研究和国家科技攻关、部门重点项目研究；1/3 从事一般性应用研究和技术推广；1/3 从事兴办科技企业和经营实体、开展科技咨询服务等科技开发工作，“三条腿”一齐走路。

——把科研经费落到实处。院里规定主持和承担国家科技三项费用项目的院、研究所提取的管理费不得超过项目经费的 5%，单个专题管理费的提取额最高不得超过 5 万元。

——提高人员素质，建设跨世纪人才队伍。“九五”期间要实施“三百一千”人才培养工程，即培养 100 名跨世纪所、局级管理干部；100 名跨世纪学科带头人；100 名科技企业家或推广专家；1 000 名跨世纪学术骨干。在大力选拔优秀年轻人才时，必须坚持德才兼备的原则。要搭好“台”，让年轻人经风雨，增才干。例如，院里设立的中国农业科学院科研基金鼓励中青年科技工作者申请，为他们脱颖而出创造条件。

（《人民日报》，1997-07-21，第 5 版）

金善宝遗体在京火化

7 月 9 日，中共中央政治局常委、书记处书记胡锦涛等前往八宝山革命公墓，为金善宝同志送别。

我国著名科学家、教育家和社会活动家，九三学社中央名誉主席，中国科学技术协会荣誉委员，中国科学院院士，中国农业科学院名誉院长，中国共产党优秀党员金善宝同志，因病医治无效，于 1997 年 6 月 26 日在京逝世，享年 102 岁。金善宝同志遗体今天在八宝山革命公墓火化。胡锦涛、吴阶平、王兆国、钱正英、朱光亚等同志前往八宝山为金善宝同志送别。

金善宝逝世后，李瑞环、田纪云、姜春云、温家宝、万里、宋任穷、卢嘉锡、宋健、陈俊生、钱学森、何鲁丽、方毅等以不同方式表示哀悼或向其家属表示慰问。

金善宝同志1895年生于浙江省诸暨县。他1920年毕业于南京高等师范学校农业专修科，1926年毕业于东南大学农艺系本科，1930年赴美留学，1932年回国任中央大学农学院教授。新中国成立后，他历任华东军政委员会农林部副部长，南京市副市长，南京农学院院长，中国农业科学院副院长、院长、名誉院长，1956年加入中国共产党。他是第一届至第六届全国人大代表，九三学社中央第六、第七届副主席，中国科学技术协会第三届副主席，中国农学会第一、第二、第三届副理事长、名誉会长。

金善宝同志是我国农业科学界的开拓者、小麦科学研究的奠基人，为我国的农业科教事业的发展作出了卓越的贡献。金善宝同志是九三学社的创建者之一，他长期担任九三学社中央领导，为九三学社的建设与发展，为坚持和完善中国共产党领导的多党合作和政治协商制度作出了贡献。金善宝同志热爱祖国，热爱中国共产党，是我国知识分子的优秀代表。他的一生是勤奋的一生，奉献的一生。

（《人民日报》，1997-07-10，第4版）

中意首次举行农业技术研讨会

由国家科委、意大利国家研究委员会和意大利驻华使馆联合主办，中国农业科学院和意大利国家研究委员会农业科学委员会承办的中意农业技术研讨会今天在京举行。

来自中国、意大利的100余位农业科学家出席会议，专家们交流了两国农业科研工作的经验，总结了两国在农业科技方面的合作成果，探讨了双方今后在农业科技与产业发展方面的合作途径。

国家科委副主任韩德乾、中国农业科学院院长吕飞杰、意大利国家农业研究委员会主席、意大利驻华大使馆公使等出席会议并讲话。

（《人民日报》，1997-07-09，第5版）

中国农业科学院首批跨世纪学科带头人确定

中国农业科学院日前确定首批36位跨世纪学科带头人，并邀请国内著名专家、学者为这批带头人举办培训班。农业部部长刘江今天专程到中国农业科学院与这批青年学者座谈，勉励大家勇攀农业科技高峰，为我国农业的发展作出更大的贡献。

据中国农业科学院院长吕飞杰介绍，中国农业科学院从1995年开始选拔学科带头人，经过两年多努力，最后由院内外院士、著名专家组成的评审组进行无记名投票，从200多名人选中选定36名学科带头人，他们覆盖全院26个研究所，平均年龄37岁，年龄最大的47岁，最小的32岁，他们大多数具有博士、硕士以上学位，有较强的组织能力和科研能力。更令人欣慰的是，这批跨世纪学科带头人中有党员20名，占56%。

（《人民日报》，1997-06-20，第5版）

气候变化对我国农业有弊也有利

全球气温不断升高和大气中二氧化碳浓度的增加，究竟对我国农业有何影响？由中国农业科学院农业气象研究所、中国气象研究院和西南农业大学等单位用5年时间完成的一项研究表明：这种气候变化对我国农业有弊也有利。

据联合国政府间气候变化专门委员会的科学评估报告，预计到21世纪末，大气中二氧化碳浓度将由目前的0.035%倍增到0.07%，气温增高1.5~4.5摄氏度，将会给世界社会、经济各方面带来严重影响，尤其是农业，受到的影响会更突出。针对这一问题，世界各国相继开展了广泛的研究，取得了一批重要成果。

我国在这一领域起步较晚，但科学家们知难而进，自己动手研制成功一套封闭式二氧化碳浓度调控装置及微环境监测系统，开展了大量深入研究。结果发现，在二氧化碳浓度增至0.07%时，我国农作物将增产，小麦增产36%，玉米增产18%，大豆增产33%，棉花增产27%，大白菜增产76%。

气候变暖还将影响我国现行农业技术，作物布局和种植制度会有变化，东北南部一熟可变为二年三熟，华北平原南部将出现三熟制，我国亚热带、热带的北界将北移200公里至400公里，我国农作物越冬期缩短，出现暖害，越夏期延长，高温热害将增加，作物生育期缩短，农作物害虫繁殖将增加1~3代等。

对此，专家们根据研究提出了调整作物布局、调整播种期、改进施肥技术、应用高效低毒农药、增加作物覆盖面积等一系列农业措施。专家们认为，通过这些措施，可以减轻、避免和防治气候变化对农业的不利影响，而且可以将温度增加变为可利用的气候资源，为农业生产服务。

（《人民日报》，1997-05-04，第5版）

《农业科技通讯》为农民送去致富钥匙

由中国农业科学院主办的《农业科技通讯》杂志坚持面向全国、面向基层、服务农民的办刊方针，经过25年努力，累计报道农业科技新成果等各类信息近2万篇，向全国累计发行达5 200万册，每年在农业生产中创造数千万元的社会经济效益，被广大读者誉为“农民的当家读物”。

近年来，该刊面向农村生产实际，主动走向市场，突出实用技术，增加科技含量，增强服务意识，自1992年以来，该刊在全国农业科技期刊行业评比中连续4次荣获优秀期刊奖，被确认为我国农学类和作物类重要核心期刊，其中许多重要信息已进入国内外多家大型数据库。据1996年问卷调查，该刊读者满意率达96.8%，著名农学家卢良恕院士称赞该刊朴实、实用、有特色，是一本影响面较大、质量较高的农业技术期刊。江苏省建湖县庆丰种子站崔志顺从该刊看到一项技术，便用在1.5万亩杂交稻制种田上，每亩增产42.15公斤，收益达百万元。河南省罗山县专业户赵小红从该刊得知有关美国青蛙的信息后，及时引进种苗，并采用“鱼蛙套养”技术，在有限的2亩水面上一年收入即达10万元。

（《人民日报》，1997-03-28，第5版）

中国农业科学院专家赴黔传经送宝

由中国农业科学院从24个研究所选派出涉及31个专业、97名专家组成的科技下乡团，最近结束了在贵州为期半个月的科技扶贫工作。在日前的总结会上，贵州省委、省政府领导对各位专家为贵州农业和农村经济的发展献计献策、向农民传授先进科学知识表示了由衷的感谢。

据中国农业科学院院长吕飞杰介绍，这是该院响应中宣部等提出的“三下乡”活动、实施进军中西部战略的一个重大行动。2月25日，全体专家一路风尘赶到贵州，在听取贵州省领导介绍了省情和农业的有关情况后，便从即日起不顾疲劳深入基层、深入农村开展送科技活动。下乡团分成9个组分赴贵州省9个地、州、市的30个县（市）开展调研、咨询、培训和讲座等活动，贵州的同志说：这么多专家来这里指导工作，在我省还是第一次。

在短短的10多天里，各位专家针对贵州实际，提出了很多有益的建议。如赴铜仁专家组针对贵州贫困面大，就如何加大扶贫力度提出了抓好猕猴桃、茶叶开发和优质油菜基地建设等40多条具体建议；赴贵阳专家组针对城郊型农业的特点和要求，重点就加强优质、高产、高效农业的发展，增加有效供给方面提出了多项建议和措施。遵义、安顺、毕节、黔南、黔东南、六盘水、黔西南等组的专家也根据当地实际提出了许多切实可行的建议和措施，对指导农业生产发展起到积极的促进作用。

各专家组下去后，还以现场咨询、技术指导等多种形式推广普及先进的农业适用技术，分别举办了64次专题和系列讲座，有3 400多名农业干部参加了培训，深入浅出、新颖适用的农业技术知识使当地农技人员开阔了视野。此外，下乡团向各地赠送了一批各类书籍35种1 220本、杂志340多册、挂图及宣传资料3 480份，还赠送各类作物种子和试验试剂等。

据统计，下乡团分别与当地有关部门达成了“京星肉鸡推广”“柑橘良种苗木繁育”等13个合作项目和开发意向性协议。

（《人民日报》，1997-03-20，第5版）

中国农业科学院挥师中西部

今天在京举行的中国农业科学院工作会议把面向市场，加强科学研究，加速成果转化，组织1 000位科技人员送科技到100个县等作为今年的工作重点。

在过去的一年里，中国农业科学院在科研、推广、科技扶贫等领域均取得了突出成绩，共承担国家科委、国家计委等各类课题达1 167项，有45项成果荣获国家和农业部奖励，有39项获国家专利。先后培育成功一大批农作物优良品种，并开始大面积推广。在生物技术领域取得了多项具有国际领先水平的重大成果。

该院通过选派科技副县长等途径，组织大批科技人员到武陵山区等地开展扶贫工作，多次受到有关部门表彰。去年，该院还确定了进军中西部的战略，先后与贵州省等全国10多个省、地、市签订了科技合作协议，加大成果转化力度，使全院成果转化率达65%，创造经济效益达47亿元以上。

去年，在全国农业系统百强研究所评选中，全院有17个研究所荣获“百强所”称号，其中植物保护研究所名列第一。

农业部部长刘江、国家科委副主任韩德乾等有关部门领导出席会议并讲话。会上，还向荣获“百强所”称号的17个研究所及成果获奖单位颁了奖。

（《人民日报》，1997-01-22，第5版）

中国农业科学院为博士建楼

幼南博士楼日前在中国农业科学院北京畜牧兽医研究所落成。

幼南博士楼是由香港著名企业家、香港屏山企业集团董事长陈伟南之子陈幼南博士于1995年给中国农业科学院北京畜牧兽医研究所捐资300万元人民币兴建的。建筑面积2 562平方米，楼高6层，共24套单元房，每套平均建筑面积106平方米。

捐建此楼的宗旨是为了培养畜牧科技人才、吸引海外学子，为发展畜牧业早出成果、多出成果。

（《人民日报》，1996-10-14，第5版）

一批新型芽苗菜上餐桌

新鲜的芦丁苦荞苗、嫩绿的娃娃缨萝菜……一批新推出的特种菜——活芽苗菜近日同时在全国50多个大中城市上市，这是中国农业科学院蔬菜花卉研究所献给市民的一份厚礼。

芽苗菜是中国农业科学院蔬菜花卉研究所王德槟、张德纯等专家带领的课题组用两年多时间研制开发成功的一项高科技农业项目，它选用花生、萝卜、蚕豆、荞麦等17种作物的种子，采用立体化、工厂化无土栽培技术，促使种子发芽成苗。一般生产周期为八天左右，深受菜农欢迎。

两年来，该技术已通过转让、投资、合作等方式，迅速在北京、上海、天津等50多个大中城市大面积生产和推广。截止到今年8月底，全国芽苗菜日产量已达2.5万盘，预计年总产量将达912万盘，总产值接近9 000万元。

（《人民日报》，1996-10-03，第5版）

“白色农业”梦想成真，首家研究所在京挂牌

一所以科研人员和产业工人工作服颜色命名的研究机构——北京白色农业研究所18日在京郊延庆县环保局挂牌成立。著名农学家、中国工程院副院长卢良恕院士被聘为顾问，“白色农业”倡议者、中国农业科学院生物防治研究所原所长包建中研究员受聘任首届所长。

所谓“白色农业”就是以蛋白质工程、细胞工程和酶工程为基础，以基因工程全面综合应用而组建的工程农业。由于这项新型农业生产是在高度洁净的工厂化的室内环境中进行的，人们穿戴白色工作服从事生产，所以形象化地称之为“白色农业”。它分为微生物工程农业和细胞工程农业。

“白色农业”的核心是利用微生物发酵生产单细胞蛋白饲料等产品，以缓解粮食生产的紧张局面。据测算，到20世纪末，我国蛋白质饲料缺口将达100万吨，单细胞蛋白工业化生产大有可为。该所以生物工程为主导，当务之急是研究开发微生物饲料，替代粮食饲料。

（《人民日报》，1996-08-21，第5版）

《农业科技要闻》出版千期

由中国农业科学院主办的《农业科技要闻》日前举行出版千期纪念会。该刊是我国第一个为领导决策服务、集农林牧副渔于一体的农业科技信息刊物，13年来，共报道近5 000条国内外农业科技信息，对领导决策起到了重要的参考作用。该刊国内信息90%以上为第一手材料，大部分由科研人员自己撰写。

（《人民日报》，1996-07-24，第5版）

中国农业科学院出成果出人才

中国农业科学院全面推动科技体制改革，调动了广大科技人员的积极性，全院在出成果的同时又涌现出一批跨世纪人才。

记者从日前在吉林举行的中国农业科学院工作会议上了解到，近几年来，特别是自去年全国科技大会以来，全院从精简院、所机关入手，转变机关职能，将管理与服务彻底分开，使机关总人数由原来的600余人精简到250余人。

为了进一步适应社会主义市场经济的需要，中国农业科学院还在广泛调查研究、征求各方意见的基础上，重点进行了研究机构和专业学科的结构调整，农业气象研究所、甜菜研究所、兰州畜牧研究所等还大刀阔斧地对研究室进行了合并或重组，许多研究所确定了重点学科和领域。

面向21世纪农业发展的需要，中国农业科学院解放思想，大胆使用青年干部，注重培养跨世纪人才。在新近提拔的50多位所级干部中，45岁以下的达31人，使全院45岁以下的所级干部占到41%，同时提拔了一大批年轻的处级干部和研究室主任，使处、室级干部中的青年干部比例达到54%，平均年龄只有42岁。全院还重点培养学科带头人，经过两次深入细致的选拔工作，共选拔出87名学科带头人提名人。在专业职务评审中，适当向中青年人倾斜，去年晋升的高级技术职务人员中，45岁以下的年轻人占57.5%。更为可喜的是，遴选了6位年轻的博士生导师，实现了零的突破。

这些改革措施有力地推动了全院的各项工作。目前，全院专职科技开发人员达到1 500多人，有1 100多名科技人员兼职从事开发工作，有的所开发人员达到1/3，在近几年国家连续几次表彰农业科技成果转化工作中，蔬菜花卉研究所、植物保护研究所、茶叶研究所、特产研究所等榜上有名，并连续获奖，全院获奖单位数占全国获奖数的一大半。

（《人民日报》，1996-07-14，第2版）

中国农业科学院进军中西部

到中西部地区去，发挥科技优势，为那里的脱贫致富、农业发展贡献一份力量！这已成为中国农业科学院万余名职工的共同心声。几个月来，老学者、老专家们先后前往中西部考察，献计献策，一大批青年科技人员纷纷要求到中西部农业生产第一线开展工作。

今年初，中国农业科学院按照中央部署，确定了重点进军中西部的战略之后，安徽、山西、贵州等省的主要领导带队，前来中国农业科学院参观、考察，恳切希望中国农业科学院提供科技支持，建立长期、密切的合作关系。应有关省份邀请，中国农业科学院领导率领专家组，分赴安徽、贵州、新疆等地考察。在安徽，双方确定，从阜阳地区的支柱产业——养牛业和阜南县科技扶贫入手，逐步扩大合作领域。在贵州，双方回顾了几十年友好合作的历程，本着真诚合作，互惠互利的原则，以贵州农业增产增收为目标，签订了科技合作协议，具体包括粮食作物、畜牧业、菜篮子等29个大项目。在新疆，双方本着突出重点、优势互补的原则，签订了科技合作协议，主要在粮、棉、节水灌溉等领域开展合作，为把新疆建成粮棉生产基地作贡献。到目前，该院已与全国近1/3的省和20多个地、市签订科技合作协议。

为了从组织上保证协议的落实，中国农业科学院还向上述广大地区选派了一批科技副县长，院里拟成立进军中西部领导小组，并从当前可推广的成果中筛选出 100 项实用成果向中西部推广，另外精选了 70 项“短、平、快”适用成果加紧应用推广。

吕飞杰院长说，中国农业科学院 40 个研究所中有 12 个研究所分布在中西部地区，长期以来为这些地区农业和经济的发展作出了巨大贡献，也积累了丰富的经验，完全有能力为中西部地区农业发展再立新功。

据了解，自“七五”以来，中国农业科学院先后参加了黄淮海地区、晋东豫西旱农地区、三江平原地区、南方红黄壤丘陵地区等的农业综合开发工作，每年组织 20 多个研究所的 500 多名科研人员到一线工作，建立了 10 多个试验区和一大批试验站。据初步统计，中国农业科学院通过科技攻关、科技开发等形式已累计为全国增加经济效益 20 多亿元。仅在武陵山开展科技扶贫工作，自 1988 年至今累计增产粮食 7.2 亿公斤。

（《人民日报》，1996-07-03，第 5 版）

种植业“三元结构工程”试点启动

收罢小麦，该种玉米了，可是河南省郾城县今年打破常规，改种了 10 万亩大豆，试种了 150 亩高蛋白玉米。记者在采访中看到，一批科技人员正在农田里为农民进行技术指导。这是我国粮食生产进行战略性调整，实施“种植业三元结构”工程的科学试点。

“三元结构工程”是由著名农学家卢良恕院士、刘志澄研究员、梅方权研究员等经过 10 多年研究提出来的。近几年，由于肉、蛋、奶等动物性食物和水果、蔬菜等消费量的增加，我国人均直接消费口粮平均每年下降 2～3 公斤，与此同时，饲料用粮一直呈上升趋势。到 1994 年，饲料用量已占粮食的 27%，按照这种趋势，到 20

世纪末，即使按再增加1亿人口计算，现在的全国口粮消费量就能满足那时口粮的消费需求，而新增产的粮食产量基本上都用做饲料粮。对此，专家们提出了将粮食分为“粮食和饲料粮”的观点，将传统的“粮食+经济作物”二元种植结构改为“粮食+饲料作物+经济作物”三元结构，大力推广种植高产、优质的饲料作物，发展畜牧业和加工业，提高土地产出率，增加肉、蛋、奶、菜等产量，进一步改善人们的食物营养。畜牧业和加工业的发展同时带动粮棉重点产区经济全面发展，提高农民经济收入。这一建议得到国务院有关领导的高度重视，决定在全国南北各选一个县进行试点，由农业部牵头，由中国农业科学院农业宏观室主任、博士生导师梅方权研究员和中国农业科学院农业经济研究所李远铸研究员分别率领一个专家组，在河南省郾城县和湖南省望城县开展试点工作，为全国粮食战略调整提供决策的科学依据。

（《人民日报》，1996-06-20，第5版）

麦田专用除草剂研制成功

由北京中农农化公司组织中国农业科学院的10多位专家，研制成功的麦田专用除草剂——麦草净，经过10多个省、50多万亩麦田试验证明，其灭草效果突出，现已被推广到全国主要小麦产区，深受农民欢迎。麦草净高效广谱，能一次性防除如荠菜、野油菜、麦家公、田蓟、大巢菜等几十种麦田杂草。

（《人民日报》，1996-06-18，第5版）

“轮抗6号”小麦低产地区创高产

中低产地区粮食如何能上新台阶？地势低洼、盐碱严重的天津宝坻县今年种植了25万亩“轮抗6号”小麦品种，这个品种抗病、抗倒伏、抗旱、耐盐碱，在同等条件下比当地主栽品种增产25%以上，深受农民欢迎。

“轮抗6号”小麦是由中国农业科学院邓景扬博士采用轮回选择新技术培育成功的。1991年宝坻试种“轮抗6号”3 000亩，其中大钟农场试种1 500亩，在只浇一水的情况下平均单产350公斤，比原品种增产30%~40%，使这个农场农业收入扭亏为盈，成为宝坻收入最高的农场。1995年“轮抗6号”扩种到25万亩，占到全县小麦面积的一半。据有关专家计算，5年累计增产小麦650万公斤，创经济效益900多万元，加上省水、省种等，累计为农民增加收入近4 000万元。

（《人民日报》，1996-06-11，第5版）

“五大作物”项目招标揭晓

作为国家“九五”农业科技攻关重中之重，“五大作物大面积高产综合配套技术研究开发与示范”项目今天在京招标揭标。中国农业科学院、中国科学院、中国农业大学及有关省、自治区农科院、农业大学等23家单位的34份标书中标。

国家科委于去年12月底将“五大作物”项目面向全国公开招标，得到全国科研院所、大专院校及企业的积极响应，承担项目的河南、湖南、吉林、黑龙江、新疆5省（区）共收到全国77家科研院所、大专院校等申报的标书141份。

在各省（区）组织专家初评的基础上，国家科委会同农业部、水利部、全国供销总社、中国科学院等部门，组织了由著名农学家卢良恕、王连铮、石元春、刘更令牵头的专家组进行综合评审，共评出23家单位的34份中标标书。其中国家级科研院所占60.9%，省级单位占34.8%，地市级单位占4.3%，项目所在省（区）以外中标单位占中标单位总数的73.5%。

专家们认为，本次招标工作体现了平等竞争、择优中标、公平公正的招标、评标原则，实现了中央与地方优势互补、优化组合、联合作战的目的。国家科委有关方面负责人今天说，这次招标在全国尚属首次，是我国科技攻关项目管理的一项重大的改革措施，也是农业科研院所面向农业生产，面向市场，深化农业科技体制改革的一个新尝试，必将对我国科技经济一体化产生重要的推动和示范作用。

（《人民日报》，1996-05-17，第5版）

抗虫棉“中植372”重灾之年获丰收

由中国农业科学院植物保护研究所培育的抗虫棉新品系“中植372”在去年前期虫灾重、后期低温寡照、黄萎病大流行的重灾之年，多点试种又获得大面积丰收。在河南的新乡、杞县、扶沟、太康、商丘等县试种亩产皮棉达100~130公斤。这表明该品系已经受住了多点的生产试种考验关，在丰产性和稳定性上已趋成熟，具备进一步大面积试种的条件。

“中植372”是中国农业科学院植物保护研究所经多年系统选育，从抗虫鉴定圃选育出的抗虫高产新品系，具有高抗棉蚜、抗棉铃虫兼抗黄萎病、枯萎病、高产、优质等特点。在棉铃虫特大暴发的1992—1995年，“中植372”表现出较强的抗虫性，对棉蚜高抗，苗期可基本不用药治蚜，节省用药 3~4 次；对棉铃虫抗/耐，被害率低，可减少用药 2~3 次。截至 1995 年已累计在河北、河南、山东、陕西等 10 多个省份的试验点示范试种逾万亩。

（《人民日报》，1996-04-25，第 5 版）

杀虫基因已导入“中棉 12”等主栽品种

我国抗虫棉研究获重大突破。由中国农业科学院生物技术研究中心郭三堆研究员主持的国家“863 计划”课题“棉花抗虫基因工程研究”今天在京通过专家鉴定。

郭三堆研究员率领的课题组经过 5 年艰苦努力，在国内首次设计合成了适于在植物中表达的杀虫基因，与江苏省农业科学院经济作物研究所黄骏麒研究员领导的小组合作，分别将杀虫基因导入我国长江及黄河流域两大棉区的主栽品种“中棉 12”和“泗棉 3 号”，共获得了 5 个抗虫转基因棉花株系。经分子生物学检测，证实了杀虫基因已被转到棉花中。抗虫棉株系经过 3 代抗虫性实验，结果表明抗虫棉具有很强的抗虫能力，并能遗传给后代。

专家们认为该项研究从总体上已达到国际先进水平，在杀虫基因加倍的双向高效植物表达载体研究等方面达到国际领先水平。

目前，课题组正在加紧抗虫棉农艺性状筛选和试种示范，以便尽快形成棉花新品种用于生产。同时还准备开展抗多种害虫的超级抗虫棉研究，储备更多的高新技术。

（《人民日报》，1996-02-08，第 5 版）

中国农业科学院重点进军中西部

记者温红彦从今天召开的中国科学院 1996 年度工作会议上获悉："八五"期间中国科学院成就不凡，共获国家自然科学奖 59 项、国家科学技术进步奖和国家技术发明奖 146 项、国家专利授权 800 项。"九五"期间中国科学院将遵从社会主义市场经济体制的规律和要求，按新的组织模式和运行机制建好 3 个基地，即把中国科学院建成具有国际先进水平的科学研究基地、培养造就高级科技人才的基地和促进我国高技术产业发展的基地。

记者蒋建科报道：继世界首株抗黄矮病转基因小麦植株被评为 1995 年世界十大科技新闻之后，抗青枯病转基因马铃薯的培育成功再度引起世界同行的关注。这是中国农业科学院加强科研、深化改革所取得一系列成就的典型代表。

记者今天从在京举行的中国农业科学院工作会议上了解到，该院去年全面完成并部分超额完成"八五"国家重点科研课题，其中获国家级奖励的 23 项，占全国农业系统的 28%左右。全院有 800 多名科技人员主动投入经济建设主战场，专职从事科技开发工作。

据中国农业科学院院长吕飞杰介绍，近年来，全院以改革统揽全局，新提拔所级领导干部 53 人，使 45 岁以下的年轻干部比例从 19%提高到 41%，所级干部年龄从平均 52 岁下降到 49 岁。为 165 名年轻骨干评定了高级技术职称，同时还选拔出 45 名跨世纪学科带头人提名人，初步形成一支跨世纪的人才队伍。

据透露，中国农业科学院拟实行以"三三制"为主体的人员分类管理办法，即 1/3 的人员从事应用基础研究和重大攻关项目研究，1/3 的人员从事当前生产急需的应用研究和横向课题研究，1/3 的科技人员从事技术推广和开发性工作，促进科技与经济紧密结合。中国农业科学院还将按照中央部署，向中西部进军，已决定将重点放在新疆、贵州、安徽3省（区），在科教兴农方面抓出成效。

记者谢联辉从日前召开的中国林业科学研究院工作会议上获悉：去年该院科研成果获得大丰收，在林业部评出的5个一等奖中他们占4个，二等奖占到1/3，优秀项目占到一半左右，创建院以来最好成绩。“九五”期间，中国林业科学研究院将下大气力抓好科技成果转化，加速科技产业化进程。

科技成果推广转化始终是林业系统的薄弱环节，全国林业科技成果转化率仅为34%，转化效益好、能在大范围内形成气候的不多。中国林业科学研究院院长陈统爱表示，“九五”期间，中国林业科学研究院将调整科研结构，在计划上多考虑科研成果推广开发和办产业的可能性，加强成果的组装配套，提高成果的适用性。

据悉，中国林业科学研究院“九五”期间将着力推广“林木良种及丰产栽培技术”等7项技术，建立“银杏产业”等6个产业，搞好“磴口防沙治沙技术推广”等6个示范样板。

（《人民日报》，1996-02-06，第5版）

专家提醒勿给庄稼“偏食”

如果一个孩子老是喜欢吃一种食品，那么医生或老师肯定地说：这孩子偏食。家长则担心孩子发育受影响。同样地，如果经常给庄稼施某种肥料，也会产生“偏食”。一批中外专家日前在由农业部和加拿大钾磷研究所等举办的中国第二次平衡施肥报告会上呼吁：勿给庄稼“偏食”！

肥料是庄稼的“粮食”，我国当前粮食产量的1/3左右是靠科学施肥获得的。据中国农业科学院农业宏观研究室主任梅方权研究员介绍，从1949年到1994年，全国化肥使用总量由1.3万吨迅速增加到3 318万吨，但出现了严重的磷钾短缺不平衡状态，导致化肥边际效益下降。1962年，每公斤氮素能增产15~18公斤稻谷，到1981年，每公斤氮素所增产的稻谷量下降到7.3公斤。

要让庄稼再高产，必须克服靠施单一氮肥增产粮食的“偏食”传统习惯，全面增施磷、钾肥。从1982年开始，农业部和加拿大合作执行中加钾肥农艺合作项目，在全国29个省区市大范围开展了大量的土壤肥力与平衡施肥的研究、示范和推广。中国农业科学院还建立了中加合作土壤植物测试实验室，研究成功“土壤养分状况系统研究法”，已在全国20余个省区市应用，并通过示范、培训等方式推广，12年累计辐射面积达到万公顷，产生经济效益65亿元。平衡施肥不仅提高了肥料利用率，改善了农产品品质，还减轻了对环境的污染，深受农民欢迎。

（《人民日报》，1996-02-02，第5版）

作物五大病虫害控制研究有进展

猖獗一时的棉铃虫为什么能同时在全国大面积发生？原来，棉铃虫具有较强的飞翔能力，各种作物释放的气味也能引诱棉铃虫，因此棉铃虫具有为害面积大、为害作物品种多的特点。这是中国农业科学院植物保护研究所等在开展国家“攀登计划”项目研究两年来，在应用基础研究领域取得的最新进展之一。

据该项目首席科学家、中国工程院院士李光博介绍，中国农业科学院植物保护研究所等单位承担的“粮棉作物五大病虫害灾变规律及控制技术的基础研究”还在麦蚜迁飞、褐稻虱灾变规律、小麦条锈病及稻瘟病研究方面取得重要成果。

在麦蚜研究方面，初步明确了麦蚜成灾的关键因素，检测了病毒在蚜虫体内的分布，从分子生物学水平证明了持久性病毒在蚜虫体内的传播及传毒机制。在小麦条锈病研究方面，科技人员首次较系统地从组织学、细胞学、分子生物学、遗传学等方面对小麦条锈菌与寄主互作关系进行了研究，取得重大进展，为持久控制小麦条锈病奠定了基础。

由中国农业大学、江苏省农业科学院等承担的稻瘟病灾变规律和病菌与水稻互作关系研究也取得喜人成果，共筛选出7个具有较强有性世代形成能力的稻瘟菌株系，深入地研究了人工诱导稻瘟菌变异的方法，获得了稳定性好的突变菌系，为揭示稻瘟病的变异机理等奠定了重要基础。

（《人民日报》，1996-01-29，第5版）

马铃薯青枯病有了新克星

危害马铃薯、烟草、番茄等200多种植物的青枯菌有了新的防治办法。国家“863计划”项目“马铃薯抗青枯病基因工程”日前在北京通过专家鉴定。

由中国农业科学院生物技术研究中心贾士荣研究员主持，组织多学科密切协作，建立了一整套马铃薯抗菌肽（肽是一种分子量较小的蛋白质）基因工程的技术体系，其中包括通过计算机模拟和对抗菌肽结构与功能关系的分析，设计合成了3种新的抗菌肽，国际上尚无这些抗菌肽的报道；采用植物偏爱的密码子，设计合成了新的抗菌肽基因，并将抗菌肽基因转入我国7个马铃薯主栽品种（系），获得了1 000多个转基因株系；用各种分子检测技术证明了抗菌肽基因在转基因马铃薯中的整合和表达；200多个转基因株系经温室和田间病圃多年多点的抗病性鉴定，在国际上首次筛选出三个比起始品种的抗病性提高1~3级的抗病株系。专家们认为，这一课题在新抗菌肽及其基因的设计合成、抗菌肽的胞外分泌、抗青枯病株系及双价抗菌肽转基因株系的获得以及抗菌肽的遗传毒理等研究方面，都有自己的创新和特色，达到国际领先水平。

（《人民日报》，1996-01-23，第5版）

《中国食物与营养》创刊

经国家科委和新闻出版署批准，由国家食物与营养咨询委员会主办的《中国食物与营养》杂志日前创刊。

该刊以引导人们合理调整食物结构、提高营养水平为宗旨，促进食物生产，推动食品加工，传播食物与营养科学，加强国际合作交流。

国务委员陈俊生等领导同志为该刊题词。中国工程院副院长、中国农业科学院学术委员会名誉主任卢良恕院士任该刊编委会主任。

（《人民日报》，1996-01-17，第5版）

我国作物品种资源已保存入库33万份

经过“七五”“八五”两个5年科技攻关，我国已成功地将33万份作物品种资源保存入库，不仅避免了这些珍贵品种资源的不断消失，还为农作物育种及农业持续发展奠定了坚实基础，从而使我国在该研究领域跨入世界先进行列，成为名副其实的品种资源大国。

记者从今天在京举行的“农作物品种资源研究”国家科技攻关

项目验收会上了解到，“七五”以来，国家计委、国家科委等连续将“农作物品种资源研究”列为第一个国家科技攻关项目，组织全国2 600余位科技人员参加攻关。5年来，科技人员已完成水稻、小麦、玉米、大豆、棉花等31种作物共10万余份品种资源的繁种、鉴定和各项技术处理，存入国家长期库和资源圃保存，加上“七五”已入库的品种资源，使我国作物品种资源入库总数达到33万份，仅次于美国和苏联。其中85%是从国内收集的，种类极其丰富，该成果在保存数量、质量及进展速度上均处于世界领先水平。

据中国农业科学院作物品种资源研究所所长娄希祉研究员介绍，为了安全有效地保存好这些最有价值的人类宝贵财富，我国于“八五”期间在世界上首次建成了青海西宁国家农作物复份种质库，将国家长期库中的33万份品种资源都分出一部分存入复份库，增加了保存的安全性。

在种质创新和提供利用方面，我国已利用野生稻有益基因育成高产、优质、抗病虫新品种86个，其中12个已在生产中利用。利用鉴定出的水稻广亲和种质配制成“中413”系列超高产亚种间杂交稻新组合5个，其中“协优413”最高亩产达750公斤，已在8省推广，受到普遍好评。小麦首次获得7个近缘属的15个种与小麦杂交成功，另外，还创造出一批具有某些突出特点且综合性状优良的大豆种质，油菜、花生种间杂交均获得优异后代和株系。

（《人民日报》，1996-01-08，第5版）

太谷核不育小麦研究获突破

我国“太谷核不育小麦的利用研究”取得重大成果。由中国农业科学院作物科学研究所研究员邓景扬博士和樊路研究员主持的这一国家“八五”科技攻关课题，经过20余家单位的通力协作，已选育出小麦新品种21个，种植面积达7 800万亩，创造经济效益26.5亿元，在国内外发表论文86篇。

太谷核不育小麦是由山西省太谷县郭家堡科研组高忠丽女士于1972年在当地发现的，邓景扬博士于1979年对它进行了鉴定。从1981年起，全国成立了“太谷核不育小麦利用研究协作组”，开展了连续15年的深入研究，取得一系列成果。

中国农业科学院作物科学研究所利用太谷核不育小麦培育成功了抗逆品种“轮抗7”，在山东省东营市1992年遇特大干旱、4个月内黄河断流3次的情况下，亩产达240公斤。“轮抗6”在齐河县旱碱沙丘地区种植，亩产达到300～400公斤，比当地品种增产20%以上。这两个品种目前已在黄淮海平原中低产地区作为水、旱两用品种种植700多万亩。甘肃省农业科学院粮作所培育的“陇核1号”亩产超过450公斤，推广面积最高达到100多万亩。山西雁北地区大面积种植山西省高寒区作物研究所培育的抗干热风品种“晋春9”“晋春10”“雁核26”品种，现已超过300多万亩。

安徽省农业科学院培育的“皖麦23”，湖北省农业科学院培育的“鄂麦11”，均对小麦赤霉病有较强抗性，一般比当地品种增产10%以上。中国农业科学院作物科学研究所与河南省农业科学院小麦研究所培育的“轮综51”“轮综52”被农业部认定为优质专用面包小麦，并在最近举行的全国农业博览会上分别获得银奖和铜奖。山西省太谷县小麦研究所培育的“796系15”早熟、多抗、丰产，亩产达400公斤左右，已在山西高肥水地区种植10万亩。山东农业大学培育成功的“鲁麦15号”早熟、高产、抗病、耐晚播。陕西省农业科学院粮食作物研究所培育的“陕167”亩产400公斤，已推广100多万亩。

（《人民日报》，1995-12-05，第5版）

首株抗黄矮病毒转基因小麦育成

长期困扰我国小麦生产的小麦黄矮病有望彻底解决。世界上第一株抗大麦黄矮病毒的转基因小麦，最近由中国农业科学院植物保护研究所病虫害生物学国家重点实验室成卓敏率领的课题组培育成功，并于近日在京通过专家鉴定。

由大麦黄矮病毒引起的小麦黄矮病，是小麦最重要的病毒病害，流行年份减产20%~30%。

1990年，我国将小麦抗黄矮病生物技术育种列入“863计划”，由中国农业科学院植物保护研究所病虫害生物学国家重点实验室和山东大学生物系等承担。经过几年努力，课题组终于测出了黄矮病毒外壳蛋白基因核苷酸序列，破译了其遗传密码，并进行人工合成。随后，他们应用花粉管通道法和基因枪法等转化途径，将人工合成的病毒外壳蛋白基因导入普通小麦中。经过3种方法检测，证明外源基因确已存在于转基因小麦中，并稳定遗传到第三代。对其后代的抗病性鉴定结果表明，转基因小麦能明显地推迟发病和减轻症状，表现出较好的抗病性和丰产性。

专家们认为，这次在世界上首次获得的抗病毒转基因小麦，为小麦抗病育种奠定了坚实基础。

（《人民日报》，1995-12-01，第5版）

我国非豆科作物固氮研究世界领先

“庄稼一枝花，全靠肥当家”。几年前，如果科技人员对正在施肥的农民说：“回去吧，从今天起你不用再给庄稼施氮肥了，因为它们已经能直接吸收空气中的氮了”，那么，视化肥为宝的农民肯定会摇头说："别开这种玩笑了。"如今，中国农业科学院等单位的科学家们用一种生物技术的新方法，率先在世界上将豆科作物的固氮能力转移到非豆科作物上，实现了非豆科粮食作物根部结瘤，并起到了固氮作用，使玩笑式的构想变为科学事实。这项"总理基金项目"日前在京通过了农业部组织的专家验收。

氮是作物生长需要量最大的元素。尽管大气中含有80%的氮素，但小麦、水稻、玉米等广大农田的非豆科粮食作物只能望"氮"兴叹，都无法直接利用它，农民们只好大量往地里施化肥以求高产，唯有豆科作物有本领利用根瘤菌直接吸收利用空气中的氮。因此，让粮食作物直接利用空气中的氮素，就成为全世界科学家们梦寐以求的愿望。迄今为止，国内外诸多学者均进行了大量研究工作，但尚未攻克这一世界性难题。20世纪80年代初，我国学者以植物激素诱导根瘤菌与非豆科作物共生结瘤，率先开辟了一条新路，并进行了深入研究。

1990年6月，李鹏总理听取了这一研究的汇报后，将这项研究列入"总理基金项目"。由中国农业科学院土壤肥料研究所主持，邀请山东大学、福建省农业科学院、中国农业科学院油料作物研究所等8家研究机构开展协作研究，经过5年努力，科研人员用植物激素、酶解法及果胶细菌3种生物技术方法，将原先只能和豆科植物共生的固氮根瘤菌移植到小麦、水稻等非豆科粮食作物根部使其结瘤。经用乙炔还原法、同位素示踪法等生物固氮研究中最先进的技术检测证实，这些根瘤菌确有固氮作用，其平均固氮率达到15%。1991—1994年，先后在小麦、玉米、水稻等6种作物上应用固氮根瘤菌剂作根际固氮菌肥，多点小区试验证明有明显的增产效果。这些研究结果使一向被视为禁区的非豆科作物结瘤固氮研究取得了重大突破，初步实现了人类向非豆科作物转移固氮能力的愿望，并在国际上引起重视，澳大利亚、英国、德国等许多国家都纷纷开展了此项研究。

专家们认为，这项成果对粮食增产、节约肥源、保护环境有重大意义。希望继续得到国家的大力支持，拓宽研究领域，特别要对人工诱发非豆科作物结瘤和固氮机理等方面加紧开展深入研究，巩固我国这项研究在国际上的领先地位。

（《人民日报》，1995-10-26，第5版）

我国生物防治研究应用上新台阶

防治作物病虫害并非都要用化学农药。生物防治作为一种全新的病虫害防治手段几年来得到长足发展。记者今天从在京召开的全国生物防治学术讨论会上了解到，1995年，我国生物防治面积已经达到2 000万公顷，跨上了一个新台阶。

生物防治就是利用自然界有益生物与有害生物的依存关系，用有益生物控制有害生物的数量而不致造成对农业生产的危害，既不污染环境又对人畜无毒。据联合国粮农组织估计，全世界因有害生物的危害每年大约损失35%的粮食和33.8%的棉花，化学农药每年可挽回全球15%~30%的农作物产量损失。但长期大量使用化学合成农药，引起了环境污染、残留量增加、害虫产生抗药性等一系列问题。生物防治正是在这种背景下应运而生，并得到迅速发展的。

近年来，在国家计委、国家科委、农业部的大力支持下，我国的生物防治事业迅猛发展，无公害生物源农药的研究开发和害虫的天敌保护利用等呈现前所未有的喜人局面。据初步统计，“八五”期间我国已有45种生物农药和优势种天敌完成了中间试制，其中约有15种生物农药完成了农药登记，申请国家技术发明专利近20项，获得国家级、省部级科学技术进步奖18项。这些生防科研成果已转变为生产力，在我国农业生产上发挥出巨大作用。

由中国植保学会、中国昆虫学会、中国农业科学院生物防治研究所、北京农林科学院农业环境保护研究所共同举办的这次学术讨论会，共收到来自全国生物防治科研、教学、生产和应用系统的学术论文358篇。来自25个省区市的380多名生防科技工作者参加会议，代表们分别就寄生性天敌、捕食性天敌、害虫生防、植病生防等专题展开研讨，20余家科研单位和生物农药厂展出了最新的研究开发成果。

（《人民日报》，1995-10-19，第5版）

海峡两岸学者研讨现代农业

由中国农业交流协会、中国农业科学院农业宏观研究室和台湾亚洲农业技术服务中心、台湾大学农业经济学研究所等联合召开的“海峡两岸现代农业发展学术讨论会”今天在京举行。

著名农学家卢良恕院士和刘志澄、孙翔、蒋建平等专家学者参加学术会议。台湾地区在发展现代农业方面起步较早，已取得较大成效，也走过一些弯路，这些不仅具有学术交流价值，也具有理论探讨意义。近年来，我国农业取得了举世瞩目的巨大成就，积累了一些成功经验。两岸学者将在这次会议上就此展开讨论。

（《人民日报》，1995-10-17，第5版）

中国农业科学院学术队伍年轻化

中国农业科学院学术队伍基本实现年轻化。记者从日前在京结束的中国农业科学院第三届学术委员会第一次会议上了解到，新一届学术委员会 138 名委员平均年龄下降到 51.4 岁。这次会议还评审出 125 名年轻的学科带头人提名人。

今年以来，中国农业科学院加大改革力度，围绕着为全国农业发展多出重大成果这一中心，采取一系列改革措施加强科学研究，活跃学术气氛，取得明显成效。在组建新一届学术委员会过程中，一批 60 岁以上的老专家主动将名额让给年轻人，一大批学有专长的青年骨干和留学归来的博士进入学术委员会。其中 45 岁以下的委员占 29%，最年轻的委员仅 30 岁。此外，该院还聘请国家科委、农业部及全国兄弟院校的一批著名专家参加学术委员会，江泽惠等 19 名学者当选学术委员会委员。

（《人民日报》，1995-09-06，第 5 版）

《绿苑巾帼》出版

由中国农业科学院院长吕飞杰教授等主编的《绿苑巾帼》一书今天在京举行首发式。国家科委、农业部等有关部门领导参加首发式并讲了话。

这部书共收集了全国农业科技界 47 位有突出贡献的女科学家、女专家和女领导的感人事迹，全书共 32 万字。宋健、彭云、钱正英等领导同志为该书题词。据介绍，该书将赠送给我国政府派出参加第四次世界妇女大会的全体代表。

（《人民日报》，1995-08-25，第 5 版）

中国农业科学院国际学术交流日趋活跃

中国农业科学院积极开展国际学术交流活动，有力地推动了我国农业科研水平的提高。

据中国农业科学院副院长章力建介绍，该院已先后同世界上 40 多个国家和地区的农业院校及科研机构、11 个国际农业研究中心建立了合作关系。该院科技人员与澳大利亚合作，在国际上首次将大麦黄矮病抗性基因从中间偃麦草导入普通小麦。该院与意大利合作开展的“中意高瘦肉率优质牛品种皮埃蒙特牛培育研究”，经过 8 年协作试验，已获得一批纯种后代及 2 000 余头改良后代。皮埃蒙特肉牛增重速度快，屠宰率高达 70%，瘦肉率高达 80%，这对我国高档牛肉的生产起到了很大的促进作用。

该院从国际马铃薯中心引进的一个马铃薯品种块茎大而整齐，中抗晚疫病和卷叶病，高抗癌肿病，已在内蒙古、山西、甘肃等省区广泛种植。据去年统计，种植面积已达 34 万公顷，创造直接经济效益 5.8 亿元。

近年来，中国农业科学院先后接待来访的国外专家 6 543 人次，派出 5 282 人次出国合作研究、考察等，共培养博士、硕士生 166 人，与国外签署科技合作协议等 54 份，获经费援助约 3 000 万美元，获世界银行贷款 2 400 万美元，引进各种农作物品种资源 11 万份，向国外提供种质资源 2.7 万余份。

章力建副院长说，中国农业科学院将把合作重点放在生物资源多样性的保护和利用、持续农业以及农业生物工程技术方面，争取使全院每一个研究所都有一个固定的国际合作伙伴。同时，要将中国农业科学院的科技成果尽快推向国际市场，培养有国际竞争能力的农业科技人才，建立国际科技合作与经济合作的人才库。

（《人民日报》，1995-07-12，第 5 版）

中国农业科学院确定研究目标

中国农业科学院今天在京举行科技大会，贯彻全国科技大会精神。中国农业科学院院长吕飞杰号召全院 1 万余名职工，主动走向经济建设主战场，以多出成果、出大成果的实际行动投身到科教兴国的伟大事业中去，为农业和国民经济的发展再立新功。

吕飞杰说，最近中央作出的《关于加速科技进步的决定》，把大力推进农业和农村经济的科技进步摆在各行业的第一位。目前，我国已形成 7 路科技大军会战大农业的格局，竞争日趋激烈，中国农业科学院已处于关键时刻。为此，全院职工要有高度的紧迫感、危机感，勇敢地迎接时代的挑战。

吕飞杰强调指出，要把握好面向经济建设和提高水平的关系，农业科技要在为经济建设服务过程中实现攀登科学高峰的目标，也就是要以高水平的科技成果为经济建设服务。农业的基础性研究要确定有限目标，突出重点，有所赶，有所不赶。

吕飞杰院长说，培养跨世纪人才是中国农业科学院改革的另一个重点目标。最近，院党组在调整所级领导班子时，提拔了 12 个 45 岁以下的青年人，使全院所级干部中青年人比例从 19%提高到 26%，今后要使这一比例达到 40%～50%。院学术委员会也要年轻化，使青年人比例达 30%。

国家科委、国家计委、农业部、人事部等有关部门的领导也出席会议并讲了话。

（《人民日报》，1995-06-28，第 5 版）

中国粮食供需前景讨论会举行

中国粮食发展的前景究竟怎么样？中国农业科学院农业区划研究所日前在京举办“中国粮食供需前景讨论会”，邀请北京大学林毅夫教授、国内贸易部吴硕研究员、中国社会科学院陆学艺研究员及中国农业科学院刘志澄、李应中等著名粮食问题专家作学术报告。杜润生同志出席会议并讲话。

专家们分别从粮食单产、农业科学技术、农业资源等方面认真讨论了未来中国粮食生产的前景。认为我国目前的粮食生产的确面临严峻形势，因此要千方百计切实加强对农业的投入，加速科技推广，提高农民科技文化素质等，充分挖掘粮食增产潜力，中国未来的粮食生产基本可以自给。

（《人民日报》，1995-06-12，第 5 版）

作物品质资源研究和利用国际研讨会举行

由中国农业科学院作物品种资源研究所举办的“作物品质资源研究和利用国际研讨会”今天在京开幕。来自 20 多个国家和地区的 100 余位科学家参加大会并提交了论文。

我国是多种农作物的起源中心，约有各类农作物种质资源 35 万余份。我国先后在中国农业科学院建成两座国家种质库，到去年底，已保存资源逾 30 万份。“八五”以来，我国加强了品质资源的研究利用，取得了一大批科技成果。举办这次研讨会，就是为了加强与各国的学术交流。来自国内外的专家们还就三峡地区的农作物品质资源收集与利用进行专题讨论，提出了建议。

（《人民日报》，1995-06-02，第 5 版）

中国农业科学院成果迭出效益显著

中国农业科学院在瞄准世界农业前沿积极开展科学研究的同时，组织一大批科技人员投身经济建设主战场，为推动我国粮棉生产和农村经济的全面发展作出了突出贡献。据不完全统计，全院去年共获各类科技成果 52 项，创经济效益 150 多亿元。

中国农业科学院拥有 37 个研究所，遍布全国 14 个省、市。近几年来，该院坚持一手抓科研攻关，一手抓成果转化。1994 年，全院共承担各级各类研究项目多达 1 063 个，其中国家“八五”科技攻关计划的子专题 343 个、国家“863 计划”项目 22 个、国家自然科学基金项目 131 个，以及总理基金项目 25 个。由棉花研究所育成的棉花新品种“中棉 17 号”获农业部科学技术进步奖一等奖，在冀、鲁、豫等地推广累计 1 000 多万亩，品质达到美国优质棉水平。蔬菜花卉研究所培育的优质、抗病、丰产甜椒新品种“中椒 4 号”“中椒 5 号”获农业部科学技术进步奖一等奖，适于南方种植，是南菜北运的主要品种。作物科学研究所选育的冬麦新品种“中麦 2 号”抗白粉病，适于华北地区种植，到 1993 年已累计推广 583 万亩。中国水稻研究所在水稻籼粳亚种间杂种优势利用上取得重大突破，为水稻超高产育种创出了一条新路子，如育成的超高产杂优品种“协优 413”一季亩产 600～650 公斤以上，增产潜力巨大。生物技术中心、棉花研究所等单位成功地将杀虫基因导入棉花主栽品种获得成功，为解决棉花害虫问题找到一条途径。作物科学研究所太谷核不育小麦协作攻关取得较大进展，不仅丰富和发展了小麦育种理论与技术，而且育成一批突破性品种。该所还在优质蛋白玉米育种和超高产玉米育种方面取得重大突破，如“中单 3850”集硬胚乳与高赖氨酸含量于一体，被诺贝尔奖获得者布劳格博士誉为“当今世界领先的重大贡献”。哈尔滨兽医研究所研究成功的

"鸡传染性法氏囊病细胞苗"首次在国内外提出用病毒蚀斑单位作为免疫剂量的指标，免疫效果优于某些国内外同类疫苗。

新任院长吕飞杰在日前召开的中国农业科学院工作会上强调，农业是今年全国经济工作的3个重点之一，国务院、农业部明确提出要在20世纪内实现"增产500亿公斤粮食，1 000万担棉花，1 000万吨肉类，1 000万吨水产"的目标。为此，我们应该以农业增产作为确定科研任务与课题的出发点和基本思路，应面向市场，要敢于、善于运用市场的行为来寻找课题、推广成果。

（《人民日报》，1995-03-08，第5版）

《二十一世纪中国农业科技展望》出版

由著名农学家、中国工程院副院长卢良恕院士主编的《21世纪中国农业科技展望》一书日前由泰山科技出版基金资助、山东科技出版社出版。

该书由中国农学会组织，邀请95名国内知名的专家、教授、学者参加撰写。全书紧紧围绕如何面向21世纪这个中心，从我国国情出发，结合世界农业科技发展的新动向、新趋势，总结、分析和阐述了各学科、专业和综合领域的发展前景与差距，提出了21世纪各自的发展重点和战略对策。全书分为综合研究、学科研究和专业研究三大部分，共80万字。

（《人民日报》，1995-01-21，第5版）

食品营养缺什么

全国 12 亿人从食物中摄取的热量已满足需要，但蛋白质不足；谷物消费量偏大，而豆类和动物性食品不足；多数矿物质、维生素已达到营养标准，而钙、硒等仍然偏少。对此，来自全国的食物营养专家和一些食品厂的厂长们日前在京聚会，探讨中国食品工业走向。

由中国农学会、中国农业科学院食品工业研究所举办的这次研讨会邀请我国著名营养学家刘志澄研究员、陆肇海研究员等做专题报告，请美国康奈尔大学营养学教授柯姆斯介绍了微量元素硒对防癌等的保健作用。

专家们指出，我国同美国类似，从东北到西南有一条缺硒带，全国普遍缺硒，北京缺硒人口也高达 70%，为此要抓紧开发富硒类保健食品，促进人民健康。

（《人民日报》，1995-01-02，第 5 版）

华北地区节水农业技术体系研究通过鉴定

由水利部、中国农业科学院农田灌溉研究所牵头承担的总理基金项目“华北地区节水农业技术体系研究与示范”日前在京通过专家验收鉴定。

华北地区人均水资源量仅 404 立方米，不及全国平均数的 1/6，水的供需矛盾尤其突出。1990 年 6 月 15 日，李鹏总理指示开展此项研究，并要求 3 年完成这项任务。为此，由农田灌溉研究所牵头组织了中国农业科学院土壤肥料研究所、作物科学研究所以及河南、山西、河北三省有关部门共 13 个单位 81 名科技人员进行协同攻关，在河南清丰县、山西夏县、河北廊坊建立3个示范区，设立了“华北地区节水型农业发展宏观决策研究”等4个研究专题。

从1991年6月开始，中国农业科学院组织指导建成总面积达3.86万亩的3个示范区，3个示范区平均粮食亩产分别增长39.7%、71.5%和104%；节水30.4%、45.5%和55%；水分生产率提高63.3%、30%和96.5%，全面和超额完成了原定的各项技术指标。

（《人民日报》，1994-11-07，第3版）

我国首次人工合成抗虫基因导入棉花

困扰我国棉花生产的棉铃虫危害有望从根本上解除。由中国农业科学院生物技术研究中心郭三堆研究员主持的国家“863计划”课题“抗虫转基因棉花研究”经过近8年努力，取得突破性进展。他们在国内首次人工合成抗虫基因并成功导入棉花，为解决棉铃虫问题找到了一条新途径。

据中国农业科学院院长王连铮研究员介绍，自1991年以来，我国北方棉区因棉铃虫猖獗而造成重大经济损失，仅1992年的损失就达100亿元。为此，棉花抗虫基因工程研究被列入国家“863计划”，由中国农业科学院生物技术研究中心、中国科学院微生物研究所、中国科学院遗传研究所、上海植物生理研究所等单位承担了“抗虫转基因农作物培育——抗虫棉花基因工程研究”项目。中国农业科学院郭三堆研究员率领的课题组采用双链合成技术路线，分段合成基因片段，再将基因片段按设计要求进行连接，人工合成了经改造的苏云金芽孢杆菌杀虫基因。经在大肠杆菌和烟草中表达后，进行杀虫试验，证明人工合成的杀虫基因有很好的抗虫性。之后，山西省农业科学院棉花研究所陈志贤研究员带领的课题组将人工合成的杀虫基因转入“晋棉7号”“冀合321”等7个棉花栽培品种中，共得到再生组培试管苗近1 000株，部分棉花已开花结铃。经取样10多株测定，大部分抗虫效果较好。与此同时，江苏省农业科学院经济作物研究所黄骏麒研究员带领的课题组也将人工合成的抗虫基因导入“泗棉3号”和“中棉12号”，从中已选到几株高抗虫能力的植株。

据透露，中国农业科学院已收获一批抗虫转基因棉花种子，预计经过今年冬天快速繁育，明年可进入小面积田间区域试验。

（《人民日报》，1994-09-11，第3版）

玉米新品种“中单8号”通过审定

由中国农业科学院作物育种栽培研究所培育成功的玉米新品种“中单8号”日前通过北京市农作物品种审定委员会的审定，并由中国农业科学院中农良种公司向全国推广。

“中单8号”是中国农业科学院作物育种栽培研究所于1988年育成的玉米单交种。1991年至1993年在京郊顺义、房山、通县、怀柔、门头沟等地进行春、夏播生产示范，表现高产、抗病。一般亩产500公斤上下，现正在全国各地扩大示范和推广，预计1995年可达21万亩。该品种属中晚熟中秆紧凑型杂交种，根系发达，抗倒，活秆成熟，千粒重300～350克，成熟时脱水快，高抗小斑病，中抗大斑病和黑穗病，耐青枯病和病毒病。适宜华北、西北、西南春玉米区种植，也适宜华北麦田套种和夏播。

（《人民日报》，1994-08-31，第3版）

中国农业科学院育成作物新品种400多个

中国农业科学院紧紧抓住育种科学研究这个中心，向农业提供最基本的生产资料，育成并推广了大批农作物优良品种。其主要作物品种推广覆盖全国30个省区市，一些品种覆盖率占全国该作物种植面积的60%以上。据统计，建院近40年来共育成作物新品种400多个，其中直接经济效益在1亿元以上的品种有46个，增加经济效益304亿元。

发挥人才优势，开展所内外、院内外大协作和联合攻关，是该院能培育出大批优良品种的关键。去年获国家科学技术进步奖一等奖的水稻新品种“汕优10号”，就是该院中国水稻研究所科技人员与浙江省台州地区农科所科技人员积极协作的成果，该品种在长江流域种植后比原来当家品种增产一成，打破了10多年来长江流域双季晚稻产量停滞不前的局面。

中国农业科学院根据这几年市场经济发展的要求，选育了一批人民群众生活中迫切需要的蔬菜、水果等新品种和一些专用性品种。番茄制品是国际市场上蔬菜罐头中的第一大产品，也是我国出口的重要罐头产品。蔬菜花卉研究所专门选育了适合罐藏的番茄品种“红玛瑙140”，其多项指标达国际水平，被评为全国一类最佳产品，该品种种植面积现已占全国加工番茄面积的65%。

在常规育种的同时，该院逐步加强了核辐射、计算机、生物工程等新技术育种和倍数育种工作。小麦“原冬3号”就是原子能利用研究所用辐射诱变选育成功的华北冬麦区稳产多抗新品种。生物技术研究中心将苏云金芽孢杆菌杀虫晶体蛋白质克隆到植物表达载体上，为今后水稻基因工程和培育抗虫品种提供了良好基础。在倍数育种方面，甜菜研究所育成多倍体、多抗、高产甜菜新品种“甜研301”“甜研302”，推广面积占全国甜菜面积的70%。

（《人民日报》，1994-08-15，第3版）

“农业泰斗”金善宝百岁华诞

世界著名农学家、教育家，最年长的中国科学院院士金善宝教授，今天度过一百岁生日。中国科学院、九三学社、中国科学技术协会、中国农业科学院共同为金老举行了庆贺茶话会。中共中央总书记江泽民、全国政协主席李瑞环、国务委员陈俊生向金老送来花篮；李鹏总理为金老百岁寿辰题词：为农业科技教育事业呕心沥血，功勋卓著，堪称学习楷模。温家宝、宋健、吴阶平、朱光亚、严济慈、方毅、宋任穷、周光召等也题词祝贺。

金善宝是我国现代小麦科学研究的开拓者之一，也是九三学社的创始人之一，在国内外享有崇高声誉。他1920年开始从事农业科技和教育工作，70多年来，经他鉴定和培育的小麦优良品种起到显著的增产作用。金老是我国小麦分类和品种资源科学研究的奠基人，他组织了中国小麦分类研究组，并在研究中首先发现我国特有小麦新种——“云南小麦”，对中国和世界小麦的起源、进化以及区域分布提供了重要科学依据。他于1928年发表的《中国小麦分类之初步》，是我国第一篇小麦分类学文献。他于1934年出版的《实用小麦论》，是我国小麦史上第一部专著。

中国科学技术协会副主席、中国农业科学院院长王连铮在向金老致祝寿词后说，金善宝教授还是一位著名的教育家，他从教以来，为我国培养了一大批德才兼备的高级农业人才。国际上称他为中国的“农业泰斗”。现在，金善宝担任中国农业科学院名誉院长、九三学社中央名誉主席等职。中国科学技术协会书记处书记高潮宣读了钱学森致金老百岁华诞的贺信。有关部门领导和首都科技界代表共 300 多人参加了茶话会。

（《人民日报》，1994-07-03，第 4 版）

棉花冬闲田开发技术向全国推广

随着棉花种植面积的逐年增加，全国每年出现的大量棉花冬闲田如何利用？中国农业科学院农业区划研究所陈庆沐等研究人员在承担国家“八五”科技攻关课题过程中研究成功了开发棉花冬闲田的技术，利用冬闲田大面积种植“冬牧 70”黑麦，取得了显著的经济效益和社会效益。

据介绍，我国主棉区黄淮海平原每年在 10 月中旬棉花收获到翌年 4 月中下旬播棉之前，有近 25%的光、热、气资源未得到充分利用，共计有 6 个月的闲置时间，面积达 5 000 万~6 000 万亩。几年来，中国农业科学院的科技人员在山东陵县试验区、河南开封试验区等引种高产优质牧草美国“冬牧 70”黑麦，在植棉前可获鲜草 2 534~3 916 公斤/亩，亩产值达 305~474 元。按牧草转化试验研究结果计算，用这些牧草喂羊后每亩平均增值 461~716 元。去年，陵县共试种 1 670 亩，总计经济收入达 100 万元。中国农业科学院、德州地区行署日前在陵县召开现场会，向全国推广这一技术。中国农业科学院副院长王汝谦等专家们认为，此项技术若每年能在黄淮海地区开发利用 3 000 万亩冬闲田，可增加产值 215 亿元。

（《人民日报》，1994-06-27，第 3 版）

首座农业高科技大厦奠基

我国第一座农业高科技大厦——北京泛太科技大厦日前在中国农业科学院奠基。

这座高科技大厦是由新加坡泛太国际投资开发股份有限公司投资，与中国农业科学院合作兴建的高科技、智慧型大厦。该大厦鼓励农业高新技术、生命科学生物工程等尖端技术的开发、展示与培训。大厦建筑面积达 33 000 平方米，高 17 层。中国农业科学院院长王连铮、党组书记沈桂芳、著名农学家金善宝院士等参加奠基仪式。

（《人民日报》，1994-06-11，第 3 版）

301 菌剂堆腐秸秆技术向全国推广

中国农业科学院驻菏泽专家顾问组专家何策熙副研究员等人研制成功的“301 菌剂堆腐秸秆快速还田”新技术，经过 5 年大面积示范推广，已在全国 20 多个省市累计推广 60 多万亩，产生了巨大的经济效益和社会效益。山东省农委、农业厅等会同中国农业科学院日前在菏泽举行现场会，向全国推广这一新技术。

高温堆肥是解决作物秸秆的一个重要途径，我国已有 3 000~4 000 年的历史。然而，传统的堆肥方法所需时间太长，占压大面积耕地。以菏泽地区为例，作物秸秆每年占压耕地 10 多万亩，严重影响农业生产。全国许多地方不得不纵火大面积焚烧，不仅污染了环境，还浪费了有机质资源。1989 年，菏泽市政府向中国农业科学院驻菏泽专家顾问组提出了“快速堆腐秸秆还田”的研究课题。在菏泽地区行署、菏泽市和中国农业科学院等的大力支持下，课题组以菏泽市棉花原种场为基地，于1990年11月在国内外首次研制成功“301菌剂”，并提出一套快速堆腐秸秆技术，它能在30多天的时间里将作物秸秆迅速变成秸秆肥，解决了一大久攻未克的难题。这种新技术与传统堆肥方法相比，具有成肥快、堆肥质量高、原料充足、成本低廉、省工节时、不受季节限制等优点。据山东农业大学中心实验室测定，用“301菌剂”堆腐的麦秸肥有机质高达30%~35%，比常规堆肥法有机质含量高出1倍。传统的堆肥法只能在夏末秋初进行，采用“301菌剂”一年四季都可以堆肥。按每亩施用250公斤秸秆肥计算，需用“301菌剂”1.25公斤，合人民币1.75元。菏泽市侯集乡从1991年开始推广“301菌剂”，培肥了地力，1992年，全乡粮食总产创最高纪录。

中国农业科学院院长王连铮等一批科学家日前前往考察并给予充分肯定。据统计，我国作物秸秆年产量在6亿吨左右，是一大宗有机肥源。对解决我国有机肥资源缺乏，改造中低产田，提高农产品的产量和品质都有重大意义。

（《人民日报》，1994-05-14，第3版）

气候变暖了，我国农业受何影响？

全球气候变暖将对我国农业生产带来什么样的影响？由中国农业科学院科研部等全国7家单位开展的“气候变化对农业影响及对策”研究表明：东北将因气温升高而对农业产生有利影响，其南部地区可实现作物一年二熟；华南冬季温度升高有利于发展冬季农业；西北则因温度升高使干旱加重，不利农业；西南受影响不大。

近几年来，全球性气候变暖引起了国际社会的广泛关注。1992年，150多个国家的元首和代表在巴西参加世界环境与发展大会时，签署了《气候变化框架公约》。我国作为一个农业大国，每年约有 1/3 的农作物遭受不同程度的气象灾害，平均损失粮食 1 000 万吨。灾害造成农业生产的经济损失，在轻灾年达 80 亿~100 亿元，中等灾年 130 亿~140 亿元，重灾年达 180 亿元以上，特大灾年则达数百亿元，严重威胁着农业生产。

1987 年，中国农业科学院科研部组织农业气象研究所、计算中心及山东省农业科学院、沈阳农业大学、河南气象局、湖南气象科学研究所、西南农业大学、广西农业大学、陕西省农业科学院等单位的科技人员，承担了国家自然科学基金项目“气候变化对农业影响及对策”研究任务。

几年来，课题组研究了我国水稻、小麦、玉米、棉花、油料和糖料生产区的农业气候特点，查明了 40 年来我国作物产量波动的天气气候原因，在国内首次全面分析了在当前气候条件下，基本气象要素和作物产量的相关性，揭示了某些具有重要理论意义和实用价值的作物产量气候统计规律，为我国农业宏观决策和作物生产管理提供了重要的科学依据。

研究人员还用计算机模拟未来的气候变化趋势，描绘了我国农业气象灾害的新格局，并从我国实际出发，提出了消除气候灾害的对策，即减缓二氧化碳排放量，植树造林，培育抗逆品种、调整作物布局等。由信乃诠等研究人员撰写的《气候变化与作物产量》及《气候变化对农业影响及对策》两部专著，对指导我国农业生产趋利避害产生了一定的推动作用。

（《人民日报》，1994-01-22，第 3 版）

黄淮棉花高产研究示范完成

由中国农业科学院棉花研究所主持的总理基金专项——黄淮地区棉花高产综合技术研究与示范，在河南扶沟、内黄、虞城和山东巨野4县人民政府协作下，经过3年努力，圆满完成各项任务，并于今天在京通过农业部验收和专家鉴定。

黄淮地区是我国棉花、小麦主产区，年产皮棉150万吨左右，占全国总产量的35%，年产小麦2 200万吨左右，占全国总产量的30%。近年来，黄淮地区积极发展棉麦两熟套种，逐步取代一熟棉花。据1991年统计，棉麦两熟面积已扩大到2 900万亩左右，占全区植棉面积的75%以上。1990年6月15日，李鹏总理在河南听取黄淮棉区改革种植制度的汇报后，当即指示中国农业科学院棉花研究所搞大面积棉花和小麦增产的实验研究，安排了总理基金项目。几年来，中国农业科学院棉花研究所根据项目任务书规定的各项技术经济指标，分别在扶沟、巨野、内黄、虞城4个优质棉基地县设置高产再高产、中产变高产、中低产变高产3种类型实验区。

3年多来，研究人员还先后举办各种学习班21期，培训技术人员4 000多人次，并印发各种技术资料21.3万份，向广大棉农推广新技术。9万亩实验区3年增产皮棉5 985吨，增产小麦11 448吨，90万亩辐射区3年增产皮棉20 250吨，增产小麦34 398吨，总计增加产值2.35亿元。较好地完成了项目计划规定的各项技术经济指标。

总理基金项目研究取得的新进展引起各界普遍重视。联合国粮农组织、世界银行派出代表到实验区参观，中央有关部委的领导也多次前往实验区检查指导工作。农业部和河南、山东两省先后8次在扶沟、巨野两县召开全国、全省棉花生产工作现场会。全国共有

8个省、75个地、县组织13 000多人来实验区参观、交流，有力地带动了全国的棉花生产，得到各地政府的肯定和支持。

（《人民日报》，1994-01-05，第3版）

我国旱地农业研究向纵深发展

我国旱地农业研究开发正向纵深发展，区域综合开发已取得新突破。

10多年来，北方旱区的广大科技人员把传统的旱农经验与现代科学技术结合起来，使旱农研究从单项技术发展到综合配套技术，从产中向产后延伸，从种植业扩展到养殖业、林果业。来自全国16个省区市的160多位旱农专家、教授及生产管理者，日前在河南三门峡市举行旱农综合发展研讨会，专家们呼吁，旱地农业具有巨大开发潜力，应改变过去偏重灌溉农业，而忽视旱农的倾向，让北方旱地尽快释放增产增收的潜能。

北方旱地农业主要分布在昆仑山、秦岭、淮河以北的广大地区，包括16个省、自治区、直辖市的741个县，耕地面积5.7亿亩，占全国耕地面积的38%。1990年，北方旱地农业的粮食、棉花和肉类产量分别为全国的24%、41.4%和21.5%，具有举足轻重的战略地位。

"七五""八五"期间，旱地农业被列入国家科技攻关计划，由中国农业科学院等单位主持，在山西、陕西、河北、内蒙古、辽宁等地设立6个试验区。据初步统计，北方旱区所在省、自治区现已确认的旱农成果近3 000项，其中430多项获国家和省、部级以上奖励。这些成果通过咨询、转让、承包等各种途径迅速被广大农民接受和掌握，得到大面积推广。据国家"七五"科技攻关结果统计，北方旱地农业3种类型6个试验区共示范、推广科技攻关成果达533万亩，5年累计增产粮食13.3亿公斤，增加产值17.2亿元，示范区林草覆盖率上升到42.9%。

研究结果表明，北方旱地还有六成的增产潜力，这为综合开发提供了科学依据。地处半湿润偏旱区的河南旱农开发区十年九旱，1988年以来，河南省在这里开始进行区域综合开发，使开发区粮食总产由开发前的876万吨增加到1 064万吨，棉花由5.6万吨增加到8.2万吨，水果和烟叶分别增加42%和19%。农民人均纯收入由261元增加到454元，71万贫困户解决了温饱。位于半干旱偏旱区的内蒙古武川县开发区采纳科技人员提出的7项措施，农业总产值比“六五”期间提高146%，农牧业产值比由9.6：1调整到10：4。

近几年来，随着改革开放的深化，北方旱农研究与开发以市场为导向，以效益为中心，调整农村产业结构，形成了一批技术含量高、附加值高的拳头产品，加快了旱区农业现代化进程。三门峡市围绕“旱”字作文章，什么作物耐旱就种什么，市场需要什么就生产什么。经过调整，全市粮食作物与经济作物的比例由1985年的80：20改为68：32。该市还集中抓了粮食、烟叶、果树和畜牧业四大主导产业，其中苹果发展最快，仅灵宝已栽种55万亩，去年总收入3.2亿元，占其农业总产值的35%。这些都表明，我国北方旱地农业正在逐步走出“低谷”，在市场经济条件下开始新的腾飞。

（《人民日报》，1993-11-24，第3版）

首届农业科技节开幕

首届农业科技节今天在中国农业科学院开幕。国务委员、国家科委主任宋健出席开幕式并剪彩。中国科学技术协会副主席、中国农业科学院院长王连铮宣读了国家主席江泽民发来的贺信。

首届农业科技节是第5届“国际科学与和平周”活动的一部分，这届活动的主题是“科学技术促进农业发展”。农业部、国家科委、中国科学院、北京市政府、解放军总后勤部及有关科研院校等单位对本次活动给予大力支持。

据介绍，举办首届农业科技节是为了进一步宣传我国农业科技成就，促进国内外科技交流，推广农业高新技术，提高农业生产水平，推动世界和平事业的进一步发展。

与此同时，科技节还组织了农业新技术、新产品洽谈和展销活动，来自国内100多家科研院所及部队系统的农业研究开发机构，展出了各自最新的科技成果。

科技节期间，将邀请党政军领导同志、农业科技工作者、农民代表以及国际驻华农业机构、各国驻华商社代表、驻华使节参加活动。还将举办农业科技图书展卖、农业科技影视展映、农业科技发展等方面的研讨会。中国农业科学院同时将对社会开放，接待参观。

（《人民日报》，1993-11-12，第4版）

我国首次研制成功农药高渗技术

中国农业科学院农业气象研究所副研究员廖宗族率领课题组开展了农药高渗技术的研究，在国内首次研制成功农药高渗技术，现已在十几家大型农药厂推广。我国每年用药季节多半在雨季，90%的农药都被雨水从植物和虫体外面冲到农田里流失，高渗技术可使农药在喷施后迅速渗入害虫体内，杀死害虫。

（《人民日报》，1993-10-05，第11版）

我国首次表彰农业科研成果转化

财政部、国家科委和农业部日前在京举行表彰会，对在农业科技成果转化工作中取得突出成绩的中国农业科学院蔬菜花卉研究所等8家科研单位予以奖励。

中国农业科学院蔬菜花卉研究所重视成果转化。他们繁育的蔬菜种子远销全国各地，部分品种已销往国外，1992年全所科技开发创收260余万元。茶叶研究所跨学科、跨行业转化科研成果，仅茶叶天然抗氧化剂应用和茶皂素应用两项成果就产生了显著的经济和社会效益。甜菜研究所发挥自身优势，选育成功丰产、抗病的甜菜系列新品种，深受农民和糖厂欢迎。植物保护研究所注重技术质量，技术人员对所提供的技术负责到底，并与成果受让方建立了稳定的合作关系。特产研究所在近3年已鉴定的17项成果中，有12项已转化为生产力，1992年该所技术性纯收入达147万元。

华南热带作物研究院橡胶所将科研、示范、推广、开发结合起来，促进成果转化，效果显著。中国水产科学院渔业机械仪器研究所开发市场急需的生产设备，并强化科技服务，去年技术性收入近100万元。农业部南京农机化所广开项目来源，促进成果转化，也取得重大突破。

财政部、国家科委、农业部有关领导向8家研究所颁发了获奖证书和奖金，中国农业科学院蔬菜花卉研究所获一等奖，奖金60万元，其他7个研究所获三等奖，各获奖金20万元。据了解，这是新中国成立以来首次表彰奖励科技成果转化显著的农业科研机构。

（《人民日报》，1993-09-25，第3版）

温家宝在中国农业科学院调查时强调，坚定不移贯彻科教兴农战略方针

中共中央政治局候补委员、中央书记处书记温家宝今天在中国农业科学院进行调查研究时指出，要坚持科教兴农，进一步稳定农业基础地位。

中国农业科学院是全国的农业科研中心，现有37个研究所，5 700多名科技人员，自1985年以来，该院共取得各类科技成果1 216项。7月20日上午，温家宝同志来到中国农业科学院，看望了农业科学家，并同他们进行了座谈。

温家宝指出，在实施中央最近关于深化改革，加强宏观调控的政策措施中必须高度重视农业问题。进一步稳定农业的基础地位，对于解决当前经济生活中的突出矛盾和问题，推进改革开放和经济建设具有特别重要的意义。通过宏观调控，加强农业基础设施建设，保证农用资金，增强农业发展后劲，促进工农业的协调发展，是深化改革、调整结构的重要方面。

温家宝说，农业的出路最终靠科学技术，发展农业要坚定不移地贯彻科教兴农的战略方针。要继续坚持“面向”和“依靠”的方针，农业科技工作要面向农村，面向农民，面向农业生产；农业生产要依靠科学技术，不断提高科技在农村经济增长中的比重，提高农业劳动生产率和综合经济效益。当前，尤其要重视实用技术的推广应用，加速科技成果的转化，积极发展农村教育，提高农民的科学文化水平，使农业科研、教育和技术推广尽快转到以发展高产优质高效农业为主的轨道上来，加快农业高新技术开发及其产业化。

温家宝强调，要加强农业科学技术的基础研究。基础研究要紧紧围绕农业长期发展的战略目标和当前急需解决的关键问题确定重

点课题，并有稳定的队伍和稳定的经费来源。同时，要重视农业实用技术的应用开发，鼓励科技人员投身农业生产主战场，促进科技成果转化为现实生产力。要加强以科技为先导的社会化服务体系建设，围绕产前、产中、产后，为农民提供信息和实用技术服务，提高农业社会化服务的科技含量。

温家宝指出，农村长期形成的农业科技推广队伍，是农业社会化服务体系的重要组成部分，是科技兴农的重要力量。农业科技队伍要稳定，科技推广网络要健全，科技服务体系要完善，这对于当前农业生产和今后的农业发展至关重要。各地一定要认真贯彻落实中央六部委关于稳定农业技术推广体系的通知精神，采取有力措施，切实稳定农业科技队伍。

温家宝最后说，我国广大农业科技人员，是一支有觉悟、有水平、无私奉献、艰苦奋斗的好队伍，几十年来为推动我国农业科技进步事业，发展农业生产力作出了很大贡献。各级党委和政府要关心农业科研工作，切实改善农业科技人员的工作、生活条件，保护和调动他们的积极性和创造性。

（《人民日报》，1993-07-21，第3版，李国庆、蒋建科、李德金）

防治棉铃虫专用药剂问世

中国农业科学院植物保护研究所最近研制成功了防治棉铃虫的专用药剂“顺丰1号”“顺丰2号”。

据了解，去年我国棉铃虫大发生之后，广大棉农深受无对症药剂及假冒伪劣农药之苦。对此，中国农业科学院组织专门力量，发挥植保专业优势进行科技攻关，终于研制成功了专治棉铃虫的特效药剂。

他们还采用了该院农业气象研究所齐民生物技术部的农药高渗技术，获得满意的防治效果。大范围试验表明，“顺丰 1 号”“顺丰 2 号”对棉铃虫击倒力强，药效持久，对各龄幼虫防效突出，并有一定杀卵作用，且比目前棉田主要杀虫剂成本低 20%以上。

有关专家建议，尽快将该药大面积示范推广，以控制棉铃虫的危害。

（《人民日报》，1993-07-07，第 3 版）

国际持续农业与农村发展研讨会举行

由中国社会发展科学研究会、中国农业科学院、中国科学技术协会、联合国粮农组织等联合发起召开的 1993 年国际持续农业与农村发展研讨会在京举行。

持续农业与农村发展是当今世界具有重大实用和理论价值的领域之一，尽管它提出的时间不长，但已得到各国政府的高度重视。这种新的农业发展战略选择能使人类重新认识农业在整个社会、经济、环境发展中的地位与作用，有助于调整农业发展方向、促进农业协调发展。

来自美国、英国、加拿大、以色列等 24 个国家、地区和国际组织的 160 多位专家、学者，共向大会提交了 80 余篇论文。

（《人民日报》，1993-05-26，第 3 版）

我国兴建农业高科技大厦

中国农业科学院将和新加坡泛太国际投资开发股份有限公司合

作兴建我国第一座农业高科技大厦——北京泛太高科技大厦，双方今天在人民大会堂正式签订了协议书。

这座大厦总投资近1亿元人民币，共20层高，建筑面积3万平方米。这座大厦重点开展以生命科学和农业、生物工程技术为主的国内外学术交流，发挥双方优势，把农业科技合作、科技开发和经贸经营等融为一体，共同开发经营可物化并有国际优势的高科技成果或产品，将其打入国际市场。

国务委员陈俊生等有关领导出席签字仪式。

（《人民日报》，1993-04-28，第3版）

我国学者提出农业资源经济空龄结构

中国农业科学院农业区划研究所等单位的一批科研人员，经过4年研究，日前提出农业资源经济空龄结构的新概念，以及空龄结构优化的理论和方法。这一理论为合理配置农业资源、推动农村市场经济发展提供了一种新思路，已在学术界引起较大反响。

据介绍，空龄结构是指各种农业生产所占用的土地空间、生产时间和劳动时间的复杂、动态的耦合关系与量的比例构成。在这里，“龄”是具有循环周期的时间，“空”指的是空间。这种理论能帮助生产者根据农业资源经济系统中各生产要素的特性及内在联系，对农业生产所占用的土地空间、生产时间和劳动时间进行精巧组合，产生新的生产力，从而提高生态和经济效益。

几年来，中国农业科学院农业区划研究所、福建省农业区划研究所、福建省经济研究中心等8家单位在共同完成这项国家自然科学基金资助项目的过程中，还将所取得的成果用于指导农业生产实践，取得可喜成果。一批农业经济学家认为，这项成果符合市场经济发展需要，不仅对宏观决策管理，也对微观经营管理有指导作用，对农业的持续稳定协调发展具有重要意义，建议向全国推广。

（《人民日报》，1993-04-19，第 3 版）

黄淮海平原中低产地区综合治理与农业开发项目获特等奖

我国今年首次评出农业科学技术进步奖特等奖。记者从日前在京召开的农业部科学技术委员会第五届一次会议上了解到，由北京农业大学、中国农业科学院等单位千余名科技人员共同参与完成的“黄淮海平原中低产地区综合治理与农业开发”项目，共取得重大科技成果 67 项，累计推广面积 0.96 亿亩，获经济效益 33.6 亿元。经农业部 160 余名科学技术委员会委员几天的认真评选，决定对该项目授予特等奖。另有 194 项成果获农业部科学技术进步奖，199 项成果被评为全国农牧渔业丰收奖。

几年来，我国农业科技工作者积极投身农业科研和推广第一线，为农业生产作出了重大贡献。中国水稻研究所和浙江省台州地区农科所共同育成的“汕优 10 号”杂交晚稻新组合，高抗稻瘟病，米质优良，丰产性好，在长江流域作双季晚稻和华南作双季早、晚稻栽培，一般亩产 450～550 公斤。抗病丰产番茄新品种“中蔬 5 号”和“中蔬 6 号”，7 年累计种植 210.9 万亩，累计增收 4.46 亿元。这两项成果获农业科学技术进步奖一等奖。

据专家介绍，今年获奖的成果总体水平高于往年，获奖面也较广，全国 30 个省市都有获奖成果，其推广普及率都在 90%以上。

农业部部长刘中一出席了评审会议，他指出，优质、高产、高效农业的重要内涵是高科技，农业科技部门今后既要抓高精尖技术的研究，又要重视实用技术的研究。

（《人民日报》，1992-08-22，第4版）

防治棉铃虫刻不容缓

一批植保专家今天紧急呼吁，当前要抓紧时机防治棉铃虫！中国农业科学院植物保护研究所提供的材料说，今年麦田棉铃虫幼虫存量比往年多10~20倍，而自然天敌存量极少，造成6月份二代棉铃虫特大暴发。一般棉田百株卵量超过1万粒，百株幼虫数超过200~300头，为近20年所罕见。

据介绍，河北、河南、山东3省的大多数棉田均不同程度遭受棉铃虫为害，少数地块棉花的顶心和棉蕾被吃光。虽经多次防治，棉铃虫幼虫存量仍然很大。因此，第三代棉铃虫在一些地区仍有可能连续发生。针对上述情况，专家们认为，防治三代棉铃虫已刻不容缓！

（《人民日报》，1992-07-29，第1版）

李鹏向中国农业科学院转赠巴西良种

受国务院总理李鹏委托，国家计委副主任刘江今天下午向中国农业科学院转送巴西政府赠送给李鹏总理的9种农作物优良品种。中国农业科学院院长王连铮代表院方高兴地接收了这批种子。

今年6月，李鹏总理在巴西出席联合国环境与发展大会期间，巴西政府赠送给他一批农作物良种。回国后，经国家动植物检疫总所等部门检疫，符合我国植物检疫要求，李鹏总理决定将这批种子赠送给中国农业科学院。

李鹏还专门给中国农业科学院写了一封信，他在信中指出，发展农业科技是20世纪90年代我国农业跨上新台阶的重要措施。在农业生产中，优良品种的推广和应用对农作物的增产起着关键作用，巴西农业科技有许多可供借鉴之处。请你们组织力量，结合中国实际条件进行试种，精心培育，作为中巴友谊的象征，在培育我国新品种中发挥作用。

据统计，20年来，我国从93个国家、地区引进各种农作物品种、苗木10多万份，推广面积在100万亩以上的水稻品种有11个。引进的小麦品种有80多个能直接利用，推广面积超过1 000万亩的有6个。西北农业大学赵洪璋教授以引进澳大利亚小麦品种碧玉麦为亲本育成的“碧玛一号”，在我国推广到9 000多万亩，成为我国推广面积最大的小麦品种。此外，我国还在引进玉米、棉花、甜菜等品种方面取得显著成就。

这次赠送的良种有水稻、小麦、玉米、花生、棉花等9种，该院已安排专人并划出专用土地进行试种和鉴定，有应用价值的及时推广。

（《人民日报》，1992-07-16，第4版）

我国培育成功爆裂玉米新品种

中国农业科学院品种资源研究所的科研人员最近培育成功国内第一个爆裂玉米综合品种“黄玫瑰1号”和单交种“黄玫瑰2号”，经测定，这两个品种的膨爆品质已达到或超过国外同类产品的水平，从而结束了我国爆裂玉米依赖进口的历史。

爆裂玉米作为一种多纤维、低热量的快餐食品早已在国外普及，它所含蛋白质、铁和钙的百分比几乎与牛肉相同，不仅有较好的营养价值，还有清洁牙齿、防癌、减肥等多种保健作用。几年来，中国农业科学院科研人员对国内外100多个爆裂玉米品种进行鉴定、评价，终于培育成功我国自己的爆裂玉米新品种。

据中国农业科学院作物品种资源研究所娄希祉所长介绍，这两个品种的籽粒膨爆倍数都达到31倍，爆花率达99.6%，3年来，“黄玫瑰”的产量占全国爆裂玉米产量的一半以上，已行销全国12个省区市，深受各地欢迎。一份不到50克的爆裂玉米花所提供的能量相当于2个鸡蛋的能量，一般家庭用普通炒锅加热3分钟即可食用。

（《人民日报》，1992-05-06，第3版）

河北与中国农业科学院达成科技合作协议

本着“真诚合作，互惠互利”的精神，河北省人民政府与中国农业科学院于4月1日在京签订了科学技术合作协议书。

河北省与中国农业科学院有着长期的科技合作关系。这次达成的协议规定，中国农业科学院继续将科研新成果，特别是粮食、经济作物、蔬菜、林果、畜禽优良新品种等方面的农业实用新技术，优先在河北示范、推广、应用。凡适用于河北的重大科技成果要列入河北省指令性推广计划。对可物化成果实行技术有偿转让，按河北省有关规定享受优惠待遇。河北省根据需要，聘请中国农业科学院有关专家担任对口单位的兼职研究员或技术顾问；委托代培研究人员；邀请中国农业科学院专家参与重大经济技术项目的论证和咨询；通过多种形式培训基层农业科技人员和农民。双方每年举行一次科技合作工作会议，发布科技合作成果，安排下年度合作事宜。

河北省副省长张润身和中国农业科学院院长王连铮分别代表双方签了字。

（《人民日报》，1992-04-06，第3版）

中国农业科学院新年新打算

组织全院广大科技人员和职工，贯彻党的十三届八中全会精神和宋平同志来院视察时讲话精神，努力开创农业科研工作新局面，是今天在京召开的中国农业科学院工作会议的主要任务和议题。

中国农业科学院现有37个研究所，1万多名职工，其中科技人员5 600余人，有较强的综合科研实力和优势。在种质资源、遗传育种、土壤改良、基因工程等领域，有一批知名专家和高水平的科研成果。近年来，中国农业科学院面向经济建设主战场，紧密围绕农业生产中具有重大经济效益的关键性科技问题，组织联合攻关，取得了重大进展和突破。5年共取得1 000多个科技成果，其中通过审定的714个，获得各类奖励的401个。这些科技成果，绝大部分得到了推广应用，平均年创经济效益30多亿元。

院长王连铮在讲话中指出，前不久召开的八中全会提出了进一步加强农业和农村工作，实施科教兴农的战略。在新的一年里，中国农业科学院作为全国农业科研学术中心，要全力以赴，狠抓“八五”科研计划的落实和实施，大力组织推广新技术、新成果，力求使有条件的研究所建立一处科技开发示范基地、一个科技开发实体，进一步增强科研单位的活力，以实际行动落实八中全会精神。

据了解，该院已确定作物育种、区域治理、草地畜牧业和饲料、生物技术和农业现代化道路及模式研究等五大项目为重中之重项目。要求各研究所对已经争取到的“八五”科研项目及早动手，逐项落实。

农业部副部长洪绂曾到会讲话。

（《人民日报》，1992-01-22，第3版）

首批抗黄矮病小麦优良品系居国际领先水平

中国农业科学院的科技人员采用生物新技术，在国际上首次成功地育成了一批抗黄矮病的普通小麦优良品系。

小麦黄矮病是当今世界上严重威胁小麦稳产的重要病害之一。我国自50年代发现此病后，一直在西北、东北西部和华北地区频繁发生，1987年仅陕西、甘肃两省就损失小麦5亿多公斤。近几年这一病害又扩展到江苏、四川、云南等南方省份。世界上一直没有找到防治此病的有效措施。

中国农业科学院作物育种研究所辛志勇、徐惠君，植物保护研究所周广和与澳大利亚联邦科工组织种植业研究所共10多位科研人员，经过6年研究，在国际上首次成功地将黄矮病抗性基因从中间偃麦草导入普通小麦，育成了中间偃麦草易位系。

专家们认为，这批普通小麦新品系开拓了一个融常规育种、染色体工程、组织培养和分子生物学于一体的导入外源优良性状的育种新路子，达到了国际领先水平。

（《人民日报》，1991-10-16，第3版）

性控孪生奶牛母犊顺利降生

中国农业科学院畜牧研究所青年科研人员徐金玲、高昌恒、谭国、韩燕清等在周鼎年副研究员和朱裕鼎研究员的指导下，将奶牛胚胎性别鉴别和胚胎分割两项高技术结合起来并实施于同一批牛胚胎获得成功，采用这项技术发育而成的孪生母犊于6月30日晚在北京顺利降生。这是我国在“863计划”生物技术领域取得的一项重大成果。

进行性别控制是人类自古以来就试图解开的一个谜。从1986年起，中国农业科学院畜牧研究所就开始了这项研究，他们对受精后6~8天而尚未发生细胞分化的奶牛胚胎先进行性别鉴别，再对鉴别出的雌性胚胎进行分割，把它切成二等份，并使每个半胚发育成完整的胎儿。这样，就可以使一个雌性胚胎生出同基因型的孪生后代，加快产奶牛群或优秀个体的繁育。

与此同时，他们还研制成功了迄今最简便的胚胎分割技术，只用普通的解剖镜和自制的玻璃针即可在2分钟内把一个胚胎切为两半。

（《人民日报》，1991-08-07，第3版）

旱地农业增产技术取得突破

国家“七五”重点科技攻关项目“旱地农业增产技术”研究取得重大成就。5年来，该项目共累计增产粮食13.3亿公斤，直接经济效益17.2亿元，对改变旱作地区落后生产格局、推动旱区农业发展作出了巨大贡献。这项研究于11日通过国家验收。

干旱是一个世界性问题。我国干旱半干旱地区占国土面积的

52.5%。“七五”期间，在国家计委、科委和财政部领导下，由中国农业科学院牵头，组织全国19个单位401名科学家协同攻关，分别在山西、辽宁、河北、内蒙古、陕西等省区设立了6个不同类型的综合试验区，进行旱地农作物增产技术研究，取得了一批具有国内领先和国际先进水平的旱农研究成果。各个试验区的粮食单产和总产在经历两次严重干旱考验后，仍以每年13%和13.6%的速度递增。尤其是主要粮食作物水分利用效率，在当今世界广大旱区也是少见的。据专家介绍，这项课题所取得的科技成果与宝贵经验，可在北方旱区广泛推广应用，对推动我国农业发展和经济建设具有重大的战略意义。

（《人民日报》，1991-03-14，第1版）

旱地农业还有六成增产潜力

占全国耕地面积1/3强的旱地农业，还有多大增产潜力？经过5年扎实的研究，农业科学家给出一个定量的数字：现阶段旱地的实际粮食产量远远不是这些地区自然降水应该达到的产量，其开发程度还不到40%。也就是说，这些旱地还有60%的增产潜力。为了探知旱地增产潜力，由中国农业科学院农业气象研究所、中国科学院西北水土保持研究所等9家单位的上百名科研人员合作，分别在河北、山西、内蒙古、陕西等北方7个省区建立了11个实验点，进行定位测定和实验，结合高产记录调查与理论计算相对照的办法，建立了求算自然降水生产潜力的计算公式，算出了我国北方13种主要作物的降水生产潜力以及水分利用率。初步弄清地力不足是限制当前旱地农区自然降水生产潜力充分发挥的主要障碍之一，据此提出调整农业结构、开拓肥源、运用抗旱化学制剂等各项措施来提高水分利用率。他们还全面分析了旱地农业区粮食生产现状、潜力和开发前景并在5 000亩旱地上进行增产潜力开发试验，结果，开发程度提高到60%，展示了旱地继续增产的潜力，为北方农业发展提供了重要的科学依据。

与此同时，中国农业科学院土壤肥料研究所等15家单位的科研人员，紧紧抓住提高水分利用率这个中心，通过对北方9个旱地类型区种植制度、土壤耕作和主要栽培技术等的广泛研究，首次建立了北方旱地农业农作物综合增产技术体系，并在6个旱地农业试验区组装运用。其中，冬小麦的“量水施肥”技术、小四轮机具配套耕作技术及沟播施肥综合研究都有较大创新，尤其是蒸腾抑制剂和保水剂等已在30多万亩大田作物上应用，其规模居世界前列。北方旱地农业增产技术体系现已在1 182万亩旱地上推广，增产粮食2.9亿公斤，新增纯收益2.7亿元，为挖掘旱地增产潜力提供了有力的手段。

（《人民日报》，1991-01-14，第3版）

高渗氧化乐果乳油研制成功

由北京市新技术产业开发区所属中国农业科学院北京海淀齐民生物环境技术部主持，中国农业科学院蔬菜花卉研究所植保室、解放军9715工厂协作研究成功的高渗氧化乐果乳油新制剂，日前在京通过专家鉴定。

这种新研制成功的18%高渗氧化乐果乳油中不含其他杀虫剂，是由氧化乐果加溶剂、助剂、渗透剂配制而成，靠增加渗透、湿润力来提高药效。经室内和大田试验证明，它对棉蚜、麦蚜、大豆蚜、稻飞虱、柑橘矢尖蚧等害虫有较好防效。经中国预防医学科学院劳动卫生研究所测试，18%高渗氧化乐果比40%氧化乐果乳油毒性低。

专家们认为，这种新制剂属国内首创，成本低、药效好、较安全。我国氧化乐果每年施用量达3万~4万吨，若采用这种制剂，可节约一半氧化乐果，环境污染程度降低一半，有显著的环境效益和经济效益，建议尽快推广应用。

（《人民日报》，1990-12-12，第3版）

“黏虫测报专家系统”诞生

由中国农业科学院植物保护研究所研制的“黏虫测报专家系统”今天在京通过鉴定。

黏虫是我国粮食作物的主要害虫。由于黏虫有远距离迁飞为害的习性，常常会突然发生，把大批庄稼吃成光秆，人们称它为“神虫”。新中国成立以来，由中国农业科学院植物保护研究所负责牵头，组织全国大协作，对黏虫的迁飞为害规律进行了研究，并创造性地设计了异地预报黏虫的办法。为了进一步采用现代化手段进行治理，从1987年，中国农业科学院植物保护研究所承担了由国家计委和机电部下达的“黏虫测报专家系统”的研制任务。该系统以著名昆虫学家、研究员李光博先生为研究对象，总结了他30多年来潜心研究黏虫的宝贵经验，同时收集整理了全国22个省市各黏虫测报单位几十年的测报资料，建立了数据库。1990年，应用该系统进行麦田一代黏虫发生趋势预测，预测结果与实际情况完全吻合。由于预报准确、防治及时，全国每年仅此一项就可挽回25亿~35亿公斤粮食的损失。专家们认为，该研究在农业专家系统研究领域中达到国内领先水平，对确保粮食高产稳产有重要意义，建议加速推广。

（《人民日报》，1990-12-07，第3版）

我国蔬菜育种水平显著提高

四季都能吃到新鲜蔬菜的南方人再也不敢断定在寒风冰雪包围下的北京人一定只能靠大白菜过冬；而北京市民的确感觉到自己的菜篮子比以前丰富了。据了解，“七五”期间，新培育成的46个蔬菜新品种推广面积已达950多万亩，经济效益近21亿元。不但北京人只靠大白菜越冬的状况正逐步改变，而且全国的蔬菜生产也因为新品种不断推出正呈现出一种好势头。

这些成绩首先应归功于中国农业科学院蔬菜花卉研究所等20家科研单位的200多名科技人员。10年前，我国的甘蓝、番茄、甜椒等主要蔬菜品种还是来自国外，但通过科技攻关，这几种主要蔬菜的优良品种全部由我国自己育成，有的品种还进入国际市场。

培育成功的这批黄瓜、白菜、番茄、青椒、甘蓝新品种一般比生产上主栽品种增产10%以上，如早熟春甘蓝品种“中甘11号”，单产3 500公斤，比原推广品种增产20%以上，已在26个省（市）推广，丰产性达国际同类品种的先进水平。

这5种主要蔬菜新品种的抗病性已从单抗发展到双抗或三抗，有的具有四抗。黄瓜新品种“津杂一号”“津杂二号”表现抗霜霉、白粉和枯萎3种病害，达到国际同类品种抗病性的先进水平，从而使农药使用量降低5%～10%，减轻了农业污染，保护了人民身心健康。

在育种技术研究方面也取得了突破性进展，完成了辣椒雄性不育系三系配套及其制种技术，研究制订出5种主要蔬菜的品质鉴定方法和标准，填补了国内空白。采用田间和人工接种等方法，从几千份材料中筛选出78份具有复合抗性的材料，其中白菜、甘蓝抗源材料的抗性达到国际水平。通过协作攻关，已形成一支老中青相结合的科技队伍，其中有8人被评为国家级有突出贡献的中青年科学家、农业劳模或“五一”劳动奖章获得者。

（《人民日报》，1990-11-19，第3版）

旱地农业增产有望

蕴藏着巨大增产潜力的我国旱地农业，依靠科学技术开始摆脱“靠天吃饭”的被动局面，逐步走上“向老天要粮”的新阶段。“七五”期间，由中国农业科学院主持，北京农业大学、西北农业大学参加主持的国家重点科技攻关项目“旱地农业增产技术研究”及其6个试验区，都分别取得重大进展，日前相继通过农业部组织的国家验收。

旱地占我国耕地面积的52.5%，分布在16个省、自治区的741个县。这些地区的年平均降雨量一般不到500毫米。缺水成为制约农业发展的重要因素。在地处晋南上党盆地的屯留旱农试验区，中国农业科学院和山西省农业科学院的研究人员根据当地小麦、玉米、谷子三大作物的生育规律，开展了良种筛选、关键性增产措施和综合规范化技术体系的研究，建立了三大作物实现抗逆、高产、稳产目标的规范化栽培技术体系，并在示范区和长治市推广，获得显著的规模效益。同时，他们还成功地开展抗旱剂、保水剂的试验和示范工作。位于渭北旱塬上的合阳（澄城）试验区，由西北农业大学和陕西省农业科学院的科研人员团结协作，共同攻关，提出了

“以磷促根”“以根汲水”的理论，指导当地农业生产，使粮食产量成倍提高。农民群众高兴地说：“合阳面貌变，离不开农科院。”在有代表性的风沙半干旱类型的阜新试验区，辽宁省农业科学院的研究人员在提高自然降水生产效率方面取得突破性进展，每毫米降雨的粮食亩产量由 0.3 公斤提高到 0.66 公斤。辽西低山丘陵易旱区的喀左试验区则实行水分分区管理，利用冬灌增补土壤水分的办法，采用深耕、覆盖等耕作技术蓄水保墒，发挥了重要作用。自然条件严酷、生产水平低下的内蒙古武川试验区，在北京农业大学等单位的努力下，中心试验基地大豆铺乡大豆铺村人均纯收入比“六五”期间增加了 79%。冀西北坝上的张北试验区运用系统理论建起了农牧结合、农林牧综合发展的技术体系，在“七五”期间连遭重灾的情况下，4 年平均人均占有粮食 345 公斤，人均收入比“六五”期间年平均值增长 2.65 倍，实现了稳定脱贫。新的旱作农业技术体系开始显示出巨大的整体效益。

4 年来，各试验区在当地政府的积极支持和配合下，采取试验、示范、推广相结合的办法，综合运用攻关成果，扩散面积达 1 400 多万亩，增产粮食 149 万吨，直接经济效益超过 11 亿元。6 个试验区 4 年人均年收入达 416 元，比“六五”期间增加 139%。科技投入的增加，逐渐打破了落后的封闭式旱作农业系统，建立起良性循环的新型旱作农业体系，释放生产潜能。试验区的攻关成果迅速推广，被广大农民自觉接受，为整个旱地农业注入了新的活力。

（《人民日报》，1990-10-26，第 3 版）

经济施肥培肥技术实现重大突破

要让土地多打粮食，究竟施什么肥？投入多少才最经济？今天在京通过国家鉴定和验收的“黄淮海平原大面积经济施肥和培肥技术研究”，能帮助农民算好这笔账。

目前我国化肥年产量已突破 9 000 万吨，但化肥的施用一直停留在经验施肥的水平上，化肥浪费和损失惊人。从 1986 年秋起，由中国农业科学院土壤肥料研究所主持，中国科学院南京土壤研究所、江苏省农业科学院土壤肥料研究所和北京农业大学等共同承担了经济施肥和培肥国家“七五”重点科技攻关项目。这项研究在山东禹城、陵县、河南封丘、江苏宿迁和河北曲周农业科技部门的协作下，对小麦、玉米、水稻、棉花 4 种主要作物进行田间肥料试验，取得上万个数据。

已建成的 5 县（市）4 种作物计算机施肥推荐咨询系统，适用多种作物。课题组还为 5 个试点县（市）培训 200 多名初、中级农业技术骨干和 2 万多名农民技术员，改变了科研与生产脱节的老办法。去年，最佳施肥方案在 5 县（市）4 种作物上推广 216 万多亩，亩均增收节支 31.9 元，直接收益 6 888 万多元。

科学施肥与土壤培肥是不可分割的 2 项技术措施，这项研究还提出了无机促有机、有机无机结合、用地养地相结合等综合培肥土壤的途径和多项有效技术。专家们认为，这项研究技术达到国际水平，建议迅速推广。

这项研究成果标志着我国施肥由经验施肥进入科学定量施肥阶段，是黄淮海平原 18 个重点专题中唯一获奖的专题。优化配方施肥既能节省不适当的肥料投入，又能防止氮肥用量过多对作物的不利影响和环境污染，深受农民欢迎。如果每年开发推广 1 000 万亩，就能增收节支 3 亿元以上。

（《人民日报》，1990-08-17，第 3 版）

劳力士雄才伟略奖首次诞生中国得主

我国科学家邓景扬、李小文荣获日内瓦第五届劳力士雄才伟略大奖荣誉奖。日前瑞士劳力士钟表集团派员专程来京颁发奖品和证书，祝贺中国科学家第一次获得这一国际科学奖。

中国农业科学院作物育种栽培研究所研究员邓景扬博士1979年鉴定出世界上第1份太谷显性雄性核不育基因。他率领的科研协作组在全国不同生态地区已培育出40多个小麦品系，示范面积达40万亩。特别在抗逆性方面取得突破。

中国科学院遥感应用研究所副研究员李小文博士通过分析卫星遥感摄影资料，寻找大熊猫饲料专用竹，帮助保护大熊猫生存作出了重大贡献。

设立于1976年的劳力士雄才伟略大奖每三年颁奖一次，主要奖励在应用科学研究领域内的重大科研项目，本年度有5人获大奖、35人获荣誉奖。

（《人民日报》，1990-07-29，第1版）

转基因棉花工程植株培育成功

中国农业科学院生物技术研究中心范云六研究员和博士研究生谢道昕等与江苏省农业科学院合作，组建抗虫转基因棉花植株首次在国内获得成功。

棉花是国际性重要经济作物之一，常因棉铃虫、红铃虫的为害，损失高达15%～30%，目前国内尚未发现有天然抗虫栽培棉花、野生棉花品种资源。

几年来，中国农业科学院的研究人员从苏云金芽孢杆菌中分离出一种杀虫基因，导入棉花体内，得到了转基因棉花工程植株。实验结果表明，导入棉花体内的杀虫基因已得到表达。

（《人民日报》，1990-07-27，第3版，蒋建科）

我国成为农作物品种资源大国

我国农作物品种资源研究收集工作取得重大成就。

新中国成立40年来，广大科技人员长期坚持在边远山区调查研究，组织大规模群众性征集活动，共收集约30余万份品种资源，从国外引进4万余份作物品种资源，使我国现有农作物品种资源达35万份，成为世界上拥有作物品种资源数量最多的大国之一。

作物品种资源犹如工业所用的钢铁、煤炭、石油，是仅次于土壤、空气和水的巨大资源，在农业生产上起着决定性的作用。人类能够食用的植物达数千种，现在为人们大量提供粮食的才10多种，具有很大潜力。我国已在北京建成两座现代化国家种质资源库，一座库温为零下10摄氏度，一座库温为零下18摄氏度，能容纳50余万份材料，是世界上长期保存容量最大的基因库之一。同时，对其中一些材料进行了品质抗逆性和抗病虫鉴定，筛选出一批具有各种抗性的材料，有的已直接用于生产。我国还与100多个国家和国际组织开展了种质资源交换，建起了国外引种和对外交换种质资源的网络。通过“七五”科技攻关，组织了一支由400多个单位2 500余人参加的专业科技队伍。

（《人民日报》，1989-09-10，第2版）

籽粒苋将成为我国新作物

籽粒苋——一种粮食与饲料兼用的作物，自美国引种后短短四五年间，已在我国 22 个省区市落户，累计推广面积达 100 万亩以上。

籽粒苋俗称“千穗谷”，古代印第安人曾把它作为主食。1960 年，美国外科医生洛希逊发现籽粒苋有很高的营养价值，使它身价倍增。1982 年以来，中国农业科学院作物育种栽培研究所从美国茹代尔有机农业中心陆续引进籽粒苋品种，筛选、培育出适于我国不同地区种植的 5 个优良品种。

几年来的实验证明，籽粒苋具有很强的抗旱、抗盐碱能力。它不与大宗作物抢地争水，其抗旱力强于玉米、花生、棉花等。它可在耕层土壤含盐量 0.23%以下的盐碱地上生长，并能得到亩产 70~90 公斤的籽粒。它也可在非耕废弃土地、内陆盐碱地及沿海滩涂种植，适应于我国东北、华北、黄淮海平原和西北黄土高原等广大干旱半干旱地区。山西吕梁山区实验证明，籽粒苋有改善土壤性能、控制水土流失的显著作用。

籽粒苋的蛋白质含量比普通谷物高，氨基酸组成也比较平衡。其中赖氨酸含量是小麦的 2 倍、玉米的 3 倍，其混合粉的营养价值达到了联合国粮农组织和世界卫生组织所推荐的人类最适营养水平。籽粒苋中不饱和脂肪酸占脂肪总量的 70%~80%，脂肪质量高，成为老年人理想的食品源。

籽粒苋的茎叶作为一种高效饲料，一年可收割 2~3 次，可获亩产 0.75 万~1 万公斤的青饲料。北方贫困缺菜山区也可以种苋作菜食用。同时，籽粒苋正作为一种观赏植物走进千家万户的庭院。

据悉，河南、河北等地已制成籽粒苋酱油、氨维营养饮料等籽粒苋系列加工食品。

（《人民日报》，1988-02-03，第3版）

首次选用裸燕麦作保健食品

一种以无公害裸燕麦为原料，经过科学方法精心加工而成的新型保健食品——燕麦降脂保健片，今天在中国农业科学院通过部级鉴定。

自1981年起，中国农业科学院作物品种资源研究所与首都20家医院和单位合作，对燕麦的降脂作用进行了3轮系统的临床试验及两次大白兔、大白鼠降脂试验研究，证明燕麦对人体降脂的总有效率达87%，对高血压、糖尿病、习惯性便秘等病症均有良好效果。燕麦大都产自高寒地区，未施农药及化肥，无公害，营养价值比大米、白面都高，长期食用，不仅防病、治病，而且增加营养。选择优质裸燕麦作保健食品，在国内尚属首创。

（《人民日报》，1987-08-27，第3版）

后　记

在喜迎党的二十大和中国农业科学院成立65周年之际，由中国农业科学院办公室精心策划、中国农业科学技术出版社编辑出版的《用科技端牢中国饭碗——人民日报记者眼中的中国农业科学院》一书正式出版了。

作为人民日报社科技记者，这本书是我联系报道中国农业科学院36年来的一部新闻作品集。在多年的新闻采写实践中，我深刻感受到，中国农业科学院是和人民群众饭碗最密切的科学院，因为老百姓餐桌上的每一种食物，中国农业科学院都有与之对应的研究所。因此，可以理直气壮地说，中国农业科学院65年的辉煌历史，是一部在党的正确领导下用科技端牢亿万中国人饭碗的伟大事业。

"问渠那得清如许，为有源头活水来。"中国农业科学院是一座新闻的宝藏。在此，衷心感谢中国农业科学院历任领导、广大科研人员和干部职工，在采写过程中给予的无私帮助和大力支持！

感谢中国农业科学院院长吴孔明院士、党组书记张合成在百忙中为本书作序。中国农业科学院办公室领导和宣传信息处同志审阅书稿，提出了宝贵的意见。中国农业科学技术出版社领导和编辑们高度重视，克服新冠肺炎疫情影响，精心编辑。

"莫问收获，但问耕耘。"衷心感谢人民日报社领导的关怀和同志们的大力帮助。本书的每一篇稿子，无不凝结着他们的心血和智慧，从稿件的策划、采写、编辑、校对到签发见报，从标题制作到标点符号，从科学术语到人名地名，领导和同事们反复核对，确保准确无误、精益求精，真正体现了《人民日报》的权威性和专业性。更让我感动的是，部门领导确定我联系报道中国农业科学院，为我指明了业务方向，并提供了良好的采写环境，让我得以安心采写农业科技新闻36年。书中还有部分作品是和同事以及其他媒体朋友合作的，在此一并表示感谢。

中国农业科学院作为农业科研的国家队，在我国农业科技领域有着举足轻重的“领头羊”地位，取得了一大批世界领先的重大科技成果，为解决我国“三农”问题作出了巨大贡献。然而，新闻是遗憾的艺术。由于本人水平能力有限，加之采写时间紧，资料收集不全面，不可能完全反映这些重大成就，恳请专家和读者批评指正。

蒋建科

2022 年 6 月